普通高等教育"十二五"系列教材（高职高专教育）

电子技术

（第二版）

主　编　张　杰
副主编　王晓容
编　写　左　能　崔海文
主　审　佟维权

中国电力出版社
CHINA ELECTRIC POWER PRESS

内 容 提 要

本书共分九章，主要内容包括半导体器件、三极管放大电路、集成运算放大器及其应用、直流电源、数字电路基础知识、组合逻辑电路、时序逻辑电路、脉冲波形的产生与变换、D/A 转换器和 A/D 转换器。本书以器件、电路与应用三者的有机结合为主线，注重实践和应用，突出对学生基本技能的培养，并努力反映现代电子的新技术、新成果。

本书可供高职高专、成人高校的电力技术类、自动化类、机械类等工科专业的师生使用，也可供相关工程技术人员参考。

图书在版编目（CIP）数据

电子技术/张杰主编. —2 版. —北京：中国电力出版社，2012.12（2024.1 重印）

普通高等教育“十二五”规划教材. 高职高专教育

ISBN 978-7-5123-3796-1

Ⅰ.①电… Ⅱ.①张… Ⅲ.①电子技术—高等职业教育—教材 Ⅳ.①TN

中国版本图书馆 CIP 数据核字（2012）第 286127 号

中国电力出版社出版、发行
（北京市东城区北京站西街 19 号 100005 http://www.cepp.sgcc.com.cn）
北京盛通印刷股份有限公司印刷
各地新华书店经售
*
2007 年 6 月第一版
2012 年 12 月第二版 2024 年 1 月北京第十四次印刷
787 毫米×1092 毫米 16 开本 14.5 印张 354 千字
定价 **35.00** 元

前言

为贯彻落实教育部《关于进一步加强高等学校本科教育工作的若干意见》和《教育部关于以就业为导向深化高等职业教育改革的若干意见》的精神，加强教材建设，确保教材质量，中国电力教育协会组织制订了普通高等教育“十二五”教材规划。该规划强调适应不同层次、不同类型院校，满足学科发展和人才培养的需求，坚持专业基础课教材与教学需要的专业教材并重、新编与修订相结合。本书为修订教材。

《电子技术》一书自出版以来，得到了高职高专院校相关专业很多师生的关注，使用率及发行量逐次增加，在 2009 年、2011 年和 2012 年连续重印 4 次。本书在 2010 年被评为“省部级高等教育优秀教材”。在这期间，编者一方面收到了一些读者的反馈意见，另一方面，在日常的教学实践中，也认识到原书少量内容需要修改。因此，利用这次再版的机会，编者在以下方面对原书做了改编：

(1) 增加“数/模和模/数转换器”有关内容，作为第 9 章编入本书；

(2) 改写了原书第 5 章第 1 节部分内容；

(3) 增加并修改了原书第 4 章第 3 节部分内容；

(4) 增加了原书第 6 章第 2 节部分内容；

(5) 改正了原书中若干文字和图表错误。

希望这些修改，能够进一步提升本书的先进性、实用性和可读性，使其更加符合高职高专相关专业电子技术课程的教学需求。

本书由哈尔滨电力职业技术学院和四川电力职业技术学院教师共同编写，其中王晓容编写第 1、2 章；张杰编写第 3、5、6、9 章；崔海文编写第 4 章；左能编写第 7、8 章，由张杰负责全书的统稿和定稿工作。

作者殷切希望使用本书的教师、学生和有关技术人员，对书中的错误和疏漏多加指正，以便编者今后不断改进。

编　者

2012 年 10 月

第一版前言

为贯彻落实教育部《关于进一步加强高等学校本科教学工作的若干意见》和《教育部关于以就业为导向深化高等职业教育改革的若干意见》的精神，加强教材建设，确保教材质量，中国电力教育协会组织制订了普通高等教育“十一五”教材规划。该规划强调适应不同层次、不同类型院校，满足学科发展和人才培养的需求，坚持专业基础课教材与教学急需的专业教材并重、新编与修订相结合。本书为新编教材。

考虑到高职高专教育的培养目标是技术应用性专门人才，本教材在编写中突出了以下几个特点：

(1) 在重点保证基础理论、基本知识够用的前提下，注重实践和应用，并突出了对学生基本技能的培养。

(2) 书中引用很多实例，每章均有相关的练习，帮助学生加深对本章内容的理解与掌握。

(3) 努力反映现代电子的新技术、新成果，使教材尽可能跟上电子技术领域的新发展。

(4) 以器件、电路与应用三者的有机结合为主线，注重实用性。

本书由哈尔滨电力职业技术学院和四川电力职业技术学院的教师共同编写，其中王晓容编写第1、2章，崔海文编写第4章，张杰编写第3、5、6章，左能编写第7、8章，并由张杰负责全书的统稿工作。

全书由哈尔滨电力职业技术学院佟维权教授主审，他对初稿提出了许多宝贵的意见。在编审过程中，中国电力出版社的同志给予了大力支持。值本书完稿之际，对书末所附参考文献的作者，以及以上各位同志，在此一并表示衷心的感谢。

由于编者水平所限，书中难免存在一些问题，希望读者批评指正。

编　者

2007年3月

目录

第1章 半导体器件

半导体器件是组成各种电子电路的基础，只有掌握半导体器件的结构、性能和工作原理，才能正确分析电子电路的工作原理，正确选择和合理使用半导体器件。本章在阐明半导体导电特性后，分析了PN结的单向导电性，并在此基础上着重讨论二极管、三极管、场效应管的结构特点、工作原理、外特性和主要参数。

1.1 半导体特性

1.1.1 半导体

自然界的物质就其导电性能可分为导体、绝缘体和半导体。导体的导电性能很好，如金、银、铜等。绝缘体的导电性能很差，如塑料、云母、陶瓷等。半导体的导电能力介于导体和绝缘体之间，常用的半导体材料有硅、锗、硒和砷化镓等。

半导体之所以在电子器件中得到广泛应用，是由于它具有以下独特的导电性能：

(1) 热敏性。半导体对温度很敏感，电阻率随温度变化显著。当温度升高时，电阻率随温度成指数规律下降，导电能力显著增强。利用半导体的温度特性，可制造热敏元件。

(2) 光敏性。半导体对光照也很敏感，其电阻率随光照而变化。利用半导体的光敏性，可制造光敏元件。

(3) 可掺杂性。半导体的电阻率随掺入微量杂质而发生显著变化。利用这一特性，通过工艺手段，可以制造出各种性能和不同用途的半导体器件。

纯净的半导体（本征半导体）中载流子数量很少，导电能力很弱，其载流子——自由电子和空穴，是在热或光照作用下（称为热激发或本征激发）成对地产生。

1.1.2 杂质型半导体

在本征半导体中有选择地加入某些称为杂质的其他元素，就会使它的导电能力大大增强，这样的半导体称为杂质半导体。杂质半导体分为P型半导体和N型半导体。

1. P型半导体

在本征半导体硅或锗中掺入微量三价元素，如硼，则空穴的浓度大大增加，空穴成为多数载流子，自由电子为少数载流子。这种以空穴导电为主的半导体称为空穴型半导体或P型半导体，如图1-1所示。

2. N型半导体

在本征半导体硅或锗中掺入微量五价元素，如磷，将会使自由电子的浓度大大增加，自由电子成为多数载流子，而空穴成为少数载流子。这种以自由电子导电为主的半导体称为电子型半导体或N型半导体，如图1-2所示。

无论是P型半导体，还是N型半导体，虽然它们各自有一种载流子占多数，但是整个半导体仍然呈电中性。

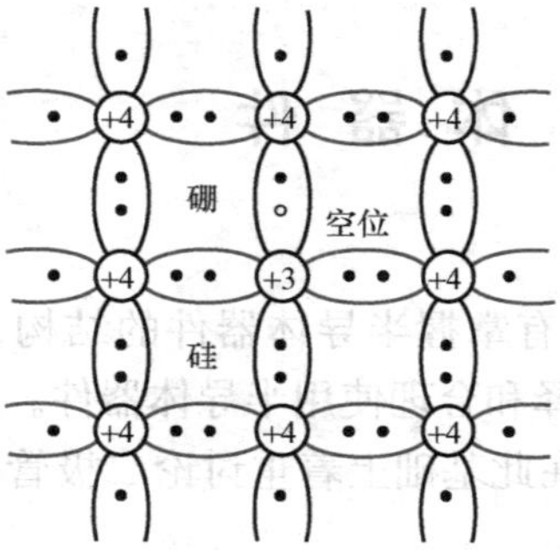

图1-1　P型半导体

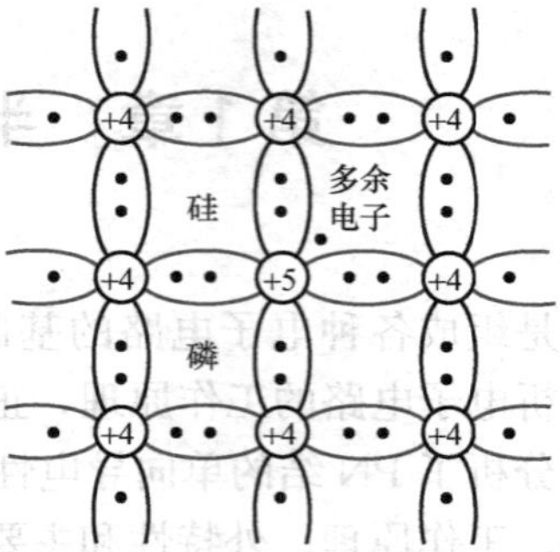

图1-2　N型半导体

1.1.3　PN结

1. PN结的形成

当P型半导体和N型半导体接触以后，由于交界面两侧的半导体类型不同，存在电子和空穴的浓度差，会产生多数载流子的扩散运动，即N区电子向P区扩散，P区空穴向N区扩散。由于载流子的扩散运动，P区一侧失去空穴剩下负离子，N区一侧失去电子剩下正离子，结果在交界面附近形成一个空间电荷区，这个空间电荷区就是PN结，如图1-3所示。在PN结内产生一个方向由N区指向P区的内电场，这个内电场使PN结的宽度不变。

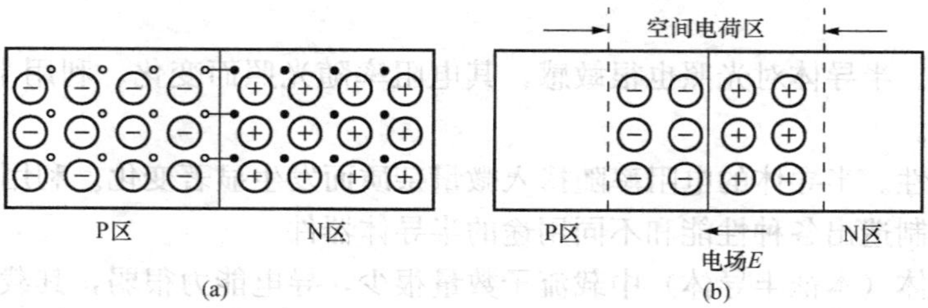

图1-3　PN结的形成

(a) 载流子的扩散运动；(b) PN结

2. PN结的特性

(1) PN结的正向导通特性。当PN结外加正向电压，即把电源正极接P区，电源负极接N区，称PN结为正向偏置，简称正偏。此时外电场与内电场方向相反，PN结变窄，N区的多数载流子自由电子和P区的多数载流子空穴进行扩散运动，在回路中形成较大的正向电流 I_F，PN结正向导通，PN结呈低阻状态，如图1-4 (a) 所示。

(2) PN结的反向截止特性。当PN结外加反向电压，即把电源正极接N区，电源负极接P区，称PN结为反向偏置，简称反偏。这时外电场与内电场方向相同，PN结变宽，N区的少数载流子空穴和P区的少数载流子自由电子，在强电场作用下，在回路中形成非常小的反向电流 I_R，PN结反向截止，PN结呈高阻状态，如图1-4 (b) 所示。

综上所述，加正向电压时PN结的正向电阻很小，正向电流 I_F 较大；外加反向电压时PN结的反向电阻很大，反向电流 I_R 很小，即PN结具有单向导电性。

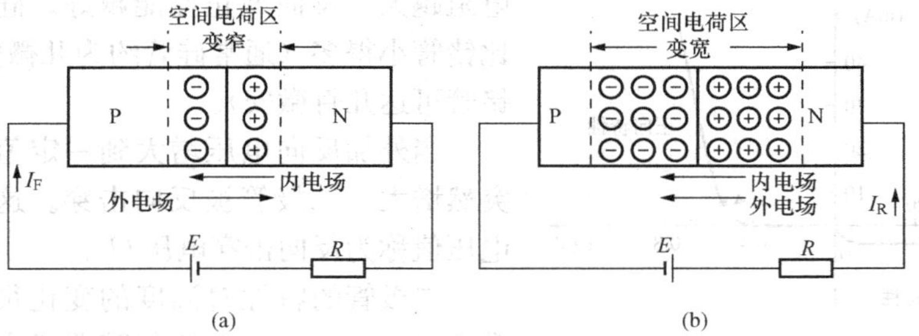

图1-4 PN结的单向导电性
(a) 正向导通；(b) 反向截止

1.2 半导体二极管

1.2.1 二极管的结构和类型

半导体二极管（简称二极管）是由一个PN结加上电极引线和外壳封装而成的。P端的引出线是正极（又称阳极），N端的引出线是负极（又称阴极）。二极管的结构和图形符号如图1-5所示。

二极管的类型较多，按制作二极管的半导体材料可分为硅二极管和锗二极管；按结构分为点接触型和面接触型二极管。点接触型二极管的结面积小，结电容也小，高频性能好，但允许通过的电流较小，一般应用于高频检波和小功率整流电路中，也用作数字电路的开关元件。面接触型二极管则相反，结面积较大，结电容也大，可通过较大的电流，但工作频率较低，常用于低频整流电路中。

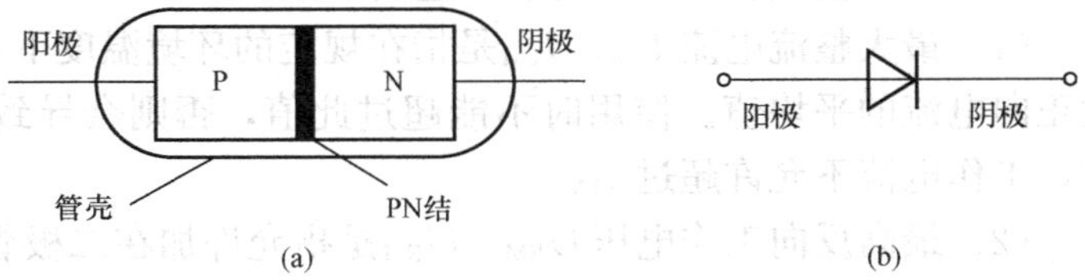

图1-5 二极管的结构和图形符号
(a) 结构；(b) 图形符号

小功率二极管常用玻璃壳或塑料壳封装。大功率二极管为便于散热，一般使用金属外壳，并制作成螺栓式或平板压接式。

1.2.2 二极管的伏安特性曲线

二极管的伏安特性曲线是指流过二极管的电流随外加偏置电压变化的关系曲线，它定量地表示了二极管的单向导电性。二极管的伏安特性曲线如图1-6所示。

1. 正向特性

在正向特性曲线的起始段（OA段），由于正向电压较小，外电场不足以克服内电场的作用，正向电流很小，称为死区。通常将A点对应的电压称为死区电压或阈值电压，硅管的死区电压约为0.5V，锗管约为0.1V。当正向电压超过死区电压后，外电场抵消了内电场，正向电流迅速增大，二极管正向电阻变得很小，二极管导通。二极管导通后，它两端的电压变化很小，基本上是个常数，通常硅管电压降约为0.7V，锗管约为0.3V。

2. 反向特性

在反向电压的作用下，反向电流极小，二极管反向截止。反向电流越小，二极管的反向

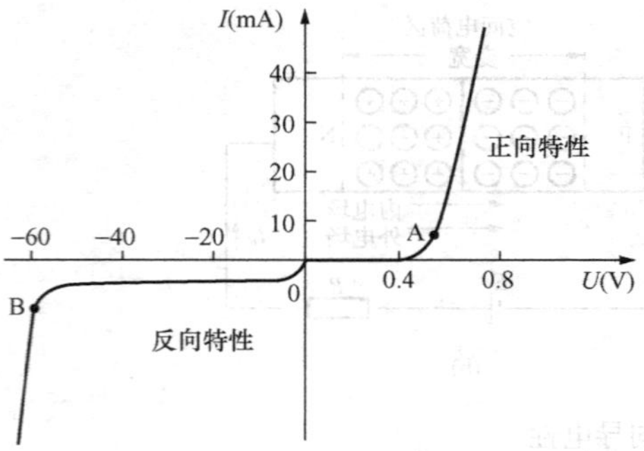

图 1-6　二极管的伏安特性曲线

电阻越大，反向截止性能越好。硅管的反向电流比锗管小得多（通常硅管约为几微安到几十微安，锗管可达几百微安）。

当外加反向电压增大到一定值时，反向电流突然增大，二极管被反向击穿。这时所加的反向电压值称为反向击穿电压 U_B。

二极管的特性对温度的变化很敏感。当温度升高时，正、反向电流都随着增大，表现为正向特性曲线向左移，反向特性曲线向下移。但是，若温度过高，则可能导致本征激发所引起的少子浓度超过杂质原子所提供的多子浓度，此时杂质半导体变得与本征半导体相似，PN 结就不存在了。为此，必须规定一个二极管的最高工作温度（结温），也保证它能正常工作。一般硅管所允许的最高结温为 150～200℃，锗管为 75～100℃。

1.2.3　二极管的主要参数和使用常识

1. 二极管的主要参数

管子的参数是其特性的定量表述，是合理选用管子的依据。各类管子的主要参数均可从晶体管手册中查到。二极管有以下主要参数：

（1）最大整流电流 I_{FM}。I_{FM}是指在规定的环境温度下，二极管长期运行时允许通过的最大正向电流的平均值。使用时不能超过此值，否则会导致二极管过热烧坏。在选用二极管时，工作电流不允许超过 I_{FM}。

（2）最高反向工作电压 U_{RM}。U_{RM}是指允许加在二极管上的最大反向电压。为了防止二极管因反向击穿而损坏，通常将U_{RM}规定为反向击穿电压 U_B 的一半。

2. 二极管的型号

二极管的品种很多，各类二极管用不同型号来表示，国产二极管的型号由五部分组成，其型号说明见表 1-1。

表 1-1　　二极管型号说明

第一部分 （数字）	第二部分 （汉语拼音字母）	第三部分 （汉语拼音字母）	第四部分 （数字）	第五部分 （汉语拼音字母）
电极数目： 2—二极管	材料与极性： A—N 型锗 B—P 型锗 C—N 型硅 D—P 型硅	二极管类型： P—普通管 W—稳压管 Z—整流管 K—开关管 E—发光管 U—光电管	二极管序号： 表示同一类型中某些性能与参数的差别	规格号： 表示同型号中的挡别

例如：2DP6 是 P 型硅普通二极管；2AK6 是 N 型锗开关二极管；2CZ14F 是 2CZ14 型硅整流二极管系列中的 F 挡。

3. 二极管的检测

在实际电路中，二极管损坏是常见的故障，在使用二极管时，必须注意极性不能接错。

因此，用万用表判别二极管的好坏和管脚极性是二极管应用中的一项基本技能。

(1) 判别二极管的好坏。将万用表的电阻挡置 R×100 或 R×1k 量程（一般不用 R×1 或 R×10k 量程），如果测得二极管的正向电阻为几百欧到几千欧，反向电阻在几百千欧以上，则可确定二极管是好的；如果测得正、反向电阻均很小，则管子内部短路；如果测得正、反向电阻差别不大，则管子质量不好；如果测得正、反向电阻均很大，则管子开路。

需要说明的是，使用万用表的不同量程测量同一只二极管时，测得的正向电阻是有一定差异的。这是因为二极管是一种非线性元件，其正向电阻值与流过它的电流有关，电流越大，电阻越小。万用表不同量程对应的电流不同，所以测出的电阻也就不同。另外，如果用 R×1 或 R×10k 挡测量小功率二极管，有可能损坏管子。

(2) 判别二极管的管脚极性。用万用表的 R×100 或 R×1k 挡测量二极管的正、反向电阻，当测得电阻较小时，黑表笔所接的是二极管正极，红表笔所接的是二极管负极；反过来，当测得电阻很大时，红表笔所接的是二极管正极，而黑表笔所接的是二极管负极。

1.2.4 二极管的应用电路举例

二极管是电子电路中最常用的半导体器件之一。利用其单向导电性及导通时正向压降很小的特点，可应用于整流、检波、钳位、限幅、开关以及元件保护等各种电路。

1. 整流

所谓整流就是将交流电变为单方向脉动的直流电。利用二极管的单向导电性可组成单相、三相等各种形式的整流电路。交流电经过整流、滤波、稳压便可获得平稳的直流电。这些内容将在第 4 章详细介绍。

2. 钳位

利用二极管正向导通时压降很小的特性，可组成钳位电路，如图 1 - 7 所示。

图 1 - 7 中，若 A 点 $U_A=0V$，二极管 VD 可正向导通，其压降很小，故 F 点的电位也被钳制在 0V 左右，即 $U_F\approx 0V$。

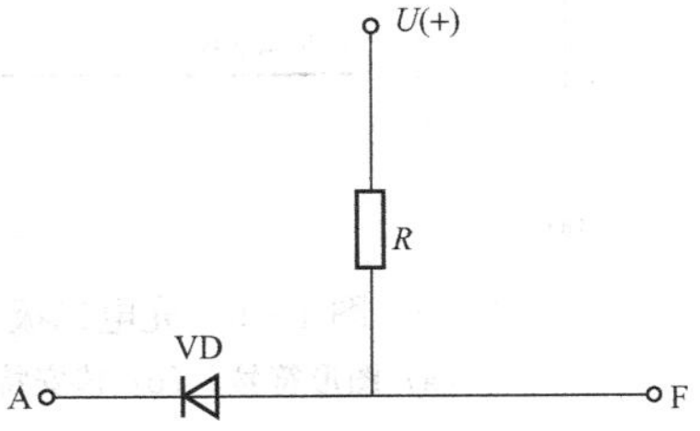

图 1 - 7 二极管钳位电路

3. 限幅

利用二极管正向导通后其两端电压很小且基本不变的特性，可以构成各种限幅电路，使输出电压限幅在某一电压值以内。图 1 - 8 (a) 所示为一正、负对称限幅电路，设 $u_i=10\sin\omega t$V，$U_{S1}=U_{S2}=5$V。

在 $-U_{S2}<u_i<U_{S1}$ 期间，VD1、VD2 都处于反向偏置而截止，因此 $i=0$，$u_o=u_i$；当 $u_i>U_{S1}$ 时，VD1 处于正向偏置而导通，使输出电压保持在 U_{S1}；当 $u_i<-U_{S2}$ 时，VD2 处于正向偏置而导通，输出电压保持在 $-U_{S2}$。由于输出电压 u_o 被限制在 $+U_{S1}$ 与 $-U_{S2}$ 之间，即 $|u_o|\leqslant 5$V，好像将输入信号的高峰和低谷部分削掉一样，因此这种电路又称为削波电路。其输出波形如图 1 - 8 (b) 所示。

1.2.5 常用的特殊二极管

前面介绍了普通二极管，还有一些具有某种特殊用途的二极管，称为特殊二极管，如稳压管（第 4 章介绍）、光电二极管、发光二极管等，分别介绍如下。

1. 光电二极管

光电二极管又叫光敏二极管，其反向电流大小随光照强度的变化而变化。它的图形符号

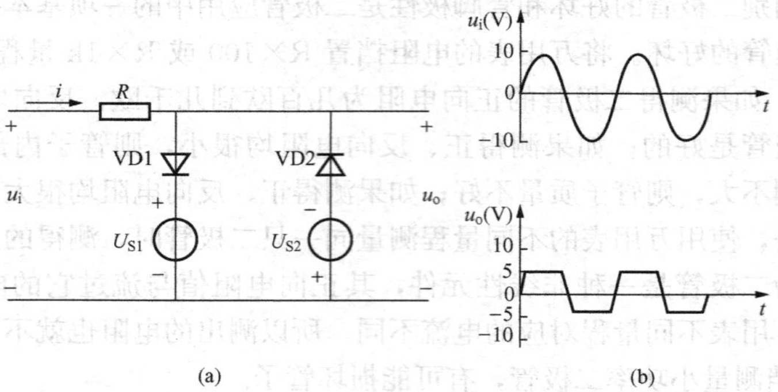

图 1-8 二极管限幅电路及波形

(a) 限幅电路；(b) 波形

和伏安特性曲线如图 1-9 所示。曲线中 E 表示照度，lx 为照度单位。由曲线可知，反向电流与照度成正比。

光电二极管可用作光的测量传感或光电转换控制器件。

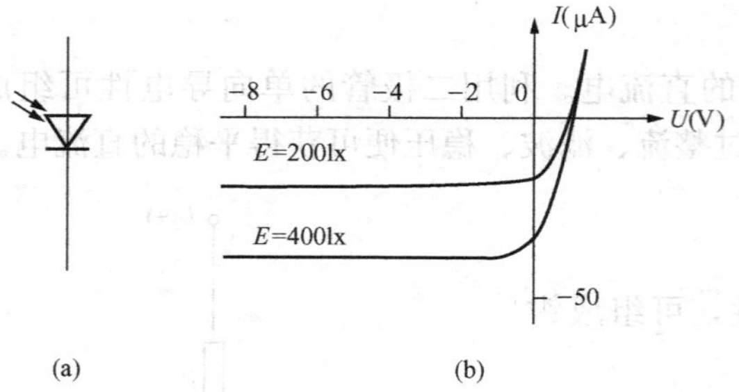

图 1-9 光电二极管

(a) 图形符号；(b) 伏安特性曲线

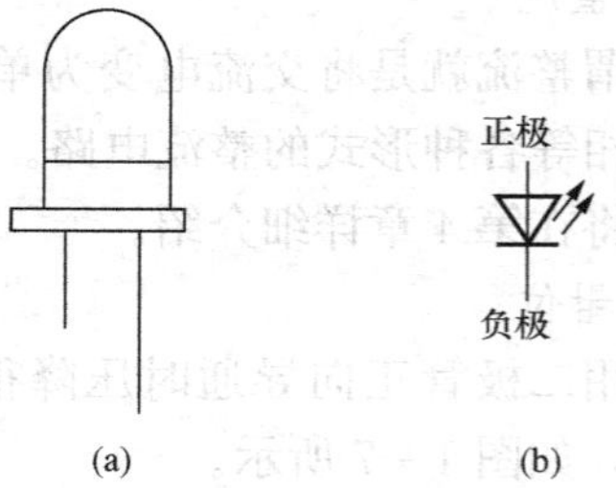

图 1-10 发光二极管的外形及图形符号

(a) 外形；(b) 图形符号

2. 发光二极管

(1) 发光二极管的图形符号及特性。

发光二极管是一种将电能转换成光能的半导体器件，管芯仍是一个 PN 结，通常用透明塑料封装，简称 LED。其外形及图形符号如图 1-10 所示。

发光二极管加正向电压，且电流达到一定值（几毫安至几十毫安）时就能正常发光，正向压降约为 2～3V。发光二极管所发光的颜色由其材料决定，通常有红色、绿色、蓝色、橙色等。一般，管脚引线较长的为正极，较短的为负极。

(2) 发光二极管的应用。

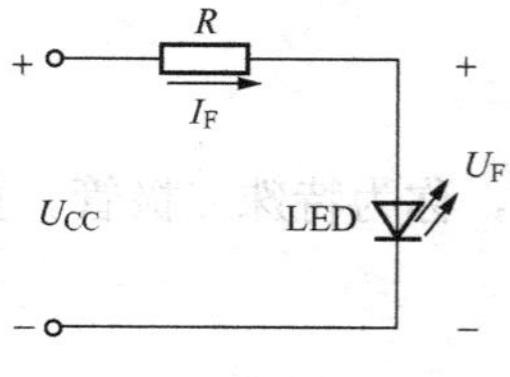

图 1-11 电源通断指示电路

1) 电源通断指示电路。电源通断指示电路如图 1-11 所示。在指示电路中发光二极管通常称为指示灯，在实际应用中给人们提供很大的方便。发光二极管的供电电源既可以是直流也可以是交流，但必须注意的是，发光二极管是一种电流控制器件，应用中只要保证发光二极管的正向工作电流在所规定的范围之内，它就可以正常发光。具体的工作电流可查阅有关资料。

2）数码管。数码管是电子技术应用的主要显示器件，数码管就是用发光二极管经过一定的排列组成的。图 1 - 12 所示是最常用的七段型数码管，要使它显示 0～9 的一系列数字，只要点亮其内部相应的显示段即可。七段型数码管可分为图 1 - 12（b）所示的共阳极和图 1 -12（c）所示的共阴极。

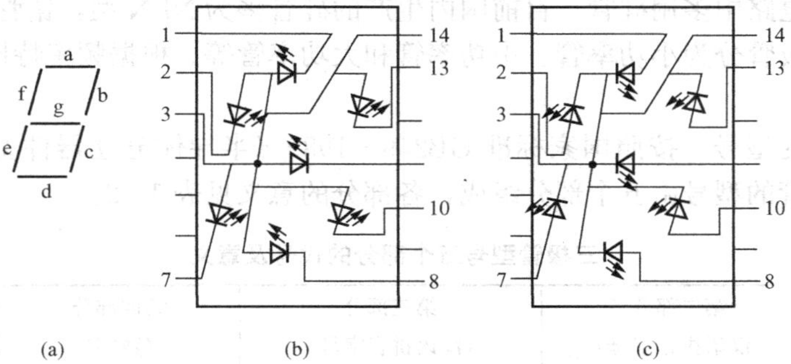

图 1 - 12 七段型数码管

（a）七段编码；（b）共阳极 LED 分布；（c）共阴极 LED 分布

1.3 半导体三极管

1.3.1 三极管的结构和类型

1. 三极管的结构和符号

半导体三极管，简称三极管，是组成放大电路的核心器件。三极管有 NPN 型和 PNP 型两种结构，其结构和图形符号如图 1 - 13 所示。三极管可用字母 VT 表示。NPN 型和 PNP 型三极管符号的区别是发射极箭头的方向不同，箭头方向代表发射结正偏时发射极的电流方向。

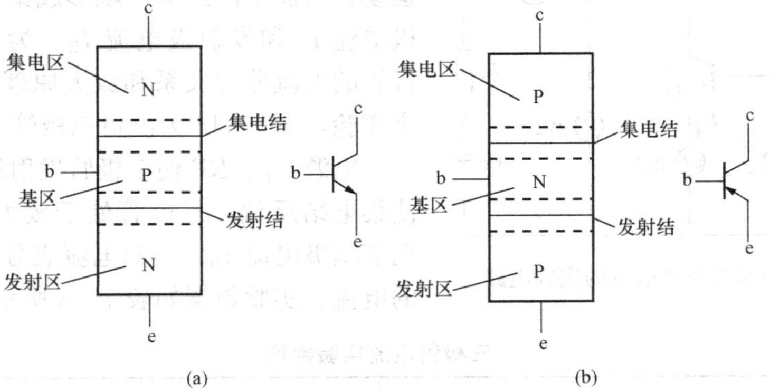

图 1 - 13 三极管结构示意图和图形符号

（a）NPN 型的结构和图形符号；（b）PNP 型的结构和图形符号

无论是 NPN 型还是 PNP 型三极管，都有集电区、基区和发射区三个区，分别从这三个区引出三个电极：集电极 c、基极 b 和发射极 e。它还有两个 PN 结：集电区与基区之间的集电结和基区与发射区之间的发射结。三极管的结构特点是：基区很薄，发射区掺杂浓度很高，集电结截面积大于发射结截面积。在使用三极管时，发射极和集电极不能互换，否则三极管的放大能力会下降。

2. 三极管的分类和型号

(1) 分类。按制造材料的不同，三极管分为硅管和锗管两类，硅管的热稳定性比锗管好，所以在电子电路中多用硅管。目前国内生产的硅管多为NPN型，锗管多为PNP型。根据功率大小，三极管分为小功率管、中功率管和大功率管等。根据频率特性，三极管分为低频管和高频管。

(2) 三极管的型号。按照国家标准GB249—1989《半导体分立器件型号命名方法》的规定，国产三极管的型号由五个部分组成，各部分的意义见表1-2。

表1-2　　三极管型号五个部分的代号及意义

第一部分 (数字)	第二部分 (汉语拼音字母)	第三部分 (汉语拼音字母)	第四部分 (数字)	第五部分 (汉语拼音字母)
电极数目： 3—三极管	材料与极性： A—PNP锗 B—NPN锗 C—PNP硅 D—NPN硅 K—开关管 CS—场效应器件	三极管类型： X—低频小功率管 G—高频小功率管 D—低频大功率管 A—高频大功率管 U—光电器件	三极管序号： 表示某些性能与参数的差别	规格号： 表示同型号三极管的挡别

例如：3DG100A是NPN型高频小功率硅管；3AD50A是PNP型低频大功率锗管。

1.3.2 三极管的电流放大作用

1. 三极管的电流分配关系

三极管要具有一定的放大作用，必须使其发射结正向偏置，集电结反向偏置。只要满足这个条件，三极管内部载流子就会按一定的规则运动，载流子的运动，就形成集电极电流 I_C，基极电流 I_B 和发射极电流 I_E。为了定量地分析三极管的电流分配关系和放大原理，下面先介绍一个实验，图1-14为测量三极管电流的实验电路。

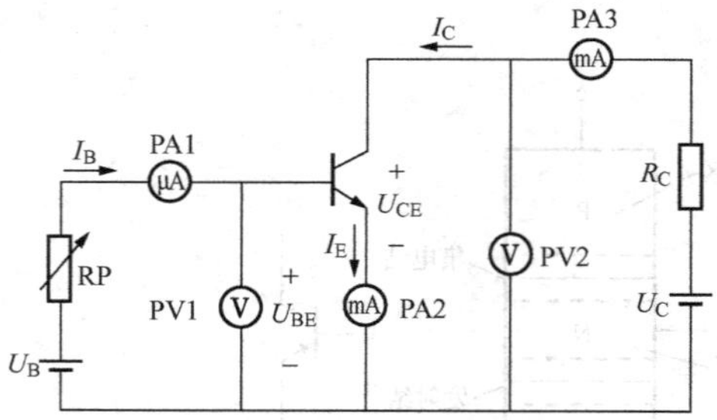

图1-14　测量三极管电流的实验电路

电源 U_B、RP使三极管发射结正偏，U_C、R_C 使集电结反偏，三极管处于放大状态。RP可以调节基极电流 I_B。三只电流表分别测量三个电极的电流。实验数据如表1-3所示。

表1-3　　三极管电流实验数据

I_B (mA)	0	0.02	0.03	0.04	0.05
I_C (mA)	≈0	1.4	2.3	3.2	4
I_E (mA)	≈0	1.42	2.33	3.24	4.05
I_C/I_B	0	70	76	80	80

由表1-3可知，每一组数据都满足以下关系式，即

$$I_E = I_B + I_C$$

上式说明流入三极管的电流等于流出三极管的电流之和，满足基尔霍夫电流定律。

2. 三极管的电流放大作用

从表1-3的数据分析可知，$I_E \approx I_C$，I_B 虽然很小，但对 I_C 有控制作用，I_C 随 I_B 改变而改变。例如，基极电流 I_B 由0.04mA上升到0.05mA时，集电极电流 I_C 由3.2mA上升到4mA，即集电极电流的变化量与基极电流变化量之比 $\Delta I_C/\Delta I_B=(4-3.2)/(0.05-0.04)=80$。这说明 I_C 的变化量近似为 I_B 变化量的80倍，也就是说 I_B 的微小变化可以控制 I_C 的较大变化，这就是三极管的电流放大作用。可见三极管是一种电流控制器件。

很显然，$\Delta I_C/\Delta I_B$ 反映了三极管电流的放大能力，也可以说是电流 I_B 对 I_C 的控制能力。所以，定义 $\beta=\Delta I_C/\Delta I_B$ 为三极管的电流放大系数。

1.3.3　三极管的特性曲线

三极管的特性曲线全面反映了三极管各级电压与电流之间的关系，是分析三极管各种电路的重要依据。工程上最常用的是输入特性曲线和输出特性曲线。这两种特性曲线可由晶体管特性图示仪直接显示，也可通过实验电路进行测试。

1. 输入特性曲线

输入特性曲线是指当集电极与发射极间的电压 u_{CE} 为常量时，基极电流 i_B 与基极和发射极的电压 u_{BE} 之间的关系曲线。图1-15是用晶体管特性图示仪观察到的三极管（3DG141A型）的输入特性曲线。

由图1-15可知，输入特性与二极管的正向特性相似。当电压 u_{BE} 小于三极管的死区电压（硅管约为0.5V，锗管约为0.1V）时，基极电流 i_B 几乎为零。当 u_{BE} 大于死区电压后，基极电流 i_B 才随 u_{BE} 迅速增大，三极管导通。管子导通后，硅管的发射结电压 u_{BE} 约为0.7V，锗管 u_{BE} 约为0.3V。

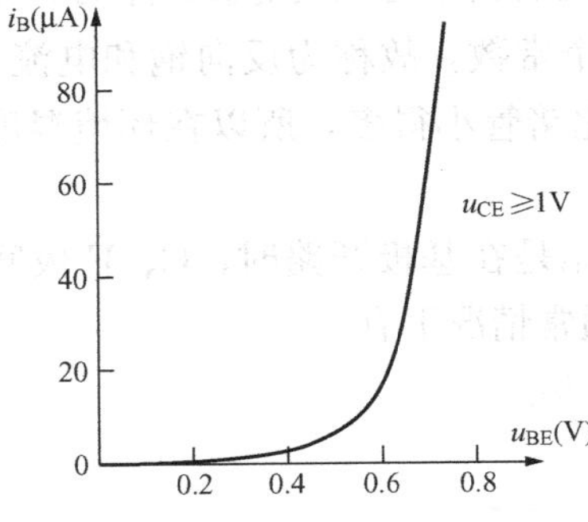

图1-15　三极管输入特性曲线

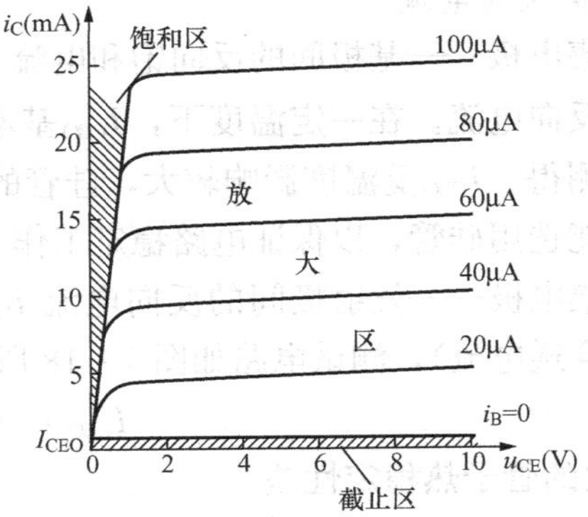

图1-16　三极管输出特性曲线

2. 输出特性曲线

输出特性曲线是指当基极电流 i_B 为常量时，集电极电流 i_C 与输出电压 u_{CE} 之间的关系曲线。用晶体管特性图示仪观察到的三极管（3DG141A型）的输出特性曲线如图1-16所示。

根据三极管的工作状态不同，可将输出特性分为下面三个区域：

(1) 截止区。将 $i_B=0$ 对应曲线以下的区域称为截止区。这时 $i_C=I_{CEO}\approx 0$，集电极到发

射极只有很微小的电流，称为穿透电流。三极管工作于截止状态，管子的集电极与发射极之间接近开路，等效于开关断开状态，三极管无放大作用。三极管工作在截止状态的外部条件是：发射结反偏（或零偏），集电结反偏。

（2）放大区。当 $i_B>0$，$u_{CE}>1V$ 后，每条曲线几乎与横轴平行，i_C 不受 u_{CE} 的影响，i_C 只受 i_B 的控制，并且 i_B 微小的变化就能控制 i_C 较大的变化，三极管工作在放大状态，具有电流放大能力。三极管工作于放大状态的外部条件是：发射结正偏，集电结反偏。

（3）饱和区。当 $i_B>0$ 且 $u_{CE}<1V$ 时，特性曲线的起始上升部分，i_C 不受 i_B 控制，但随 u_{CE} 的增大而迅速增大，三极管工作在饱和状态，无放大作用。因为 u_{CE} 值很小，三极管的集电极和发射极电位近似相等，C、E 电极之间接近短路，等效于开关闭合状态。三极管工作于饱和状态的外部条件是：发射结和集电结均为正偏。

综上所述，三极管工作在放大区时才有电流放大作用，常用来构成各种放大电路。三极管工作于饱和区和截止区时，相当于开关的断开和接通，常用于开关控制和数字电路。

1.3.4 三极管的主要参数

三极管的特性除用特性曲线描述外，还可以用参数来表征，三极管的参数是正确选用管子的重要依据。三极管的参数较多，下面介绍几个主要参数。

1. 电流放大系数

（1）共发射极交流电流放大系数 β 为

$$\beta = \Delta I_C / \Delta I_B$$

（2）共发射极直流电流放大系数 $\bar{\beta}$ 为

$$\bar{\beta} = (I_C - I_{CEO})/I_B \approx I_C/I_B$$

一般情况下认为 $\bar{\beta}\approx\beta$。需要指出的是，β 的大小并不是一个不变的常数，它要受 I_C 的影响，I_C 过大或过小都会使 β 值减小，在选择三极管时，β 值不宜太大，以免影响电路的稳定性。

2. 极间反向电流

（1）集电极——基极间的反向饱和电流 I_{CBO}。此电流是指在发射极开路时，集电极和基极之间的反向电流。在一定温度下，I_{CBO} 基本上是个常数，故称为反向饱和电流。I_{CBO} 可由图 1-17 测得。I_{CBO} 受温度影响较大，硅管的 I_{CBO} 比锗管小得多，所以在环境温度变化较大时，尽可能选用硅管，以保证电路稳定工作。

（2）集电极——发射极间的反向电流 I_{CEO}。I_{CEO} 是在基极开路时，C、E 极间的反向电流（也称穿透电流），测试电路如图 1-18 所示。通常情况下有

$$I_{CEO} = (1+\beta) I_{CBO}$$

I_{CEO} 大的管子热稳定性差。

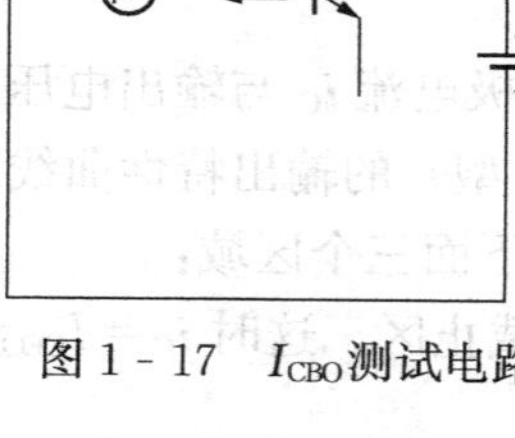

图 1-17 I_{CBO} 测试电路

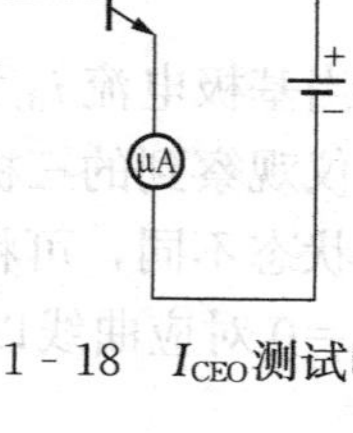

图 1-18 I_{CEO} 测试电路

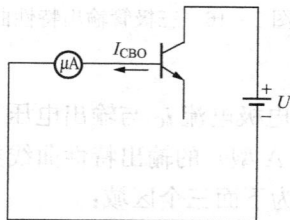

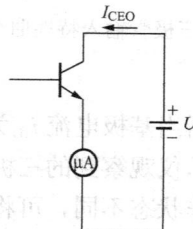

3. 极限参数

极限参数是三极管正常工作时，电压、电流、功率等的极限值，使用时不能超过任意极限值，以防止管子性能变坏甚至损坏。

(1) 集电极最大允许电流 I_{CM}。当 I_C 过大时，β 将下降，放大性能变差。一般规定，使 β 下降至正常值的 2/3 时所对应的 I_C 定义为 I_{CM}。实际应用时，不允许工作电流超过 I_{CM}，以免使三极管放大能力显著下降，甚至造成三极管损坏。

(2) 反向击穿电压 $U_{(BR)CEO}$。$U_{(BR)CEO}$是指当基极开路时，集电极与发射极之间能承受的最大电压。当电压 $U_{CE}>U_{(BR)CEO}$时，三极管将被击穿。

(3) 集电极最大允许耗散功率 P_{CM}。P_{CM}表示集电结允许损耗功率的最大值，超过 P_{CM}时，管子过热会使其性能变坏或损坏，因此规定 $P_C=i_Cu_{CE}\leqslant P_{CM}$。根据给定的 P_{CM}值可以做出一条 P_{CM}曲线，如图 1-19 所示，由 P_{CM}、I_{CM}和 $U_{(BR)CEO}$包围的区域为三极管安全工作区。

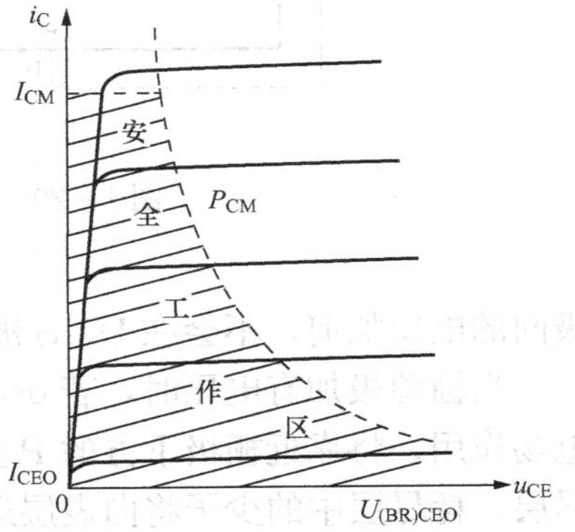

图 1-19　三极管安全工作区

由于半导体材料对温度比较敏感，因此三极管的参数要随温度发生变化，而其中 I_{CBO}、I_{CEO}、β 及 U_{BE} 受温度的影响最大，从而导致三极管的集电极电流 I_C 也随之发生变化。当温度升高时，I_C 就会增大，这样会使电路工作不稳定。

1.4　场 效 应 管

场效应管是一种新型的半导体器件，它利用电场来控制半导体中的多数载流子运动，又称为单极型晶体管。它除了兼有一般晶体管体积小、寿命长等特点外，还具有输入阻抗高、噪声低、热稳定性好、抗辐射能力强、功耗小、工作电源电压范围宽等优点，因此得到广泛应用。

根据结构不同，场效应管分成结型场效应管和绝缘栅型场效应管两大类，其中绝缘栅型场效应管由于制造工艺简单，便于实现集成化，因此应用更为广泛。本节仅介绍绝缘栅型场效应管，又称 MOS 管。

1.4.1　绝缘栅型场效应管的结构

绝缘栅型场效应管可分为增强型（有 N 沟道、P 沟道之分）和耗尽型（也有 N 沟道、P 沟道之分）两种。凡栅源电压 u_{GS}为零时，漏极电流 i_D 也为零的管子均属于增强型管；凡 u_{GS}为零时，i_D 不为零的管子均属于耗尽型管。

N 沟道增强型 MOS 管的结构和图形符号如图 1-20 所示。它在一块低掺杂的 P 型硅片上生成一层 SiO_2 薄膜绝缘层，然后用光刻工艺扩散两个高掺杂的 N 型区，并引出两个电极，分别是漏极 D 和源极 S；在源极和漏极之间的绝缘层上镀一层金属铝作为栅极 G；P 型硅片称为衬底，用字母 B 表示。

1.4.2　绝缘栅型场效应管的原理和特性

1. 栅源电压 u_{GS}的控制作用

当 $u_{GS}=0$V 时，漏源之间相当于两个背向的二极管，不存在导电沟道，不论加在 D、S

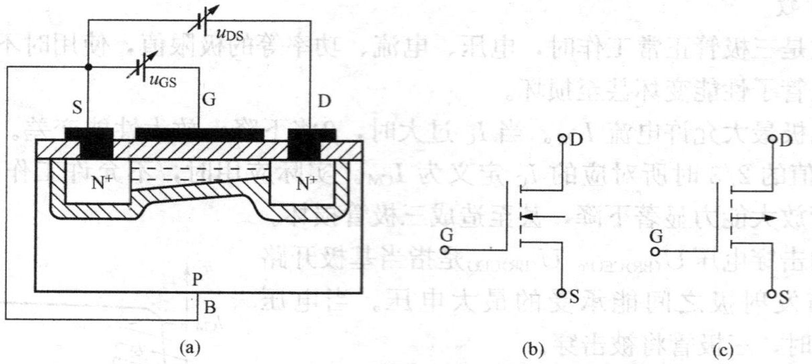

图 1 - 20　N 沟道增强型 MOS 管的结构和图形符号

（a）结构；（b）、（c）图形符号

极间的电压如何，不会在 D、S 极间形成电流。

当栅源极加有电压时，若 $0<u_{GS}<U_{GS(th)}$（$U_{GS(th)}$称为开启电压），通过栅极和衬底间的电场作用，将靠近栅极下方的 P 型半导体中的空穴向下方排斥，出现了一薄层负离子的耗尽层。耗尽层中的少子将向表层运动，但数量有限，不足以形成导电沟道，将漏极和源极沟通，所以仍然不足以形成漏极电流 i_D，如图 1 - 21（a）所示。

进一步增加 u_{GS}，当 $u_{GS}>U_{GS(th)}$时，由于此时的栅极电压已经比较大，在靠近栅极下方的 P 型半导体表层中聚集较多的自由电子，可以形成导电沟道，将漏极和源极沟通。如果此时加有漏源电压，就可以形成漏极电流 i_D。在栅极下方形成导电沟道中的自由电子，因与 P 型半导体的载流子空穴极性相反，故称为反型层，如图 1 - 21（b）所示。随着 u_{GS}的继续增加，i_D 将不断增加。在 $u_{GS}=0V$ 时 $i_D=0$，只有当 $u_{GS}>U_{GS(th)}$时才会出现漏极电流，这种 MOS 管称为增强型 MOS 管。

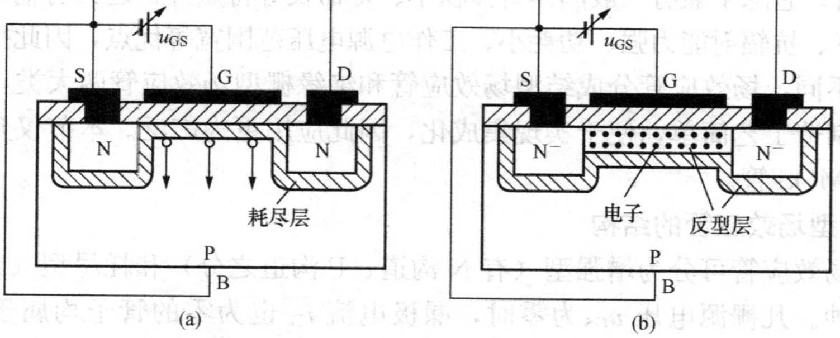

图 1 - 21　u_{GS}的控制作用

（a）耗尽层；（b）反型层

2. 漏源电压 u_{DS}对漏极电流 i_D 的控制作用

当 $u_{GS}>U_{GS(th)}$且固定为某一数值时，分析漏源电压 u_{DS}对漏极电流 i_D 的影响。u_{DS}的不同变化对沟道的影响如图 1 - 22 所示。根据此图有如下关系

$$u_{DS}=u_{DG}+u_{GS}=-u_{GD}+u_{GS}$$

当 u_{DS}为 0 或较小时，相当于 $u_{GD}>U_{GS(th)}$，此时 u_{DS}基本均匀降落在沟道中，沟道呈斜

线分布。在紧靠漏极处，沟道达到开启的程度以上，漏源之间有电流通过，如图1-22（a）所示。

当u_{DS}增加到使$u_{GD}=U_{GS(th)}$时，这时u_{DS}增加使漏极处沟道缩减到刚刚开启的情况，称为预夹断，如图1-22（b）所示，此时的漏极电流i_D基本饱和。

当u_{DS}增加到使$u_{GD}<U_{GS(th)}$时，此时预夹断区域加长，伸向S极。u_{DS}增加的部分基本降落在随之加长的夹断沟道上，i_D基本趋于不变，如图1-22（c）所示。

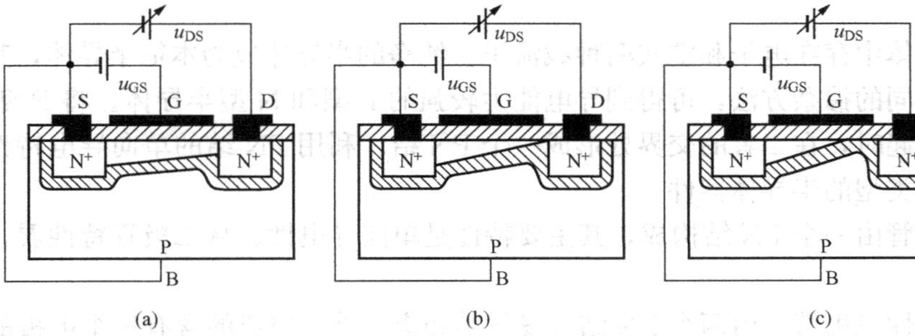

图1-22 u_{DS}对漏极电流i_D的影响

（a）i_D不为0；（b）i_D基本饱和；（c）i_D基本不变

3. 特性曲线

（1）转移特性曲线如图1-23（a）所示。当$u_{GS}<U_{GS(th)}$时，导电沟道没有形成，$i_D=0$。当$u_{GS}\geqslant U_{GS(th)}$时开始形成导电沟道，$i_D$随$u_{GS}$的增大而增大。

（2）输出特性曲线如图1-23（b）所示，它分成可变电阻区、恒流区和夹断区三个区。场效应晶体管还有其他类型，这里就不一一介绍。

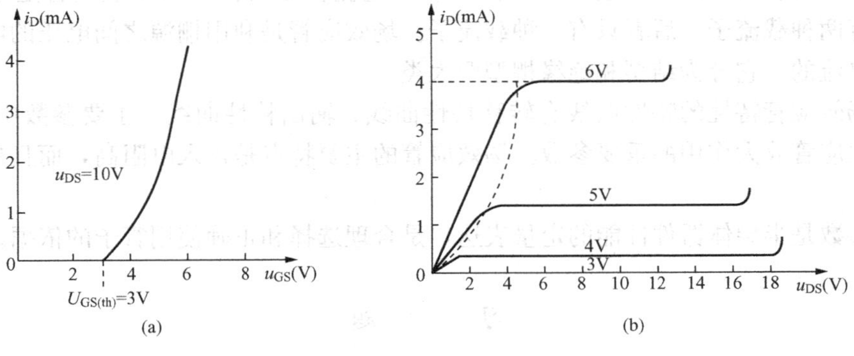

图1-23 N沟道增强型MOS管转移特性曲线和输出特性曲线

（a）转移特性曲线；（b）输出特性曲线

1.4.3 场效应晶体管主要参数

（1）开启电压$U_{GS(th)}$。当u_{DS}为常数时，由沟道将漏、源极连接起来的最小$|u_{GS}|$值，称为开启电压。

（2）低频跨导g_m。u_{DS}为定值时，漏极电流i_D的变化量Δi_D与引起这个变化的栅源电压u_{GS}的变化量Δu_{GS}的比值，称为低频跨导，表示为

$$g_m=\Delta i_D/\Delta u_{GS}(u_{DS}=常数)$$

（3）漏源击穿电压 $u_{(BR)GS}$。它指管子发生击穿，i_D 急剧上升时的 u_{DS} 值，$u_{DS} < u_{(BR)GS}$。

（4）最大耗散功率 P_{DM}。P_D 不能超过 P_{DM}，否则要烧坏管子。有

$$P_D = i_D u_{DS} < P_{DM}$$

（5）最大漏极电流 I_{DM}。管子工作时，漏极电流 i_D 不允许超过这个值。

本章小结

（1）半导体中存在电子和空穴两种载流子。纯净的半导体成为本征半导体，其导电性能很差。采用不同的掺杂方法，可得到导电能力较强的P型和N型半导体。将P型和N型半导体结合在一起时，在二者的交界处形成一个PN结。利用PN结的单向导电特性，可以制造出许多不同类型的半导体器件。

（2）二极管由一个PN结构成，其主要特性是单向导电性。从二极管特性看，它是一个非线性器件。

（3）双极性三极管是由两个PN结（发射结和集电结）组成的含有三个电极的半导体器件。三极管有PNP型和NPN型两种类型，除外接电压极性相反外，其工作原理完全相同。

三极管内各电流的分配关系为 $I_E = I_B + I_C$，$I_C = \beta I_B$，即三极管具有电流控制作用。利用三极管的电流控制作用可以实现对电信号的放大。三极管工作在放大状态时，发射结正向偏置，集电结反向偏置。

描述三极管特性的特性曲线有输入特性曲线、输出特性曲线。三极管的共射输出特性可以划分为截止区、放大区和饱和区三个区。为了对输入信号进行线性放大，避免产生严重的非线性失真，应使三极管工作在放大区内。

（4）场效应管与普通晶体管不同，晶体管是电流控制元件，而场效应管是电压控制元件。前者有两种载流子，后者只有一种载流子。场效应管是利用栅源之间电压的电场效应来控制漏极电流的，它分为结型和绝缘栅型两大类。

描述场效应管特性的特性曲线有转移特性曲线、输出特性曲线，主要参数中，跨导 g_m 是表征场效应管放大作用的重要参数。场效应管的主要特点是输入电阻高，而且易于大规模集成。

（5）参数是半导体器件性能的定量表达，是合理选择和正确使用管子的依据。

习　　题

1-1　什么是N型半导体和P型半导体？其多数载流子和少数载流子各是什么？能否说N型半导体带负电，P型半导体带正电？

1-2　杂质半导体中，多数载流子和少数载流子的浓度由什么决定？和温度有什么关系？

1-3　为什么不宜用万用表的R×1或R×10k挡测量小功率二极管的极性？

1-4　三极管的主要功能是什么？放大的实质是什么？放大的能力用什么来衡量？

1-5　某三极管管脚①流进2mA电流，管脚②流出1.95mA电流，管脚③流出0.05mA电流，判断各管脚名称并指出是PNP型还是NPN型三极管。

1-6 在电路中测出各三极管的三个电极对地电位，如图1-24所示。试判断各三极管处于何种工作状态（设图1-24中PNP型均为锗管，NPN型为硅管）。

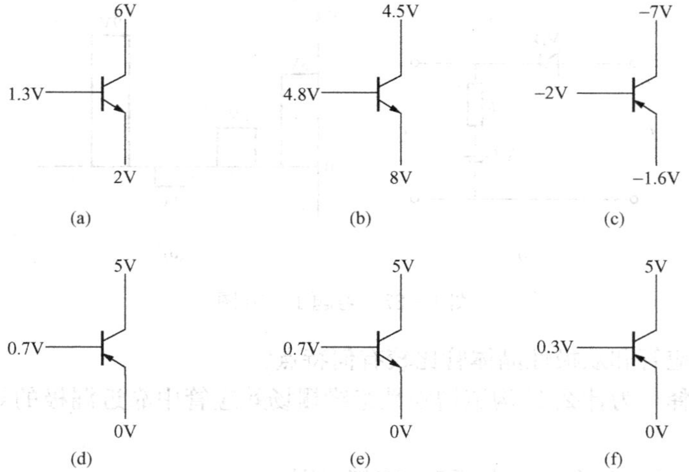

图1-24 习题1-6图

1-7 两个同型号的三极管，一个三极管的 $\beta=200$、$I_{CEO}=200\mu A$，另一个三极管的 $\beta=50$、$I_{CEO}=10\mu A$，其他参数相同。你认为哪个三极管工作可靠？为什么？

1-8 计算图1-25所示电路的输出电压 U_o：

（1）$U_1=U_2=0$ 时；

（2）$U_1=U$，$U_2=0$ 时；

（3）$U_1=U_2=U$ 时。

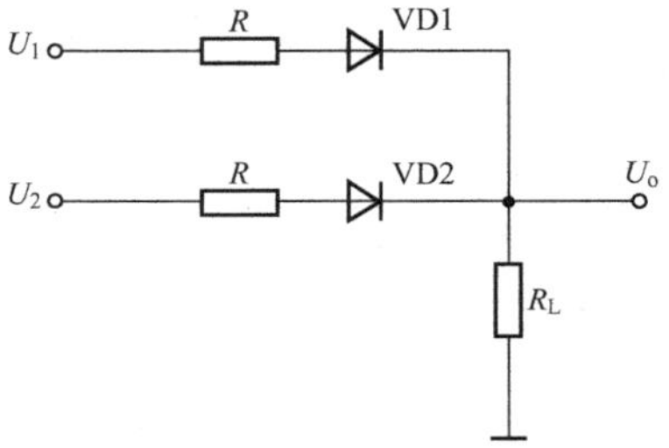

图1-25 习题1-8图

1-9 在图1-26所示电路中，$U=5V$，$u_i=10\sin\omega t V$，二极管正向压降可忽略不计。试画出输出电压 u_o 的波形。

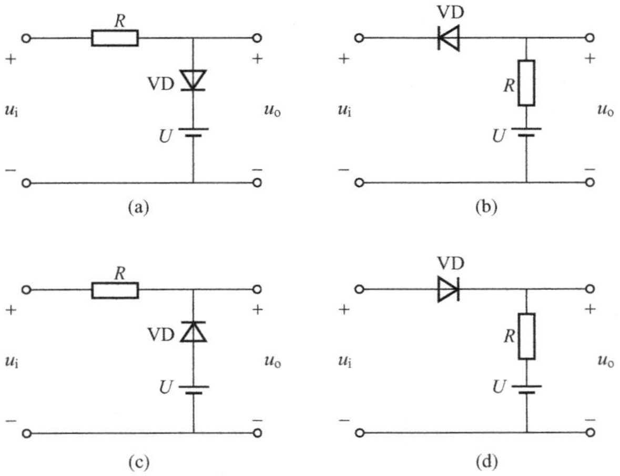

图1-26 习题1-9图

1-10　在图1-27所示电路中，设VD为理想二极管，已知输入电压 u_i 的波形。试画出输出电压 u_o 的波形。

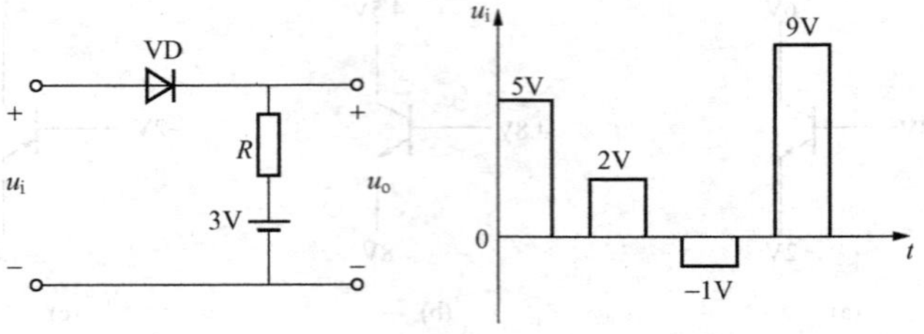

(a)　　(b)

图1-27　习题1-10图

1-11　场效应管和双极性晶体管比较有何特点？

1-12　试解释，为什么N沟道增强性绝缘栅场效应管中靠近漏极的导电沟道较窄，而靠近源极的较宽。

1-13　夹断电压 U_P 和开启电压 U_T 有何区别？

第2章 三极管放大电路

放大电路的功能是利用三极管的电流控制作用，把微弱的电信号不失真地放大到所需要的数值，实现将直流电源的能量转化为按输入信号规律变化的且具有较大能量的输出信号。

放大电路的形式和种类很多，主要有交流和直流放大电路。按放大的对象分，有电压、电流和功率放大电路；按工作频率来分，有低频、中频和高频放大电路；按输入电信号的强弱来分，有小信号和大信号放大电路；按放大电路中三极管的连接方式来分，有共发射极、共基极和共集电极放大电路；按放大电路的级数来分，有单级和多级放大电路。

固定偏置放大电路是最基本的放大电路，也是放大电路的基础，很多复杂的电子电路都由它组合或演变而成。因此，本章首先分析了单管共射极放大电路的组成及其静态工作点的意义和估算法、交流参数的图解法及微变等效电路法，接着分析了射极输出器的组成、工作特点及其应用，进而分析了多级放大电路的耦合方式及交流参数的计算，扩展讨论了OTL和OCL电路。在本章的最后，介绍了正弦波振荡电路的一般组成、工作原理及分析方法。

2.1 基本放大电路

2.1.1 基本放大电路的组成和各元件的作用

1. 基本放大电路的组成

图2-1是由NPN型三极管组成的固定偏置放大电路，它是最基本的放大电路。交流信号 u_i 从基极回路中输入，输出信号 u_o 取自集电极。三极管的发射极作为输入回路与输出回路的公共端，所以称为共发射极放大电路（简称共射电路）。顺便指出，根据不同要求，也可分别把三极管的集电极或基极作为输入和输出回路的公共端，从而组成共集电极放大电路和共基极放大电路，因此放大电路有三种不同组态。

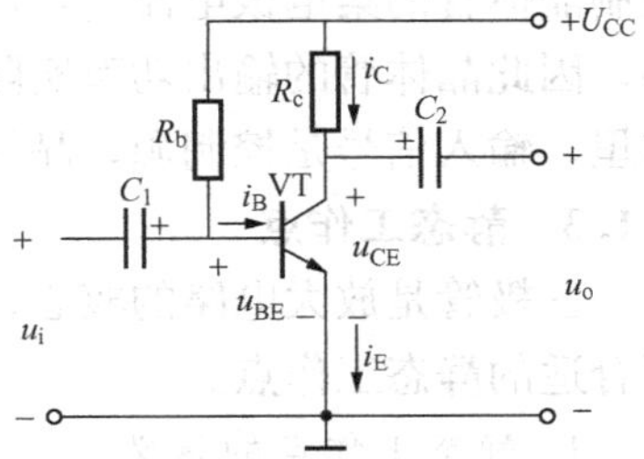

图2-1 基本放大电路

2. 各元器件的作用

(1) 三极管VT。它是放大电路的核心，担负着放大作用。

(2) 基极偏流电阻 R_b。其作用是向三极管的基极提供合适的偏置电流，并使发射结正向偏置。选择合适的 R_b 值很重要，在以后的分析中将会看到，基极偏置电流的大小与放大作用的优劣，以及放大电路的其他性能有着密切的联系。

(3) 集电极负载电阻 R_c。R_c 串接在集电极与 U_{CC} 之间，称为集电极负载电阻。它的作用是把三极管的电流放大转换为电压放大。

(4) 直流电源 U_{CC}。U_{CC} 有两个作用，一是通过 R_b 和 R_c 使三极管发射结正偏、集电结反偏，使三极管工作在放大区；二是为放大电路提供能源。放大电路放大的实质是，用能量较小的输入信号，去控制能量较大的输出信号，但三极管自身并不能创造能量，因此输出信号的能量，来源于电源 U_{CC}。

（5）电容 C_1 和 C_2。它们起“隔直通交”的作用，避免放大电路的输入端与信号源之间、输出端与负载之间直流分量的互相影响。一般 C_1 和 C_2 为选用的电解电容器电容。

用 PNP 型三极管组成放大电路时，电源的极性和电解电容极性，正好与 NPN 型电路相反。

2.1.2　基本放大电路的工作原理

在分析放大器原理以前，先对有关符号进行说明。以基极电流为例，i_B 代表基极电流的瞬时值，I_B 代表直流分量，i_b 代表交流分量，其他各极电流符号亦如此。对电压，如基极与发射极之间的电压，u_{BE} 代表电压瞬时值，U_{BE} 代表直流压降，u_{be} 代表交流压降，其他各极间的电压符号亦如此。而交流电流和电压的有效值分别用 I_b 和 U_{be} 表示，相量用 $\dot{I}_b$ 和 $\dot{U}_{be}$ 表示。

本节首先定性地分析单管共射电路的放大原理。假设电路中的参数及三极管的特性能够保证三极管工作在放大区。此时，如果在放大电路的输入端加上一个微小的输入电压变化量 Δu_i，则三极管基极与发射极之间的电压也将随之发生变化，产生 Δu_{BE}。因三极管的发射结处于正向偏置状态，故当发射结电压发生变化时，将引起基极电流产生相应的变化，得到 Δi_B。由于三极管工作在放大区，具有电流放大作用，因此，基极电流的变化将引起集电极电流发生更大的变化，即 Δi_C 等于 Δi_B 的 β 倍。这个集电极电流的变化量流过集电极负载电阻 R_c，使集电极电压也发生相应的变化。由图 2－1 可见，当 i_C 增大时，R_c 上的电压降也增大，于是 u_{CE} 将降低，因为 R_c 上的电压与 u_{CE} 之和等于 U_{CC}，而这个集电极直流电源是恒定不变的，所以 u_{CE} 的变化量 Δu_{CE} 与 Δi_C 在 R_c 上产生的电压变化量数值相等而极性相反，即 $\Delta u_{CE}=-\Delta i_C R_c$。在本电路中，集电极电压 u_{CE} 即等于输出电压 u_o，故 $\Delta u_o=\Delta u_{CE}$。

综上可知，放大器的放大原理实质上是微弱的信号电压 u_i 通过晶体管的控制作用，去控制晶体管的集电极电流 i_C，i_C 又在 R_c 的作用下转换成电压 u_o 输出。I_C 是直流电源提供的，因此晶体管的输出功率实际上是利用晶体管的控制作用，把直流电能转化为交流电能。这里，输入信号是控制源，晶体管是控制元件，直流电为受控对象。

2.1.3　静态工作点

三极管是放大电路的核心，要使三极管正常地发挥作用，还必须具备一定的外部条件，即合适的静态工作点。

1. 静态工作点的意义

当输入信号为零时，放大电路只有直流电源作用，各处的电压和电流都是直流量，称为直流工作状态或静态。这时三极管的基极电流 I_{BQ}、集电极电流 I_{CQ} 和集射极电压 U_{CEQ}，由它们在晶体管输出特性曲线上所确定的一个点，称为静态工作点，简称 Q 点。

从减少电能损耗的角度来看，总希望静态值越小越好。例如，为了减少电流，依据关系式 $I_{CQ}=\beta I_{BQ}$，可以减小 I_{BQ}，但是当 I_{BQ} 太小时，交流信号 u_i 的负半波的全部或部分会使三极管的发射结进入“死区”，电路处于截止状态，失去对负半波的正常放大作用。相反，I_{BQ} 太大，除了增加功率损耗外，更严重的是，当输入信号正半波到来时，电路会进入饱和区，

i_B 对 i_C 失去控制作用，同样不能正常放大。I_{BQ}的值对放大电路工作的好坏起着十分重要的作用。另外，I_{CQ}和U_{CEQ}对放大电路的影响也不能忽视。Q 点是由它们三者共同确定的。因此，对放大电路首先应设置合适的静态工作点，才能正常工作。

2. 用估算法确定静态工作点

处于静态下的电路，只有直流成分而无交流成分。把图 2-2（a）所示的基本放大电路删去电容，就变为如图 2-2（b）所示的直流通路。

在直流通路图 2-2（b）中，依据 KVL 有

$$I_{BQ}R_b + U_{BEQ} - U_{CC} = 0$$

$$I_{BQ} = (U_{CC} - U_{BEQ})/R_b$$ （U_{BEQ} 很小，锗管约为 0.3V，硅管约为 0.7V）

$$I_{CQ} = \beta I_{BQ}$$

$$U_{CC} = I_{CQ}R_C + U_{CEQ}$$

$$U_{CEQ} = U_{CC} - I_{CQ}R_C$$

【例 2-1】 在图 2-2（a）所示电路中，若 $R_b = 300\text{k}\Omega$，$R_c = 2\text{k}\Omega$，$\beta = 80$，$U_{CC} = 12\text{V}$，试求电路的静态工作点。

解

$$I_{BQ} = (U_{CC} - U_{BEQ})/R_b = (12 - 0.7)/300 = 0.04(\text{mA})$$

$$I_{CQ} = \beta I_{BQ} = 80 \times 0.04 = 3.2(\text{mA})$$

$$U_{CEQ} = U_{CC} - I_{CQ}R_c = 12 - 3.2 \times 2 = 5.6(\text{V})$$

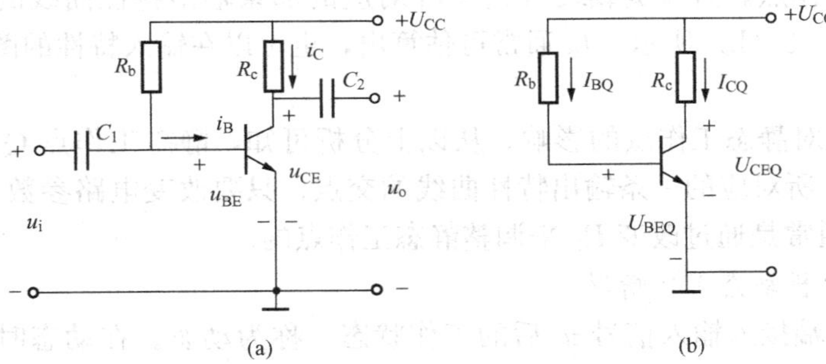

图 2-2 基本放大电路和直流通路

（a）基本放大电路；（b）直流通路

故电路的静态工作点为：$I_{BQ}=0.04\text{mA}$，$I_{CQ}=3.2\text{mA}$，$U_{CEQ}=5.6\text{V}$。

以上分析的是晶体管为 NPN 型的情况，当晶体管为 PNP 型时，U_{CC}应为负值，分析方法相同。

2.1.4 用图解法分析放大电路

2.1.2 节定性分析了放大器的基本原理，现在对放大器进一步进行定量分析，本节从图解法分析入手。图解法是分析非线性电路的一种基本方法。所谓图解法，是利用晶体管的特性曲线，通过作图的方法，直观地分析放大电路。对一个放大电路的分析一般包括两方面的内容：静态工作情况和动态工作情况的分析。前者主要确定静态工作点，后者主要研究放大电路的性能指标。

1. 用图解法确定静态工作点

用图解法确定放大电路的静态工作点的步骤如下：

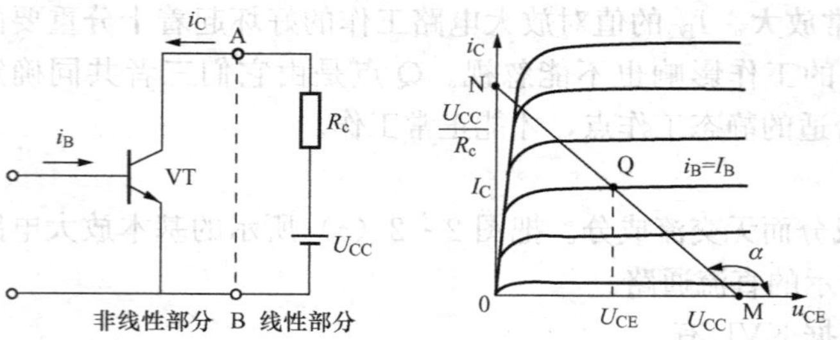

(a) (b)

图 2-3 静态工作点的图解

(a) 输出回路;(b) 图解分析

(1) 作直流负载线。图 2-3 (a) 所示电路是图 2-2 (b) 直流通路的输出回路,它由两部分组成(以 AB 两点为界):左边是非线性部分——三极管;右边是线性部分——由电源 U_{CC} 和 R_c 组成的外部电路。在这个电路中的 i_C 和 u_{CE} 既要满足三极管的伏安关系——输出特性,又要满足外部电路的伏安关系,于是,由这两条伏安关系曲线的交点便可确定出 I_C 和 U_{CE}。

由图 2-3 (a) 可知,外部电路的伏安关系为

$$u_{CE}=U_{CC}-i_CR_c$$

这是直线方程,用作图法,令 $u_{CE}=0$,$I_C=U_{CC}/R_c$,得 N 点 $(0,U_{CC}/R_c)$,又令 $i_C=0$,$u_{CE}=U_{CC}$,再得 M 点 $(U_{CC},0)$,连接 M、N 两点,便得到了外部电路的伏安特性曲线,如图 2-3 (b) 所示。由于该直线由直流通路定出,其斜率为 $\tan\alpha=-\tan(180°-\alpha)=-1/R_c$,由集电极负载电阻 R_c 决定,故称之为输出回路的直流负载线。

(2) 求静态工作点。直流负载线与 $i_B=I_B$ 对应的那条输出特性曲线的交点 Q,即为静态工作点,如图 2-3 (b) 所示。I_B 通常可估算出,也可以在输入特性的图上用图解的方法确定。

(3) 电路参数对静态工作点的影响。从以上分析可知,静态工作点 Q 是输出回路的直流负载线与 $i_B=I_B$ 所对应的一条输出特性曲线的交点,只要改变电路参数 R_b、R_c 和 U_{CC} 就可以改变 Q 点。通常是通过改变 R_b 来调整静态工作点的。

2. 用图解法分析动态工作情况

放大电路输入端接入输入信号 u_i 后的工作状态,称为动态。在动态时,放大电路在输入电压 u_i 和直流电源 U_{CC} 的共同作用下,电路中既有直流分量,又有交流分量。动态分析就是分析这些交流分量的变化规律及相互关系。

一般用放大电路的交流通路(交流电流流通的路径)来分析放大电路中各个交流量的变化规律及动态性能。由放大电路画其交流通路的原则是:①由于在交流通路中只考虑交流电压的作用,直流电源 U_{CC} 内阻很小,将它作短路处理;②由于电容 C_1 和 C_2 足够大,对交流量可视为短路。据此,可画出放大电路 2-4 (a) 的交流通路,如图 2-4 (b) 所示。

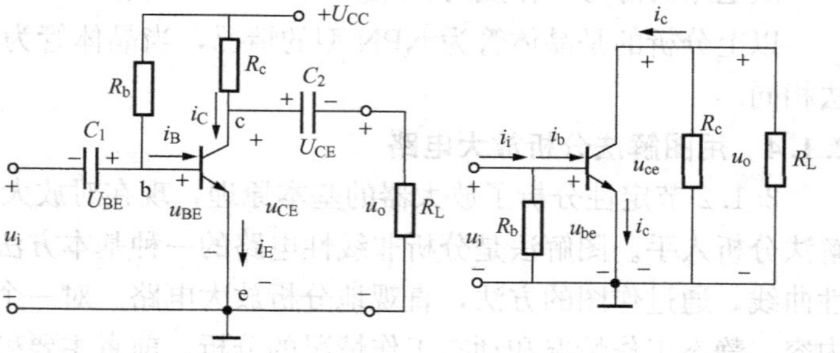

(a) (b)

图 2-4 共射放大电路

(a) 放大电路;(b) 交流通路

(1) 根据 u_i 波形在输入特性曲线上求 i_B 波形。三极管发射结

电压的瞬时值 $u_{BE}=U_{BEQ}+u_i$（U_{BEQ}是发射结的静态偏压）。在 u_i 的正半周，工作点从 Q 点往上移，使基极电流的瞬时值 i_B 增大，当 u_i 到达正向最大值时，i_B 增大到最大值 $I_{BQ}+I_{bm}$；在 u_i 的后半周，工作点从 Q 点往下移，i_B 减小，当 u_i 到达负向最大值时，i_B 减小到最小值 $I_{BQ}-I_{bm}$。只要输入信号 u_i 的幅度比较小，工作点移动范围不大，就可以认为电流和电压呈线性关系。所以，在正弦电压 u_i 作用下，基极电流 i_B 是静态电流 I_{BQ}与一个正弦交流分量 i_b 的叠加，即

$$i_b = I_{bm}\sin\omega t$$

$$i_B = I_{BQ} + i_b = I_{BQ} + I_{bm}\sin\omega t$$

u_{BE}和 i_B 之间的波形关系，如图 2-5（a）所示。

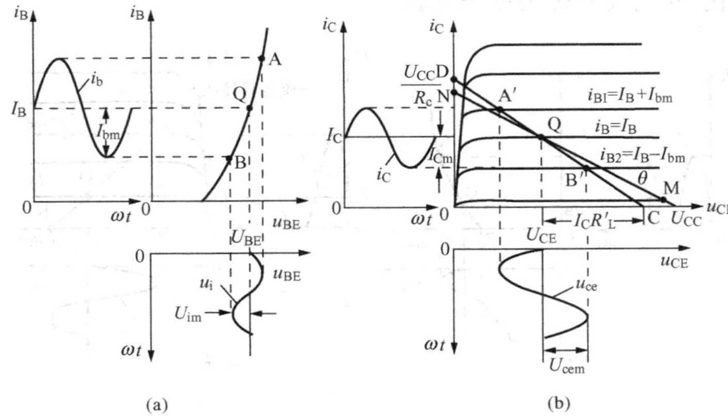

图 2-5 用图解法分析动态工作情况

（a）输入回路；（b）输出回路

（2）作交流负载线。放大电路在动态时，三极管各极电流和各极间的电压都在静态值的基础上叠加一个交流分量。由图 2-5（b）交流通路可得

$$u_{CE} = U_{CEQ} - (i_C - I_C)R'_L$$

式中，R'_L为放大电路的交流负载电阻，$R'_L=R_c/\!/R_L$。

该关系式也是直线方程，其作出的直线斜率为$-1/R'_L$，由交流负载电阻 R'_L所决定，故该直线称为交流负载线。

交流负载线的作法是：令 $i_C=0$，根据式 $u_{CE}=U_{CEQ}-(i_C-I_C)R'_L$有 $u_{CE}=U_{CEQ}+I_CR'_L$，于是在坐标横轴上取点 C，C 点的坐标为（$u_{CE}=U_{CEQ}+I_CR'_L$，$i_C=0$），将 C 点与静态工作点 Q 相连，并延长至纵轴（i_C 轴）交 D 点，则 CD 为交流负载线，如图 2-5（b）所示。直线 CD 的斜率为$-1/R'_L$，由于 $R'_L<R_C$，故交流负载线比直流负载线陡一些。

（3）由输出特性曲线和交流负载线求 i_C 和 u_{CE}波形。前已述，i_B 在 I_B 的基础上按正弦规律变化，故交流负载线与输出特性曲线的交点，即动态工作点也随之改变，如图 2-5（b）所示，由 Q 点→A′点→Q 点→B′点→Q 点，根据工作点移动的轨迹，可画出 i_C 和 u_{CE} 的波形。由于三极管的工作段（A′～B′段）位于输出特性曲线的水平部分（线性区），则 i_C 和 u_{CE}在 I_C 和 U_{CE}的基础上，也按正弦规律变化，即

$$i_C = I_{CQ} + I_{Cm}\sin\omega t$$

$$u_{CE} = U_{CEQ} - U_{cem}\sin\omega t$$

由于 C_2 的隔直作用，电路输出电压 $u_o=-U_{cem}\sin\omega t$。

3. 放大电路的非线性失真

所谓失真，是指放大电路输出信号的波形与输入信号的波形不再相似。非线性失真是放大电路中经常发生的一类失真，它是由于动态工作点进入三极管的饱和区或截止区造成的。下面讨论两种主要的非线性失真。

（1）截止失真。在图 2-6（a）中，静态工作点 Q 的位置偏低，而输入电压 u_i 的幅度又相对比较大，则在 u_i 的负半周的部分时间内出现 u_{BE} 小于发射结导通电压的情况，此时 $i_B=0$，三极管工作于截止区，使 i_b 的负半周出现了平顶。对应到图 2-6（b）中，工作波形进入 B′点后的一段时间内，i_C 的负半周出现了平顶，u_{CE} 的正半周也出现了平顶。这种由于工作点进入截止区而引起的失真称为截止失真。

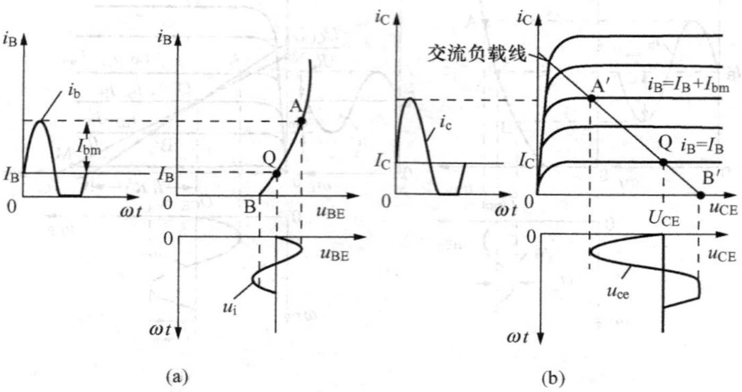

图 2-6 截止失真

（a）从输入特性分析截止失真；（b）从输出特性分析截止失真

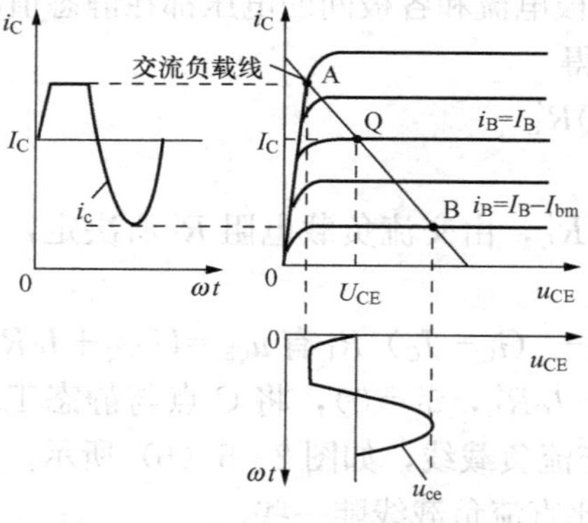

图 2-7 饱和失真

（2）饱和失真。当静态工作点 Q 的位置偏高，而输入信号 u_i 的幅度又相对比较大时，在 u_i 正半周的部分时间内，三极管进入饱和区工作，这时 i_b 可以不失真，但 $i_C=\beta i_b$ 的关系已不复存在，i_b 增加，i_c 却不随之增加，其正半周出现了平顶，相应地 u_{CE} 的负半周也出现了平顶，如图 2-7 所示。这种由于三极管进入饱和区工作而引起的失真称为饱和失真。

假若输入信号幅度过大，可能同时出现截止失真和饱和失真。通常可以用示波器观察 u_{CE} 的波形来判别失真的类型，当正半周出现平顶时是截止失真，当负半周出现平顶时是饱和失真，这是指 NPN 型三极管而言。

为了减小和避免非线性失真，必须合理地设置静态工作点的位置，并适当限制输入信号的幅度。一般情况下，静态工作点应大致设置在交流负载线的中点。

2.1.5 放大器的主要性能指标

从外部来看，放大器可理解为如图 2-8 所示的等效网络。

1. 放大倍数或增益

为了衡量放大器的放大能力，规定输出量与输入量之比为放大器的放大倍数。

(1) 电压放大倍数为

$$\dot{A}_u=\frac{\dot{U}_o}{\dot{U}_i}$$

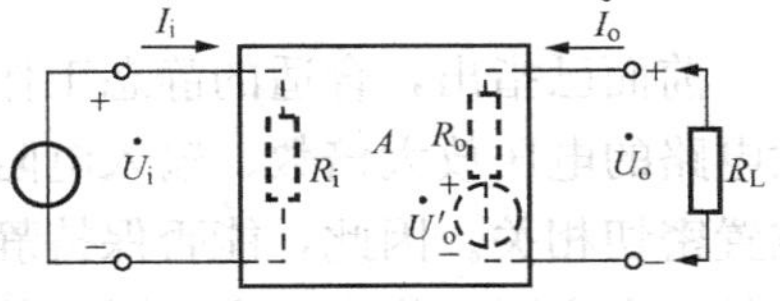

图 2-8 放大器的等效网络

式中，$\dot{U}_o$ 和 $\dot{U}_i$ 分别为输出和输入电压的有效值相量。

(2) 电流放大倍数为

$$\dot{A}_i=\dot{I}_o/\dot{I}_i$$

2. 最大输出幅度

最大输出幅度表示放大器能供给的最大输出电压（或输出电流）的大小，用 U_{om} 和 I_{om} 表示。

3. 输入电阻

从放大电路输入端看进去的等效电阻称为放大器的输入电阻，如图 2-8 所示。

$$R_i=\dot{U}_i/\dot{I}_i$$

一般用恒压源时，总是希望放大器输入电阻越大越好，因此可以减小输入电流，减小信号源内阻的压降，增加输出电压的幅值。

4. 输出电阻

从输出端来看，放大器相当于一个电压源和一个电阻串联的电路，从等效电阻的意义可知，该电阻就是放大器输出端的等效电阻，称为放大器的输出电阻，如图 2-8 中的 R_o。R_o 的测量方法与求电源内阻的方法相同，由图 2-8 可求得 $R_o=(\dot{U}_o'/\dot{U}_o-1)R_L$。

当用恒压源时，放大器的输出电阻越小越好，就如希望电源的内阻越小越好一样，可以增加输出电压的稳定性，即改善负荷性能。

5. 通频带

因为放大器电路中有电容元件，晶体管极间也存在电容，有的放大电路还有电感元件，电容和电感对不同频率的交流电有不同的阻抗，所以放大器对不同频率的交流信号有着不同的放大倍数。一般来说，频率太高或太低放大倍数都要下降，只有对某一频率段放大倍数才较高且基本保持不变，设这时放大倍数为 $|\dot{A}_{um}|$，当放大倍数下降为 $|\dot{A}_{um}|/\sqrt{2}$ 时，所对应的频率分别称为上限频率 f_H 和下限频率 f_L。上下限频率之间的频率范围，称为放大器的通频带，如图 2-9 所示。

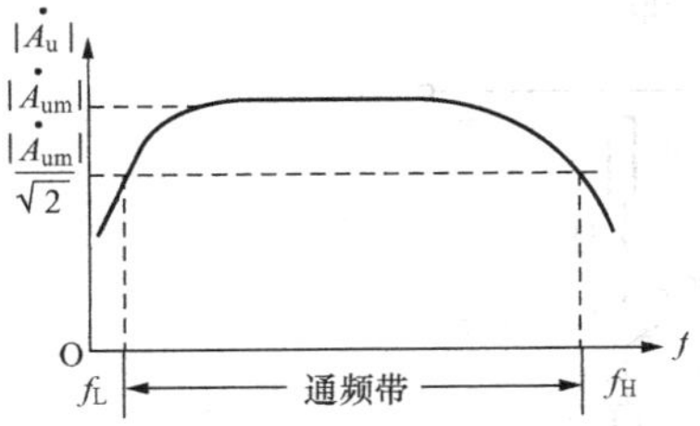

图 2-9 放大器的通频带

6. 最大输出功率与效率

放大器的最大输出功率是指它能向负载提供的最大交流功率，用 P_{om} 表示。在前面已讨论过，放大器的输出功率是通过晶体管的控制作用，把直流电转化为交流电输出的。这样就必须讨论其转化的效率问题，规定放大器输出的最大功率与所消耗的直流电的总功率之比叫放大器的效率 η。

如何提高放大器的效率，将在以后的功率放大器中进行讨论。以上只是做个简单的说明，有的内容要在进一步学习的基础上才能讨论。

2.2 稳定静态工作点的放大电路

前面已指出，合适的静态工作点是三极管处于正常放大工作状态的前提和保证，而且放大电路的电压放大倍数、输入电阻、输出电阻和输出动态范围等性能指标，与静态工作点的位置密切相关。因此，能否保持静态工作点的稳定，是能否保证放大电路稳定工作的关键。但是，在实际工作中，由于温度的变化、电路元件的老化和电源电压的波动等原因，都可能导致静态工作点不稳定，在这诸多的因素中，以温度变化的影响最大。下面着重研究温度变化对静态工作点的影响，并介绍能稳定静态工作点的放大电路。

2.2.1 温度变化对静态工作点的影响

放大电路所处的环境温度总免不了随时间、季节、地点而变化，而且放大电路工作以后，三极管还会发热，这些因素都将引起三极管的温度发生变化。在第 1 章介绍三极管的参数随温度变化时曾指出：当温度升高时，三极管的 U_{BE} 降低，I_{CBO}、I_{CEO} 增大。这些参数变化，都将导致静态基极电流 I_{BQ} 和集电极电流 I_{CQ} 的增大。而 I_{CQ} 增大，静态工作点便升高。反之，温度降低时，静态工作点就降低。温度变化引起静态工作点变化，会使放大电路工作不稳定，这是必须加以解决的问题。

2.2.2 静态工作点的稳定

1. 分压式偏置放大电路的组成

由于三极管参数的温度稳定性较差，在固定偏置放大电路中，当温度变化时，会引起电路静态工作点的变化，严重时会造成输出电压失真。因此，为了稳定放大电路的性能，必须在电路的结构上加以改进，使静态工作点保持稳定。分压式偏置放大电路，就是一种静态工作点比较稳定的放大电路，其电路如图 2-10 所示。

从电路的组成来看，三极管的基极连接有上偏电阻 R_{B1} 和下偏电阻 R_{B2} 两个偏置电阻，发射极支路串接了电阻 R_E（称为射极电阻）和旁路电容 C_E（称为射极旁路电容）。

2. 稳定静态工作点的原理

分压式偏置放大电路的直流通路如图 2-11 所示，基极偏置电阻 R_{B1} 和 R_{B2} 的分压，使三极管的基极电位 U_B 固定。由于基极电流 I_{BQ} 远远小于 R_{B1} 和 R_{B2} 的电流 I_1 和 I_2，因此，$I_1 \approx I_2$。三极管的基极电位 U_B 完全由 E_c 及 R_{B1}、R_{B2} 决定，即

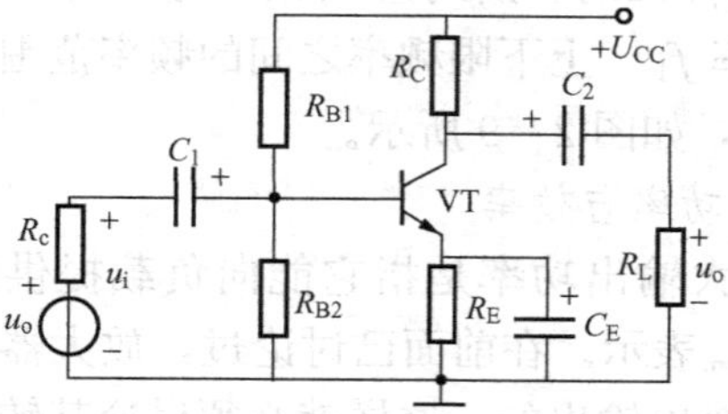

图 2-10 分压式偏置放大电路

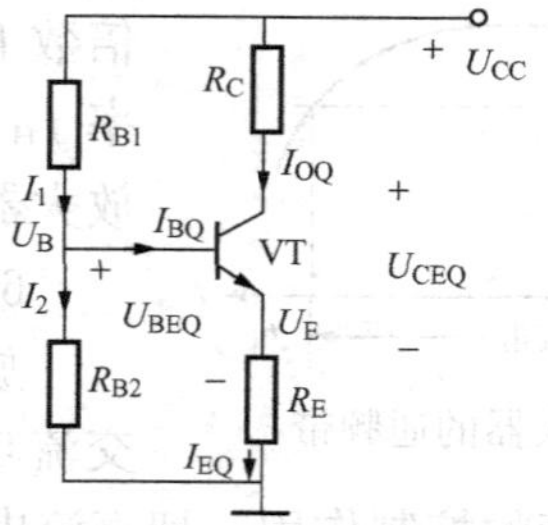

图 2-11 分压式偏置放大电路的直流通路

$$U_{BQ} = \frac{R_{B2}}{R_{B1} + R_{B2}} U_{CC}$$

由上式可知，U_{BQ}与三极管的参数无关，几乎不受温度影响。发射极电位U_{EQ}等于发射极电阻R_E乘电流I_{EQ}，即

$$U_{EQ}=R_E I_{EQ}$$

三极管发射结的正向偏压U_{BEQ}等于U_{BQ}减U_{EQ}，即

$$U_{BEQ}=U_{BQ}-U_{EQ}$$

当温度升高时，I_{CQ}、I_{EQ}均会增大，因此R_E的压降U_{EQ}也会随之增大，由于U_{BQ}基本不变化，所以U_{BEQ}减小，而U_{BEQ}减小又会使I_{BQ}减小，I_{BQ}减小又使I_{CQ}减小，因此I_{CQ}的增大就会受到抑制，电路的静态工作点能基本保持不变化。上述变化过程可以表示为

$$\text{温度上升}\rightarrow I_{CQ}\uparrow\rightarrow I_{EQ}\uparrow\rightarrow U_{EQ}\uparrow\rightarrow U_{BEQ}\downarrow\rightarrow I_{BQ}\downarrow\rightarrow I_{CQ}\downarrow$$

3. 电路静态工作点的估算

由图 2-11 所示的直流通路可得

$$U_{BQ}=\frac{R_{B2}}{R_{B1}+R_{B2}}U_{CC}$$

$$I_{EQ}=\frac{U_{BQ}-U_{BEQ}}{R_E}$$

$$I_{CQ}\approx I_{EQ}$$

$$I_{BQ}=I_{CQ}/\beta$$

$$U_{CEQ}=U_{CC}-I_{CQ}R_C-I_{EQ}R_E$$

$$U_{CEQ}\approx U_{CC}-I_{CQ}(R_C+R_E)$$

【例 2-2】 分压式偏置电路如图 2-10 所示。已知$R_{B1}=10\text{k}\Omega$，$R_{B2}=5\text{k}\Omega$，$R_C=2\text{k}\Omega$，$R_E=1\text{k}\Omega$，$U_{CC}=12\text{V}$，$\beta=50$，试求电路的静态工作点。

解

$$U_{BQ}=\frac{R_{B2}}{R_{B1}+R_{B2}}U_{CC}=\frac{5}{10+5}\times 12=4(\text{V})$$

$$I_{CQ}\approx I_{EQ}=\frac{U_{BQ}-U_{BEQ}}{R_E}=(4-0.7)\div 1=3.3(\text{mA})$$

$$I_{BQ}=I_{CQ}/\beta=3.3\div 50=66(\mu\text{A})$$

$$U_{CEQ}\approx U_{CC}-I_{CQ}(R_C+R_E)=12-3.3\times 3=2.1(\text{V})$$

2.3 微变等效电路分析法

图解法能直观地了解放大电路的静态和动态工作情况，分析非线性失真，但作图麻烦，有一定误差，尤其在分析多级放大电路时更为困难。在定量估算放大电路的交流参数时，通常采用微变等效电路法。微变等效电路法就是在小信号的条件下，在给定的工作范围内，将非线性元件三极管近似地用一线性电路等效替代。利用线性电路的分析方法，求解放大电路的各项性能指标。这里的微变，就是小信号的意思。

2.3.1 三极管的微变等效电路

1. 三极管输入回路的等效电路

三极管的输入特性曲线是非线性的，但在小信号输入情况下，静态工作点 Q 附近的工作段可看成一直线，如图 2-12（a）所示。ΔU_{BE}与ΔI_B之比，定义为三极管的输入电阻r_{be}，即

$$r_{be}=\Delta U_{BE}/\Delta I_B$$

因此，三极管的输入回路可用 r_{be} 等效，如图 2-12（b）所示。在工程上，小功率管的 r_{be} 可用下列公式估算

$$r_{be}=300+(1+\beta)\times\frac{26}{I_E}$$

式中，I_E 为发射极电流的静态值，mA。

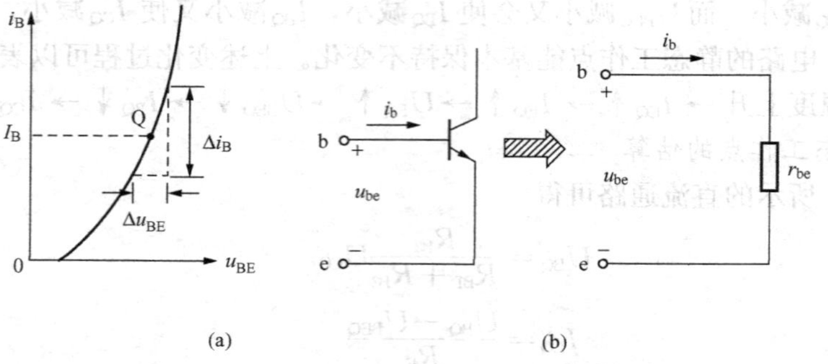

图 2-12　输入回路等效电路

（a）输入特性曲线；（b）等效电路

2. 三极管输出回路的等效电路

由三极管的输出特性曲线图 2-13（a）可知，在放大区内，I_C 只受 I_B 控制，与 U_{CE} 几乎无关。因此，三极管的输出回路可用一受控电流源 $i_c=\beta i_b$ 代替，如图 2-13（b）所示。

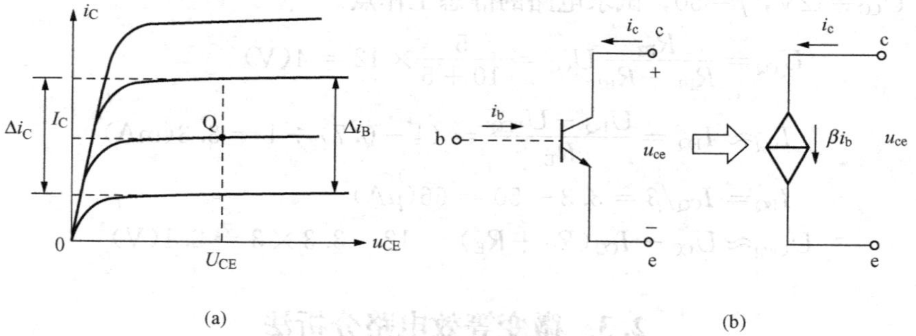

图 2-13　输出回路等效电路

（a）输出特性曲线；（b）等效电路

综上所述，可以作出三极管的微变等效电路，如图 2-14 所示。

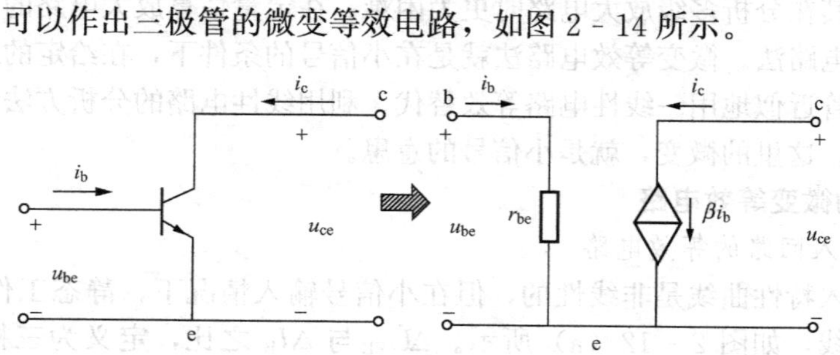

图 2-14　三极管的微变等效电路

2.3.2 放大电路的微变等效电路

在晶体管微变等效电路的基础上，以图 2-15（a）所示共发射极放大电路为例，结合 2.1 节介绍的交流通路便可作出放大电路微变等效电路，如图 2-15（b）所示。设输入信号是正弦量，故电路中电压、电流都可用相量表示。

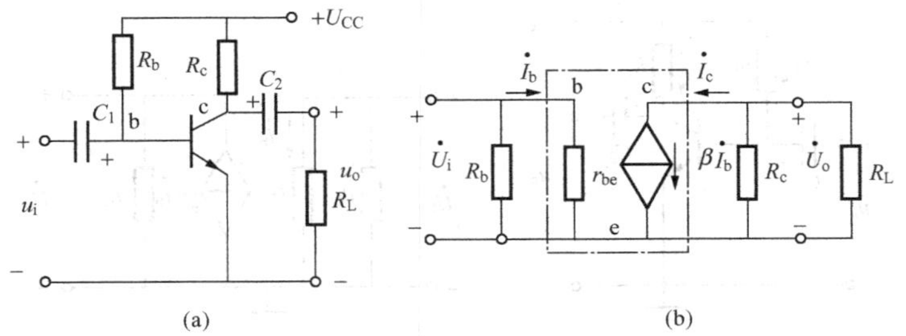

图 2-15 共发射极放大电路及微变等效电路

（a）共射极放大电路；（b）微变等效电路

2.3.3 参数的计算

1. 电压放大倍数

电压放大倍数是表征电路放大电压能力的指标，它等于输出电压与输入电压的比值，即

$$\dot{A}_u = \dot{U}_o/\dot{U}_i$$

由图 2-15（b）可得

$$\dot{A}_u = \frac{\dot{U}_o}{\dot{U}_i} = -\frac{\beta \dot{I}_b(R_c \parallel R_L)}{\dot{I}_b r_{be}} = -\frac{\beta \dot{I}_b R'_L}{\dot{I}_b r_{be}} = -\frac{\beta R'_L}{r_{be}}$$

其中

$$R'_L = R_L \parallel R_c = \frac{R_L R_c}{R_L + R_c}$$

式中的负号表示输出电压与输入电压反相，可见共射极放大电路具有倒相作用。

2. 输入电阻

输入电阻是从放大电路的输入端看进去的等效电阻，即

$$R_i = \dot{U}_i/\dot{I}_i = R_b \parallel r_{be}$$

R_i 越大，信号源供给放大电路的输入电压 u_i 的值越大，信号源的利用率越高。

3. 输出电阻

输出电阻是从输出端看进去的等效电阻，用 R_o 表示，因电流源内阻无穷大，所以

$$R_o \approx R_c$$

对负载而言，放大电路可视为一信号源，其内阻就是 R_o。因此，R_o 反映放大电路带负载的能力，R_o 越小，带负载的能力越强。

注意 R_i、R_o 都是对交流信号而言，都是动态电阻，它们是衡量放大电路性能的重要指标。

2.3.4 微变等效电路法分析举例

微变等效电路法分析电路，只是分析放大电路的动态情况，画出整个放大电路的微变等效电路。根据微变等效电路，分别对输入回路和输出回路用线性电路进行分析和计算，同时要用到输入对输出的控制关系。

【例 2-3】 电路如图 2-16（a）所示，已知：$U_{CC} = 20\text{V}, R_c = 6\text{k}\Omega, R_b = 470\text{k}\Omega, \beta =$

45。试求：

（1）输入电阻和输出电阻。

（2）不接负载 R_L 时的电压放大倍数。

（3）当接上负载 $R_L=4k\Omega$ 时的电压放大倍数。

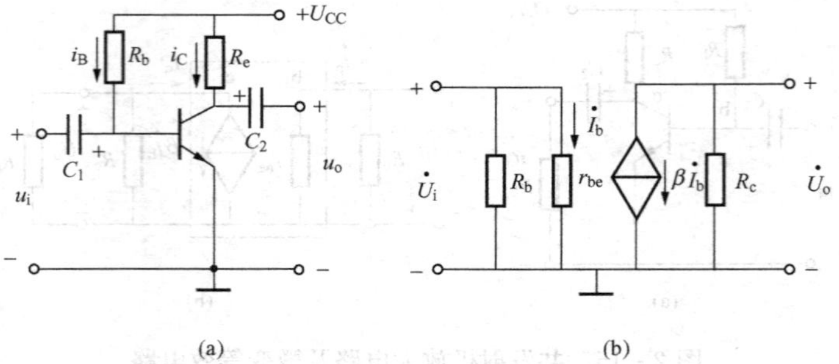

图 2-16 ［例 2-3］图

（a）电路；（b）微变等效电路

解 （1）画出微变等效电路，如图 2-16（b）所示。

$$I_{BQ}=\frac{U_{CC}-U_{BEQ}}{R_b}=\frac{20-0.7}{470}=0.04 \quad (mA)$$

$$r_{be}\approx 300+\frac{26}{0.04}=950 \quad (\Omega)$$

$$R_i=R_b // r_{be}\approx r_{be}=950 \quad (\Omega)$$

$$R_o=R_c=6 \quad (k\Omega)$$

（2）

$$\dot{U}_i=\dot{I}_b r_{be}$$

$$\dot{U}_o=-\beta\dot{I}_b R_c$$

$$\dot{A}_u=\frac{\dot{U}_o}{\dot{U}_i}=-\beta\frac{R_c}{r_{be}}=-45\times\frac{6}{0.95}\approx -284$$

（3）当接入负载 R_L 时

$$\dot{U}_o=-\dot{I}_C R'_L=-\beta\dot{I}_b R'_L$$

$$R'_L=R_L // R_c=\frac{R_L R_c}{R_L+R_c}=\frac{4\times 6}{4+6}=2.4 \quad (k\Omega)$$

$$\dot{A}_u=\frac{\dot{U}_o}{\dot{U}_i}=-\beta\frac{R'_L}{r_{be}}=-45\times\frac{2.4}{0.95}\approx -114$$

必须注意，输入电阻是从输入端看放大电路的等效电阻，输出电阻是从输出端看放大电路的等效电阻。因此，输入电阻要包括 R_b，而输出电阻就不能把负载电阻算进去。

【例 2-4】 在图 2-17（a）所示电路中，$U_{CC}=12V$，$R_{b1}=20k\Omega$，$R_{b2}=10k\Omega$，$R_c=2k\Omega$，$R_L=6k\Omega$，$R_e=2k\Omega$，$\beta=40$。试求：

（1）放大电路的输入电阻和输出电阻；

（2）放大电路的电压放大倍数。

解 （1）先求静态工作电流 I_{EQ}：

$$U_{BQ}=\frac{R_{b2}}{R_{b1}+R_{b2}}U_{CC}=\frac{10}{20+10}\times 12=4\quad(V)$$

$$I_{EQ}=\frac{U_{BQ}-U_{BEQ}}{R_e}=\frac{4-0.7}{2}=1.65\quad(mA)$$

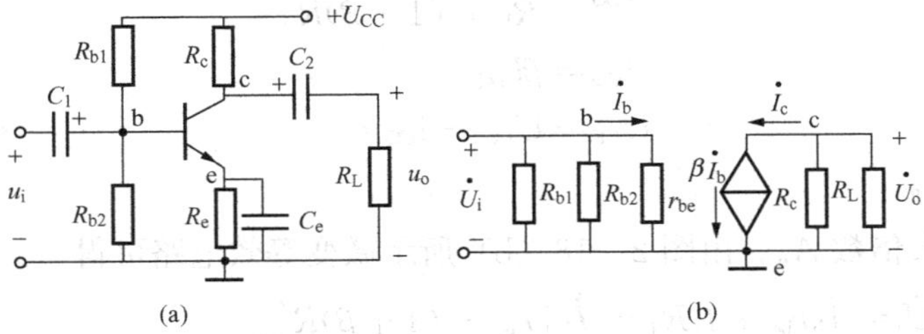

图 2 - 17 ［例 2 - 4］图

（a）电路；（b）微变等效电路

画出微变等效电路如图 2 - 17（b）所示，则有

$$r_{be}=300+(1+\beta)\frac{26}{I_{EQ}}=300+(1+40)\times\frac{26}{1.65}=946(\Omega)\approx 1\quad(k\Omega)$$

输入电阻为

$$R_i=R_{b1}\,/\!/\,R_{b2}\,/\!/\,r_{be}\approx r_{be}=1\quad(k\Omega)$$

输出电阻为

$$R_o=R_c=2\quad(k\Omega)$$

（2）求放大电路的电压放大倍数：

$$\dot{U}_i=\dot{I}_b r_{be}$$

$$\dot{U}_o=-\dot{I}_c R'_L=-\beta\dot{I}_b R'_L$$

则电压放大倍数为

$$\dot{A}_u=\frac{\dot{U}_o}{\dot{U}_i}=-\beta\frac{R'_L}{r_{be}}$$

$$R'_L=R_L\,/\!/\,R_c=\frac{R_L R_c}{R_L+R_c}=\frac{2\times 6}{2+6}=1.5\quad(k\Omega)$$

$$\dot{A}_u=-40\times\frac{1.5}{1}=-60$$

2.4 共集电极放大电路

2.4.1 共集电极放大电路的组成和工作原理

1. 电路组成

图 2 - 18（a）所示为共集电极放大电路，图 2 - 18（b）是其等效电路。从图 2 - 18（b）可见，基极是信号的输入端，发射极是输出端，集电极则是输入、输出回路的公共端，所以是共集电极电路。因为信号从发射极输出，所以该电路又称为射极输出器。

2. 工作原理

（1）静态分析。由图 2 - 18（a）得出

$$U_{CC} = I_{BQ}R_b + U_{BEQ} + (1+\beta)I_{BQ}R_e$$

则

$$I_{BQ} = \frac{U_{CC} - U_{BE}}{R_b + (1+\beta)R_e}$$

$$I_{CQ} = \beta I_{BQ}$$

$$U_{CE} \approx U_{CC} - I_{CQ}R_e$$

（2）动态分析。

1）求电压放大倍数 $\dot{A}_u$。由图 2 - 18（b）所示微变等效电路可得

$$\dot{U}_i = \dot{I}_b r_{be} + \dot{I}_e R'_L = \dot{I}_b[r_{be} + (1+\beta)R'_L]$$

$$\dot{U}_o = \dot{I}_e R'_L = (1+\beta)\dot{I}_b R'_L$$

其中 $R'_L = R_e /\!/ R_L$

故 $$\dot{A}_u = \frac{\dot{U}_o}{\dot{U}_i} = \frac{\dot{I}_b(1+\beta)R'_L}{\dot{I}_b[r_{be} + (1+\beta)R'_L]} = \frac{(1+\beta)R'_L}{r_{be} + (1+\beta)R'_L} < 1$$

一般 $(1+\beta)R'_L \gg r_{be}$，故 $\dot{A}_u \approx 1$（略小于 1），这表明共集电极放大电路的输出信号电压和输入信号电压数值相近，相位相同（这一特点正好与共射极放大电路相反），亦即输出信号跟随输入信号变化。所以，共集电极放大电路可称为电压跟随器。

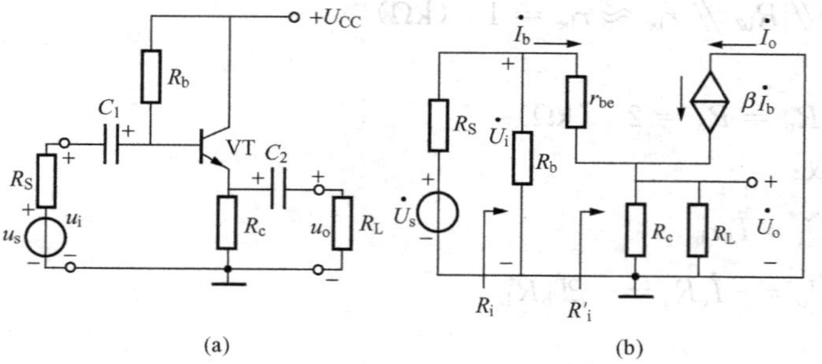

图 2 - 18 共集电极放大电路及等效电路

（a）共集电极放大电路；（b）等效电路

尽管这个电路无电压放大作用，但其输出电流比输入电流大很多倍，因此仍有电流和功率放大作用。

2）求输入电阻 R_i。由图2 - 18（b）所示微变等效电路可得

$$R'_i = \frac{\dot{U}_i}{\dot{I}_b} = \frac{\dot{I}_b r_{be} + (1+\beta)\dot{I}_b R'_L}{\dot{I}_b} = r_{be} + (1+\beta)R'_L$$

故

$$R_i = R_b /\!/ R'_L = R_b /\!/ [r_{be} + (1+\beta)R'_L]$$

此式说明，共集电极放大电路的输入电阻比较大，它一般比共射极放大电路的输入电阻大几十倍到几百倍。

（3）求输出电阻 R_o。由图 2 - 19 所示微变等效电路可得

$$\dot{I} = \dot{I}_e + \dot{I}_b + \beta\dot{I}_b$$

$$= \dot{I}_e + (1+\beta)\dot{I}_b$$

$$=\frac{\dot{U}}{R_e}+\frac{(1+\beta)\dot{U}}{r_{be}+R'_S}$$

其中　$R'_S=R_S\,/\!/\,R_b$

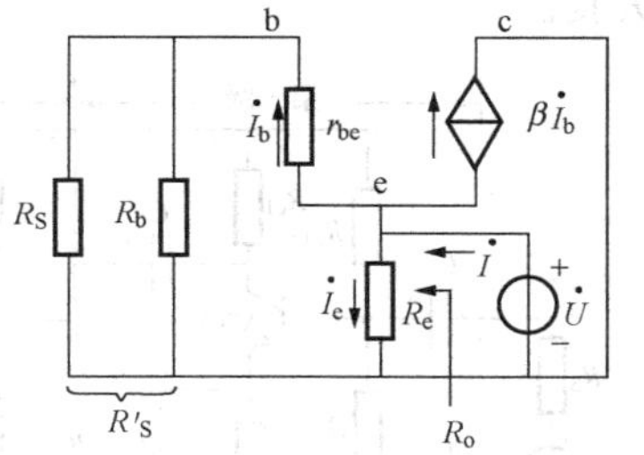

图2-19　输出电阻等效电路

故　$R_o=\frac{\dot{U}}{\dot{I}}=\frac{1}{\frac{1}{R_e}+1\Big/\frac{r_{be}+R'_S}{1+\beta}}=R_e\,/\!/\,\frac{r_{be}+R'_S}{1+\beta}$

通常有 $R_e\gg\frac{r_{be}+R'_S}{1+\beta}$，故

$$R_o\approx\frac{r_{be}+R'_S}{1+\beta}=\frac{r_{be}+(R_S\,/\!/\,R_b)}{1+\beta}$$

在上式中，信号源内阻 R_S 和三极管输入电阻 r_{be} 都很小，而管子的 β 值一般较大，所以，共集电极放大电路的输出电阻比共射极放大电路的输出电阻小得多，一般在几十欧左右。

2.4.2　共集电极放大电路的特点及应用

综上所述，射极输出器具有输入电阻大、输出电阻小、电压放大倍数小于1而接近于1、输出电压与输入电压同相位等特点，因而射极输出器在电子电路中得到广泛应用。现分别说明如下：

(1) 作多级放大电路的输入级。采用输入电阻大的射极输出器作为放大电路的输入级，可使输入到放大电路的信号电压基本上等于信号源电压。在许多电子测量仪器中用作输入级，可以提高测量精度。

(2) 作多级放大电路的输出级。采用输出电阻小的射极输出器作为放大电路的输出级，可获得稳定的输出电压，提高了放大电路带负载的能力。因此对于变动的负载或负载较小时，宜采用射极输出器作为输出级。

(3) 作多级放大电路的缓冲级。将射极输出器接在两级放大电路之间，利用其输入电阻大、输出电阻小的特点，在电路中起着“阻抗变换”的作用，在两级放大电路中间起缓冲作用。

2.5　多级放大电路

在实际应用中，放大电路的输入信号通常都很微弱，而单管放大电路的放大倍数又是有限的，这就需要把几个单级放大电路连接起来，组成多级放大电路，把信号逐级放大到所需要的程度。图2-20所示为多级放大电路的组成框图。

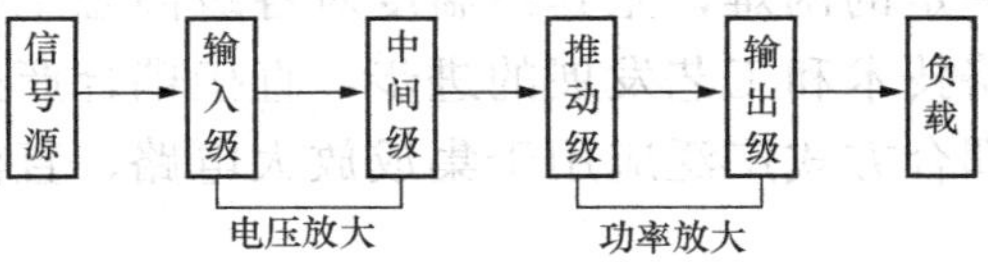

图2-20　多级放大电路的组成框图

2.5.1　多级放大电路的耦合方式

多级放大电路级与级之间的连接方式称为耦合。常用的耦合方式有阻容耦合、变压器耦合和直接耦合三种。耦合电路的作用是把前一级的输出信号传送到下一级作为输入信号。对耦合电路的基本要求是：尽量减小信号在耦合电路上的损失，信号在通过耦合电路时不产生

失真。

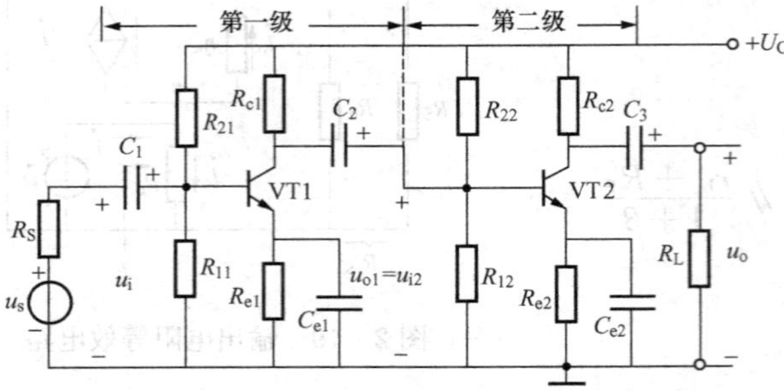

图 2-21　阻容耦合两级放大电路

1. 阻容耦合

图 2-21 所示为一个阻容耦合两级放大电路。由图可见，电路的第一级与第二级之间通过电阻和电容元件相连接，故称为阻容耦合。阻容耦合的特点是：由于电容 C 具有隔直通交的作用，因此阻容耦合放大电路只能放大交流信号，前后级放大电路的直流通路互不影响，各级放大电路的静态工作点相互独立，可以单独计算。但在集成电路中难以制造大容量的电容，因此阻容耦合方式在集成电路中几乎无法应用，常用于分立元件交流放大电路。

2. 变压器耦合

多级放大电路的前后级之间通过变压器连接，称为变压器耦合，如图 2-22 所示。由于变压器是利用电磁感应原理在一、二次绕组之间传送交流信号，而直流信号不能通过变压器，因此只能用在交流放大器中。变压器耦合最主要的特点是能改变阻抗，这在功率放大器中具有特别重要的意义。为了得到最大输出功率，要求放大器的输出阻抗等于负载阻抗，变压器可以实现阻抗匹配。但这种耦合方式体积大、成本较高、无法集成化，目前较少采用。

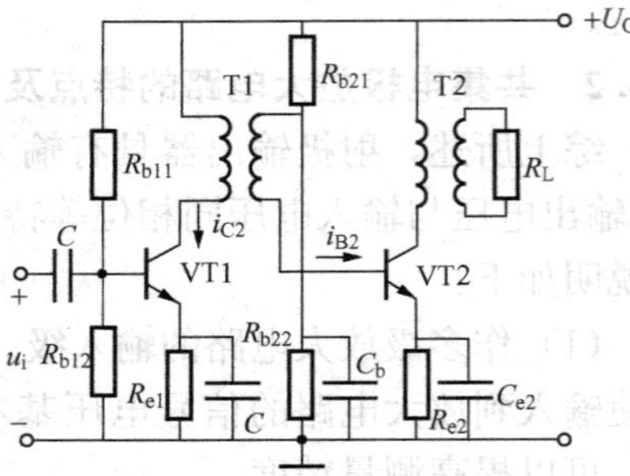

图 2-22　变压器耦合放大电路

3. 直接耦合

前面讨论的两种耦合方式都有隔直作用，对缓慢变化的信号几乎不能通过。在实际应用中，常常要对缓慢变化的信号（例如，在自动控制和测量技术中，通过各类传感器采集的电信号，许多是直流信号）进行放大，因此需要把前级的输出端直接或通过电阻接到下一级的输入端，如图 2-23 所示，这种连接方式称为直接耦合。

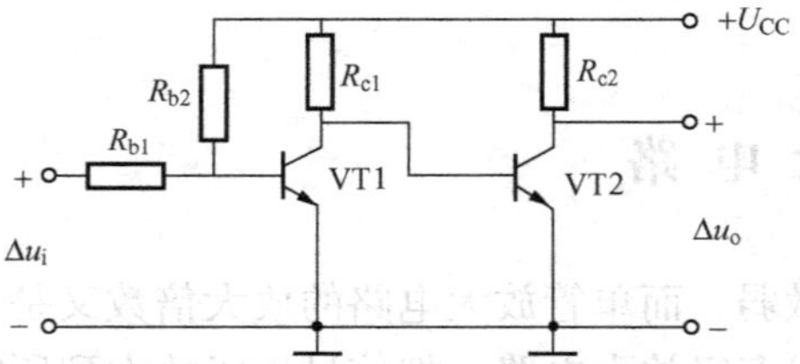

图 2-23　直接耦合放大电路

直接耦合放大电路，既能放大交流信号，也能放大缓慢变化的直流信号，更重要的是便于集成化。但带来的问题是：前、后级的静态工作点相互影响，给静态工作点的设置和稳定都造成一定的困难，尤其是温度对各级静态工作点的影响，会引起零点漂移。现在由于集成电路技术和工艺发展的进步，直接耦合产生的零点漂移已能得到很好的抑制。因此，直接耦合方式广泛应用于集成放大电路、直流放大电路。

2.5.2　多级放大电路的分析方法

1. 电压放大倍数

在多级放大电路中，由于各级是互相串联起来的，前一级的输出就是后一级的输入，所

以多级放大电路总的电压放大倍数等于各级放大电路的电压放大倍数的乘积，即

$$\dot{A}_u = \dot{A}_{u1}\dot{A}_{u2}\cdots\dot{A}_{un}$$

式中，n 为多级放大电路的级数。

注意：在计算每级电压放大倍数时，必须考虑后级对前级的影响，即把后级的输入电阻看作前级的负载电阻。

2. 输入电阻和输出电阻

多级放大电路的输入电阻 R_i 即为第一级放大电路的输入电阻，故

$$R_i = R_{i1}$$

多级放大电路的输出电阻 R_o 就等于最后第 n 级放大电路的输出电阻，即

$$R_o = R_{on}$$

【例 2 - 5】 如图 2 - 24（a）所示两级放大电路，已知：两个晶体管 $\beta_1=100$，$\beta_2=60$；$r_{be1}=0.96\text{k}\Omega$，$r_{be2}=0.8\text{k}\Omega$；电路元件参数 $R_{11}=24\text{k}\Omega$，$R_{21}=36\text{k}\Omega$，$R_{c1}=2\text{k}\Omega$，$R_{e1}=2.2\text{k}\Omega$，$R_{12}=10\text{k}\Omega$，$R_{22}=33\text{k}\Omega$，$R_{c2}=3.3\text{k}\Omega$，$R_{e2}=1.5\text{k}\Omega$，$C_{e1}=C_{e2}=100\mu\text{F}$，$C_1=C_2=C_3=50\mu\text{F}$；直流电源 $U_{CC}=24\text{V}$，交流负载电阻 $R_L=5.1\text{k}\Omega$，信号源内阻 $r_s=360\Omega$。试求：

（1）各级的输入电阻和输出电阻；

（2）放大器的电压放大倍数；

（3）放大器的输出电阻和输入电阻。

解　画出如图 2 - 24（b）所示的等效电路。

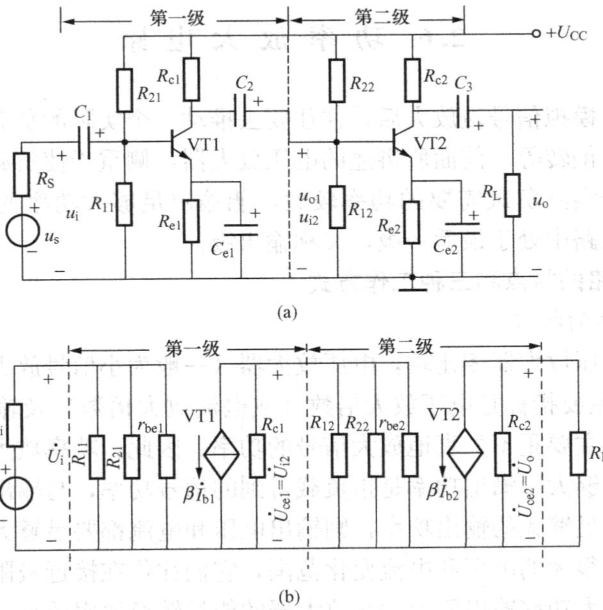

图 2 - 24　[例 2 - 5] 图

（a）两级放大电路；（b）等效电路

（1）求各级输入电阻和输出电阻。

第一级为

$$R_{i1}=R_{11}\ /\!/\ r_{be1}\ /\!/\ R_{21}\approx r_{be1}=0.96\quad(\text{k}\Omega)$$

$$R_{o1}=R_{c1}=2\ (\text{k}\Omega)$$

第二级为

$$R_{i2}=R_{12}\ /\!/\ r_{be2}\ /\!/\ R_{22}\approx r_{be2}=0.8\ (\text{k}\Omega)$$

$$R_{o2}=R_{c2}=3.3\ (\text{k}\Omega)$$

(2) 求放大器的电压放大倍数。

第一级电压放大倍数为

$$R'_{L1}=R_{o1}\ /\!/\ R_{i2}=2\ /\!/\ 0.8=0.57\ (\text{k}\Omega)$$

$$\dot{A}_{u1}=-\frac{\beta_1 R'_{L1}}{r_{be1}}=(-100\times 0.57)\div 0.96\approx -59.4$$

第二级电压放大倍数为

$$R'_{L2}=R_{o2}\ /\!/\ R_L=3.3\ /\!/\ 5.1=2\ (\text{k}\Omega)$$

$$\dot{A}_{u2}=-\frac{\beta_2 R'_{L2}}{r_{be2}}=(-60\times 2)\div 0.8=-150$$

总的电压放大倍数为

$$\dot{A}_u=\dot{A}_{u1}\dot{A}_{u2}=(-59.4)\times(-150)=8910$$

(3) 放大器的输入电阻和输出电阻为

$$R_i=R_{i1}=0.96\ (\text{k}\Omega)$$

$$R_o=R_{o2}=3.3\ (\text{k}\Omega)$$

2.6 功率放大电路

在电子系统中，模拟信号被放大后，往往要去推动一个实际的负载，如扬声器发声、继电器动作、仪表指针偏转等。前面所讲述的电压放大器，侧重于使负载得到最大的不失真输出电压。而推动一个实际负载需要的功率较大，能输出足够大功率的放大器就是功率放大器，它在多级放大电路中处于最后一级，又称输出级。

2.6.1 功率放大电路的特点和三种工作方式

1. 功率放大电路的特点

功率放大器与电压放大器相比较，电压放大器（一般为小信号放大）主要是放大信号电压（或电流），因而主要指标是电压放大倍数（或电流放大倍数）及输入输出阻抗、频率特性等；而功率放大器主要是不失真地放大信号的功率。因此，功率放大器有如下特点：

(1) 输出功率足够大。输出功率是指负载得到的信号功率，与输出的交流电压和电流的乘积成正比。要得到足够大的输出功率，则输出电压和电流都要足够大，这就要求功率放大器中的功率放大管有很大的电压和电流变化范围，它们往往在接近极限状态下工作。

(2) 效率要高。大功率输出要求功率放大器的能量转换效率要高，即负载得到的信号功率与直流电源提供的功率之比要大，否则浪费电能，元件发热严重，功率管的潜力得不到充分发挥。

(3) 非线性失真要小。由于功率放大器是在大信号状态下工作，电压和电流摆动的幅度很大，很容易超出功率三极管的线性范围，产生非线性失真，因此，要采取措施减少失真，使之满足负载的要求。

2. 功率放大电路的三种工作方式

按照功率放大电路中三极管导通的时间不同（或按功放管静态工作点位置的不同），功率放大电路分为甲类功率放大电路、乙类功率放大电路和甲乙类功率放大电路。甲类功率放大电路是指在输入信号的整个周期内，功放管均导通，有电流流过。乙类功率放大电路是指在输入信号的整个周期内，功放管仅在半个周期内导通，有电流流过。甲乙类功率放大电路是指在输入信号的整个周期内，功放管导通时间大于半个周期而小于整个周期，如图 2-25 所示。

由图 2-25 可知，在甲类功率放大电路中，如阻容耦合放大器，由于输入信号在整个周期内都通过三极管，因而放大器输出的功率和效率也就较乙类及甲乙类功率放大器低。所以，在低频功率放大电路中主要采用乙类或甲乙类功率放大电路。

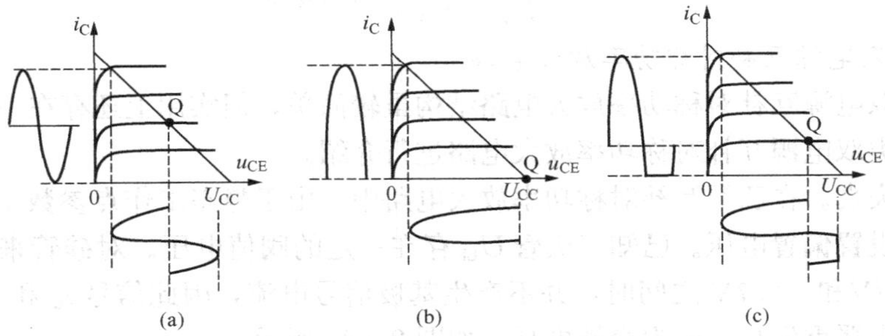

图 2-25　功率放大器的三种工作方式

(a) 甲类；(b) 乙类；(c) 甲乙类

2.6.2　互补对称式功率放大电路

互补对称功率放大器是一种典型的无输出变压器功率放大器。它是利用特性对称的 NPN 型和 PNP 型三极管在信号的正、负半周轮流工作，互相补充，以此来完成整个信号的功率放大。互补对称功率放大器一般工作在甲乙类状态。

1. 双电源乙类互补对称功率放大电路

(1) 电路的组成和工作原理。双电源乙类互补对称功率放大电路如图 2-26 所示。图中 VT1、VT2 为特性一致的 NPN 型和 PNP 型三极管，两管的基极连在一起，接输入信号，两管发射极连接负载 R_L，两管集电极分别接对称的正、负电源。VT1、VT2 均工作在乙类状态。

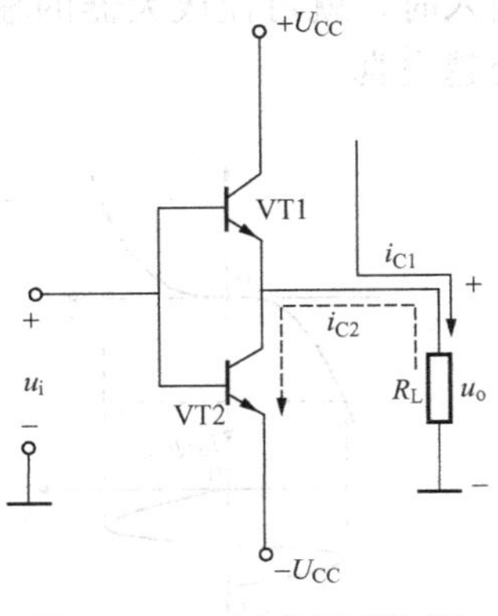

图 2-26　双电源乙类互补对称功率放大电路

设输入信号为正弦电压 u_i，当 u_i 处于正半周时，VT1 导通，VT2 截止，VT1 与 R_L 组成射极输出器，在 R_L 上的输出电流形成输出电压的正半周部分；当 u_i 处于负半周时，VT2 导通，VT1 截止，VT2 与 R_L 组成射极输出器，在 R_L 上的输出电流形成输出电压的负半周部分。这样两个管子在正、负半周交替工作，在负载上会形成一个完整的正弦电流和电压信号。由于这种电路管子对称，工作时性能对称，互相补充对方的不足，所以常称为互补对称功率放大电路，简称 OCL（Output capacitorless）电路，即无输出电容电路。

(2) 功率参数的计算。

1）最大输出功率 P_{om}。互补对称功率放大电路的最大输出功率 P_{om} 为单管的最大输出功率，即

$$P_{om}=\frac{1}{2}U_{cem}I_{cm}=\frac{1}{2}\frac{U_{CC}^2}{R_L}$$

2）效率 η_m。功率放大电路在最大输出功率时效率 η_m 可按下式计算

$$\eta_m=\frac{P_{om}}{P_V}$$

P_V 为直流电源提供的功率，可按下式计算

$$P_V=\frac{2}{\pi}U_{CC}I_{cm}=\frac{4}{\pi}P_{om}$$

故

$$\eta_m=\frac{P_{om}}{P_V}=\frac{4}{\pi}=78.5\%$$

2. 甲乙类双电源互补对称功率放大电路

上述乙类双电源互补对称功率放大电路结构虽较简单，但实用上还存在一些问题，下面对实用的甲乙类双电源互补对称功率放大电路进行介绍。

（1）交越失真。在乙类互补对称功率放大电路中，由于静态工作点参数 I_{BQ}、I_{CQ}、U_{CEQ} 均为零，没有设置偏置电压。已知三极管 U_{BE} 存在一定的阈值电压。对硅管来说，在信号电压 u_i 处于＋0.7V和－0.7V 之间时，并不产生基极信号电流，因此信号 i_o 和 u_o 在过零点附近，其波形出现严重失真，称为交越失真，如图 2-27 所示。

（2）甲乙类双电源互补对称功率放大电路。为了克服交越失真，就是要避开三极管的死区电压，预先使每一个三极管处于微导通状态，即在两三极管基极之间加偏置电压，其值约为两管的阈值电压之和。输入信号一旦加入，晶体管立即进入线性放大区，即三极管处于甲乙类放大工作状态。图 2-28 所示为一甲乙类互补对称功率放大电路。静态时，因 VT1 和 VT2 特性对称，电路对称，故 $U_o=0$，R_L 上无电流。由于 VD1 和 VD2 的偏置作用提供了合适的正向偏压，使三极管 VT1 和 VT2 处于微导通状态，这样当有信号输入时，就可使放大器的输出在零点附近仍能基本上得到线性放大，从而有效地克服了交越失真。

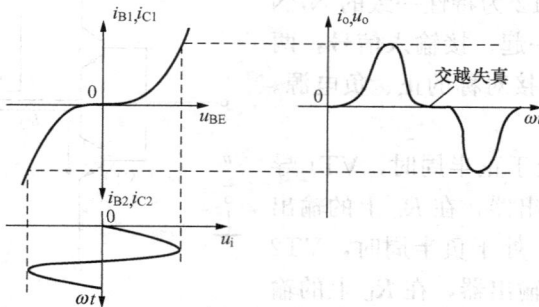

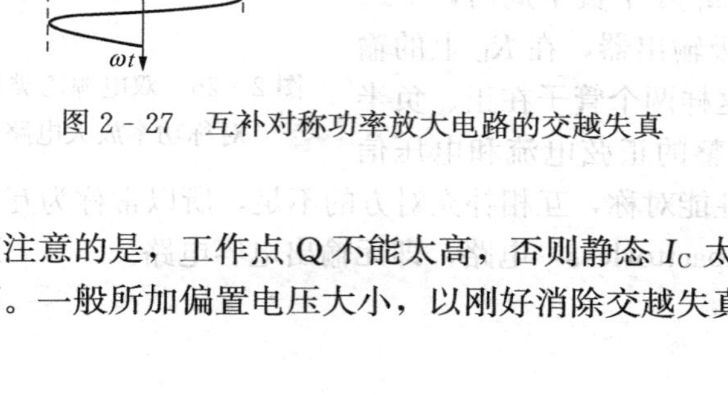

图 2-27 互补对称功率放大电路的交越失真

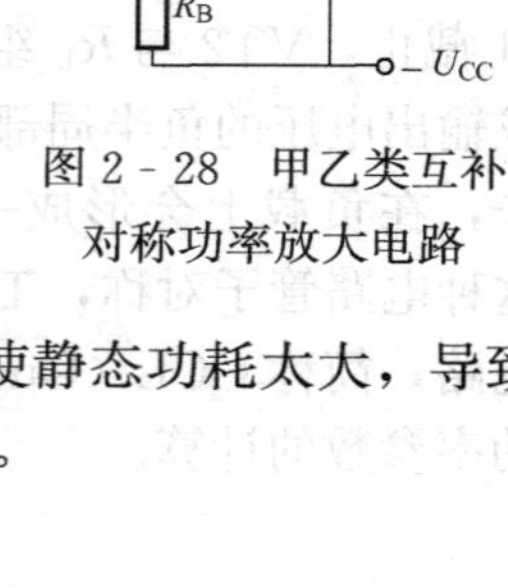

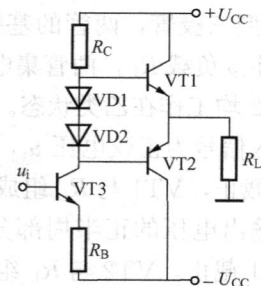

图 2-28 甲乙类互补对称功率放大电路

应注意的是，工作点 Q 不能太高，否则静态 I_C 太大，使静态功耗太大，导致功率管过热损坏。一般所加偏置电压大小，以刚好消除交越失真为宜。

（3）用复合管组成互补对称功率放大电路。由于互补对称功放电路的两个大功率管的管型不同，特性难求一致，采用复合管较易解决这一问题。如图 2-29 所示，前一只 VT1 管 NPN 型和 PNP 型均采用小功率管，而后一只 VT2 采用相同的管型和型号的大功率管。

根据图 2-29 中复合管 VT1 和 VT2 各电极电流的流向和近似关系，可得出复合管的连接原则和等效管型判断方法：①按 VT1 和 VT2 管相连的电极电流前后流向一致的规律连接；②复合管的等效管型取决于前一只管子 VT1 的管型；③复合后的等效管总的电流放大系数 $\beta=\beta_1\beta_2$。因此，从图 2-29 中可看出等效管型分别为 NPN 型和 PNP 型。

由复合管组成的互补对称功率放大电路如图 2-30 所示。

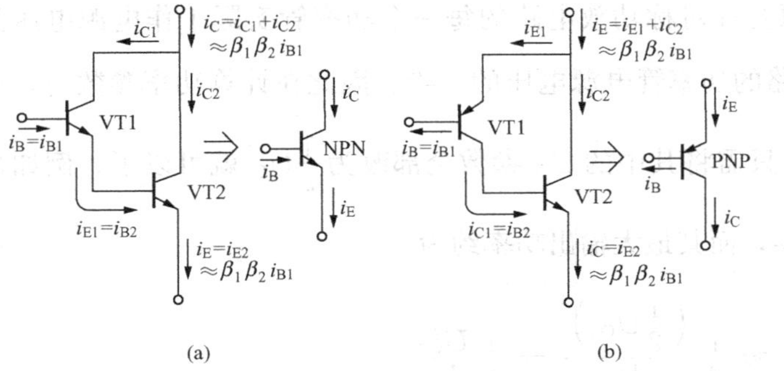

图 2-29 复合管的连接方法和等效管型

（a）NPN 型与 NPN 型复合；（b）PNP 型与 PNP 型复合

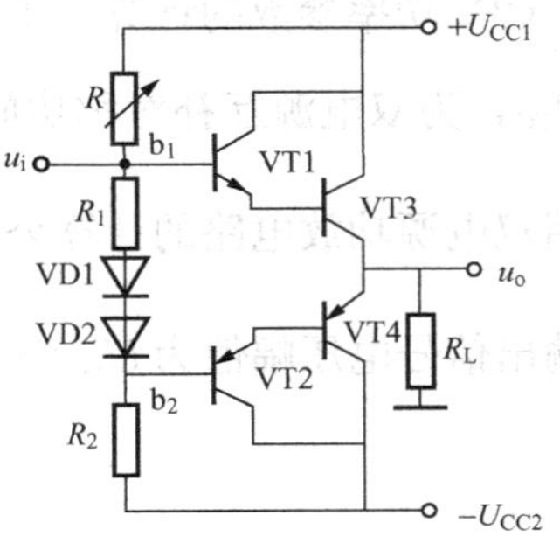

图 2-30 由复合管组成的互补对称功率放大电路

3. 单电源甲乙类互补对称功率放大电路

（1）电路的组成和工作原理。图 2-31 所示为单电源甲乙类互补对称功率放大电路。其中 VT1 组成前置放大级，VT2 和 VT3 组成互补对称功率放大电路的输出级。输出回路中，有一个大电容 C 与负载 R_L 串联。在静态时，只需调节 RP 可使 K 点电位 $U_K=\frac{1}{2}U_{CC}$。因此大电容 C 上静态电压也为 $U_C=\frac{1}{2}U_{CC}$，这取代了双电源功放的 $-U_{CC}$。另外，K 点电位通过 RP、R_1 和 R_2 分压后作为 VT1 管放大电路的偏置电压。同时从 K 点到 VT1 基极引入交、直流负反馈，不仅使工作点稳定性提高，还可稳定 u_o。电路的工作原理如下：

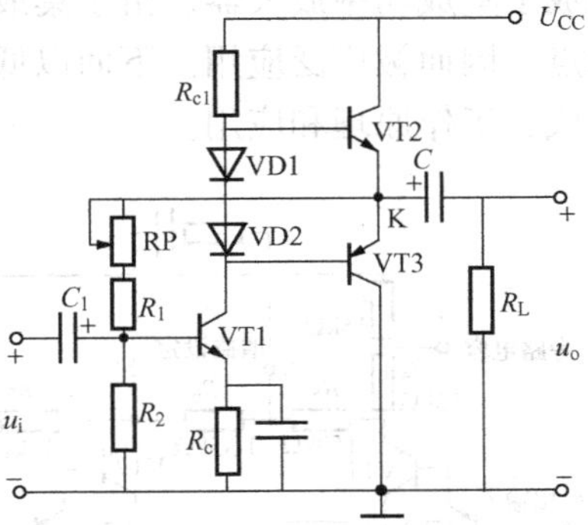

图 2-31 单电源甲乙类互补对称功率放大电路

当输入信号 u_i 为负半周时，VT1 的集电极电压信号为正半周，使 VT3 截止，VT2 导通。这时信号电流流向负载 R_L 的同时向 C 充电。在到达正半周幅值的时刻，若信号足够大，此时刻 VT2 为饱和状态使 K 点动态电压达到近于 $+U_{CC}$。扣除电容上压降 $\frac{1}{2}U_{CC}$ 后，使负载获得信号电压幅值为 $U_{OM}\approx\frac{1}{2}U_{CC}$。在 u_i 为正半周时，VT1 集电极电压信号为负半周，

VT2 截止，VT3 导通。这时 C 上的 $\frac{1}{2}U_{CC}$ 电压起到双电源功放中的负电源作用，与 VT3 和 R_L 形成放电回路。若时间常数 R_LC 远大于信号最长的半周期 $T/2$，则可以认为电容上电压 $\frac{1}{2}U_{CC}$ 基本不变，在信号电压幅值时刻，在足够大的信号下，VT3 饱和，则负载也可获得负半周的最大幅值近于 $-\frac{1}{2}U_{CC}$。如果要达到双电源功放电路相同输出的 U_{CC} 的最大幅值，则必须采用双倍电源电压值。

由于这种电路的输出是通过电容与负载耦合，而不采用输出变压器耦合，故称 OTL 电路。而双电源互补对称功放电路简称为 OCL 电路，即无输出电容器的功放电路。

(2) 功率参数的计算。单电源互补对称功放电路的每一个功率管实际工作电源电压为 $\frac{1}{2}U_{CC}$，为双电源互补对称功放电路的功率管电源电压的一半。因此在计算功率参数时，可运用双电源功放电路的计算公式，只需将其中的 U_{CC} 参数全部改为 $\frac{1}{2}U_{CC}$ 就可以了。例如最大输出信号电压幅值为 $U_{om}\approx\frac{1}{2}U_{CC}$，而其最大输出功率约为

$$P_{om}\approx\frac{1}{2}\frac{\left(\frac{1}{2}U_{CC}\right)^2}{R_L}=\frac{1}{8}\frac{U_{CC}^2}{R_L}$$

2.6.3 集成功率放大电路

采用集成工艺把功率放大器中的晶体管和电阻器等元件组合的电路制作在一块硅片上就制成了集成功率放大器。由于集成功率放大器具有使用方便，成本不高，体积小，重量轻等优点，因而被广泛应用。下面以低频功率放大器 LM386 为例，介绍集成功率放大器的电路组成、工作原理和应用。

1. 集成功率放大器的介绍

(1) LM386 的内部电路及工作原理。LM386 的内部电路原理图如图 2 - 32 所示，它是一种音频集成功放，具有自身功耗低，电压增益可调，电源电压范围大，外接元件少等优点。与通用集成运放相类似，它是由输入级、中间级和输出级组成的三级放大电路。输入级是由一个双端输入单端输出的差分放大电路构成，VT1 和 VT3、VT2 和 VT4 分别构成复合管，作为差分放大电路的放大管，VT5 和 VT6 组成镜像电流源作为 VT1 和 VT2 的有源负载，VT3 和 VT4 的基极作为信号的输入端，VT2 的集电极为输出端。中间级由一个共射放大电路构成，VT7 为放大管，恒流源作为有源负载，进一步增大放大倍数。输出级由一个互补型功率放大电路构成，VT8 与 VT9 构成 PNP 型复合管，与 NPN 型管 VT10 构成准互补功率放大电路输出级。VD1、VD2 用于消除交越

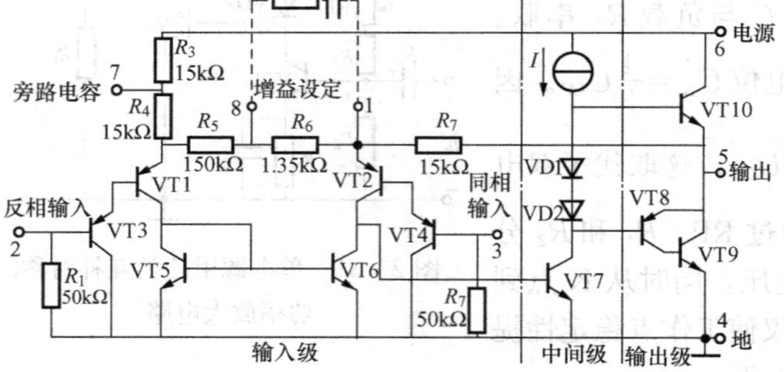

图 2 - 32 LM386 的内部电路原理图

失真。电阻 R_7 是反馈电阻，与 R_5 和 R_6 一起构成负反馈网络，使整个功率放大器具有稳定的电压放大倍数。LM386 的外形和引脚排列如图 2-33 所示。

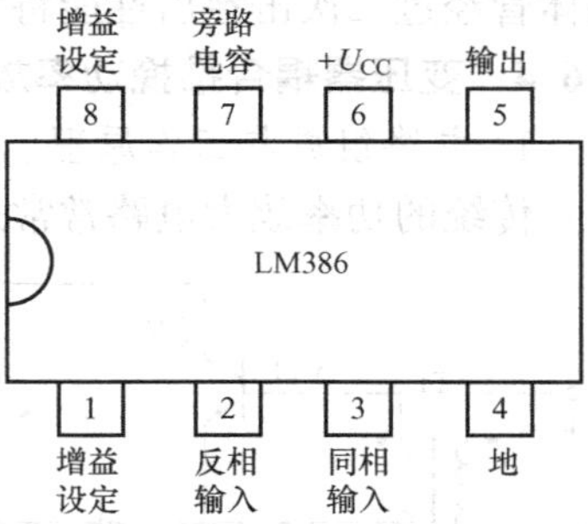

图 2-33　LM386 的外形和引脚排列

(2) LM386 的主要性能指标。集成功率放大电路的性能指标主要有最大输出功率、电源电压范围、电源静态电流、电压增益、频带宽、输入阻抗、输入偏置电流等。LM386-4 的主要参数见表 2-1。

(3) LM386 的应用。图 2-34 所示扬声器驱动电路是集成功率放大电路 LM386 的一般用法。C_1 为输出电容，可调电位器 RP 可调节扬声器的音量，R 和 C_2 串联构成校正网络来进行相位补偿，R_2 用来改变电压增益，C_5 为电源滤波电容，C_4 为旁路电容。

表 2-1　　LM386-4 主要参数

型号	输出功率	电源电压范围	电源静态电流	输入阻抗	电压增益	频带宽
LM386-4	1W (U_{CC}=16V)	5～18V	4mA	50kΩ	26～46dB	300kHz

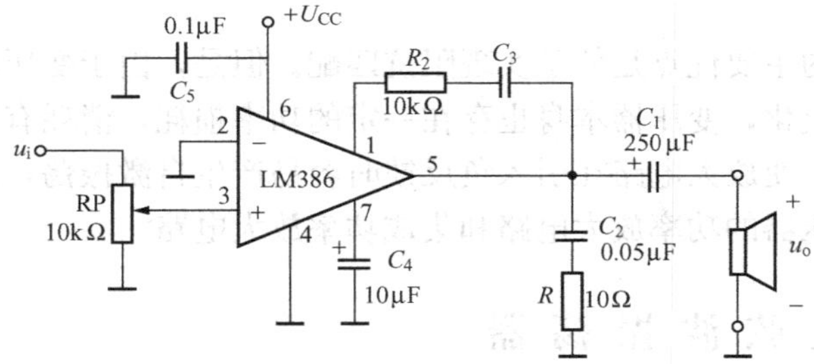

图 2-34　LM386 的一般用法

2. 应用功率放大器应注意的几个问题

由于功率放大器中的功率管既要流过大电流，又要承受高电压，因此，为了保证功率放大器的安全运行，在应用电路中，通常要注意两点。

(1) 功率管的散热。由于功率放大器中的功率管工作在大电压和大电流状态下，即使电路的效率较高也会有一定的损耗，这种损耗主要是功放管自身的功耗，而功放管消耗的功率使功放管集电结升温，管子发热。当管子温度升到一定值时，管子就会烧坏。为此，必须采取措施，将功放管产生的热量散发出去，使其即使在大功率状态下也不致产生温度增高现象，从而有效保护功放管。通常的散热措施是给功放管加装散热片。散热片一般由导热性良好的金属材料制成，尺寸越大，散热能力越强。

(2) 功率管的二次击穿。从晶体管的输出特性曲线可知，对于某一条输出特性曲线，当三极管 c—e 之间电压增大到一定数值时，晶体管将产生击穿现象，而且 I_B 越大，击穿电压越低，这种击穿称为“一次击穿”。晶体管在一次击穿后，集电极电流会骤然增大，此时若不加以限制，晶体管的工作点变化到临界点 A 时，如图 2-35 所示，工作点将以毫秒甚至微秒的速度从 A 点变到 B 点，此时电流激增，而管压降却减小，称为功率管的“二次击穿”。

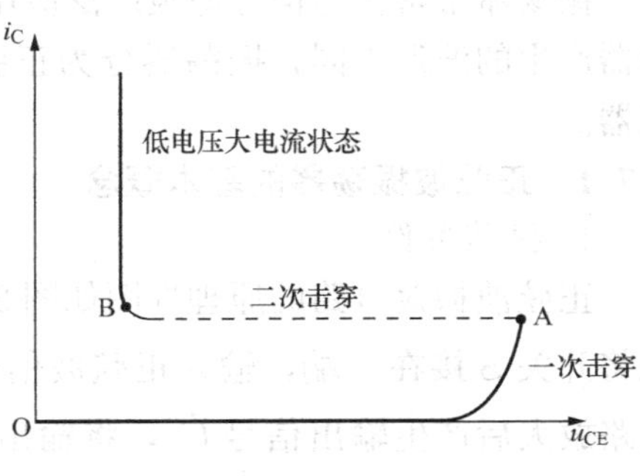

图 2-35　晶体管击穿

晶体管经过二次击穿后性能将明显下降，甚至造成永久性损坏。

2.6.4　变压器耦合推挽功率放大电路

1. 电路组成与工作原理

传统的功率放大电路常常采用变压器耦合方式的互补对称电路，图 2-36 所示为一个典型的变压器耦合推挽功率放大电路的原理图。

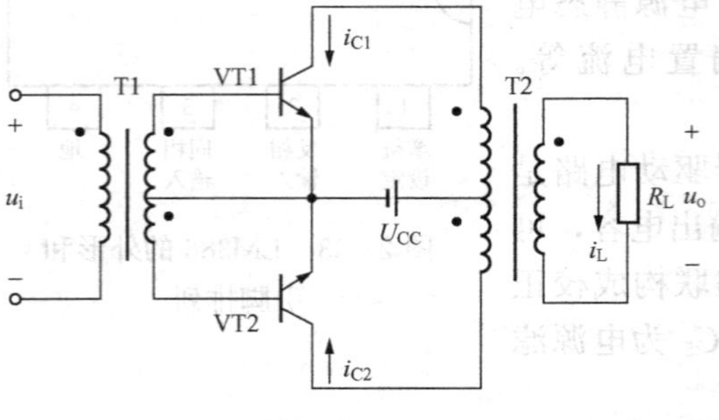

图 2-36　变压器耦合推挽功率放大电路的原理图

其中 T1 为输入变压器，T2 为输出变压器，三极管 VT1、VT2 接成对称形式。由图 2-36可见，当输入电压 u_i 为正半周时，VT1 导通，VT2 截止；当输入电压 u_i 为负半周时，VT2 导通，VT1 截止。两个三极管的集电极电流 i_{C1} 和 i_{C2} 均只有半个正弦波，但通过输出变压器耦合到负载上，负载电流 i_L 和输出电压 u_o 则基本上是正弦波。因此，在信号的一个周期内，两管是轮流导通交替工作的，两管的集电极电流按相反方向交替流过输出变压器一次侧的半个绕组，因而在输出变压器二次绕组回路中便得到一个完整的正弦波负载电流 i_L。又因为这两个管子轮流工作，很像一推一拉，故称为推挽放大电路。

2. 主要特点

功率放大电路采用变压器耦合方式的主要优点是便于实现阻抗匹配。但是，由于变压器体积庞大，比较笨重，频带窄，不易集成化，变压器本身也存在一定的功率损耗，消耗有色金属，而且在低频和高频部分产生移相，使放大电路在引入负反馈时容易产生自激振荡，所以目前的发展趋势倾向于采用无输出变压器的功率放大电路和集成功率放大电路。

2.7　正 弦 波 振 荡 器

前面介绍的放大电路通常都是在输入端接上信号源的情况下才有信号输出。如果在电子电路中，无外加输入信号的情况下，在输出端仍有一定频率和幅度的输出信号，这种现象称为自激振荡。对放大电路来说，若产生了自激振荡，将会使放大电路不能正常工作，需采取措施加以抑制。而振荡器正是利用自激振荡的原理来产生信号。显然，振荡器和放大器的区别在于：振荡器不外加输入信号就有输出信号，而放大器必须有外加的输入信号才有输出信号。但无论是振荡器还是放大器，它们的输出信号都是由输入信号引起的。

振荡器常常作为信号源被广泛应用于无线电、测量、通信、自动控制等系统中。根据振荡器产生的波形不同，振荡器分为正弦波振荡器和非正弦波振荡器。本节只介绍正弦波振荡器。

2.7.1　正弦波振荡器的基本概念

1. 振荡条件

正弦波振荡电路的原理框图如图 2-37 所示。若先将开关 S 接在 1 端，输入正弦波信号 $\dot{U}_i$，经放大电路放大后产生输出信号 $\dot{U}_o$，将输出信号通过反馈电路反馈到输入端，产生反馈信号 $\dot{U}_f$。如果 $\dot{U}_f=$

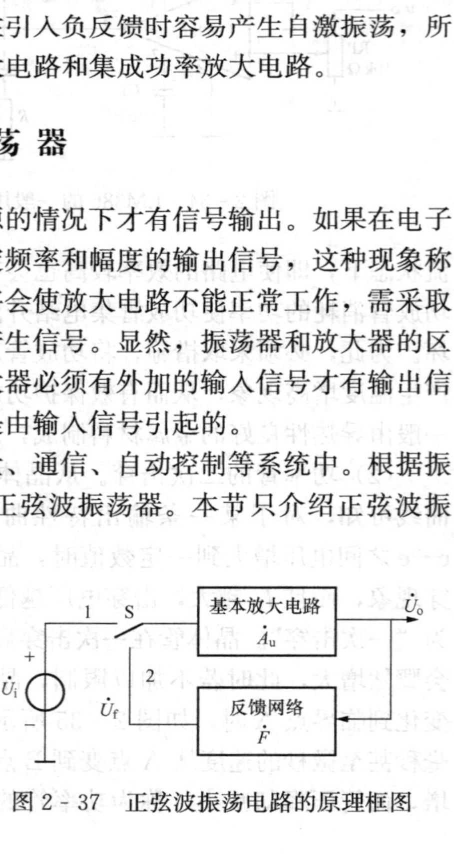

图 2-37　正弦波振荡电路的原理框图

$\dot{U}_i$，则反馈电压就可代替外加输入电压，就是将开关S切换到2端上，利用反馈电压作为输入电压，输出电压仍保持不变，从而实现了自激振荡。

由以上分析可知，要产生自激振荡必须满足

$$\dot{U}_f=\dot{U}_i$$

因为

$$\dot{A}_u=\frac{\dot{U}_o}{\dot{U}_i},\dot{F}=\frac{\dot{U}_f}{\dot{U}_o}$$

$$\dot{U}_f=\dot{F}\dot{U}_o=\dot{A}_u\dot{F}\dot{U}_i$$

由此可得，产生振荡的条件是

$$\dot{A}_u\dot{F}=1$$

由于放大倍数 $\dot{A}_u$ 和反馈系数 $\dot{F}$ 都是复数，所以该条件包含了振幅平衡条件和相位平衡条件两个方面。

（1）振幅平衡条件为

$$|\dot{A}_u\dot{F}|=1$$

该式说明，反馈电压与输入电压必须大小相等。

（2）相位平衡条件为

$$\varphi_a+\varphi_f=\pm 2n\pi \quad (n=0,1,2,\cdots)$$

该式说明，反馈电压与输入电压必须同相位，即要求反馈网络必须是正反馈连接。

2. 振荡的建立与稳定

实际应用中，振荡电路的起振并不需要外加输入信号，而是利用接通电路时所产生的微小扰动电压起振。如果在起振时仅仅满足 $|\dot{A}_u\dot{F}|=1$，则输出电压也很微小，振荡也就无法建立起来。所以，要使电路建立起振荡，必须满足起振条件

$$|\dot{A}_u\dot{F}|>1$$

即起振时反馈电压要大于输入电压，这样在接通电路后，就可以将微小的扰动电压放大→反馈→再放大→再反馈，从而由小到大迅速建立起振荡。当信号达到一定幅度后，受到电路中非线性元件的限制，$|\dot{A}_u\dot{F}|$ 的值会自动减小，当满足 $|\dot{A}_u\dot{F}|=1$ 的振幅平衡条件时，达到振幅稳定，从而维持等幅振荡。

3. 正弦波振荡电路的组成

从上面分析可知，正弦波振荡电路一般应包括以下几个组成部分：

（1）放大电路：具有信号放大作用，并通过电源供给能量。

（2）反馈网络：作用是形成正反馈，满足相位平衡条件。

（3）选频网络：选择某一个频率满足振荡条件，形成单一频率的正弦波振荡。有的振荡电路的选频网络与反馈网络是同一个网络。

（4）稳幅环节：使振幅稳定，改善波形。有的振荡电路的稳幅是通过负反馈实现的。

4. 正弦波振荡电路的分析方法

（1）判断电路能否产生振荡的步骤：

1）检查电路的基本组成。

2）检查放大电路是否工作在放大状态。

3）检查电路是否满足振荡条件。一般情况下，幅值平衡条件容易满足，重点检查是否满足相位平衡条件和起振条件。

（2）用瞬时极性法判断相位平衡条件是否满足的步骤：

1）断开反馈支路与放大电路输入端的连接点。

2）在放大电路的输入端加输入信号 $\dot{U}_i$，并设其极性为正（对地），然后按照先放大支路后反馈支路的顺序逐次推断电路有关各点的电位极性，从而确定 $\dot{U}_i$ 和 $\dot{U}_f$ 的相位关系。

3）若 $\dot{U}_i$ 和 $\dot{U}_f$ 在某一频率下同相位，则表明电路满足相位平衡条件，否则不满足相位平衡条件。

根据选频网络所选用的元器件类型不同，正弦波振荡电路可分为 RC 正弦波振荡电路、LC 正弦波振荡电路和石英晶体正弦波振荡电路。

2.7.2 RC 桥式振荡电路

常用的 RC 正弦波振荡电路有文氏桥式、移相式和双 T 式三种振荡电路形式。本节主要讨论文氏桥式振荡电路。

1. 电路组成

图 2-38 所示为 RC 桥式振荡电路。其中集成运放是放大电路，R_1 和 R_f 构成负反馈支路，其作用是实现输出电压的稳定，并减小输出波形的失真。RC 串并联电路实现正反馈和选频作用，使电路产生振荡。下面先来分析 RC 串并联网络的频率特性。

2. RC 串并联网络的选频特性

图 2-39 所示为 RC 串并联选频网络。由图可求得电路的传递函数 $\dot{F}$ 为

$$\dot{F}=\frac{\dot{U}_2}{\dot{U}_1}=\frac{\dfrac{R}{1+j\omega CR}}{R+\dfrac{1}{j\omega C}+\dfrac{R}{1+j\omega CR}}=\frac{1}{3+j\left(\omega RC-\dfrac{1}{\omega RC}\right)}$$

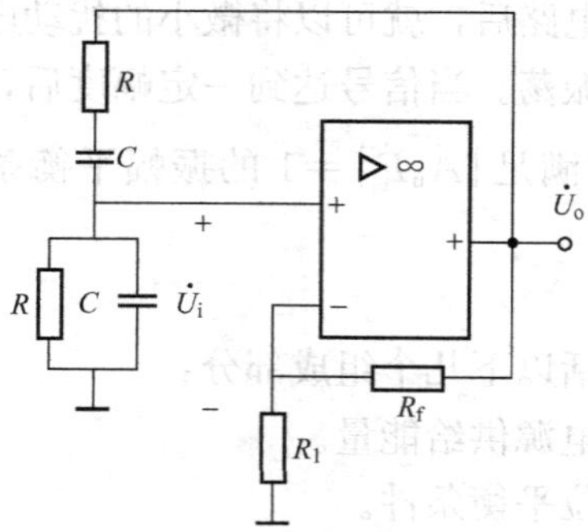

图 2-38 RC 桥式振荡电路

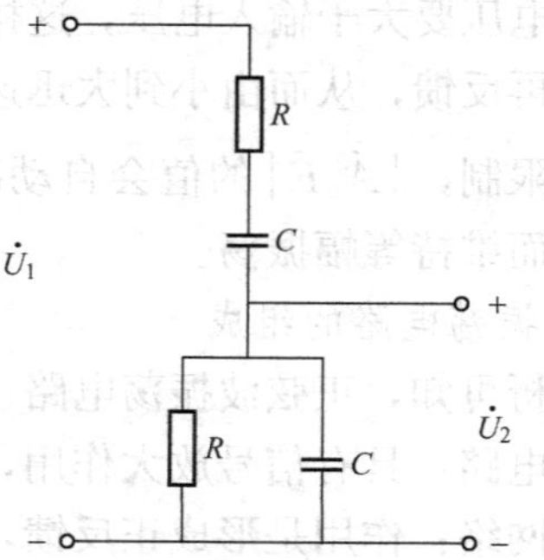

图 2-39 RC 串并联选频网络

令 $\omega_0=\dfrac{1}{RC}$，则上式可写成

$$\dot{F}=\frac{1}{3+j\left(\dfrac{\omega}{\omega_0}-\dfrac{\omega_0}{\omega}\right)}$$

由此，可作出串并联网络的幅频特性和相频特性，如图 2-40 所示。当 $\omega=\omega_0$ 时，$|\dot{F}|$ 达到最大值的 1/3，且相移 $\varphi_f=0°$，所以，RC 串并联网络具有选频特性。

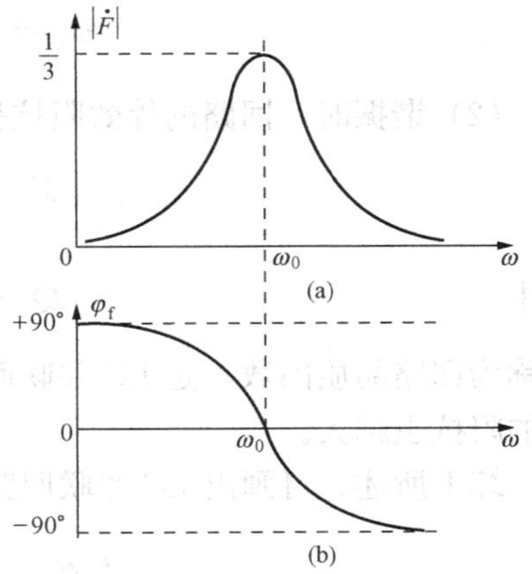

图 2-40 RC 串并联网络幅频和相频特性

(a) 幅频特性；(b) 相频特性

3. 电路的振荡频率和起振条件

(1) 振荡频率。根据相位平衡条件，当 $f=f_0$ 时，$\varphi_f=0°$，即电路满足相位平衡条件；而在其他任何频率时，输出电压与反馈电压不同相，不满足相位平衡条件，就不可能产生自激振荡。所以，该电路产生振荡的频率只能是

$$f_0=\frac{1}{2\pi RC}$$

通过改变 R 或 C 的值可以实现振荡频率的调节。

(2) 起振条件。振荡电路产生正弦振荡还必须满足起振条件 $|\dot{A}_u\dot{F}|>1$。已经知道，$f=f_0$ 时，串并联网络的反馈系数值最大，即 $|\dot{F}_{max}|=\frac{1}{3}$。因此，根据起振条件，可以求出电路的电压放大倍数应满足 $|\dot{A}_u|>3$。而同相比例放大电路的电压放大倍数表达式为 $|\dot{A}_u|=1+R_f/R_1$。

于是，求得电路起振条件为

$$R_f>2R_1$$

2.7.3 LC 正弦波振荡电路

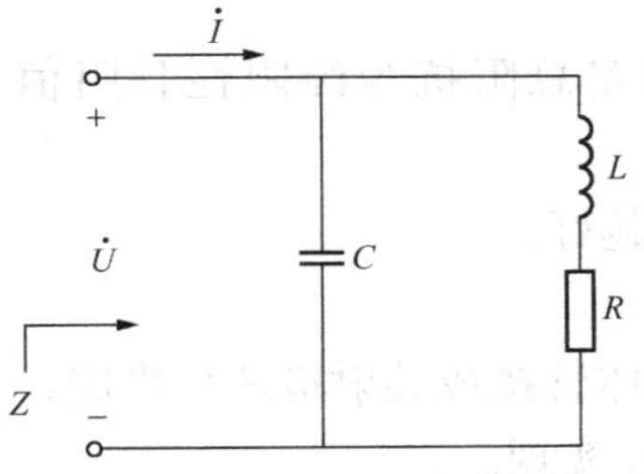

图 2-41 LC 并联电路

常见的 LC 正弦波振荡电路有变压器反馈式、电感三点式和电容三点式。它们的共同特点是采用 LC 并联谐振回路作为选频网络。下面先介绍 LC 并联回路的选频特性。

1. LC 并联回路的选频特性

图 2-41 所示为一个 LC 并联回路的电路图，图中包含一个电感 L 和一个电容 C，电阻 R 表示回路的等效损耗电阻，其值一般很小。由图 2-41 可以写出 LC 并联回路的等效阻抗为

$$Z=\frac{\frac{1}{j\omega C}(R+j\omega L)}{\frac{1}{j\omega C}+R+j\omega L}$$

因为回路损耗很小，即 $R\ll\omega L$，所以

$$Z\approx\frac{L/C}{R+j\left(\omega L-\frac{1}{\omega C}\right)}$$

由该式可知，LC 并联谐振回路具有如下特性：

(1) 回路的谐振频率为

$$\omega_0 = \frac{1}{\sqrt{LC}} \quad 或 \quad f_0 = \frac{1}{2\pi\sqrt{LC}}$$

(2) 谐振时，回路的等效阻抗呈现纯电阻性，且达到最大值，即

$$Z_0 = \frac{L}{RC} = Q \quad \omega_0 L = \frac{Q}{\omega_0 C}$$

其中

$$Q = \frac{\omega_0 L}{R} = \frac{1}{R\omega_0 C} = \frac{1}{R}\sqrt{\frac{L}{C}}$$

Q称为回路品质因数，是LC并联回路的重要指标。损耗电阻R越小，Q值越大，谐振时回路的阻抗也越大。

综上所述，可画出LC并联回路的幅频和相频特性，如图2-42所示。

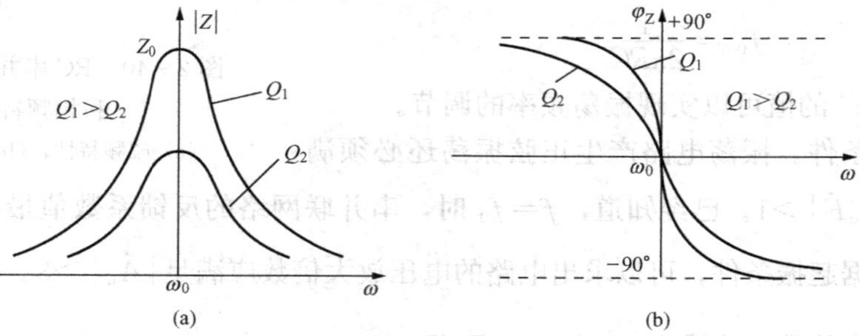

图2-42　LC并联电路的幅频和相频特性

(a) 幅频特性；(b) 相频特性

由LC并联回路的幅频和相频特性，可得出以下结论：

(1) LC并联回路具有选频特性。只有当$\omega=\omega_0$时，回路总阻抗为纯阻性且阻值为最大。

(2) LC并联回路的品质因数Q值越大，回路的选频特性越好。

2. 变压器反馈式正弦波振荡电路

图2-43所示为一种变压器反馈式LC振荡电路，图中晶体管接成共射极放大电路，集电极的LC并联回路构成选频网络，反馈由变压器二次绕组N_2实现。

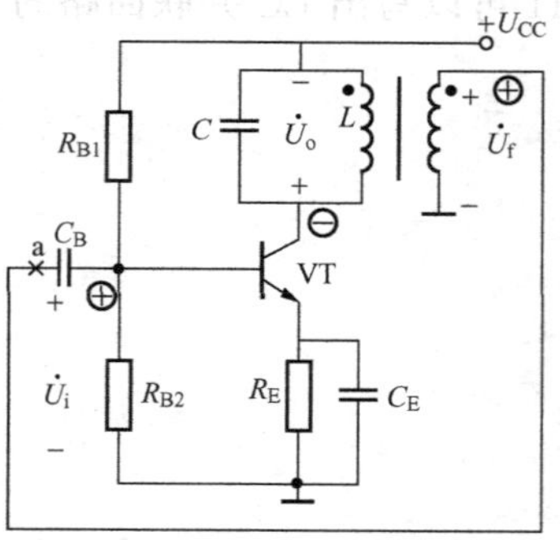

图2-43　变压器反馈式LC振荡电路

现在分析电路是否满足相位平衡条件。首先断开图2-43中的a点，并在放大电路的输入端加信号$\dot{U}_i$，设$\dot{U}_i$的瞬时极性为⊕。由于LC并联回路谐振时为纯阻性，故集电极输出电压$\dot{U}_o$与$\dot{U}_i$反相。根据图2-43中变压器同名端的标示可知，反馈电压$\dot{U}_f$与$\dot{U}_o$又反相。所以，$\dot{U}_f$与$\dot{U}_i$同相，满足相位平衡条件。

电路的起振条件也应满足。一般来说，只要变压器的匝数比设计恰当，起振条件较容易满足。

从上面分析可知，由于只有在LC并联回路产生谐振时电路才满足相位平衡条件，所以其振荡频率f_0就是LC并联回路的谐振频率f_0，即

$$f_0=\frac{1}{2\pi\sqrt{LC}}$$

变压器反馈式LC振荡电路的特点是：易起振，易实现阻抗匹配，效率较高，且可通过改变电容C的大小在较宽的频率范围内调节振荡频率，但绕组的同名端不能接错。

3. 三点式LC正弦波振荡电路

电感三点式振荡电路如图2-44所示。图中晶体管接成共射极放大电路，LC并联回路构成选频网络。电感线圈分成L_1和L_2两部分，其三个端点1、2、3分别与晶体管三个电极相连，反馈信号$\dot{U}_f$取自电感L_2两端，故称为电感三点式。

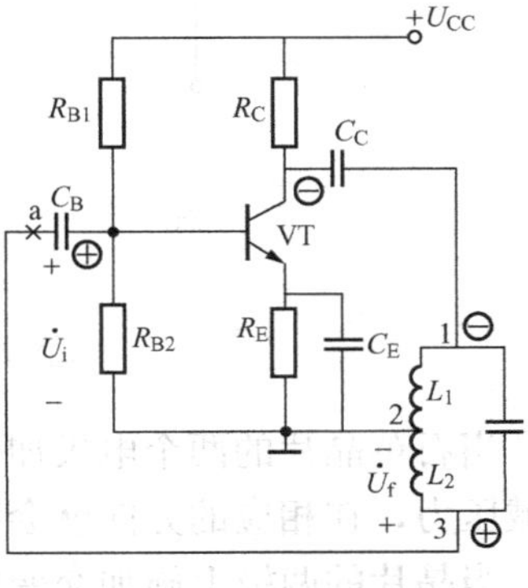

图2-44　电感三点式振荡电路

若在a点处断开电路，并加入信号$\dot{U}_i$，用瞬时极性法不难判断出，在LC并联回路产生谐振时$\dot{U}_f$与$\dot{U}_i$同相，从而满足了相位平衡条件。由此可得电路的振荡频率为

$$f_0=\frac{1}{2\pi\sqrt{L'C}}=\frac{1}{2\pi\sqrt{(L_1+L_2+2M)C}}$$

式中，L'为谐振回路的等效电感，$L'=L_1+L_2+2M$；M为L_1和L_2之间的互感。

电感三点式振荡电路的优点是容易起振，而且采用可变电容可方便地调节振荡频率。但由于反馈信号取自电感L_2两端，而L_2对高次谐波呈现高阻抗，因此输出信号中的高次谐波成分较多，波形较差。

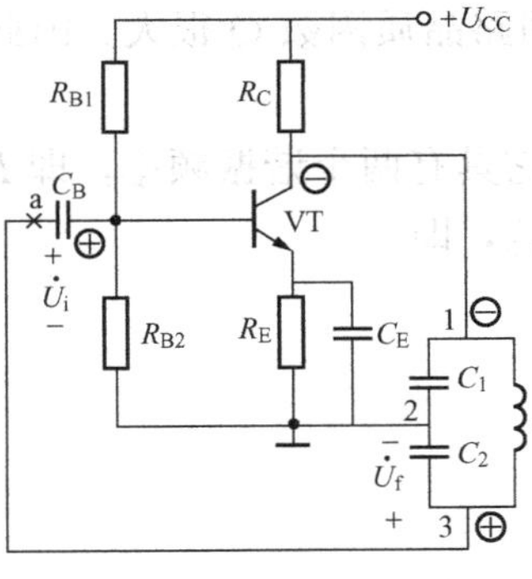

图2-45　电容三点式振荡电路

电容三点式振荡电路如图2-45所示。电容三点式振荡电路与电感三点式振荡电路的结构形式基本相同，只是LC并联回路中的L和C的位置互换了一下。假设将反馈支路从a点断开，同样分析出$\dot{U}_f$与$\dot{U}_i$同相，满足相位平衡条件。该电路的振荡频率为

$$f_0=\frac{1}{2\pi\sqrt{LC'}}=\frac{1}{2\pi\sqrt{L\dfrac{C_1C_2}{C_1+C_2}}}$$

电容三点式振荡电路的特点是：输出波形较好，振荡频率的稳定度较高，一般可达$10^{-4}\sim10^{-5}$量级。若要得到更高稳定度的振荡波形，可以选用石英晶体正弦波振荡电路。

2.7.4　石英晶体振荡电路

采用石英晶体代替选频电路，就变成了石英晶体振荡器。由于石英晶体振荡器的品质因数Q很高，再加上它本身的固有频率很稳定，因此石英晶体正弦波振荡电路可获得很高的频率稳定度，其频率稳定度可高达$10^{-9}\sim10^{-11}$量级。

1. 石英晶体的基本特性

(1) 压电效应。石英晶体是一种各向异性的结晶体，其化学成分是二氧化硅（SiO_2）。将一块晶体以一定方位角切下晶体薄片，称为石英晶片。在石英晶片的两个对应表面上涂上银层，引出两个电极，加上外壳封装，就构成石英晶体谐振器，简称石英晶体或晶片。其图形符号如图2-46（a）所示。

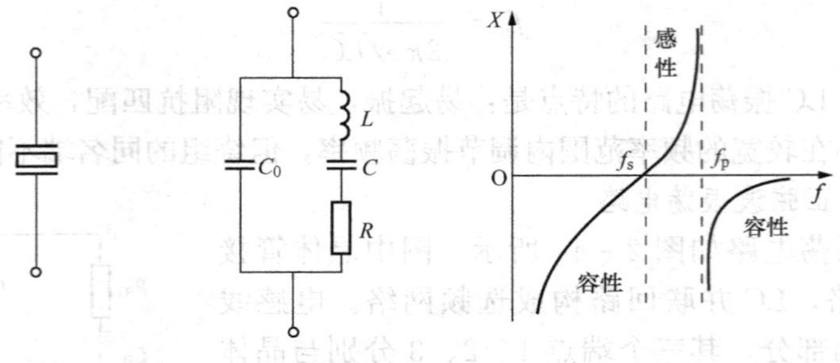

(a) (b) (c)

图 2 - 46　石英晶体谐振器

(a) 图形符号；(b) 等效电路；(c) 电抗—频率特性

当石英晶片的两个电极加一电场，晶片就会产生机械变形。反之，若在晶片的两侧施加机械压力，在相应的方向就会产生电场，这种物理现象称为压电效应。

当晶片的两极上施加交变电压时，晶片会产生机械变形振动，同时晶片的机械变形振动又会产生交变电场，在一般情况下，这种机械振动和交变电场的幅度都非常微小。当外加交变电压的频率与晶片的固有振荡频率相等时，振幅急剧增大，这种现象称为压电谐振。石英晶片的谐振频率完全取决于晶片的切片方向及其尺寸和几何形状等。

(2) 等效电路。石英晶片的压电谐振和 LC 回路的谐振现象十分相似，其等效电路如图 2 - 46 (b) 所示。图中 C_0 表示金属极板间的静电电容，约几个至几十皮法；L 和 C 分别模拟晶片振动时的惯性和弹性；R 用于模拟晶片振动时的摩擦损耗。由于晶片的 L 很大，约 $10^{-3}\sim10^{2}$ H，而 C 很小，仅 $10^{-2}\sim10^{-1}$ pF，R 也很小，所以回路品质因数 Q 很大。因此，利用石英晶体组成的振荡电路有很高的频率稳定度。

(3) 谐振频率与频率特性。从石英晶体的等效电路可知，它具有两个谐振频率，即 L、C、R 支路串联谐振频率 f_s 和整个等效电路谐振并联谐振频率 f_p，即

$$f_s=\frac{1}{2\pi\sqrt{LC}}$$

$$f_p=\frac{1}{2\pi\sqrt{L\dfrac{CC_0}{C+C_0}}}=f_s\sqrt{1+\frac{C}{C_0}}$$

由于 $C\ll C_0$，f_s 和 f_p 非常接近。

图 2 - 46 (c) 为石英晶体电抗—频率特性。由图可见，当 $f_s<f<f_p$ 时，石英晶体呈电感性，其余频率范围内，石英晶体均呈容性。

2. 石英晶体振荡电路

石英晶体振荡电路的基本形式有两类：一类是并联型晶体振荡电路，它是利用晶体工作在并联振荡状态下，频率在 f_s 和 f_p 之间晶体阻抗呈感性的特点，与两个外接电容组成电容三点式振荡电路；另一类是串联型晶体振荡电路，它是利用晶体工作在串联谐振 f_s 时阻抗最小，且为纯电阻的特性来构成石英晶体振荡电路。

(1) 并联型石英晶体振荡电路。图 2 - 47 所示为并联型石英晶体振荡电路。石英晶体在电路中起电感作用，它与 C_1、C_2 组成 LC 选频电路，构成电容三点式 LC 振荡电路。

(2) 串联型晶体振荡电路。图 2-48 所示为串联型晶体振荡电路。当频率等于石英晶体的串联谐振频率 f_s 时，晶体阻抗最小，且为纯阻。用瞬时极性法可判断出这时电路满足相位平衡条件，而且在 $f=f_s$ 时，由于晶体为纯阻性，阻抗最小，正反馈最强，电路产生正弦波振荡。振荡频率等于晶体串联谐振频率 f_s。

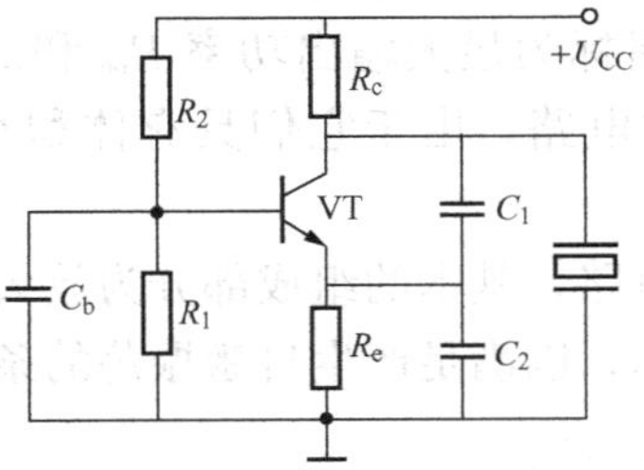

图 2-47　并联型石英晶体振荡电路

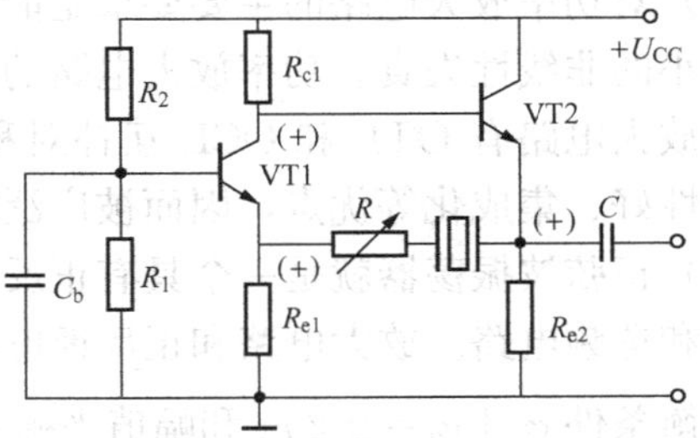

图 2-48　串联型晶体振荡电路

石英晶体正弦波振荡电路的主要优点是：频率稳定度很高，且安装、调试方便，适用于制作标准频率信号源；但结构脆弱，负载能力差，多用于频率稳定性要求高的场合。

本　章　小　结

本章介绍了三极管放大电路的基本原理和基本分析方法，其内容是随后各章的基础。

(1) 放大电路是一种最基本、最常用的模拟电子电路。放大的概念实质上是能量的控制，放大的对象是变化量。组成放大电路的基本原则是：外加电源的极性应使三极管的发射结正向偏置。集电结反向偏置，以保证三极管工作在放大区，输入信号应能传送进去，放大了的信号应能传送出来。

(2) 放大电路的基本分析方法有图解法和微变等效电路法两种。以上分析方法要解决的主要矛盾是三极管的非线性问题。定量分析的主要任务是：第一，静态分析，确定放大电路的静态工作点；第二，动态分析，求出电压放大倍数、输入电阻和输出电阻等。

利用图解法可以直观、形象地表示出静态工作点的位置与非线性失真的关系，估算最大不失真输出幅度，以及分析电路参数对静态工作点的影响等。

微变等效电路法适用于小信号的情况，只能用于分析放大电路的动态，不能确定静态工作点。微变等效电路法是将三极管非线性电路线性化，作出线性的微变等效电路，然后就可以利用线性电路的定理、定律列出方程求解。

实际工作中常常将两种方法结合起来使用，以便取长补短，使分析过程更加简单方便。

(3) 放大电路的静态工作点容易受温度的影响而发生改变。因此，对于放大电路不仅要设置合适的静态工作点，而且还必须在电路上采取措施来稳定静态工作点。分压式偏置放大电路能够在较大的温度变化范围内具有很好的稳定性。

(4) 共集电极放大电路又名射极输出器，它具有输入电阻大、输出电阻小、电压放大倍数小于 1 而接近于 1、输出电压与输入电压同相位等特点，因而在电子电路中得到广泛应用。

(5) 多级放大电路常用的耦合方式有阻容耦合、直接耦合和变压器耦合三种。三种耦合方式各有其优缺点。

多级放大电路的电压放大倍数为各级电压放大倍数的乘积，但在计算每一级的电压放大倍数时要考虑前后级之间的相互影响。多级放大电路的输入电阻基本上等于第一级的输入电阻，而其输出电阻约等于末级的输出电阻。

(6) 对功率放大电路的主要要求是能够向负载提供足够的输出功率，同时应有较高的效率和较小的非线性失真。功率放大电路的主要技术指标为最大输出功率 P_{om} 和效率 η。常用的功率放大电路有 OTL 和 OCL 互补对称功率放大电路，由于它们具有体积小、效率高、频率特性好、集成化等优点，因而被广泛应用。

(7) 正弦波振荡器就是一个具有正反馈的放大电路，基本的组成部分为放大电路、正反馈电路和选频电路。放大电路和正反馈电路共同作用，以满足产生自激振荡的条件。它包括相位平衡条件 $\varphi_a+\varphi_f=\pm 2n\pi$ 和幅值平衡条件 $|\dot{A}_u\dot{F}|=1$。

正弦波振荡电路根据选频网络所选用的元器件类型不同，分为 RC 正弦波振荡电路、LC 正弦波振荡电路和石英晶体正弦波振荡电路。

习　　题

2-1　电路如图 2-49 所示，调整电位器 RP，可以调整电路的静态工作点。试问：

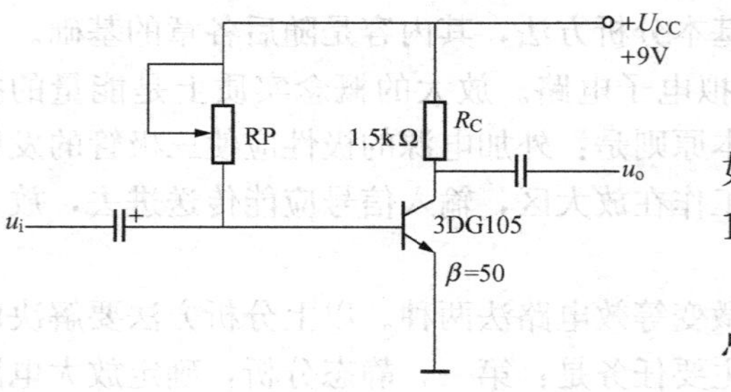

图 2-49　习题 2-1 图

(1) 要使 $I_C=2$mA，RP 应为多大?

(2) 要使电压 $U_{CE}=4.5$V，RP 应为多大?

2-2　放大电路和三极管的输出特性曲线如图 2-50 所示。已知 $U_{CC}=12$V，$R_B=160$kΩ，$R_C=2$kΩ，I_{BQ}按 E_C/R_B 估算。

(1) 画出直流负载线，并求出静态工作点 Q_1；

(2) 若 R_C 增大到 6kΩ 时，重新确定静态工作点 Q_2，试问 Q_2 点合理吗? 为什么?

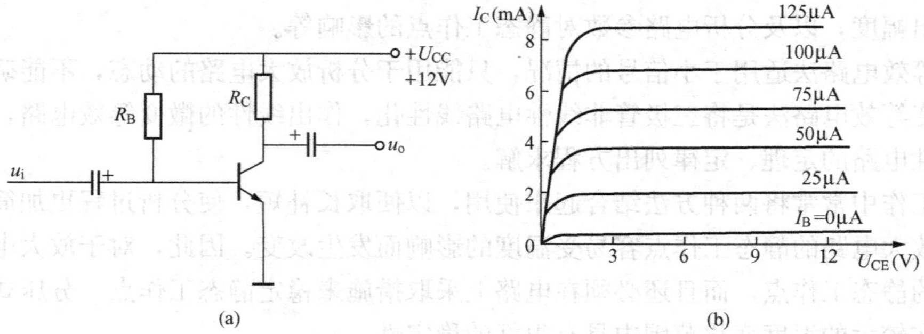

图 2-50　习题 2-2 图

(a) 放大电路；(b) 输出特性曲线

2-3　放大电路如图 2-51 所示，三极管 $U_{BE}=0.7$V，$\beta=80$。

(1) 求静态工作点；

（2）画出微变等效电路；

（3）求电路 A_u、R_i 及 R_o。

2-4　射极输出器电路如图 2-52 所示。已知 $R_B=200\text{k}\Omega$，$R_E=2\text{k}\Omega$，$R_L=4.7\text{k}\Omega$，$R_S=1\text{k}\Omega$，$\beta=100$，$U_{BE}=0.7\text{V}$，$U_{CC}=12\text{V}$。试求：

（1）电路静态工作点；

（2）电压放大倍数 A_u；

（3）输入电阻 R_i 和输出电阻 R_o。

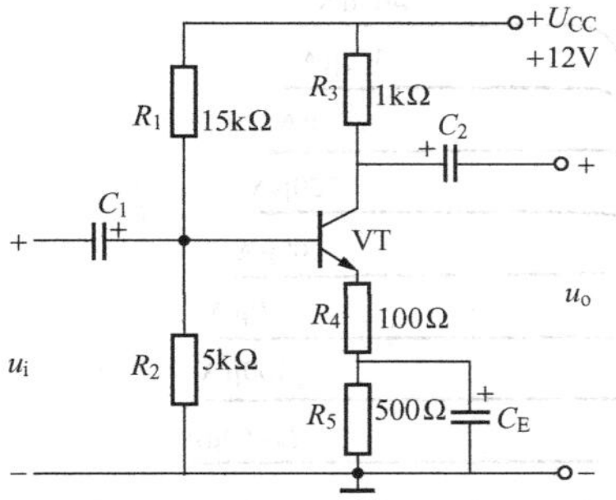

图 2-51　习题 2-3 图

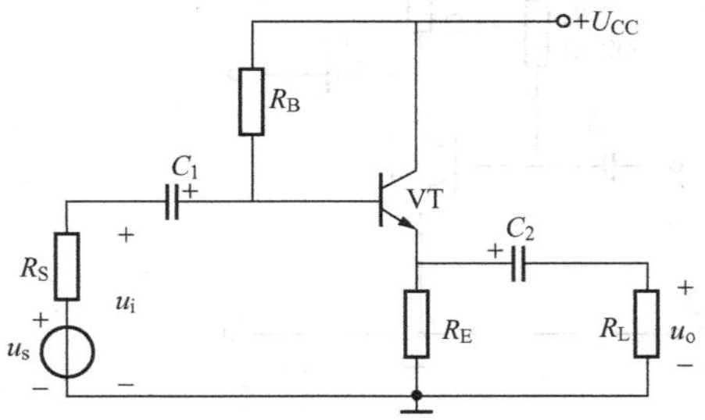

图 2-52　习题 2-4 图

2-5　电路如图 2-53 所示，已知 $\beta=50$，试求：

（1）静态工作点；若换上一只 $\beta=100$ 的管子，放大电路能否工作在正常状态？

（2）电压放大倍数、输入电阻和输出电阻；

（3）电容 C_e 脱焊时电压放大倍数、输入电阻和输出电阻。

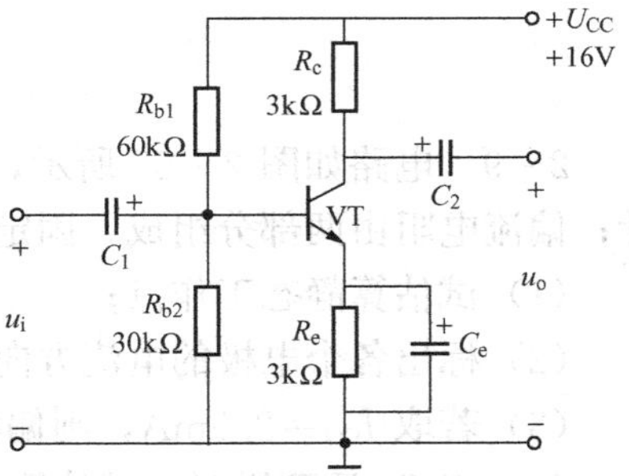

图 2-53　习题 2-5 图

2-6　电路如图 2-54 所示，已知 $\beta=50$，试求：

（1）未接负载 R_L 和接上负载后的电压放大倍数；

（2）接上负载后的输入电阻和输出电阻；

（3）最大不失真输出电压幅值。

2-7　图 2-55 所示电路中，已知 $U_{BB}=5.5\text{V}$，$U_{CC}=24$，$R_c=5\text{k}\Omega$，$R_b=100\text{k}\Omega$，$\beta=60$，$U_{BE}=0.7\text{V}$，穿透电流 $I_{CEO}=0$。

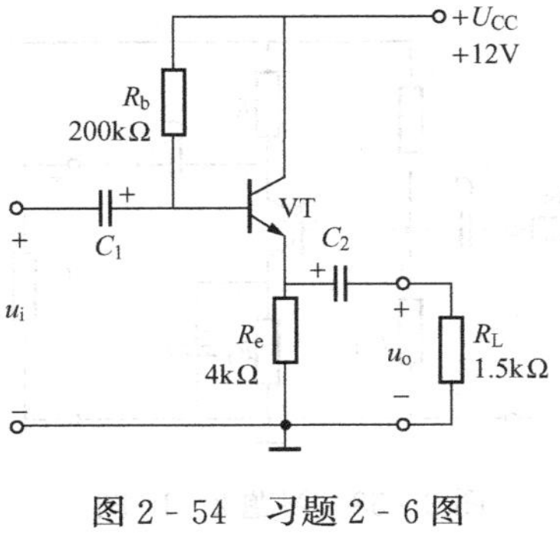

图 2-54　习题 2-6 图

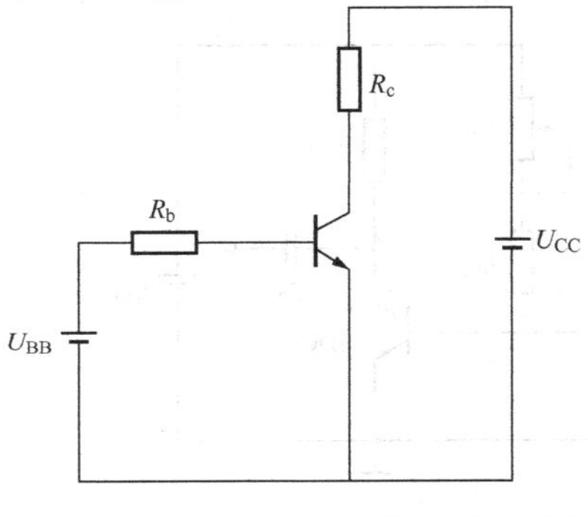

图 2-55　习题 2-7 图

(1) 估算静态工作点;

(2) 若电源电压U_{CC}改为12V,其他参数不变,试估算这时的静态工作点;

(3) 在调整放大器的工作点时,仅改变R_b,要求放大器U_{EQ}=4.8V,试估算R_b的值;

(4) 仅改变R_b,要求放大器I_{CQ}=2.4mA,试估算R_b的值。

2-8 电路和晶体管的输出特性曲线如图2-56所示,使用估算法和图解法分别求静态工作点。晶体管β=20。

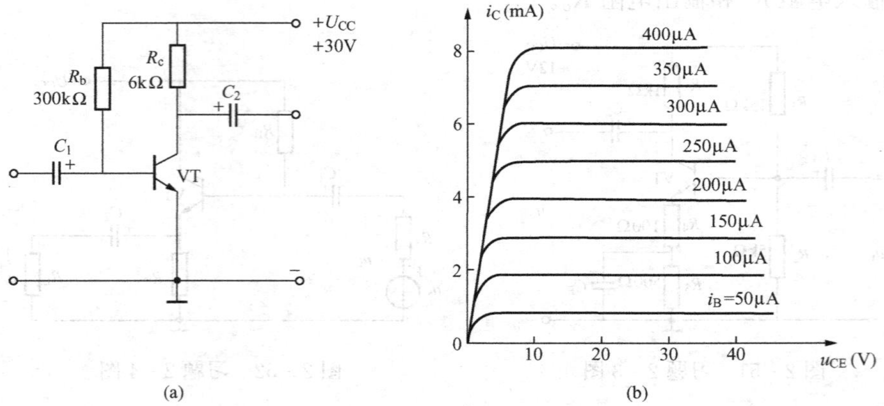

图2-56 习题2-8图

(a) 电路;(b) 输出特性曲线

2-9 电路如图2-57所示,已知U_{CC}=18V,R_C=3kΩ,β=50,I_{CEO}和U_{BE}均忽略不计;偏流电阻由两部分组成,固定部分R_{b2}=200kΩ,可变部分最大值为250kΩ。

(1) 试估算静态工作点;

(2) 标出各个电极的电流方向与极间电压的极性;

(3) 若取I_{CQ}=2.5mA,则偏流电阻可变部分R_{b2}应为多少?

(4) 将R_{b1}调到零时,试估算静态工作点;

(5) 设R_{b2}仍为250kΩ,但是原来的管子坏了,换上一只β=25的管子,这样能改善放大性能吗?为什么?

2-10 电路如图2-58所示,晶体管β=30,U_{CC}=12V,R_S=2kΩ,R_{b1}=2.5kΩ,R_{b2}=7.5kΩ,R_c=2kΩ,R_e=1kΩ,R_L=2kΩ。试求:

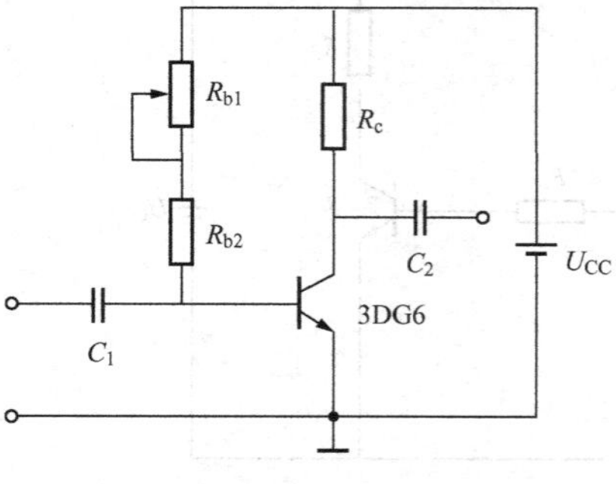

图2-57 习题2-9图

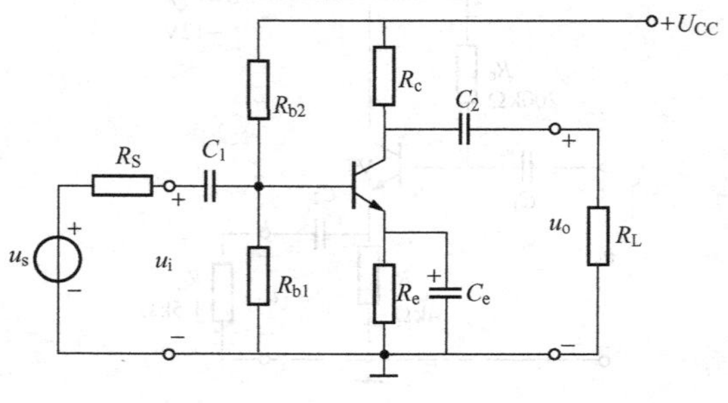

图2-58 习题2-10图

（1）静态工作点；

（2）输入电阻、输出电阻；

（3）电压放大倍数。

2-11　两级阻容耦合放大器如图2-59所示，设两管的 $r_{be}=1.2\text{k}\Omega$，电流放大数 $\beta_1=100$，$\beta_2=80$。

（1）求各级的输入、输出电阻和电压放大倍数（$R_S=0$）；

（2）求总的输入、输出电阻和放大倍数（$R_S=0$）；

（3）若 $R_S=600\Omega$，当信号源 $U_s=8\text{mV}$ 时，放大器输出电压是多少？

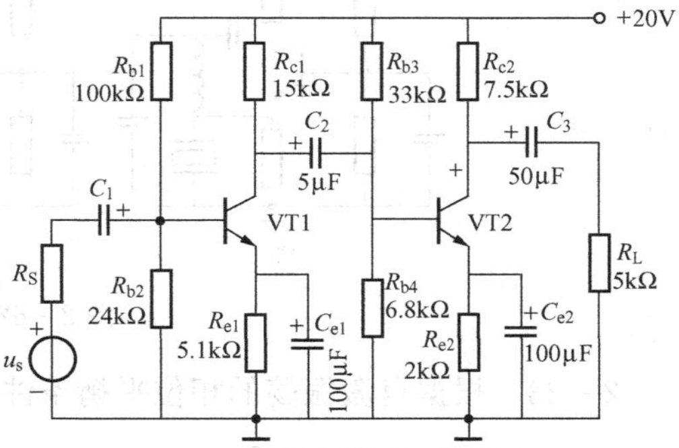

图2-59　习题2-11图

2-12　试说明功率放大电路的特点及类型。

2-13　试比较甲类、乙类和甲乙类功率放大电路的异同。

2-14　试分析双电源互补对称功率放大电路的工作原理。

2-15　试说明单电源互补对称功率放大电路中输出耦合电容的作用。

2-16　试分析甲乙类单电源互补对称功率放大电路的工作原理。

2-17　何谓集成功率放大器？试举例说明。

2-18　某OCL功放电路如图2-60所示，晶体管VT1、VT2均为硅管，负载电流 $i_o=1.8\cos\omega t\,\text{A}$，试求：

（1）最大输出功率 P_{om}；

（2）电源供给的功率 P_V；

（3）最大效率 η_m；

（4）分析二极管VD1、VD2有何作用。

2-19　某OTL功放电路如图2-61所示，晶体管VT1、VT2均为硅管，负载电流 $i_o=0.9\cos\omega t\,\text{A}$，试求：

（1）最大输出功率 P_{om}；

（2）电源供给的功率 P_V；

（3）最大效率 η_m。

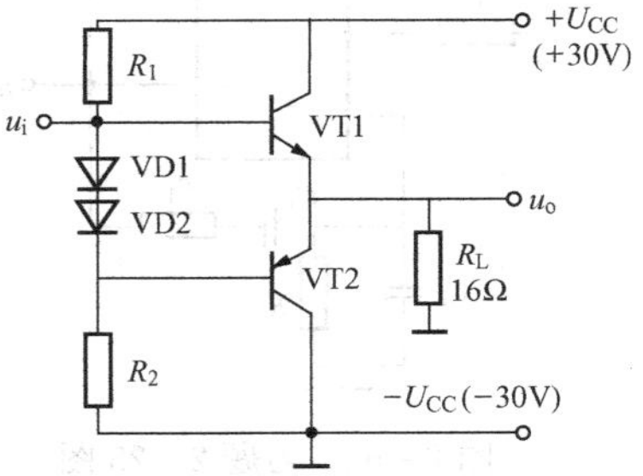

图2-60　习题2-18图

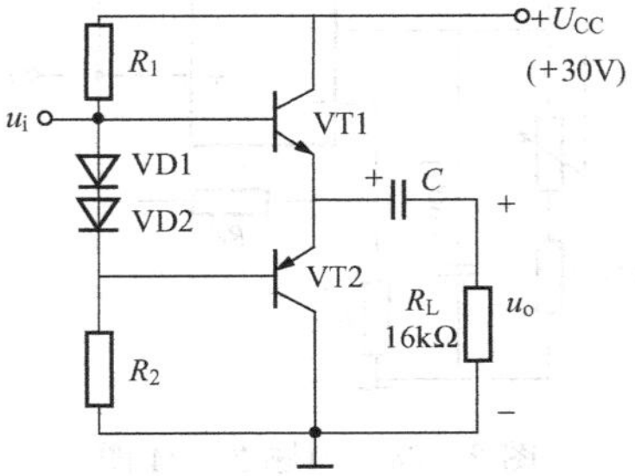

图2-61　习题2-19图

2-20 产生正弦波振荡的条件是什么?

2-21 正弦波振荡电路由哪几部分组成?各部分的作用是什么?

2-22 图 2-62 (a)、(b)、(c) 是石英晶体正弦波振荡电路,试说明它们属于哪种类型的石英晶体振荡电路,石英晶体在电路中的作用是什么?

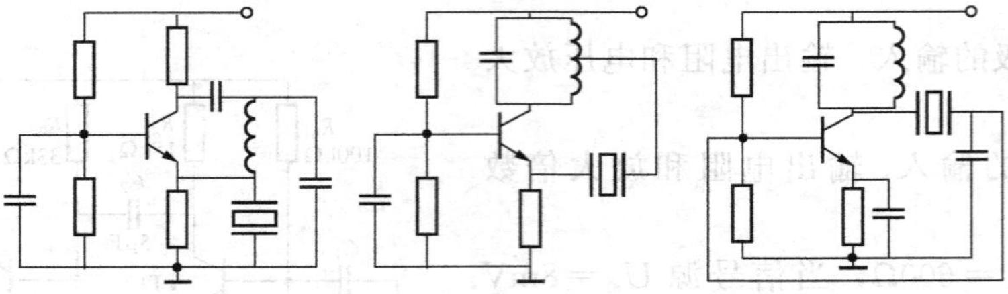
(a) (b) (c)

图 2-62 习题 2-22 图

2-23 根据自激振荡的相位平衡条件判定图 2-63 所示各个电路能否产生振荡。

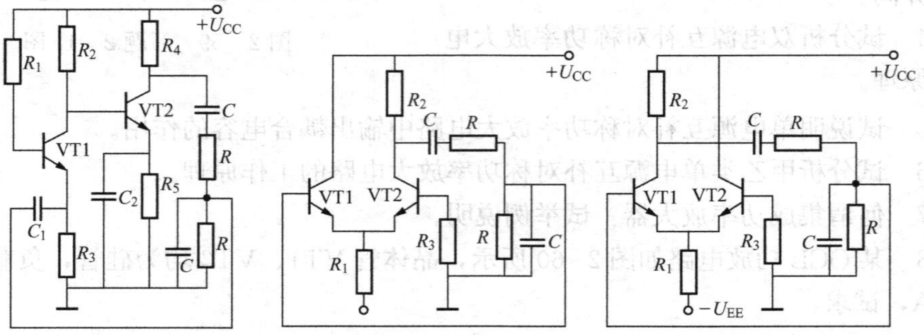

(a) (b) (c)

图 2-63 习题 2-23 图

2-24 某音频信号发生器的原理电路如图 2-64 所示,R_1=10kΩ、R_2=22kΩ。

(1) 试分析电路的工作原理;

(2) 若将从 1kΩ 调到 10kΩ,计算电路振荡频率的调节范围。

2-25 在图 2-65 中,R_1=R_2=1kΩ,C_1=C_2=0.02μF,试求振荡频率。

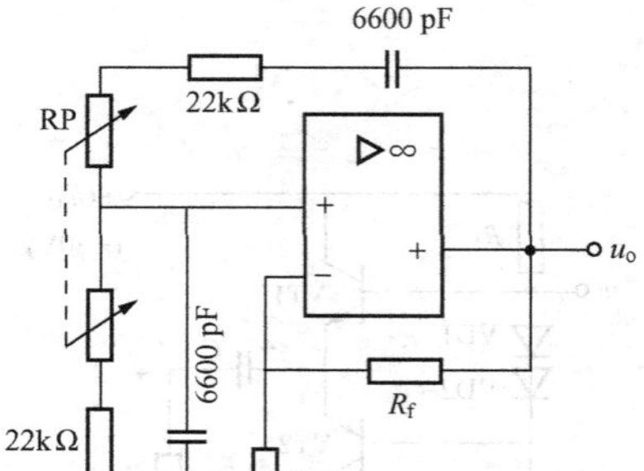

图 2-64 习题 2-24 图

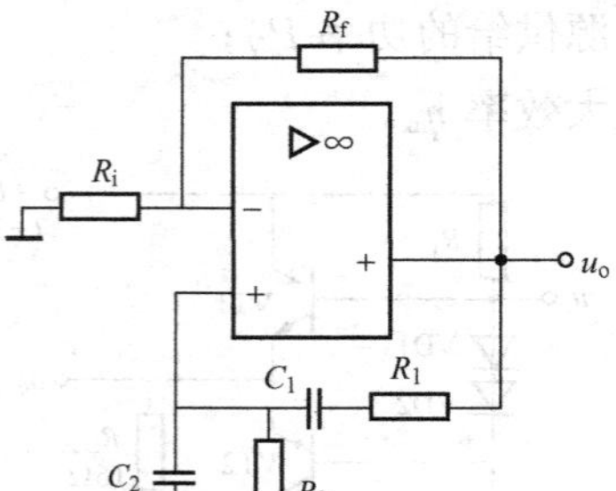

图 2-65 习题 2-25 图

第 3 章　集成运算放大器及其应用

集成电路是一种集元件、电路和系统为一体的器件。与分立元件电路相比，集成电路具有性能好、可靠性高、体积小、耗电少、成本低等优点，因此应用很广泛。

本章主要介绍集成运算放大器（简称集成运放）的基本组成原理、外部引线的作用、主要参数的意义，然后介绍放大电路中的负反馈原理以及集成运放在信号运算、处理和波形产生等方面的简单应用。

3.1　差动放大器

3.1.1　直接耦合放大电路中存在问题

图 3-1 所示是一个直接耦合的两级电压放大器。由于采用直接耦合，直流信号能顺利传递并被逐级放大，但同时也带来下面两个问题。

(1) 各级放大器的静态工作点不再各自独立。例如图 3-1 中，R_{C1} 既是前级的集电极电阻，又是后级的基极偏流电阻，该电阻阻值的变化将同时导致前后两级放大器静态值的变化。由于静态工作点互相牵制、互相影响，使得直接耦合放大器的静态调试较为困难，其他指标难以兼顾。

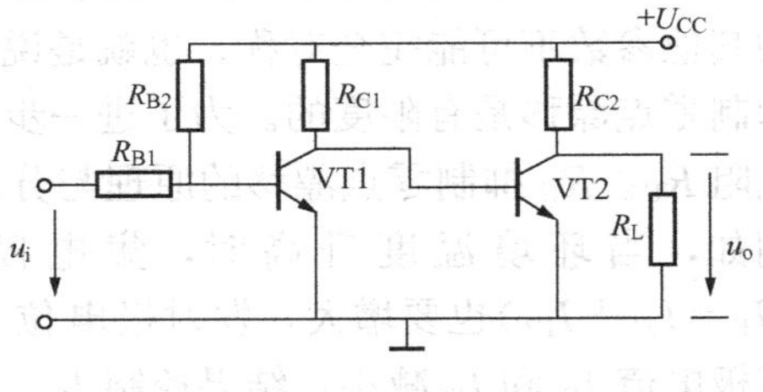

图 3-1　直接耦合两级电压放大器

(2) 零点漂移。当放大器输入信号 $u_i=0$ 时，我们希望输出端的电压 u_o 为某一初始值，且固定不变，但实际上由于种种原因将使输出电压偏离初始值缓慢地、不规则地变化，这种现象称为“零点漂移”。造成零点漂移的原因很多，诸如电源电压的波动，电路元件的老化，环境温度的变化等等，其中，最主要的原因是环境温度的变化。在阻容耦合放大器中，也有零点漂移，但这种漂移只局限在本级内，表现为静态工作点的波动，而不会逐级放大造成危害。在直接耦合的多级放大器中情况就不同了，第一级零点漂移可以被逐级放大，以致混淆有用信号。因此，减小第一级的零点漂移对减小整个放大器的零点漂移具有重要意义。

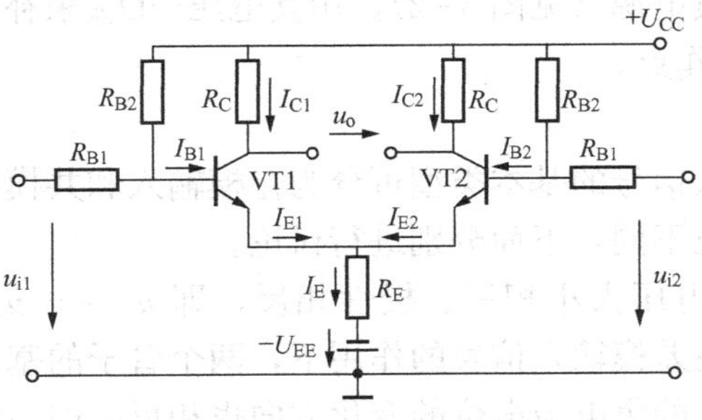

图 3-2　差动放大器的典型电路

3.1.2　差动放大器的典型电路

差动放大器抑制零点漂移的能力很强，因此，一个性能良好的直接耦合多级放大器，其输入级几乎无例外地都采用差动放大电路。

1. 电路组成

图 3-2 所示为差动放大器的典型电路。电路的结构是对称的，晶体管 VT1、VT2 的特性及对应电阻 R_{B1}、R_{B2}、R_C 都相同，电源电压 U_{CC}、$-U_{EE}$及发射极电阻 R_E 为两管共用。信号

从两管的基极输入，从两管的集电路之间取出。

2. 抑制零点漂移的原理

静态时，$u_{i1}=u_{i2}=0$，由于电路的对称性，两管的集电极电流是相等的，集电极电位也相等，即$\begin{cases}I_{C1}=I_{C2}\\V_{C1}=V_{C2}\end{cases}$，故输出电压$u_o=V_{C1}-V_{C2}=0$。可见，差动放大电路具有零输入—零输出特性，即输入电压为零时，输出电压也为零。

电路主要通过以下两个措施抑制零点漂移：

（1）利用对称性抑制零点漂移。假设环境温度升高，则两管的参数发生相同变化，两管的集电极电流同时增大，集电极电位同时减小。由于电路对称，理想情况下，这些变化是等量的，即$\begin{cases}\Delta I_{C1}=\Delta I_{C2}\\\Delta V_{C1}=\Delta V_{C2}\end{cases}$，因此，输出电压$u_o=\Delta V_{C1}-\Delta V_{C2}=0$，零点漂移得到抑制。

上述过程可简单表示如下：

$$\text{温度升高}\begin{cases}I_{C1}\uparrow\rightarrow I_{C1}R_C\uparrow\rightarrow V_{C1}\downarrow\\I_{C2}\uparrow\rightarrow I_{C2}R_C\uparrow\rightarrow V_{C2}\downarrow\end{cases}\rightarrow u_o=\Delta V_{C1}-\Delta V_{C2}=0$$

（2）利用发射极电阻R_E抑制零点漂移。实际上，晶体管VT1与VT2的特性以及电路的其他参数不可能完全对称，也就是说，对称只是相对的，因此，单靠提高电路的对称性来抑制零点漂移是有限度的。为了进一步提高抑制零点漂移的能力，电路中接入了发射极公共电阻R_E。R_E抑制零点漂移的原理与分压式偏置放大电路稳定静态工作点的原理是类似的。例如，当环境温度升高时，集电极电流I_{C1}和I_{C2}都将增大，流过R_E的电流I_E（$I_E=I_{E1}+I_{E2}$）也要增大，发射极电位V_E升高，两管的基—射极间电压U_{BE1}和U_{BE2}减小，基极电流I_{B1}和I_{B2}减小，结果控制I_{C1}、I_{C2}减小，从而抑制了温度变化对集电极电流的影响。上述过程，也可简单表示如下：

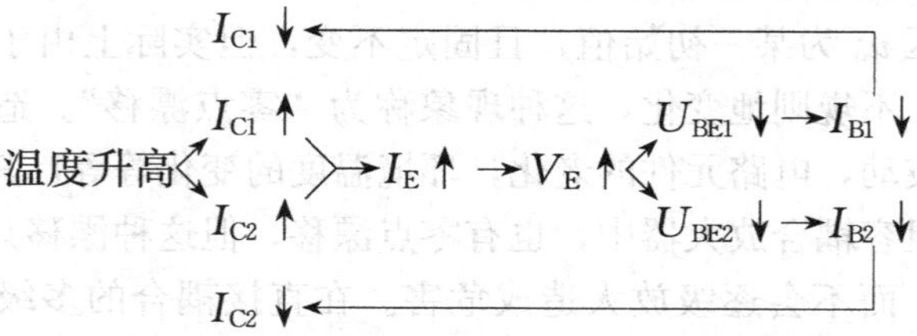

显然，R_E越大，上述调整过程的效果就越强烈，抑制零点漂移的作用就越显著，从这个意义上说，R_E越大越好。但是，R_E过大，就会使静态值I_{C1}和I_{C2}偏小，结果使电路的动态范围减小。为了解决这一矛盾，在电路中接入负电源（见图3-2），用其电压$-U_{EE}$来补偿R_E两端的直流压降，以使电路获得合适的静态工作点。

3. 动态工作情况

典型差动放大电路有两个输入端，因此，输入信号的基本类型可分为差模输入和共模输入两类。输入信号的类型不同，电路的工作情况也不同，下面分别进行讨论。

（1）差模输入。若从两个输入端分别送入的电压大小相等、极性相反，即$u_{i1}=-u_{i2}$，则这样的一对输入信号称为差模输入信号。电路在差模输入信号的作用下，两个管子的基极电流以及集电极电流的变化方向必然相反，所引起的集电极电位的变化方向也相反，即一管电位升高，另一管电位降低，把两者变化量的差值取出即得输出电压u_o。例如，$u_{i1}>0$，

$u_{i2}<0$，则上述过程可表示为

$$\left.\begin{array}{l} u_{i1} \rightarrow i_{B1} \uparrow \rightarrow i_{C1} \uparrow \rightarrow V_{C1} \downarrow (\Delta V_{C1}<0) \\ u_{i2} \rightarrow i_{B2} \downarrow \rightarrow i_{C2} \downarrow \rightarrow V_{C2} \uparrow (\Delta V_{C2}>0) \end{array}\right\rangle \rightarrow u_o = \Delta V_{C1} - \Delta V_{C2}$$

显然，在电路对称条件下，输出电压 u_o 是单管集电极电位变化量（又称单边输出电压）的 2 倍，即

$$u_o = \Delta V_{C1} - \Delta V_{C2} = \Delta V_{C1} - (-\Delta V_{C1}) = 2\Delta V_{C1}$$

值得说明的是，发射极公共电阻 R_E 对差模输入信号电压的放大并没有影响。这是因为差模输入信号使一管电流增加，另一管电流等量减小，流过 R_E 的总电流 I_E 不变，R_E 两端电压也保持不变的缘故。

综上所述，电路对差模输入信号有放大作用。

为进一步分析电路对差模输入信号的放大能力，把输入信号 u_i 加在两管输入端之间，这相当于在两输入端对地间加入了一对大小相等、极性相反的信号 u_{i1}、u_{i2}，如图 3 - 3（b）所示的交流通路。画交流通路时仍将直流电压源看作短路；因 R_E 对差模信号不产生影响，故也视其为短路。由交流通路可求得电路的差模电压放大倍数为

$$A_{ud} = \frac{u_o}{u_i} = \frac{u_{o1} - u_{o2}}{u_{i1} - u_{i2}} = \frac{2u_{o1}}{2u_{i1}} = \frac{-2u_{o2}}{-2u_{i2}}$$

式中，u_{o1}/u_{i1}、u_{o2}/u_{i2} 分别为 VT1 和 VT2 组成的单管放大器的电压放大倍数，用 A_{ud1} 和 A_{ud2} 表示。

则上式可变为

$$A_{ud} = A_{ud1} = A_{ud2} \tag{3 - 1}$$

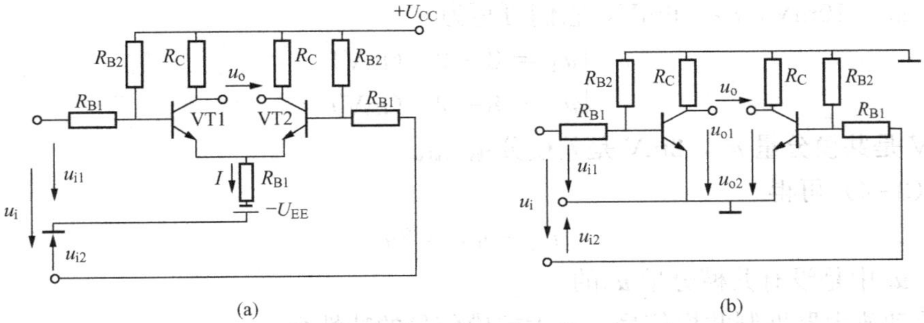

图 3 - 3　从差放的两输入端之间输入信号

(a) 电路；(b) 交流通路

可见，从两管集电极之间输出信号的差动放大器，其差模放大倍数等于任一边的单管电压放大倍数。图 3 - 3（b）的单边放大倍数是不难求出的，在 $R_{B2} \gg r_{be}$ 的情况下，忽略 R_{B2} 的分流作用，则差模电压放大倍数为

$$A_{ud} = A_{ud1} = -\frac{\beta R_C}{R_{B1} + r_{be}} \tag{3 - 2}$$

（2）共模输入。若从图 3 - 2 所示电路的两个输入端加入的电压大小相等、极性相同，即 $u_{i1} = u_{i2}$，则这样一对输入信号称为共模输入信号。由于共模输入信号引起的两管发射极电流的变化方向相同，故 R_E 对这种变化将产生强烈的抑制作用。例如，$u_{i1} = u_{i2} > 0$ 时，两

管的发射极电流同时增加，因 R_E 的存在，发射极电位 V_E 升高，三极管基—射极间电压 u_{BE} 减小，基极电流 i_B 减小，结果使两管的集电极电流减小，共模信号受到抑制。另外，电路具有对称性，即使两管的集电极电流和集电极电位都发生变化，但从两管集电极之间输出的电压却约为零。理想情况下，差动放大电路的共模放大倍数为

$$A_{uc} = \frac{u_o}{u_{i1}} = \frac{u_o}{u_{i2}} = 0$$

可见，差动放大器对共模输入信号是没有放大能力的。实际上，将电路输出端的零点漂移电压折合到两输入端后，其等效电压就相当于共模输入信号。因此，差动放大器抑制共模信号的能力，也反映了它抑制零点漂移的能力。这一点是很有实际意义的。

为了综合衡量差动放大器放大差模信号的能力和抑制共模信号的能力，通常引用共模抑制比 K_{CMRR} 来表征。其定义为差模放大倍数 A_{ud} 和共模电压放大倍数 A_{uc} 之比，即

$$K_{CMRR} = \frac{A_{ud}}{A_{uc}} \tag{3-3}$$

显然，共模抑制比越大，说明差动放大器的性能越好。理想情况下，$A_{uc}=0$，$K_{CMRR}\to\infty$。实际上，电路不可能绝对对称，R_E 抑制共模信号的能力也是有限的，故共模抑制比不可能趋于无穷大。

(3) 任意输入。如果 u_{i1}、u_{i2} 既非共模信号，又非差模信号，它们的大小和极性是任意的，则这种输入信号称为任意输入信号。任意输入信号可分解成共模分量 u_{ic} 与差模分量 u_{id} 的组合，即

$$\begin{cases} u_{i1} = u_{ic} + u_{id} \\ u_{i2} = u_{ic} - u_{id} \end{cases} \tag{3-4}$$

例如，$u_{i1}=10\text{mV}$，$u_{i2}=6\text{mV}$，它们可写为

$$\begin{cases} u_{i1} = 8 + 2 \quad (\text{mV}) \\ u_{i2} = 8 - 2 \quad (\text{mV}) \end{cases}$$

其中，8mV 是共模分量 u_{ic}，2mV 是差模分量 u_{id}。

由式 (3-4) 可得

$$u_{i1} - u_{i2} = 2u_{id}$$

可见，$u_{i1}-u_{i2}$ 中是没有共模分量 u_{ic} 的。

根据差动放大器抑制共模信号，放大差模信号的特性得

$$u_o = A_{ud}(u_{i1} - u_{i2}) \tag{3-5}$$

即输出电压仅与 u_{i1}、u_{i2} 的偏差值有关，故这种输入常作为比较放大来运用，在自动控制系统中是常见的。

3.2 集成运算放大器

3.2.1 集成电路及特点

集成电路是应用半导体制造工艺，把三极管、电阻等元件以及连接导线，集中制造在一块半导体基片上，使具有一定功能的电路成为一个不可分割的固体块。通常，集成电路的外形做成双列直插式、扁平式和圆壳式三种，如图 3-4 所示。

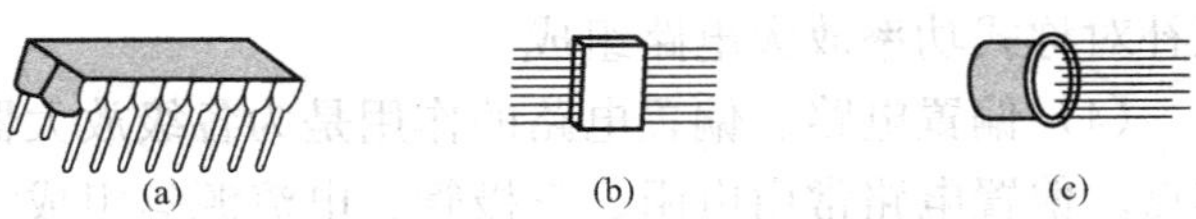

图3-4　集成电路的外形

(a) 双列直插式；(b) 扁平式；(c) 圆壳式

集成电路按其功能可分为数字集成电路和模拟集成电路两大类。模拟集成电路种类繁多，功能各异。其中，集成运放技术功能的通用性最强，发展最快，应用也最为广泛。早期，运算放大器因应用于模拟计算机做模拟运算而得名，而今，集成运放的应用早已超出模拟计算机的范畴。对待集成运放，可像对待各种电路器件一样，把它当作具有某些特种功能的器件来处理，只要改变少量的外部元件，就可方便地实现各种电路功能。目前，集成运放的各项技术指标均已接近理想特性，集成度也已达到中、大规模水平。

与分立元件电路相比，集成运放具有以下特点：

(1) 体积小、耗电省、焊点少、可靠性高。

(2) 电路中相同元件都通过相同工艺制造在同一硅片上，因而元件间具有良好的对称性。这一点对制成差动放大器具有特别意义。

(3) 在集成运放中，电阻元件由半导体的体电阻构成，因此要制造阻值较大的电阻有一定困难，故在需要动态电阻较大的场合，常用三极管恒流源来代替。而必要的直流大电阻，则采用外接方式。

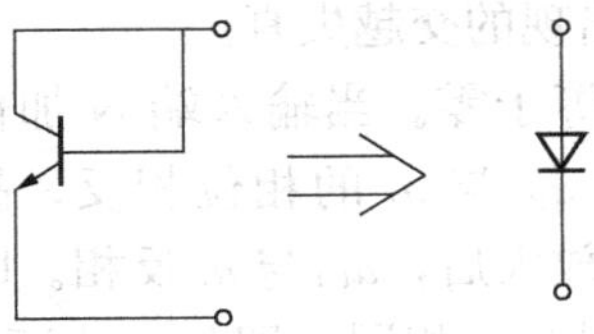

图3-5　用三极管连接成二极管

(4) 集成运放中不易制成电感元件，制造较大的电容也很困难，故电路多采用直接耦合方式。而必须使用电感和大电容的场合，也采用外接方法。

(5) 电路中的二极管常用三极管的发射结来代替。例如，将三极管的基极与集电极相连便等效成了一只二极管，如图3-5所示。

3.2.2　集成运算放大器的基本组成

集成运算放大器实际上是一个电压放大倍数很高的直接耦合放大电路。

尽管集成运放的品种繁多，内部电路也不尽一致，但在结构上却有许多共同之处。通常它们都由输入电路、中间放大电路、输出电路以及偏置电路四部分组成，其内部结构方框图如图3-6所示。各部分作用和组成特点如下：

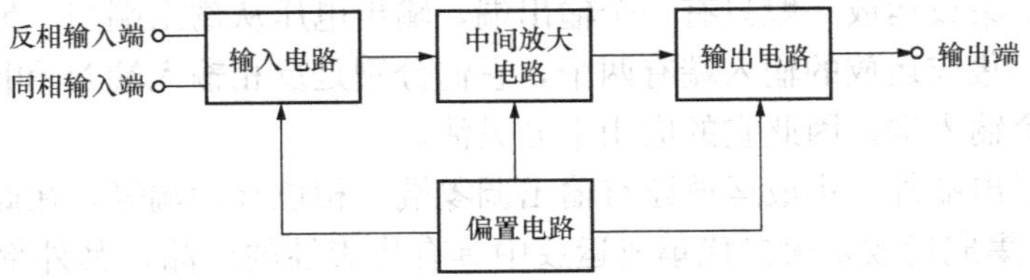

图3-6　集成运放的内部结构方框图

(1) 输入电路。输入电路对集成运放的各项性能指标起着决定性的作用，是提高整个电路质量的关键环节。通常，输入电路都由高质量的差动放大器组成。

(2) 中间放大电路。中间放大电路的主要任务是提供足够高的电压放大倍数，通常由一级或多级放大电路组成。

(3) 输出电路。输出电路的主要任务是提高带负载的能力。这一级通常由射极输出器或互补对称式功率放大电路组成。

(4) 偏置电路。偏置电路的作用是为各级放大器提供偏置电流，使它们有合适的静态工作点。偏置电路常由电阻、三极管、电流源等组成。

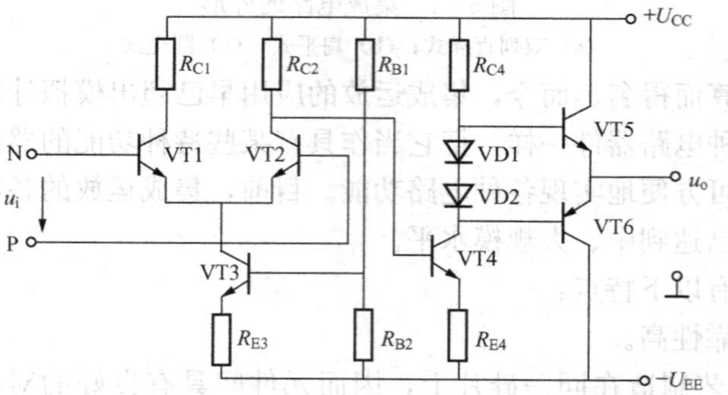

图 3-7 简单运算放大器的原理电路

图 3-7 所示为一个简单运算放大器的原理电路。图中，三极管 VT1 和 VT2 组成差动放大电路作为运放的输入级。VT3 为恒流源电路，它是差动输入级的偏置电路。设输入级的信号 u_i 从 VT1 和 VT2 两管基极间加入，经放大后，从 VT2 的集电极引出输出信号送至中间级。由三极管 VT4 组成的单管放大器是中间级，本级的电压放大倍数较高。三极管 VT5 和 VT6 构成的互补对称功率放大器作为输出电路，其中，二极管 VD1 和 VD2 等是本级的偏置电路，它的正向电压使 VT5 和 VT6 静态时处于微导通状态，因而避免了电路可能出现的交越失真。

由于输入电路、输出电路都是对称的，所以静态时输出电压等于零。当输入端 N 加信号，输入端 P 接地时，由电路可推出，三极管 VT2 的基极电位 u_{B2} 与 u_i 的相位相反，故 VT2 的集电极信号电压 u_{C2} 与输入电压 u_i 同相位，经中间级 VT4 放大后，u_{C4} 与 u_i 反相。因为输出级是射极输出器组成的功率放大级，故输出电压 u_o 的相位与 u_{C4} 相同，即与 u_i 相反，因此，输入端 N 称为反相输入端。如果输入端 N 接地，而信号从输入端 P 加入，则输出电压与输入电压同相位，因此，输入端 P 称为同相输入端。

3.2.3 集成运算放大器的外部引线

从应用角度来说，对集成运放内部实际电路的结构可不作过多的了解，但对其外部引线及用途、主要参数、极限使用条件必须知道。

由图 3-7 所示的电路可知，集成运放一般有五个基本引出端，它们分别是：

(1) 电源端。通常集成运放由双电源供电，因此，需引出两个端子分别接正电源 U_{CC} 和负电源 $-U_{EE}$。电源电压的典型值为±15、±12V 和±6V 等。

(2) 输出端。集成运放一般只有一个输出端，输出电压从输出端与"地"之间取得。

(3) 输入端。集成运放的输入端有两个，它们分别是反相输入端 N 和同相输入端 P。由于集成运放有两个输入端，因此它的应用十分灵活。

除上述主要引出端外，集成运放还有输出调零端、相位补偿端等，在此不一一介绍。

国产 F007 型集成运放是第二代集成运放中具有代表性的产品，其外部引线和接法如图 3-8 所示。图 3-8 (a) 中，10^5 表示该集成运放的开环放大倍数。如果不是特别关心开环放大倍数的具体数值以及其他引出端的连接方式，集成运放常用图 3-8 (b) 所示的一般图形符号来表示。

3.2.4 集成运算放大器的主要参数

为了合理地选择和正确地使用集成运放，必须了解它的主要参数及含义。

1. 开环电压放大倍数 A_u

它指集成运放输出端开路，且无外接反馈电路时的电压放大倍数。通常 A_u 越高，则由

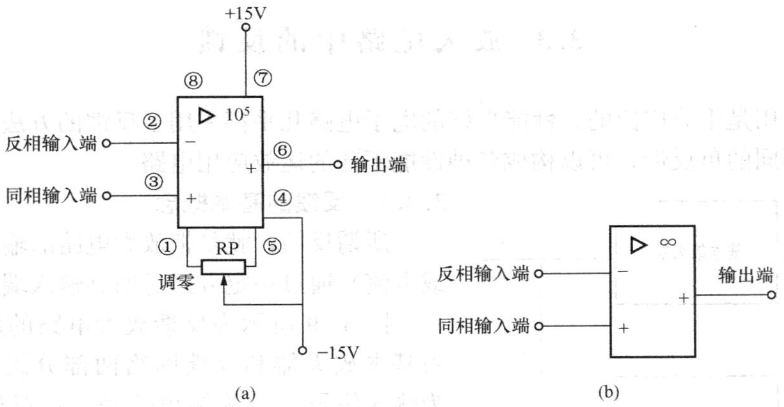

图 3-8　F007 型集成运算放大器

(a) 外部引线及接法；(b) 一般图形符号

其构成的各种运算电路的运算精度越高。

国产 F007 型集成运放的 A_u 在 $10^5 \sim 10^6$ 之间。

2. 输入失调电压 U_{os}

当集成运放的输入电压为零时，常常希望其输出电压也为零。但由于制造工艺等方面的原因，使得输入级的差动放大电路元件参数不对称，以致输出电压不为零。因此，要满足输出电压为零的要求，必须在输入端加补偿电压，该电压称为输入失调电压 U_{os}。通用型集成运放的 U_{os} 一般约为 ±（1～10）mV。

3. 输入失调电流 I_{os}

当输入电压为零时，流入集成运放两输入端的静态基极电流之差，称为输入失调电流 I_{os}。通用型集成运放的 I_{os} 一般约为零点几微安以下。

U_{os}、I_{os} 的值越小，说明集成运放输入级的电路对称性越好。

4. 最大输出电压 U_{oM}

在一定的电源电压条件下，集成运放的最大不失真输出电压，称为最大输出电压。

除上述参数外，集成运放还有输入电阻、输出电阻、共模抑制比等参数，它们的含义已在前面有关章节中介绍过，这里不再赘述。

表 3-1 列出了国产 F007 型集成运放的主要参数。应当注意，这些参数值都是在一定条件下测出的，使用条件不同时，参数会有所变化。

表 3-1　F007 型集成运放的主要参数

参数名称	典型值	参数名称	典型值
开环电压放大倍数 A_u	$10^5 \sim 10^6$	输出电阻 r_o	200Ω
输入失调电压 U_{os}	2～10mV	共模抑制比 K_{CMRR}	3000～10000
输入失调电流 I_{os}	0.1～0.3μA	电源电压 $+U_{CC}-U_{EE}$	±15V
最大输出电压 U_{oM}	±13V	静态功耗 P_C	120mW
输入电阻 r_i	1000kΩ		

3.3 放大电路中的反馈

反馈的应用是十分广泛的。性能良好的电子电路几乎都采用了反馈的方法。在集成运放的外部引入不同的负反馈，可以构成各种性能不同的运放应用电路。

3.3.1 反馈的基本概念

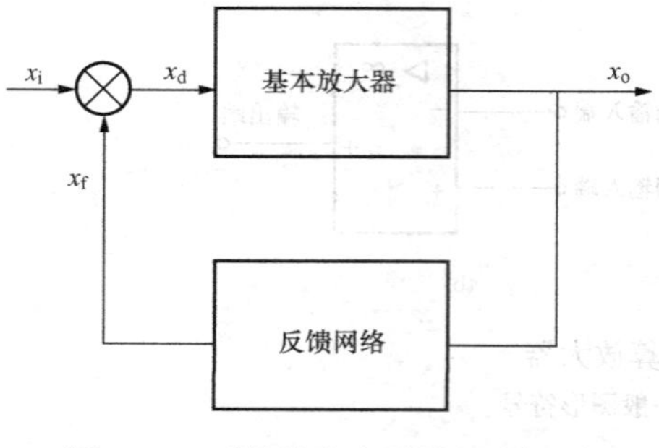

图 3-9 反馈放大电路的原理框图

所谓反馈，就是把放大电路的输出信号（电压或电流）通过一定方式送回到输入端的过程。

图 3-9 所示为反馈放大电路的原理框图，它由基本放大器和反馈网络两部分组成。图中，x_i 为输入信号，x_o 为输出信号，x_f 是取自输出端的反馈信号，x_d 是基本放大器的净输入信号，是 x_i 与 x_f 比较后的结果。比较的结果不同，则反馈的性质也不同。若反馈信号 x_f 加强了输入信号 x_i 的作用，使 $x_d>x_i$，则这种反馈称为正反馈；反之，若 x_f 削弱了输入信号 x_i 的作用，使 $x_d<x_i$，则这种反馈称为负反馈。负反馈主要用于放大器中，它是改善放大器性能的有效方法。正反馈多用于振荡电路或数字电路中。

为了区别正、负两种不同性质的反馈，常用“瞬时极性法”进行判断。这种方法是先假设净输入信号 x_d 为某一瞬时极性（增大或减小），然后逐步分析经放大后输出信号的瞬时极性，以及经反馈电路引回至输入回路后反馈信号的瞬时极性，最后比较结果。若反馈信号的瞬时变化削弱净输入信号的瞬时变化则为负反馈，反之为正反馈。

【例 3-1】 图 3-10 是在集成运放外部引入反馈后的电路图，试判别反馈的极性。

解 应用“瞬时极性法”，假设输入电压 u_i 瞬时增加［图中以（＋）记，以下同］，则净输入电压 u_d 也瞬时增加。由于信号从反相端输入，故输出电压 u_o 的变化方向与 u_i 相反，为瞬时减小［图中以（－）记，以下同］。因为反馈电压 u_f 是 R、R_f 对 u_o 分压的结果，即

$$u_f=\frac{R}{R+R_f}u_o$$

所以 u_f 瞬时减小。u_f 的这种变化必定会影响到净输入电压 u_d，由电路可知

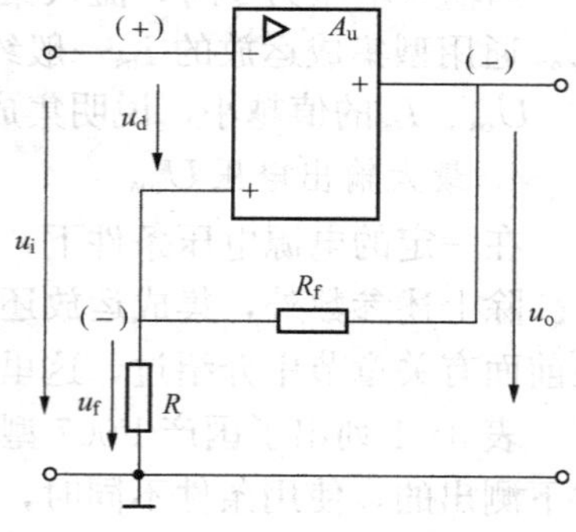

图 3-10 ［例 3-1］图

$$u_d=u_i-u_f$$

因此，u_f 的瞬时减小使 u_d 瞬时增加的幅度加大，故电路引入的是正反馈。

3.3.2 负反馈放大器的类型

负反馈放大电路的形式是多样的。从输出回路取得的反馈信号既可以正比于输出电压，也可以正比于输出电流，前者称为电压反馈，后者称为电流反馈。在输入回路，输入信号 x_i 和反馈信号 x_f 可以进行电压比较，也可以进行电流比较。在电路的连接形式上，电压比较一般为串联形式，故称为串联反馈；电流比较一般为并联形式，故称为并联反馈。由上述

分类可组合得到四种负反馈的基本类型：电压串联负反馈、电流串联负反馈、电压并联负反馈和电流并联负反馈。每一种反馈类型都有自己的特点。

1. 电压串联负反馈

图 3-11 所示电路是一个电压串联负反馈放大器的例子。基本放大器是一只集成运放，A_u 是集成运放的电压放大倍数。R_1 和 R_2 组成的分压器构成反馈网络。

从输出回路来看，输出电压 u_o 经 R_1 和 R_2 分压后得到反馈电压 u_f。显然，u_f 正比于 u_o，所以是电压反馈。从输入回路来看，u_f 串接在输入回路与 u_i 比较，所以是串联反馈。由“瞬时极性法”可判断反馈的极性。假设 u_i 瞬时增加，由于信号从同相端输入，u_o 也瞬时增加，u_f 随 u_o 也瞬时增加，致使净输入信号 u_d 瞬时增加的幅度减小，所以是负反馈。综上所述，电路引入的反馈类型为电压串联负反馈。

2. 电压并联负反馈

图 3-12 所示电路中，R_f 跨接在运放输出端与反相输入端之间，流经 R_f 的电流为反馈电流 i_f，因为 $u_d \ll u_o$，故

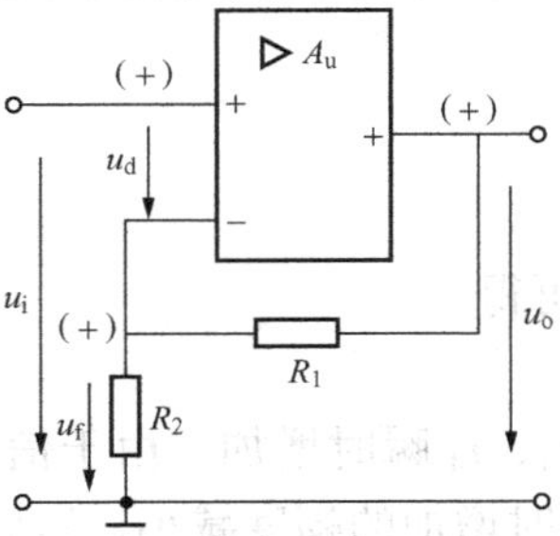

图 3-11 电压串联负反馈放大器电路

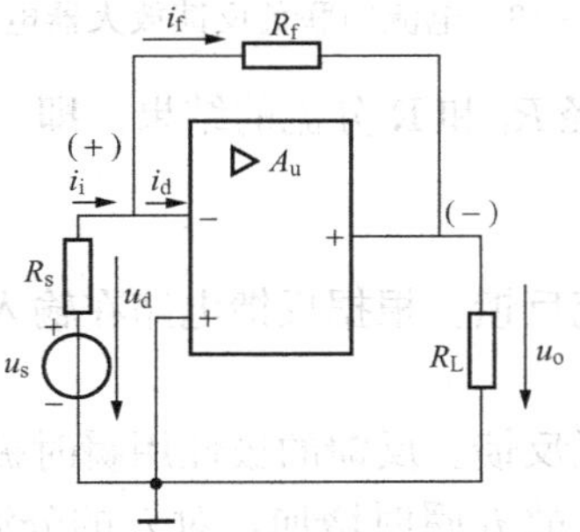

图 3-12 电压并联负反馈放大器电路

$$i_f = \frac{u_d - u_o}{R_f} \approx \frac{-u_o}{R_f} \tag{3-6}$$

可见，反馈信号 i_f 正比于输出电压 u_o，所以是电压反馈。从输入回路来看，输入信号与反馈信号以电流形式相比较，即

$$i_d = i_i - i_f \tag{3-7}$$

即反馈电路并接在输入端，因此是并联反馈。根据瞬时极性法，假设 i_i 瞬时增加，则 i_d 也瞬时增加，由于信号从反相输入端输入，u_o 瞬时减小，i_f 将瞬时增加，致使 i_d 瞬时增加幅度减小。所以，电路的反馈类型为电压并联负反馈。

并联负反馈的效果与信号源内阻 R_s 的大小有关：R_s 越大，i_i 越稳定，i_f 对 i_d 的影响越大，负反馈的作用越强；反之，R_s 越小，负反馈的作用就越弱。

3. 电流串联负反馈

如图 3-13 所示电路中，i_o 是运放的输出电流。当 i_o 流经负载电阻 R_L 时，形成输出电压 u_o。当 i_o 流经 R_f 时，产生反馈电压 u_f，即

$$u_f = i_o R_f \tag{3-8}$$

可见，u_f 正比于 i_o，故是电流反馈。由于 u_f 串接在输入回路与 u_i 比较，即

$$u_d = u_i - u_f \tag{3-9}$$

所以是串联反馈。关于反馈的极性，仍可由瞬时极性法来判断。假设 u_i 瞬时增加，则 u_d 也瞬时增加，因信号从运放的同相输入端输入，故 i_o、u_f 都将瞬时增加，经与 u_i 比较后，u_d 瞬时增加的幅度减小，所以是负反馈。归纳起来，电路引入的反馈类型是电流串联负反馈。

4. 电流并联负反馈

如图 3-14 所示电路中，如果忽略 u_d 不计（实际上 $u_d \approx 0$，分析见本章 3.4 节），则 i_f 可

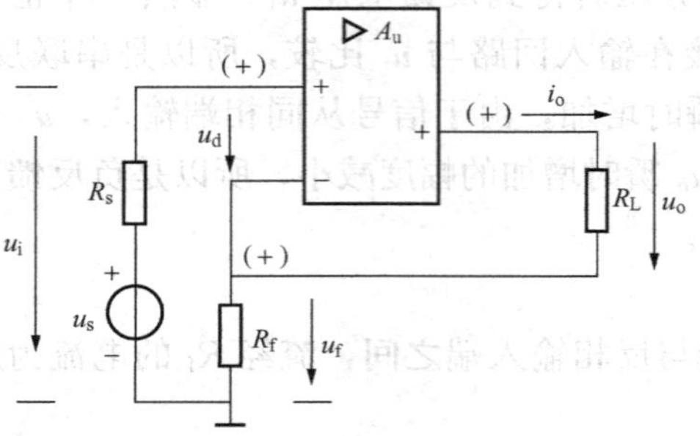

图 3-13 电流串联负反馈放大器电路

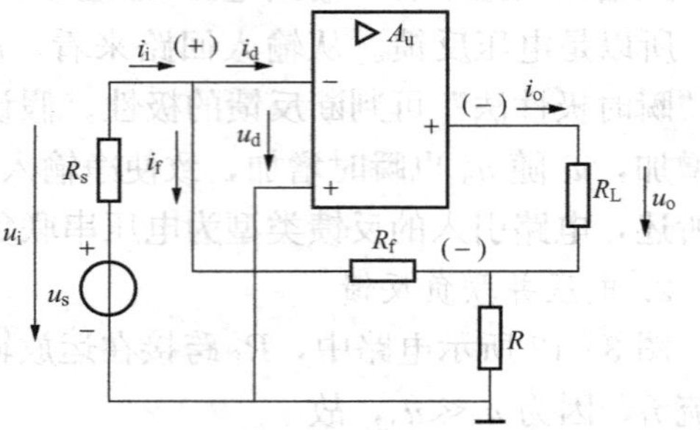

图 3-14 电流并联负反馈放大器电路

看成是 i_o 经 R_f 和 R 分流的结果，即

$$i_f \approx -\frac{R}{R+R_f} i_o \tag{3-10}$$

因此是电流反馈。根据反馈电路在输入端的连接方式，可得

$$i_d = i_i - i_f$$

所以是并联反馈。反馈的极性用瞬时极性法判断，假设 i_i、i_d 瞬时增加，由于信号从反相输入端输入，故 i_f 瞬时增加，对 i_i 的分流增加，致使 i_d 瞬时增加的幅度减小，所以是负反馈。归纳起来，电路的反馈类型是电流并联负反馈。

3.3.3 负反馈对放大器性能的影响

放大电路引入负反馈后，许多性能都要发生变化。为简便起见，我们以电压串联负反馈为例，用其方框图（见图 3-15）进行分析和讨论。

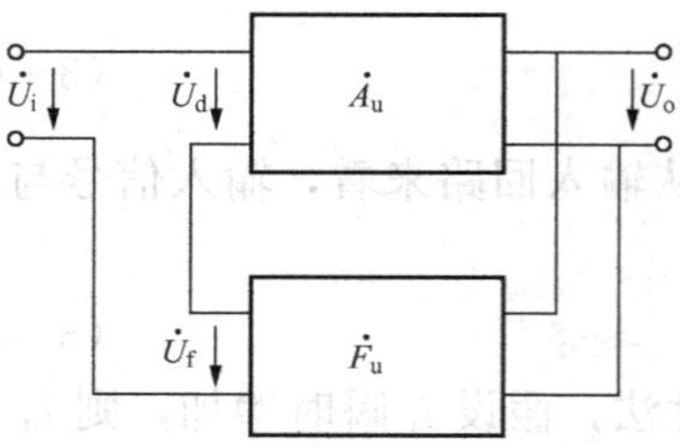

图 3-15 电压串联负反馈放大器的方框图

1. 负反馈使放大倍数降低

图 3-15 中，由于反馈电压 $\dot{U}_f$ 削弱 $\dot{U}_i$ 的作用，使净输入电压 $\dot{U}_d$ 减小，输出电压 $\dot{U}_o$ 也减小，故使电压放大倍数也降低。为了进一步说明这种关系，下面进行定量分析。

图 3-15 中的 $\dot{A}_u$ 是基本放大器的电压放大倍数，又称开环电压放大倍数，它等于输出电压 $\dot{U}_o$ 与净输入电压 $\dot{U}_d$ 的比值，即

$$\dot{A}_u = \frac{\dot{U}_o}{\dot{U}_d} \tag{3-11}$$

$\dot{F}_u$ 是反馈电路的电压反馈系数，其定义为反馈电压 $\dot{U}_f$ 与输出电压 $\dot{U}_o$ 之比，即

$$\dot{F}_u = \frac{\dot{U}_f}{\dot{U}_o} \tag{3-12}$$

而把输出电压 $\dot{U}_o$ 与输入电压 $\dot{U}_i$ 的比值，称为反馈电压放大倍数 $\dot{A}_{uf}$，即

$$\dot{A}_{uf} = \frac{\dot{U}_o}{\dot{U}_i} \tag{3-13}$$

$\dot{A}_{uf}$又称闭环电压放大倍数。

由图 3-15 可见，输入电压 $\dot{U}_i$ 等于反馈电压 $\dot{U}_f$ 与净输入电压 $\dot{U}_d$ 之和，即

$$\dot{U}_i = \dot{U}_f + \dot{U}_d \tag{3-14}$$

将式（3-11）、式（3-12）变换后代入式（3-14），得

$$\dot{U}_i = \dot{U}_d + \dot{F}_u\dot{U}_o = \dot{U}_d + \dot{A}_u\dot{F}_u\dot{U}_d = \dot{U}_d(1+\dot{A}_u\dot{F}_u) \tag{3-15}$$

故电压放大倍数 $\dot{A}_{uf}$与基本电压放大倍数 $\dot{A}_u$ 的关系为

$$\dot{A}_{uf} = \frac{\dot{U}_o}{\dot{U}_i} = \frac{\dot{U}_o}{\dot{U}_d(1+\dot{A}_u\dot{F}_u)} = \frac{\dot{A}_u}{1+\dot{A}_u\dot{F}_u} \tag{3-16}$$

在负反馈情况下，$\dot{U}_f$ 与 $\dot{U}_d$ 是同相的，故式（3-16）中

$$\dot{A}_u\dot{F}_u = \frac{\dot{U}_o}{\dot{U}_d} \times \frac{\dot{U}_f}{\dot{U}_o} = \frac{\dot{U}_f}{\dot{U}_d} \tag{3-17}$$

是正实数，$A_{uf} < A_u$。可见，引入负反馈后，电压放大倍数降低了。

【例 3-2】 集成运放和电阻 R_1、R_2 组成的电压串联负反馈放大器如图 3-16 所示，已知集成运放的 $A_u = 10^4$，$R_1 = 10\text{k}\Omega$，$R_2 = 390\text{k}\Omega$。求反馈电压放大倍数 A_{uf}。

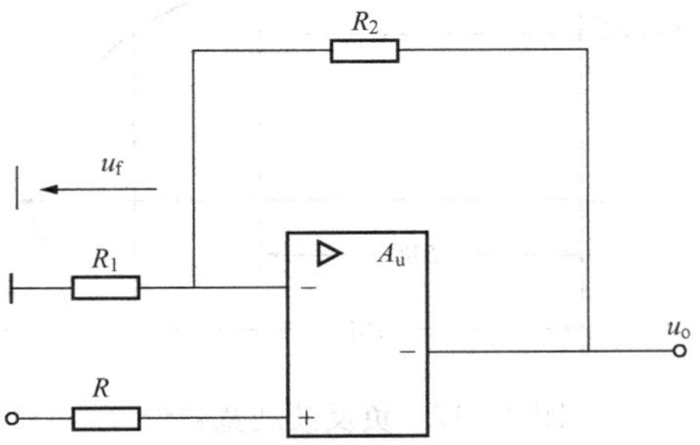

图 3-16 ［例 3-2］图

解 电压反馈系数为

$$F_u = \frac{u_f}{u_o} = \frac{R_1}{R_1+R_2} = \frac{10}{10+390} = 0.025$$

根据式（3-16），反馈电压放大倍数为

$$A_{uf} = \frac{A_u}{1+A_uF_u} = \frac{10^4}{1+10^4 \times 0.025} = \frac{10^4}{251} = 39.84$$

可见，引入负反馈后，电压放大倍数降低很多。

虽然负反馈会使放大倍数降低，但是，以此为代价，却可换取放大器性能多方面的改善。

2. 提高放大倍数的稳定性

基本放大倍数的稳定性是不高的，特别是由分立元件构成的放大器，其放大倍数要受到电源电压波动、环境温度变化以及负载变化等诸多因素的影响。引入负反馈后，这些影响会大大减小，从而使放大倍数的稳定性得到提高。

由式（3-16）可知，A_{uf}的降低程度与基本电压放大倍数和电压反馈系数的乘积 A_uF_u

有关，在深度负反馈情况下，$A_uF_u \gg 1$，因此

$$A_{uf} \approx \frac{1}{F_u} \tag{3-18}$$

式（3-18）说明，在深度负反馈的情况下，反馈电压放大倍数几乎只与反馈电路的参数有关，基本上不受外界因素变化的影响。这时放大器的工作是稳定的。

【例 3-3】 如果［例 3-2］中集成运放损坏，现换用 $A_u=5000$ 的新运放，问反馈电压放大倍数是多少？相对换用前 A_{uf} 的变化量为多少？

解 由于其他元件及参数未变，电压反馈系数 F_u 仍然为 0.025，故根据式（3-16）有

$$A_{uf}=\frac{A_u}{1+A_uF_u}=\frac{5000}{1+5000\times0.025}=39.68$$

A_{uf} 的相对变化量为

$$\frac{\Delta A_{uf}}{A_{uf}}=\frac{39.68-39.84}{39.84}\times100\%=-0.4\%$$

可见负反馈放大倍数的变化极其微小。实际上，将两种情况下的 A_{uf} 按深度负反馈情况下式（3-18）计算，其结果是一样的，即

$$A_{uf}\approx\frac{1}{F_u}=\frac{R_1+R_2}{R_1}=\frac{10+390}{10}=40$$

3. 展宽频带

一般情况下，总是希望放大器的通频带宽一些。负反馈是展宽放大器通频带的有效措施之一。

图 3-17 中虚线所示为集成运放的幅频特性曲线，其通频带为 BW。引入负反馈后，由于低频区 A_u 较大，A_uF_u 较大，故反馈较深，反馈放大倍数 A_{uf} 下降幅度较大。而在高频区，A_u 减小，A_uF_u 也减小，反馈减弱，故 A_{uf} 相对下降的幅度也减小。图 3-17 中实线即是引入负反馈后的幅频特性曲线，其频带宽度为 BW_f。显而易见，$BW_f > BW$，频带被展宽了。

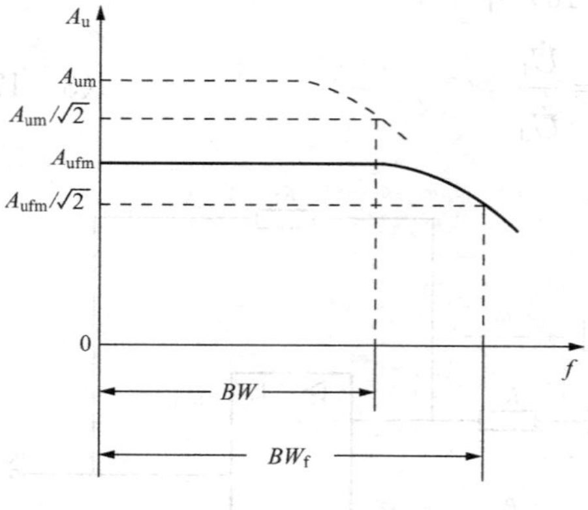

图 3-17 负反馈展宽频带

4. 减小非线性失真

由于集成运放内部电路主要由三极管等非线性元件组成，因此，在放大信号时，难免出现失真，而引入负反馈后，能有效地减小放大器的非线性失真。

在图 3-18 所示方框图中，设输入信号 u_i 为正弦电压，无负反馈时，u_d 也为正弦电压，若 u_o 波形发生畸变，则正半周幅度大，负半周幅度小，如图 3-18 中 u_o 波形虚线所示。引入负反馈后，反馈电压 u_f 的波形也是正半周幅度大于负半周，经与 u_i 比较后，u_d 的波形变为正半周幅度小于负半周（见图 3-18 中 u_d 波形实线），再经基本放大器放大，u_o 的波形得到矫正，如图3-18中 u_o 波形的实线所示。由上分析可知，基本放大器本身引起的非线性失真，可以通过引入负反馈加以矫正。

5. 改变输入电阻和输出电阻

负反馈对输出电阻的改变仅与反馈信号的取得方式有关。电压反馈使输出电压 u_o 趋于稳定，所以使输出电阻 r_{of} 减小；而电流反馈使输出电流 i_o 趋于稳定，所以使输出电阻 r_{of} 增大。

输入电阻的改变仅与反馈信号在输入回路中的连接方式有关。串联反馈中 u_f 的引入使输入电流 i_i 减小，故输入电阻 r_{if} 增加；并联负反馈中 i_f 的分流使 i_i 增大，故 i_{if} 减小。

综上所述，负反馈放大器以降低放大倍数为代价，改善或改变了放大器的许多性能。因此，各种放大器几乎都引入了负反馈。

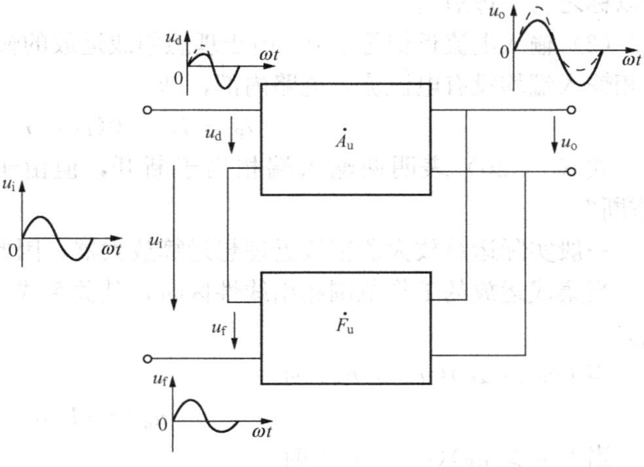

图 3 - 18　负反馈减小非线性失真

【例 3 - 4】　为了减小放大器对电压信号源的影响（即减小信号源的电流），提高放大器带负载的能力，试问应引入何种类型的负反馈？

解　据题意，要求减小信号源的电流，就必须提高放大器的输入电阻，因此，应引入串联负反馈。

要提高放大器带负载的能力，就必须减小放大器的输出电阻，因此，应引入电压负反馈。

归纳起来，放大器中应引入电压串联负反馈。

3.4　基本运算电路

3.4.1　理想的集成运算放大器

通常把集成运放理想化，其等效电路如图 3 - 19 所示。

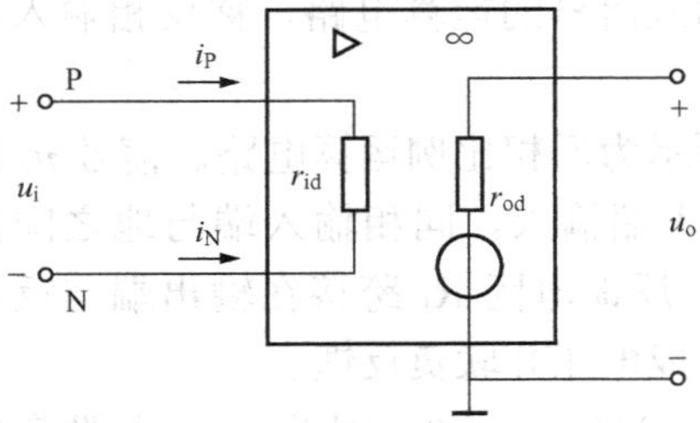

图 3 - 19　理想集成运放的等效电路

1. 理想集成运放的定义

(1) 开环电压放大倍数 $A_{ud}=\infty$；

(2) 输入电阻 $r_{id}=\infty$；

(3) 输出电阻 $r_{od}=0$；

(4) 共模抑制比 $K_{CMRR}=\infty$；

(5) 开环通频带 $BW=\infty$；

(6) 失调及漂移为零。

2. 理想集成运放的特性

(1) 同相输入端与反相输入端电位近似相等。由于理想集成运放 $A_{ud}=\infty$，当集成运放工作在线性区时，输出信号与输入信号成正比，即

$$u_o=A_{ud}u_i=A_{ud}(u_P-u_N)=A_{ud}(u_+-u_-)$$

$$\frac{u_o}{A_{ud}}=u_P-u_N=u_+-u_-=0$$

则

$$u_P=u_N(u_+=u_-) \tag{3-19}$$

式 (3 - 19) 表明两输入端的电位相同，相当于短路。但由于两输入端不是真正的短路，

所以称之为“虚短”。

(2) 输入电流近似等于0。由于理想集成运放的输入电阻为无穷大，这样同相输入端和反相输入端均没有电流流入电路内部，即

$$i_P = i_N = 0(i_+ = i_- = 0) \tag{3-20}$$

式(3-20)表明两输入端相当于断开，但由于他们不是真正的断开，所以称之为“虚断”。

一般实际运算放大器很接近理想运算放大器，因此可按理想运算放大电路来处理。

当集成运放的工作范围超出线性区时，其关系式 $u_o = A_{ud}(u_P - u_N) = A_{ud}(u_+ - u_-)$ 不再成立。

当 $(u_P > u_N)(u_+ > u_-)$ 时

$$u_o = +U_{oM}$$

当 $(u_N > u_P)(u_- > u_+)$ 时

$$u_o = -U_{oM}$$

在上式中，$+U_{oM}$ 为正向饱和电压，$-U_{oM}$ 为负向饱和电压，其数值接近集成运放的正负电源电压。

另外，理想集成运放工作于非线性区时，虚短原则不成立，$u_P \neq u_N$，但虚断原则仍然成立，即 $i_P = i_N = 0$。

3.4.2 基本运算电路

下面根据信号输入的方式不同，把运算电路分为反相输入、同相输入和差动输入三种类型进行讨论。

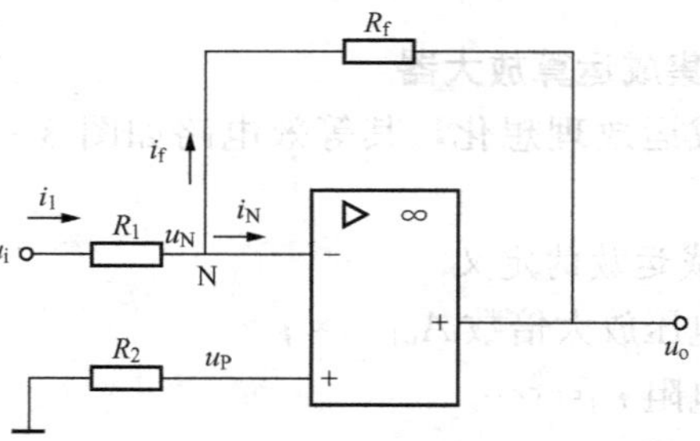

图3-20 反相比例运算电路

1. 反相输入运算电路

从反相端输入信号的运算电路，称反相输入运算电路。

图3-20所示为反相比例运算电路。信号 u_i 通过 R_1 从反相输入端输入，同相输入端与地之间接入平衡电阻 R_2，反馈电阻 R_f 跨接在输出端与反相输入端之间，形成电压并联负反馈。

根据式(3-20)，$i_P \approx 0$，因此，R_2 上没有电压，$u_P = 0$。根据式(3-19)，$u_N \approx u_P = 0$。因此，N点称为“虚地”。“虚地”是“虚短”的特例，也是反相输入运算电路的共同特点。

由图3-20可列出

$$i_1 = \frac{u_i - u_N}{R_1} \approx \frac{u_i}{R_1}$$

$$i_f = \frac{u_N - u_o}{R_f} \approx -\frac{u_o}{R_f}$$

因为 $i_N \approx 0$，故 $i_1 = i_f$，即

$$\frac{u_i}{R_1} = -\frac{u_o}{R_f}$$

也即

$$\frac{u_o}{u_i}=-\frac{R_f}{R_1} \tag{3-21}$$

式（3-21）表明，u_o 与 u_i 的比值取决于 R_1 和 R_f 的大小，而与集成运放内部电路的参数无关。这是由于运放的 A_u 很高，电路引入了深度负反馈带来的结果。式中的负号表示 u_o 与 u_i 的相位相反。

平衡电阻 R_2 的接入是为了保证运放两输入端静态结构的对称，以消除静态基极电流对输出电压的影响。它的大小等于 R_1 和 R_f 的并联值，即

$$R_2=R_1 /\!/ R_f \tag{3-22}$$

当 $R_1=R_f$ 时，$u_o=-u_i$，该电路就成为“反相器”。

图 3-21 所示为反相加法运算电路。同反相比例运算电路一样，R_f 在集成运放的外部引入了电压并联负反馈。

运用“虚地”概念和节点电流定律可列出图 3-21 中各电流表达式，即

$$i_1=\frac{u_{i1}}{R_1}$$

$$i_2=\frac{u_{i2}}{R_2}$$

$$i_3=\frac{u_{i3}}{R_3}$$

$$i_f=-\frac{u_o}{R_f}$$

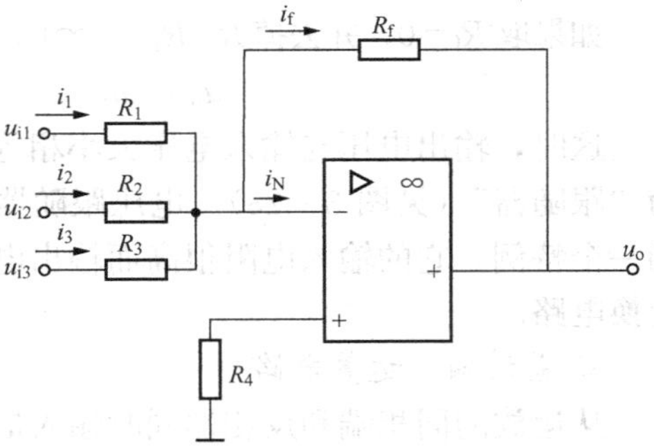

图 3-21　反相加法运算电路

由于 $i_N=0$，故

$$i_1+i_2+i_3=i_f$$

$$\frac{u_{i1}}{R_1}+\frac{u_{i2}}{R_2}+\frac{u_{i3}}{R_3}=-\frac{u_o}{R_f}$$

整理得

$$u_o=-\left(\frac{R_f}{R_1}u_{i1}+\frac{R_f}{R_2}u_{i2}+\frac{R_f}{R_3}u_{i3}\right) \tag{3-23}$$

式（3-23）表明，输出电压等于各个输入电压按不同比例相加之和。式中负号是因反相输入引起的。

当 $R_1=R_2=R_3=R$ 时，式（3-23）变为

$$u_o=-\frac{R_f}{R}(u_{i1}+u_{i2}+u_{i3})$$

当 $R_1=R_2=R_3=R_f$ 时，则

$$u_o=-(u_{i1}+u_{i2}+u_{i3})$$

为保证集成运放输入端的静态平衡，取平衡电阻为

$$R_4=R_1 /\!/ R_2 /\!/ R_3 /\!/ R_f \tag{3-24}$$

2. 同相输入运算电路

从运放同相端输入信号的运算电路，称为同相输入运算电路。

图 3-22 所示为同相比例运算电路。信号 u_i 经 R_2 从同相端输入，反相端通过 R_1 接地，反馈电阻 R_f 跨接在输出端与反相输入端之间，形成电压串联负反馈。由于 $i_N=0$，反馈电压

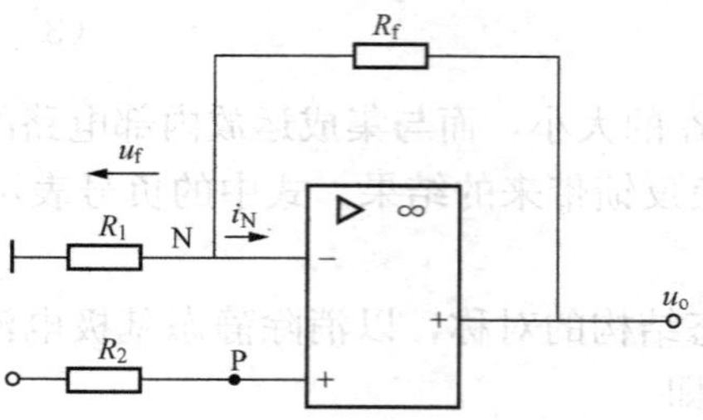

图 3-22 同相比例运算电路

u_f 为输出电压 u_o 在 R_1 上的分压，即

$$u_f = \frac{R_1}{R_1+R_f}u_o$$

又由于 $u_P = u_i$，$u_N = u_f$，根据“虚短”概念，得

$$u_i = \frac{R_1}{R_1+R_f}u_o$$

整理得

$$u_o = \frac{R_1+R_f}{R_1}u_i = \left(1+\frac{R_f}{R_1}\right)u_i \quad (3-25)$$

式（3-25）表明，输出电压 u_o 与输入电压 u_i 成比例。比例系数只与 R_1 和 R_f 的值有关，而与运放本身的参数无关，因此，其精度和稳定度都很高。

电路中，平衡电阻 $R_2 = R_1 /\!/ R_f$。

如果取 $R_f=0$，并去掉 R_1（$R_1 = \infty$），则式（3-25）变为

$$u_o = u_i$$

这时，输出电压与输入电压大小相等、相位相同，电路称为“跟随器”（见图 3-23）。电压跟随器是同相比例运算电路的一个特例，它的输入电阻很高而输出电阻很低，常用作阻抗变换电路。

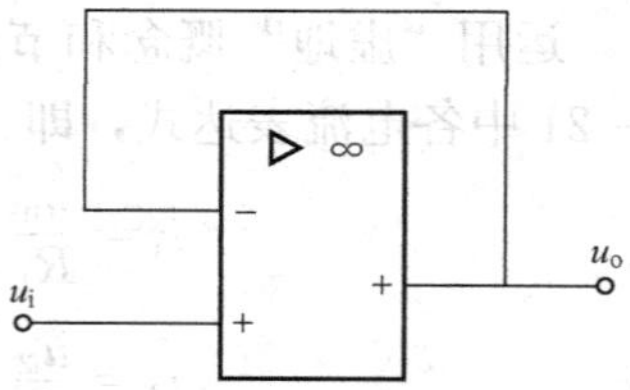

图 3-23 电压跟随器

3. 差动输入运算电路

从运放的同相端和反相端同时输入信号的运算电路称差动运算电路。

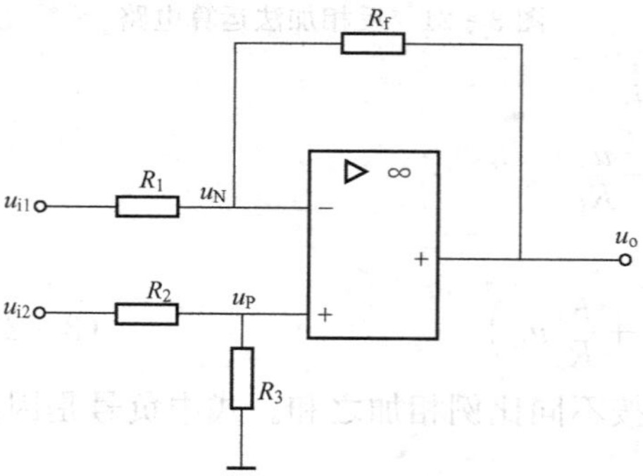

图 3-24 差动减法运算电路

图 3-24 所示差动减法运算电路可以看成是反相比例运算电路和同相比例运算电路的组合。如果运算放大器工作在线性范围，则输出信号与输入信号的运算关系可用叠加原理求得。

设 u_{i1} 单独作用，$u_{i2}=0$，则电路为反相比例运算电路，输出电压为

$$u'_o = -\frac{R_f}{R_1}u_{i1}$$

设 u_{i2} 单独作用，$u_{i1}=0$，则电路成为同相比例运算电路。由于同相端与地之间接有电阻 R_3，故

$$u_P = \frac{R_3}{R_2+R_3}u_{i2}$$

而

$$u_N = \frac{R_1}{R_1+R_f}u''_o$$

由“虚短”概念，可得输出电压为

$$u''_o = \left(\frac{R_1+R_f}{R_1}\right)\left(\frac{R_3}{R_2+R_3}\right)u_{i2}$$

当 u_{i1}、u_{i2} 共同作用时，由叠加原理可得

$$u_o = u'_o + u''_o = \frac{R_1+R_f}{R_1}\frac{R_3}{R_2+R_3}u_{i2} - \frac{R_f}{R_1}u_{i1} \quad (3-26)$$

式（3-26）表明，差动运算电路的输出电压等于两输入电压按一定比例相减。

为了保证集成运放的静态平衡，常取 $R_1=R_2$，$R_f=R_3$，这样有

$$u_o=\frac{R_f}{R_1}(u_{i2}-u_{i1}) \tag{3-27}$$

输出电压与两输入电压的差值成正比。

当 $R_f=R_1=R_2=R_3$ 时，则

$$u_o=u_{i2}-u_{i1}$$

电路成为减法器。

差动输入运算电路常作为比较放大环节，在测量和控制系统中得到广泛应用。

以上我们讨论了运算电路的三种输入方式。其中，反相输入和同相输入是两种基本的输入方式，差动输入可看成是两种基本输入方式的组合。由于反相输入运算电路引入的是电压并联负反馈，同相输入运算电路引入的是电压串联负反馈，故前者输入电阻低，后者输入电阻高。而两者的输出电阻都是很低的。另外，反相输入运算电路中，$u_N=u_P=0$，说明集成运放无共模输入电压。而在同相输入运算电路中，$u_N=u_P=u_i$，存在着共模输入电压，因此，要求运放的共模抑制比 K_{CMRR} 尽量大，否则，会降低运算精度。正是由于这一差别，使得反相输入方式比同相输入方式的应用更为广泛。下面讨论的积分运算电路和微分运算电路都属于反相输入方式。

4. 积分运算电路

将反相比例运算电路中的电阻 R_f 用电容 C_f 代替就成为积分运算电路，如图 3-25 所示。电路中，由于 N 点为"虚地"，即 $u_N=0$，故

$$i_1=\frac{u_i}{R}$$

又由于运放本身不取用电流，即 $i_N=0$，因此

$$i_f=i_1=\frac{u_i}{R}$$

根据电工学知识，电容电压与电路中的电流 i_f 的关系式为

$$u_C=\frac{1}{C_f}\int i_f \mathrm{d}t$$

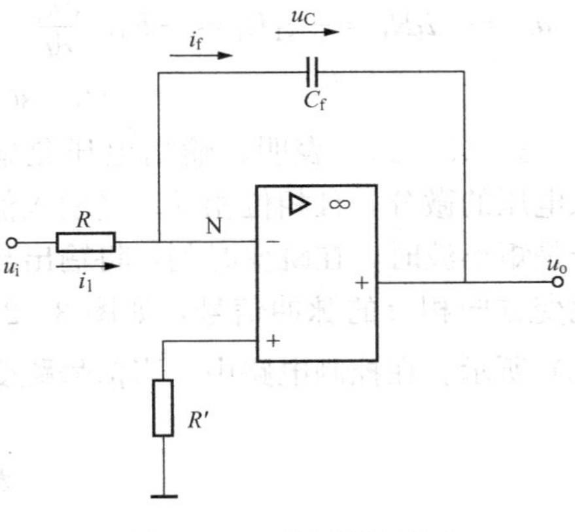

图 3-25　积分运算电路

故

$$u_o=u_N-u_C=-u_C=-\frac{1}{C_f}\int i_f \mathrm{d}t=-\frac{1}{RC_f}\int u_i \mathrm{d}t \tag{3-28}$$

式（3-28）表明，u_o 与 u_i 的积分成正比。负号表示输出电压与输入电压的积分反相。

当输入电压 u_i 为直流电压 U_I 时

$$u_o=-\frac{U_I}{RC_f}t \tag{3-29}$$

是一个随时间变化的电压。

【例 3-5】　如图 3-26（a）所示电路中，$u_i=-1V$，开关 S 经一小电阻 R_s 并接在电容 C 两端，开关 S 周期性地通断。试画出输出电压 u_o 的波形。

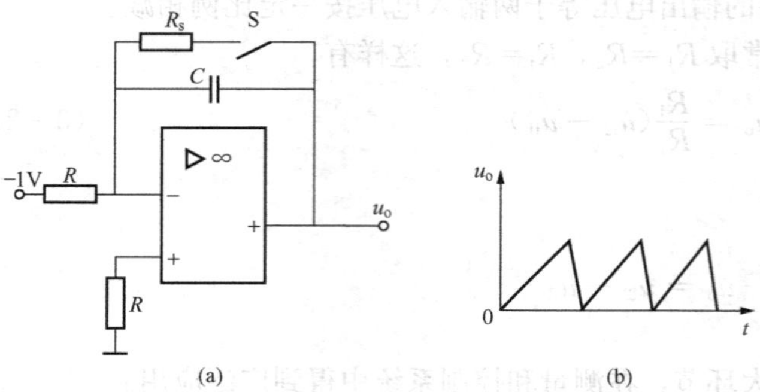

图 3-26 ［例 3-5］图

(a) 电路；(b) 输出波形

解 当开关断开时，图 3-26 (a) 就是一个积分运算电路。因为输入电压 u_i 为直流，故由式 (3-29) 可知 u_o 随时间 t 线性变化。当开关闭合时，电容 C 经 R_s 迅速放电，u_o 很快下降。这样，开关 S 断开和接通一次，便在输出端得到一个锯齿波电压。当开关 S 周期性通断时，得到的输出电压波形如图 3-26 (b) 所示。

锯齿波是常用的扫描波形。

5. 微分运算

将积分运算电路中电阻和电容的位置互换，就成为微分运算电路，如图3-27 (a)所示。由于反相输出端为“虚地”，运放本身不取用电流，所以

$$i_1 = C\frac{du_C}{dt} = C\frac{du_i}{dt}$$

$$u_o = -i_f R_f = -i_1 R_f = -R_f C\frac{du_i}{dt} \tag{3-30}$$

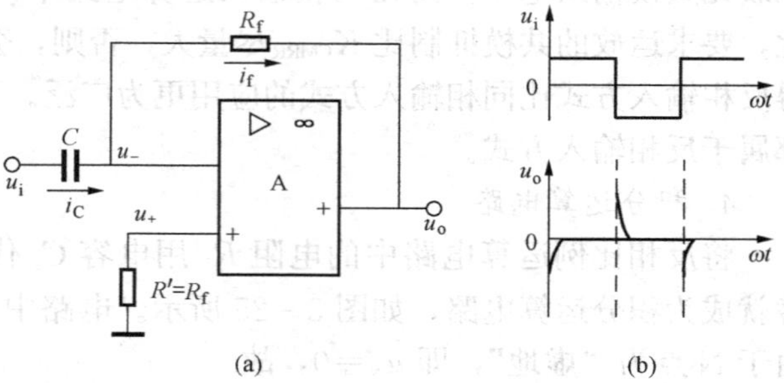

图 3-27　微分运算电路

(a) 电路图；(b) 波形图

式 (3-30) 表明，输出电压是输入电压的微分，且相位相反。当输入信号是矩形波时，在跳变时刻，将输出与跳变方向相反的脉冲信号，如图 3-27 (b) 所示。在控制电路中，当信号跳变时能提供一个窄的脉冲触发信号。

本　章　小　结

(1) 集成运算放大器是一种直接耦合放大器，具有输入电阻高、开环增益强及零点漂移小的特性。其特点是体积小、重量轻、可靠性强。它是模拟集成电路的典型组件。

(2) 差动放大器较好地解决了零点漂移问题，因而在多级放大器的输入级和模拟集成电路中得到广泛应用。

(3) 负反馈以降低放大器的放大倍数为代价，可改善放大器的许多性能。负反馈有四种基本类型，它们是电压、电流反馈与串联、并联反馈的组合。正、负反馈的判别采用瞬时极性法。

(4) 在集成运放的外部引入负反馈后，只要改变外接元件的连接形式或性质，就可以灵活地组成各种运算电路。按输入方式的不同，运算电路可分为反相输入、同相输入和差动输入三种。用集成运放的两个重要特征 ($u_N = u_P, i_N = i_P = 0$) 分析运算电路的运算关系，可使问题大为简化。集成运放的非线性应用也是十分广泛的。集成运放可以工作于线性区，也可

以工作于非线性区，其分析方法各有特点。

习　　题

3-1　解释下列名词：零点漂移；差模信号；共模信号；共模抑制比。

3-2　典型的差动放大电路中，R_E 和负电源 U_{EE} 的作用是什么？这种电路是如何抑制零点漂移的？又是怎么样放大差模信号的？

3-3　在图 3-2 所示的典型差动放大电路中，已知三极管的 $\beta_1=\beta_2=50$，$U_{CC}=+12V$，$U_{EE}=-6V$，$U_{i1}=-U_{i2}$，R_{B2} 设为开路，$R_{B1}=R_C=R_E=5.1k\Omega$。试计算静态工作点和差模电压放大倍数。

3-4　工作在线性区的理想运算放大器的两个重要结论是什么？

3-5　什么叫虚地？在反相比例运算放大器中 u_- 的电压接近于零，能否等于零？

3-6　试用集成运算放大器实现下列求和运算：

(1) $u_o=-(u_1+5u_2+3u_3)$；

(2) $u_o=5u_1+2u_2+0.1u_3$。

3-7　电路如图 3-28 所示，试求输出电压与输入电压的关系式，并选择电阻 R_6 与 R_7 的阻值。

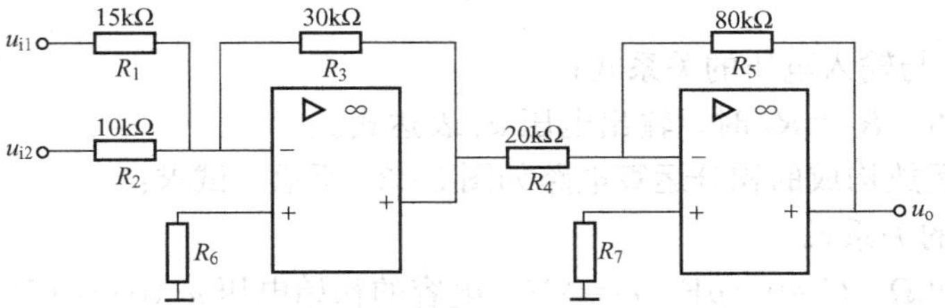

图 3-28　习题 3-7 图

3-8　电路如图 3-29 所示，试求输出电压与输入电压的关系式。

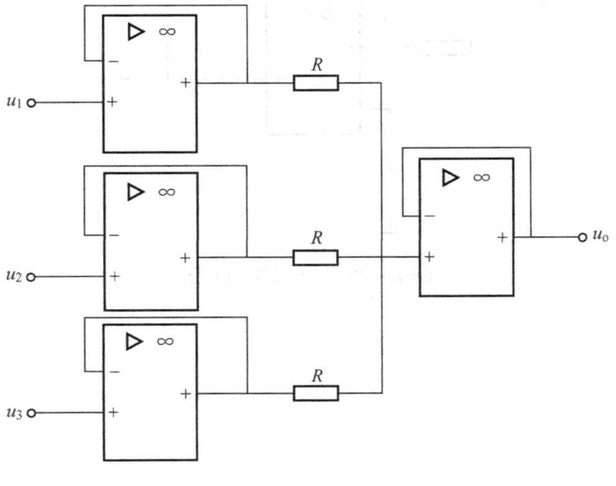

图 3-29　习题 3-8 图

3-9　电路如图 3-30 所示，试求输出电压与输入电压的关系式。

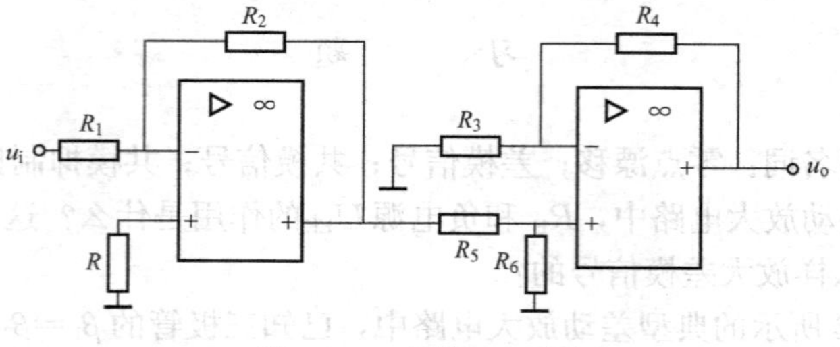

图 3-30　习题 3-9 图

3-10　电路如图 3-31 所示，求：

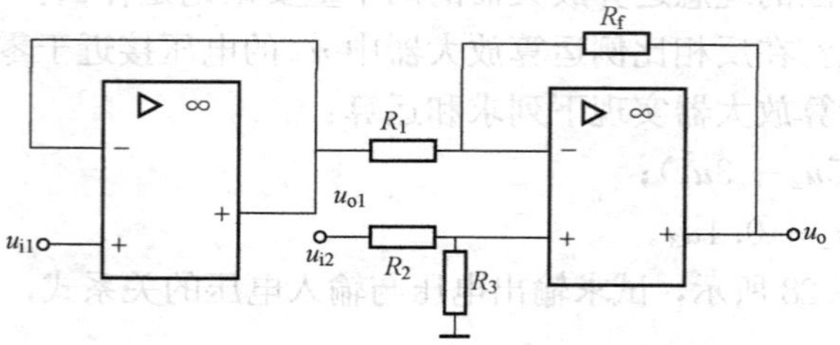

图 3-31　习题 3-10 图

(1) 输出电压与输入电压的关系式；

(2) 当 $R_f=R_1=R_2=R_3$ 时，输出电压 u_o 表达式。

3-11　理想运放构成的积分运算电路如图 3-32 所示，试求：

(1) u_o 与 u_i 的关系式；

(2) 当 $R=10\text{k}\Omega$，$C=0.1\mu\text{F}$，$u_i=2\text{V}$，电容的初始电压 $u_C(0)=0\text{V}$，经 $t=2\text{ms}$ 时，u_o 为多少？

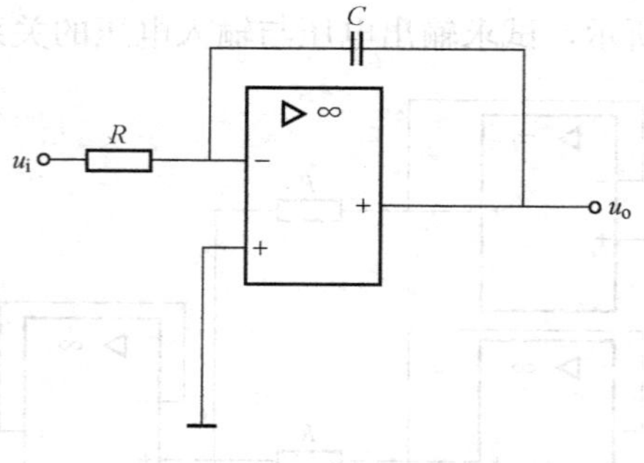

图 3-32　习题 3-11 图

第4章 直流电源

大量的电子线路都需要稳定的直流电源，但电子设备都由交流电网供给，因此需要把交流电转换成稳定的直流电。

整流电路能将交流电压变成脉动的直流电压，由于此脉动的直流电压含有较大的纹波，必须通过滤波电路将其滤除，从而得到平滑的直流电压。但这样的电压还会随电网电压波动（一般有±10%左右的波动），随负载和温度的变化而变化，因而在整流、滤波电路之后，还需稳压电路。小功率直流稳压电源的组成如图4-1所示。

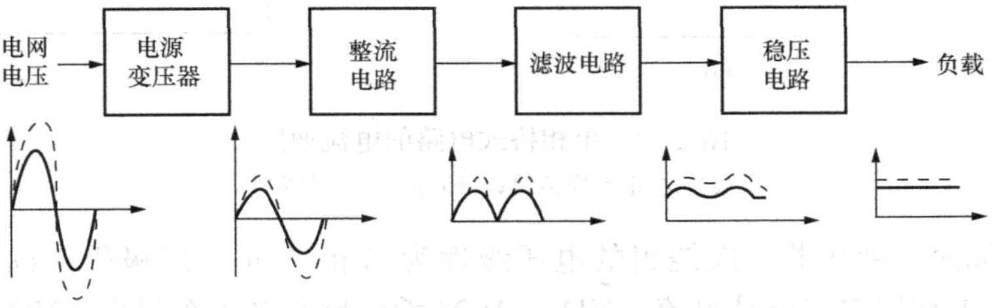

图4-1 小功率直流稳压电源的组成

它由电源变压器、整流电路、滤波电路和稳压电路四部分组成。在本章的最后，介绍了电力电子器件及其应用电路。

4.1 整流滤波电路

4.1.1 单相桥式整流电路

所谓整流，就是利用二极管的单向导电性，将交流电压变成单向脉动的直流电压。本节介绍小功率（1kW以下）整流电路中最常用的桥式整流电路。为了简单起见，在下面分析电路时，把二极管看成理想元件，即认为正向导通电阻为零，反向电阻为无穷大。

1. 电路结构

单相桥式整流电路由电源变压器T、4只整流二极管VD1～VD4和负载电阻R_L组成，其中4只整流二极管组成了桥式电路的4条臂。变压器二次绕组和负载电阻分别接在桥式电路的两个对角线顶点。单相桥式整流电路实际上有如图4-2（a）、（b）和（c）所示的三种画法。

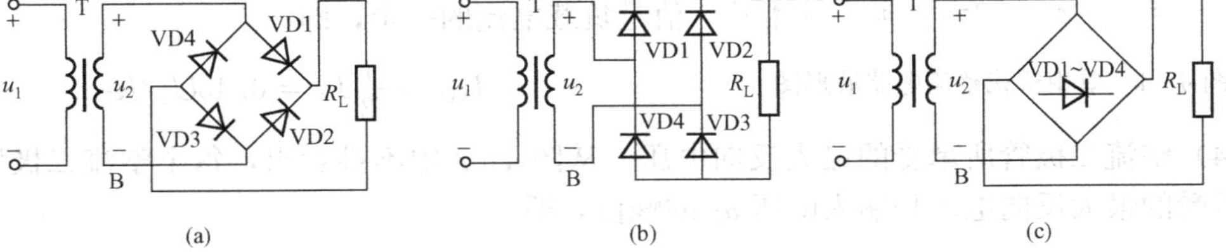

图4-2 单相桥式整流电路

（a）电路画法1；（b）电路画法2；（c）电路画法3

2. 整流原理

设变压器二次电压为

$$u_2 = U_{2m}\sin\omega t = \sqrt{2}U_2\sin\omega t \qquad (4-1)$$

u_2 为正半周时，变压器二次绕组的电压极性为 A 正 B 负，二极管 VD1 和 VD3 正偏导通，负载 R_L 上获得单向脉动电流。此时 VD2、VD4 受到反向电压而截止，VD2、VD4 上最大反向电压为电源电压的峰值。在图 4-3（a）中可以看出，单向脉动电流流向为 A 端→VD1→R_L→VD3→B 端，负载 R_L 上电流方向从上到下，其电压极性为上正下负。

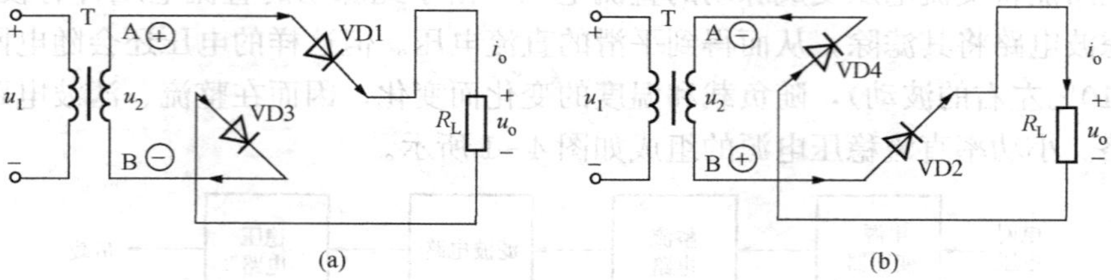

图 4-3　单相桥式电路的电流通路

（a）u_2 正半周情况；（b）u_2 负半周情况

u_2 为负半周时，变压器二次绕组的电压级性为 B 正 A 负，二极管 VD2、VD4 正偏导通，在负载 R_L 上获得单向脉动电流，VD1、VD3 承受反向电压而截止，VD1、VD3 上最大反向电压为电源电压的峰值。从图 4-3（b）中可看出，单向脉动电流流向为 B 端→VD2→R_L→VD4→A 端，负载上的电压极性仍为上正下负。

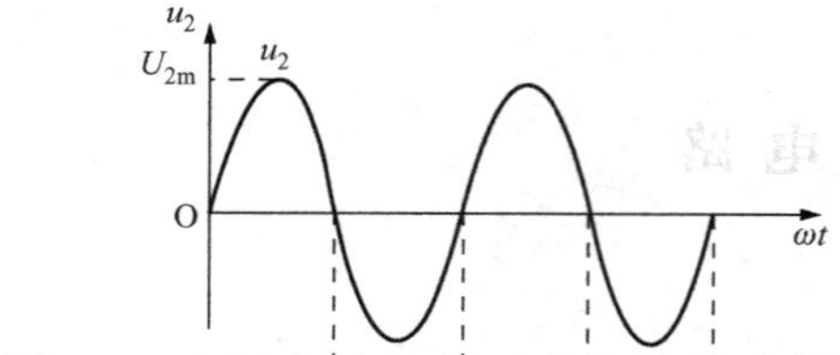

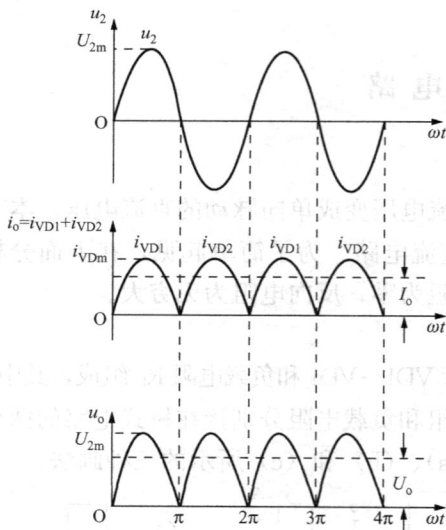

图 4-4　单相桥式整流电路波形图

综上所述，在电源电压的正、负半周内均有同一方向的电流流过 R_L，4 个二极管中两个为一组，两组轮流导通，负载 R_L 上得到脉动的直流电压 u_o 和电流 i_o。其波形如图 4-4 所示。

3. 参数计算

（1）负载上输出的平均电压 U_o 为

$$U_o = 1/\pi\int_0^{\pi}\sqrt{2}U_2\sin\omega t\,d(\omega t) = 0.9U_2 \qquad (4-2)$$

（2）流过负载的平均电流 I_o 为

$$I_o = U_o/R_L = 0.9U_2/R_L \qquad (4-3)$$

（3）流过整流二极管的平均电流 I_{VD}。桥式整流电路中，每个二极管在电源电压变化 2π 周期内只有半个周期导通。因此，每个二极管的平均电流值是负载电流的一半，即

$$I_{VD} = \frac{1}{2}I_o = 0.45U_2/R_L \qquad (4-4)$$

（4）整流二极管所承受的最大反向电压。从图 4-2 中不难看出，每个整流二极管截止时所承受的最大反向电压是输入电压 u_2 的峰值，即

$$U_{DRM} = \sqrt{2}U_2 \qquad (4-5)$$

这里需要指出的是，选用整流二极管时要根据二极管所承受的反向电压、直流负载所需

要的直流电压和电流来确定。二极管实际通过的电流和所承受的反向电压，都不得超过它的极限参数，选用时还必须留有充分的裕量。一般情况下，管子最大允许平均电流应是 I_{VD} 的 2～4 倍，管子最大反向工作电压应是 U_{DRM} 的 2～3 倍。

桥式整流电路利用了交流电源的整个周期，变压器利用效率高，输出电压的纹波大大被减少。正因为具有上述优点，桥式整流电路在家用电器、仪器仪表、通信设备、电力控制装置等方面得到广泛应用。

4.1.2 滤波电路

整流电路输出电压的纹波较大，为了减小输出电压的纹波，可在负载两端并联一个电容。滤波电路利用电容的储能作用，当电源电压增加时，电容把能量储存在电场中；当电源电压减小时，又将储存的能量渐渐释放出来，从而减小输出电压中的脉动成分，得到比较平滑的直流电压。这就是电容滤波的机理。

1. 电容的滤波作用

在图 4-5（a）所示桥式整流电容滤波电路中，假定起始电容电压 u_C（即 R_L 两端电压 u_o）为零，且 u_2 从零开始变化，则 u_2 上升，VD1、VD3 导通，开始给电容充电。由于二极管导通，正向电阻很小，所以充电时间常数很小，电容电压上升速度很快，可完全跟上 u_2 的上升速度，所以随 u_2 一起上升，如图 4-5（b）中 oa 段所示。u_2 从 a 点开始下降，因为 R_L 较大使放电常数 R_LC 很大，故放电很慢，即 u_C 下降速度比 u_2 慢，使 u_o 不再随 u_2 变化，而按图中 ab 段变化。在 ab 对应的这段时间内，因 u_o 高于 u_2，故 4 个整流管都处于反偏而截止，电容 C 通过 R_L 开始放电，从 b 点所对应的时刻开始 u_2 大于 u_o，又开始给电容充电，把在 ab 段时放掉的电荷补充上，u_2 达到最大值后电容又开始放电。依此重复进行，就得到图 4-5（b）所示输出波形。

由图 4-5（b）可见，加滤波电容后的桥式整流输出电压波形变得比较平滑，这就是滤波电路的作用。

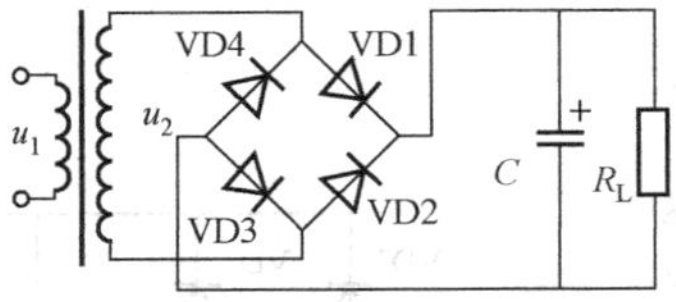

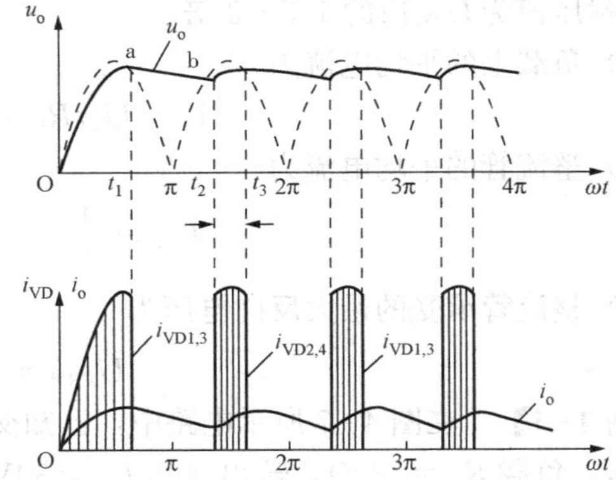

图 4-5　桥式整流电容滤波电路及波形图

（a）电路图；（b）波形图

2. 加滤波电容后电路的特点

（1）二极管导通角变小而导通时的最大电流变大。二极管导通角就是在一个周期内，二极管导通时间所对应的角度。在未加滤波电容时，桥式整流电路中每只整流管的导通角为180°，而加滤波电容后导通角却变得小多了，并且电容越大导通角越小。由于导通时间变短，在较短的时间内还要把放掉的电荷全部补上，所以电流很大，形成脉冲电流，如图4-5(b)中i_{VD}波形所示。因此，在有滤波电容的整流电路中，整流管的最大允许平均电流为I_{VD}的2～3倍。

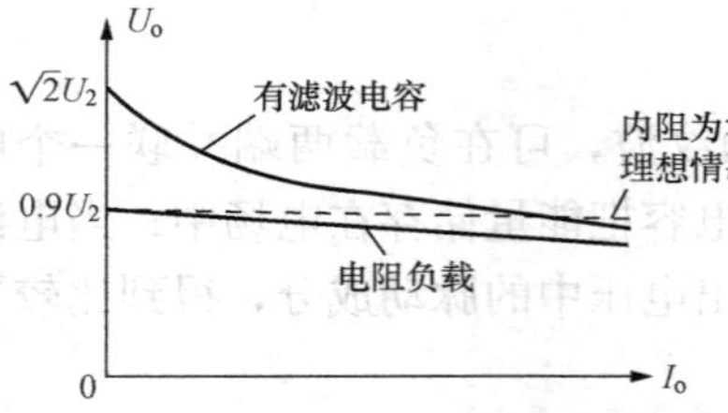

图4-6 有无滤波时的外特性

(2) 电容滤波电路的外特性差。所谓外特性是指输出电压与输出电流的关系，这是整流滤波电路的一项指标。图4-6为纯电阻负载及有电容滤波时两种情况下的外特性曲线。从图中可以看出，有滤波电容后，负载得到的直流电压升高，且随负载电流加大而降低。在负载开路($I_o=0$)时，$U_o=\sqrt{2}U_2$，当负载电流很大时，输出电压又与无滤波电容时相当，可见这种滤波电路输出电压随负载电流变化而变化的幅度很大，即外特性差。因此，电容滤波只对负载电流不大或变化较小的场合比较适宜。

3. 加滤波电容后的参数计算

(1) 输出电压的计算式为

$$U_o=(1.1\sim1.4)U_2$$

额定情况下

$$U_o=1.2U_2 \tag{4-6}$$

(2) 滤波电容容量的计算式为

$$C=(3\sim5)T/2R_L \tag{4-7}$$

式中，T为电源交流电压的周期。

(3) 电容耐压值的选定：由图4-6可知，加在电容上的最大电压为$U_{2M}=\sqrt{2}U_2$，选定的电容耐压值为U_{2M}值的1.5～2倍。

(4) 负载上的平均电流为

$$I_o=U_o/R_L=1.2U_2/R_L \tag{4-8}$$

(5) 整流管的平均电流为

$$I_{VD}=\frac{1}{2}I_o=0.6U_2/R_L \tag{4-9}$$

(6) 整流管承受的最大反向电压为

$$U_{DRM}=\sqrt{2}U_2$$

【例4-1】 在图4-7所示电路中，已知交流电频率为50Hz，负载$R_L=120\Omega$，输出电压$U_o=30V$，试计算变压器的次级电压U_2，并选择整流管及滤波电容器。

图4-7 [例4-1]图

解 (1) 变压器次级电压U_2为

$$U_2=\frac{U_o}{1.2}=\frac{30}{1.2}=25\quad(V)$$

(2) 二极管的平均电流为

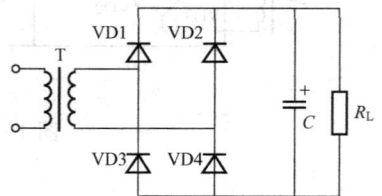

$$I_{VD}=\frac{1}{2}I_o=\frac{1}{2}\frac{U_o}{R_L}=\frac{1}{2}\times\frac{30}{120}=0.125\quad(A)$$

加在二极管上的最大反向电压为

$$U_{DRM}=\sqrt{2}U_2\approx35\quad(V)$$

查手册知，2CP21 的最大整流电流为 300mA，大于 2 倍 I_{DM}；最大反向工作电压为 100V，大于 2 倍 U_{DRM}，故选用 2CP21。

（3）选定滤波电容器的计算式为

$$C=(3\sim5)\frac{T}{2R_L}=5\times\frac{0.02}{2\times120}=417\times10^{-6}=417\quad(\mu F)$$

式中系数取 5，以使输出更为平滑。

由于实际电容承受的电压为 $\sqrt{2}U_2=35V$，所以选 470μF 耐压 40V 的电解电容器。

4.2 稳 压 电 路

经过整流滤波后的直流电压，受电网电压波动和负载电阻的影响会发生变化，这种变化会引起负载工作不稳定，甚至不能正常工作。为了使电源电压基本保持恒定，必须在整流滤波电路之后增加稳压电路。所谓稳压电路，就是在负载不变而输入电压变化时，输出电压不变的电路；或当输入电压不变而负载改变时，输出电压也不变的电路。目前，常用的稳压电路有稳压管稳压电路、串联型稳压电路。

4.2.1 稳压二极管及其参数

1. 稳压二极管

稳压二极管（简称稳压管）是一种用特殊工艺制造的面接触型硅二极管，它的特性曲线如图 4-8（a）所示。图 4-8（b）为稳压管的图形符号。稳压管与普通二极管的伏安特性相似，不同的是，稳压管的反向击穿特性曲线斜率更大。稳压管通常工作在反向击穿区内，而且反向击穿是可恢复的。稳压管反向击穿后，电流可在相当大的范围内变化，而电压变化很小，这就是稳压管的稳压机理，这一特性称为稳压特性。

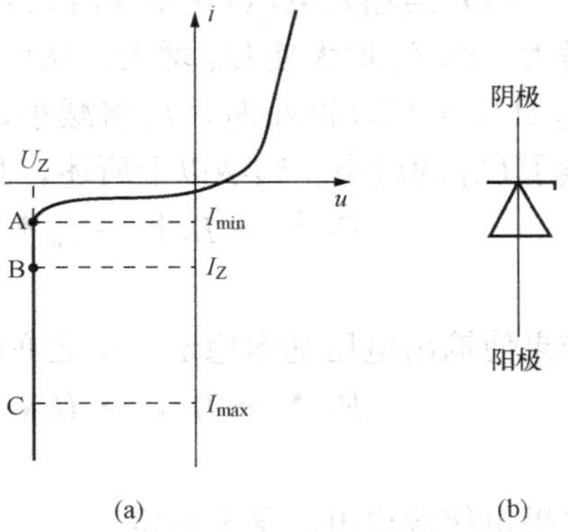

图 4-8 稳压管伏安特性曲线

（a）稳压管特性曲线；（b）稳压管图形符号

稳压管的正极要接低电位，负极接高电位，以保证工作在反向击穿区。

稳压管不能并联使用，以免因稳压值的差异造成各管电流不均，导致管子过载而损坏。

为了防止稳压管的工作电流超过最大稳定电流 I_{Zmax} 而发热损坏，一般要串接一个限流电阻 R。

2. 主要参数

（1）稳定电压 U_Z。U_Z 是稳压管正常工作时管子两端的电压值，大致等于其反向击穿电压。由于制造上的离散性，同一型号稳压管的稳定电压值也有差别，手册上只给出一个范围，使用时注意选择。

（2）稳定电流 I_Z。I_Z 是指稳压管正常工作时的参考电流值，其值在稳压区域的最大电流I_{Zmax}与最小电流I_{Zmin}之间。稳定电流若小于最小稳定电流时，没有稳压作用；若大于最大稳定电流时，管子因过流而损坏。

(3) 最大耗散功率P_{ZM}。P_{ZM}是指按稳压管散热条件规定的最大耗散功率，其值为

$$P_{ZM} = U_Z I_{Zmax} \tag{4-10}$$

(4) 动态电阻r_Z。r_Z是指稳压管工作在稳压范围内，管子两端电压变化量与对应的电流变化量的比值，即

$$r_Z = \frac{\Delta U_Z}{\Delta I_Z} \tag{4-11}$$

其值越小，说明稳压性能越好。

稳压管的应用很广，常用来组成限幅电路，即限制输出电压的幅度，还可以组成稳压电路。

4.2.2 硅稳压管稳压电路

1. 电路的组成

硅稳压管稳压电路如图 4-9 所示，它由负载R_L、稳压管D_Z及调压电阻R组成，U_I是整流滤波电路的输出电压。

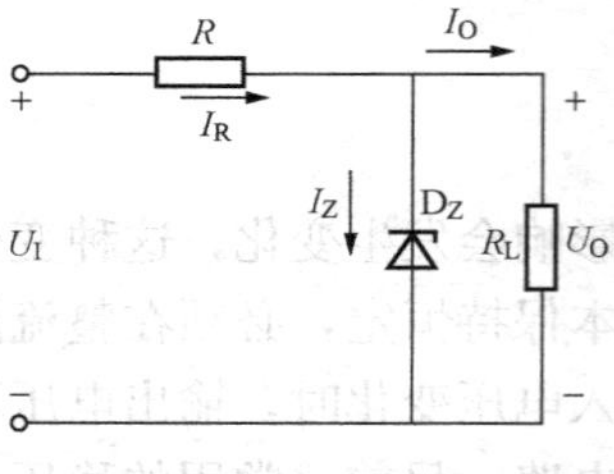

图 4-9 稳压管稳压电路

2. 工作原理

硅稳压管稳压电路是利用稳压二极管的稳压机理来工作的。即稳压二极管反向击穿后，电流可在相当大的范围内变化，而电压变化很小，具体过程如下：

(1) 当输入电压U_I不变时，若R_L减小，则输出电流I_O增大，因$I_R=I_Z+I_O$，故使I_R增大。因I_R增大使U_R增大，从而使U_O减小($U_O=U_I-U_R$)。由稳压管特性曲线得知，当U_Z($U_Z=U_O$)减小时，I_Z将减小，而I_Z减小又使I_R以及U_R均减小，结果使U_O增大，补偿了U_O的减小。归纳以上所述，其稳压过程如下：

$$R_L\downarrow \to I_O\uparrow \to I_R\uparrow \to U_R\uparrow \to U_O\downarrow \to I_Z\downarrow \to I_R\downarrow \to U_R\downarrow \to U_O\uparrow$$

结果使输出电压基本稳定。反之亦然，过程如下：

$$R_L\uparrow \to I_O\downarrow \to I_R\downarrow \to U_R\downarrow \to U_O\uparrow \to I_Z\uparrow \to I_R\uparrow \to U_R\uparrow \to U_O\downarrow$$

结果也使输出电压基本稳定。

(2) 当负载不变时，若输入电压U_I增大，则U_O应增大，根据稳压管特性曲线，U_O的增大使I_Z增大，而I_Z增大使I_R增大U_O减小，补偿了U_O的增大，使之基本稳定。其整个稳压过程可总结如下：

$$U_I\uparrow \to U_O\uparrow \to I_Z\uparrow \to I_R\uparrow \to U_R\uparrow \to U_O\downarrow$$

结果也使输出电压基本不变。反之亦然，过程如下：

$$U_I\downarrow \to U_O\downarrow \to I_Z\downarrow \to I_R\downarrow \to U_R\downarrow \to U_O\uparrow$$

使输出电压基本稳定。

在这里，电阻R不仅起电压调节作用，还起限流作用。这是因为如果稳压管没有经电

阻 R 而直接并在输出端，不仅没有稳压作用，还可能使稳压管中流过很大的反向电流 I_Z 而烧坏管子，故 R 称为限流电阻。

3. 硅稳压管稳压电路参数的选择

(1) 稳压二极管的选取。初选管子的计算式为

$$U_Z = U_O$$

$$I_{Zmax} = (2 \sim 3) I_{Omax}$$

(2) 输入电压 U_I 的确定。U_I 高，限流电阻 R 大，稳定性能好，但损耗大。一般 $U_I = (2 \sim 3)U_O$。

(3) 限流电阻的确定。选择 R，主要确定阻值和功率。

1) R 的阻值。R 的主要作用就是当电网电压波动和负载电流变化时，使稳压管始终工作在它的稳压工作区内，因此，R 的确定应从稳压电路两种最不利的情况考虑。若这两种情况下能稳压，其他情况就能更稳压。

一种情况是在输入电压最低、而输出电流最大时，流经稳压管的电流最小，要使稳压管起稳压作用，流经稳压管的电流必须大于稳压管稳压范围内的最小工作电流 I_{Zmin}，即

$$\frac{U_{Imin} - U_O}{R} - I_{Omax} > I_{Zmin}$$

由此得出

$$R < \frac{U_{Imin} - U_O}{I_{Omax} + I_{Zmin}}$$

另一种不利情况是输入电压最大，而负载电流最小，这时流经稳压管的电流最大，要电路仍起稳压作用而不被损坏，这时流经稳压管的电流应小于稳压管稳压范围内的最大允许电流 I_{Zmax}，即

$$\frac{U_{Imax} - U_O}{R} - I_{Omin} < I_{Zmax}$$

由此得出

$$R > \frac{U_{Imax} - U_O}{I_{Omin} + I_{Zmax}}$$

由于调压电阻必须同时满足以上两种情况，故有

$$\frac{U_{Imax} - U_O}{I_{Omin} + I_{Zmax}} < R < \frac{U_{Imin} - U_O}{I_{Omax} + I_{Zmin}} \tag{4-12}$$

在满足式 (4 - 12) 的情况下，R 可尽量大一些，R 大，调压作用强，稳定性能好。

2) R 的额定功率计算式为

$$P_R = (2 \sim 3) \frac{(U_{Imax} - U_O)^2}{R} \tag{4-13}$$

【例 4 - 2】 图 4 - 9 中已知，$U_I = 54(1 \pm 10\%)$V，$R_L = 2k\Omega \sim \infty$，稳压管 2CW19 的参数为 $U_Z = 12$V，$I_{Zmax} = 18$V。试选择 R 值。

解

$$U_{Imin} = 54 \times 0.9 = 48.6 \quad (V)$$

$$I_{Omin} = 0 \quad (mA)$$

$$U_{Imax} = 54 \times 1.1 = 59.4 \quad (V)$$

$$I_{Omax} = U_Z / R_L = 12/2 = 6 \quad (mA)$$

稳压管最小电流一般不小于5mA，根据

$$\frac{U_{\mathrm{Imax}}-U_{\mathrm{O}}}{I_{\mathrm{Omin}}+I_{\mathrm{Zmax}}}<R<\frac{U_{\mathrm{Imin}}-U_{\mathrm{O}}}{I_{\mathrm{Omax}}+I_{\mathrm{Zmin}}}$$

可以得出

$$\frac{U_{\mathrm{Imax}}-U_{\mathrm{Z}}}{I_{\mathrm{Zmax}}+I_{\mathrm{Omin}}}<R<\frac{U_{\mathrm{Imin}}-U_{\mathrm{Z}}}{I_{\mathrm{Zmin}}+I_{\mathrm{Omax}}}$$

$$\frac{59.4\mathrm{V}-12\mathrm{V}}{(18+0)\mathrm{mA}}<R<\frac{48.6\mathrm{V}-12\mathrm{V}}{(5+6)\mathrm{mA}}$$

即

$$2.63\mathrm{k}\Omega<\mathrm{R}<3.3\mathrm{k}\Omega$$

选 R 为标称值 3kΩ。则 R 上的功率为

$$P_{\mathrm{R}}=(2\sim3)\frac{(U_{\mathrm{Imax}}-U_{\mathrm{Z}})^2}{R}=2.5\times\frac{(59.4-12)^2}{3\times10^3}\approx1.875\quad(\mathrm{W})$$

为留有余地，防止把电阻烧坏，选 2W 电阻。

4. 主要质量指标

(1) 稳压系数 γ。γ 是指通过负载的电流和环境温度保持不变时，稳压电路输出电压的相对变化量与输入电压的相对变化量之比。即

$$\gamma=\left.\frac{\Delta U_{\mathrm{O}}/U_{\mathrm{O}}}{\Delta U_{\mathrm{I}}/U_{\mathrm{I}}}\right|_{\Delta I_{\mathrm{L}}=0,\Delta T=0}\tag{4-14}$$

式中，U_{I} 为稳压电源输入直流电压；U_{O} 为稳压电源输出直流电压；γ 数值越小，输出电压的稳定性越好。

(2) 输出电阻 R_{O}。R_{O} 是指当输入电压和环境温度不变时，输出电压的变化量与输出电流变化量之比。即

$$R_{\mathrm{O}}=\left.\frac{\Delta U_{\mathrm{O}}}{\Delta I_{\mathrm{O}}}\right|_{\Delta U_{\mathrm{I}}=0,\Delta T=0}\tag{4-15}$$

R_{O} 的值越小，带负载能力越强，对其他电路影响越小。

(3) 温度系数 S_{T}。S_{T} 是指在 U_{I} 和 I_{O} 都不变的情况下，环境温度 T 变化所引起的输出电压的变化。即

$$S_{\mathrm{T}}=\left.\frac{\Delta U_{\mathrm{O}}}{\Delta T}\right|_{\Delta U_{\mathrm{I}}=0,\Delta I_{\mathrm{O}}=0}\tag{4-16}$$

式中，ΔU_{O} 为漂移电压。S_{T} 越小，漂移越小，该稳压电路受温度影响越小。

另外，还有其他的质量指标，如负载调整率、噪声电压等。

4.2.3 三极管串联型稳压电路

稳压二极管稳压电路存在两个缺点：一是带负载能力差，不能输出大电流；二是输出电压由稳压管决定，不能调整。因此，在要求输出大电流、输出电压连续可调的情况下，就需要采用三极管串联型稳压电路。

1. 电路的组成

串联型晶体三极管稳压电路如图 4-10 所示。它由采样电路 R_1、R_2、RP，基准电源电路 R_3、D_Z，比较放大电路 VT2、R_4，电压调整环节 VT1 四部分组成。其框图如图 4-11 所示。各部分的作用如下：

(1) 采样电路：把输出电压及其变化量采集出来加到比较放大电路的输入端。

(2) 基准电源电路：为稳压电路提供稳定的基准电压。

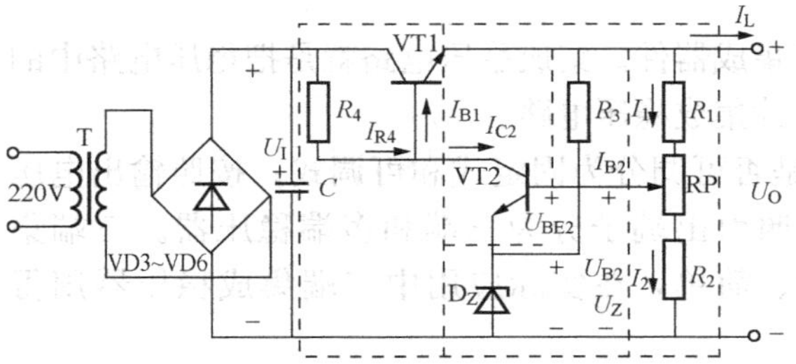

图 4-10 串联型晶体三极管稳压电路

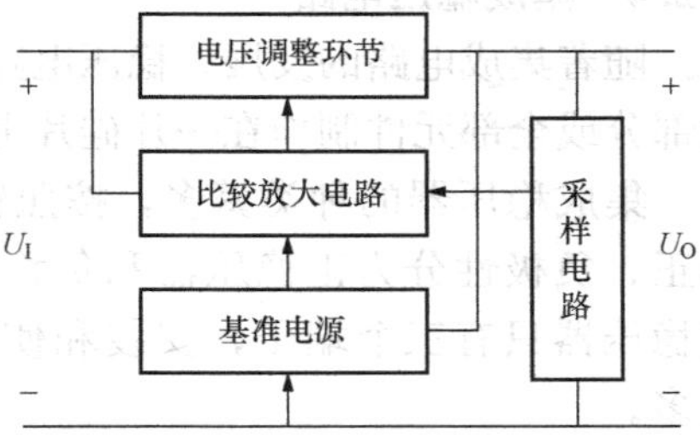

图 4-11 串联晶体三极管稳压电路框图

(3) 比较放大电路：将采样电路采集的电压与基准电压进行比较并放大，进而推动电压调整环节工作。

(4) 电压调整环节：在比较放大电路的推动下改变调整环节的压降，使输出电压稳定。

2. 工作过程

(1) 当U_I固定不变时，若负载电阻减小使输出电压U_O降低，通过R_1、R_2、RP的分压作用，则使U_{B2}（比较放大管VT2的基极电位）下降，而VT2的发射极电位U_{E2}被稳压二极管稳住不变，二者比较的结果，使VT2的发射结压降U_{BE2}减小，从而使VT2的集电极电流I_{C2}减小，U_{C2}升高，而U_{C2}是调整管VT1的基极电位，VT1是射极跟随器，所以VT1的射极电位U_{E1}（即U_O）跟随U_{C2}升高，U_O的升高补偿了U_O的降低，即输出电压基本不变。上述过程可表示如下：

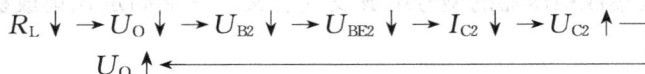

$$R_L\downarrow \to U_O\downarrow \to U_{B2}\downarrow \to U_{BE2}\downarrow \to I_{C2}\downarrow \to U_{C2}\uparrow \to U_O\uparrow$$

同理，当U_O升高时，通过电路的反馈作用，也使U_O基本保持不变。

(2) 当负载不变时，若输入电压U_I升高，也会使U_O升高，通过R_1、R_2、RP的分压作用，使VT2的基极电位U_{B2}升高，由于U_{E2}接基准电压而不变，故U_{BE2}升高，VT2集电极电流I_{C2}增大，使其集电极电位U_{C2}（也是VT1基极电位U_{B1}）下降，进而使U_{E1}下降（因VT1是射极输出器），也即输出电压U_O下降，补偿了U_O的升高，使之基本不变。这个过程可以表示为：

$$U_I\uparrow \to U_O\uparrow \to U_{B2}\uparrow \to U_{BE2}\uparrow \to I_{B2}\uparrow \to I_{C2}\uparrow \to U_{C2}\downarrow \to U_{B1}\downarrow \to U_{E1}\downarrow \to U_O\downarrow$$

同理，当U_I下降时，通过电路的反馈作用，也使U_O基本保持不变。

3. 输出电压的调解范围

由图4-10可得输出电压U_O为

$$U_O=\frac{R_1+R_2+RP}{R_2+R'P}(U_Z+U_{BE2})$$

因为U_{BE2}很小，所以可以忽略不计。

调解电位器RP的位置即可改变U_O的大小。

$$U_{Omax}=\frac{R_1+R_2+RP}{R_2}U_Z(\text{对应 RP 调到下端}) \tag{4-17}$$

$$U_{Omin}=\frac{R_1+R_2+RP}{R_2+RP}U_Z(\text{对应 RP 调到上端}) \tag{4-18}$$

4.2.4 集成稳压电路

随着集成电路的发展，稳压电路也制成了集成器件。集成稳压电路就是把稳压电路中的大部分或全部元件制作在一片硅片上，成为单片集成稳压电路。

集成稳压器的种类繁多，按照输出电压是否可调分为固定式和可调式；按照输出电压的正、负极性分为正稳压器和负稳压器；按照引出端子分为三端和多端稳压器。三端集成稳压器只有三个端子，安装和使用都方便、简单，在实际应用中三端集成稳压器用得最多。

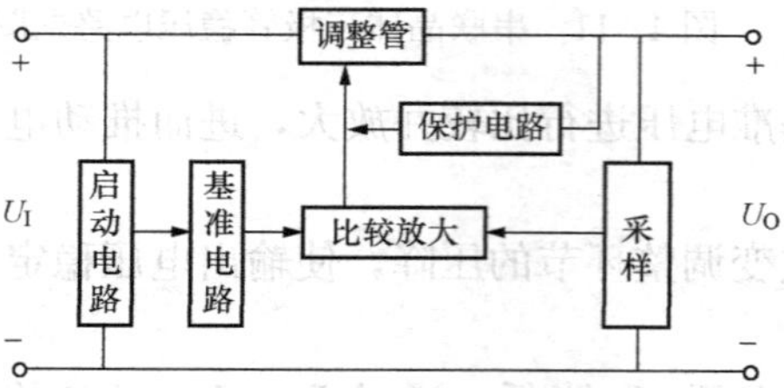

图 4-12 集成稳压电路框图

1. 三端固定式稳压器

三端电压固定式集成稳压器的封装只有三个管脚，即输入端、输出端和输入输出公共端。集成稳压器内部大都采用串联型稳压电路，其框图如 4-12 所示，除取样、基准电路、比较放大和调整环节外，还有启动电路及各种保护电路。

启动电路是为保证集成稳压器中各环节在开机时能正常工作；设置各种保护电路是为了使集成稳压器在过载（输出电流过大、工作电压过高）时免于损坏。在正常工作时，启动电路和各种保护电路均自动断开不影响稳压器工作。由于集成稳压器具有性能稳定、安全可靠、使用方便及价格低廉等优点而得到广泛应用。

（1）三端固定式集成稳压器的型号组成及其意义。三端固定式集成稳压器的型号组成，其意义如下：

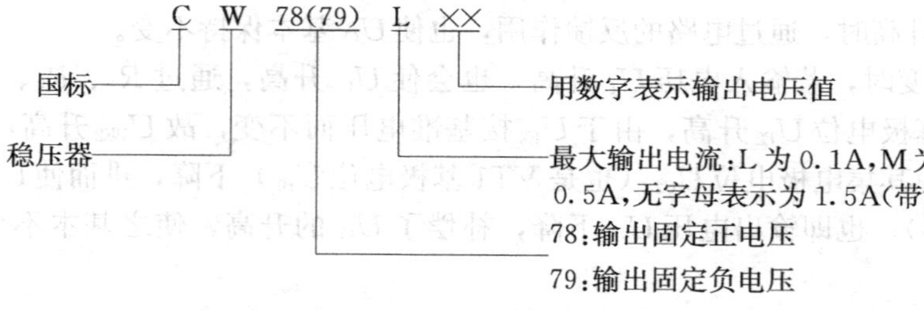

国产的三端固定式集成稳压器有 CW78××系列（正电压输出）和 CW79××系列（负电压输出），其输出电压有±5、±6、±8、±9、±12、±15、±18、±24V，最大输出电流有 0.1、0.5、1、1.5、2.0A 等。

（2）三端固定式集成稳压器的应用。

1）基本应用电路。图 4-13 所示电路是 CW7800 系列和 CW7900 系列作为固定输出时的典型接线图。电容 C_1 用于减小输入电压的脉动，C_2 为了削弱电路的高频噪声。为保证稳压器正常工作，输入、输出电压之差至少为 2～3V。

2）双路正、负电源输出电路。当需要同时输出正、负两组电压时，可用 CW7800 和 CW7900 各一块，按照图 4-14 连接即可构成同时输出+15V 和−15V 两种电压的双路电源。

3）提高输出电压的稳压电路。当负载所需要的电压高于稳压器的输出电压时，可采用图 4-15 所示电路，它能使输出电压高于固定输出电压。设稳压块 CW78××的固定输出电压为 $U_{××}$，该电路的输出电压 $U_O=U_{××}+U_Z$。

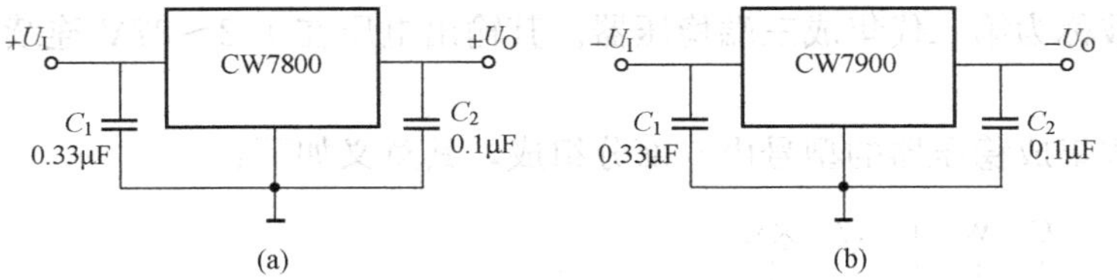

图 4-13　基本应用电路

(a) 正电压输出稳压电路；(b) 负电压输出稳压电路

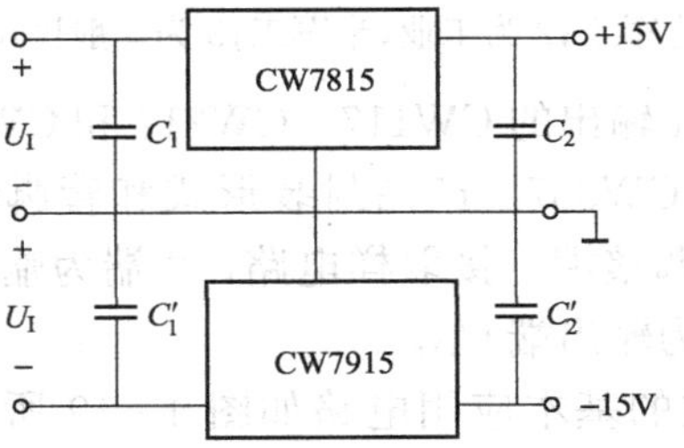

图 4-14　输出正、负电源的稳压电路

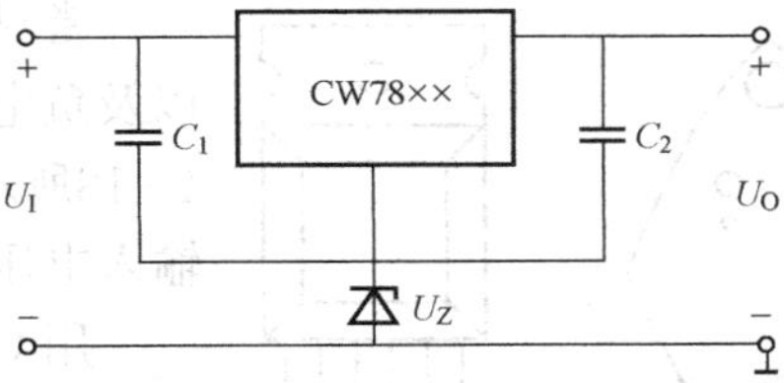

图 4-15　提高输出电压的稳压电路

4）扩大输出电流的稳压电路。当负载所需要的电流大于稳压块的最大输出电流时，可采用外接并联电阻 R，外接功率管 VT，两块集成稳压电路并联等方法来扩大输出电流，分别如图 4-16（a）、（b）和（c）所示。

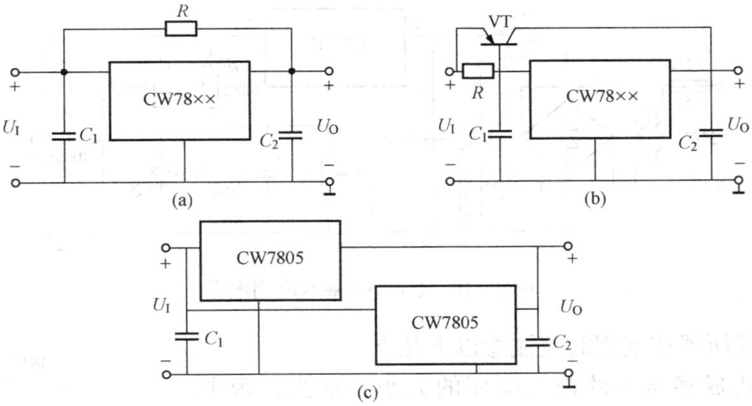

图 4-16　提高输出电流的稳压电路

(a) 外接并联电阻 R；(b) 外接功率管 VT；(c) 两块集成稳压电路并联

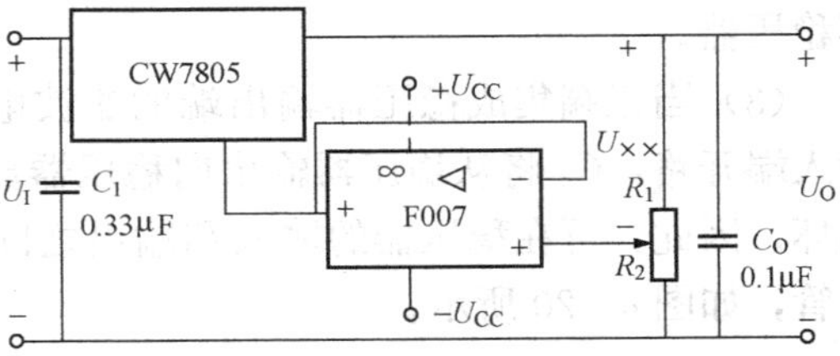

图 4-17　输出电压可调的稳压电路

5）输出电压可调的稳压电路。三端固定式集成稳压器与集成运放适当连接，可组成输出电压可调的稳压电路。图 4-17 是这一电路的典型接法，其输出电压在 7～30V 之间。

2. 可调式三端集成稳压器

可调式三端集成稳压器不仅输出电压可调，而且稳压性能指标均优于固定式三端集成稳压器，所以被称为第二代集成三端稳压器。其输出电压在1.2～37V连续可调，输出电流达1.5A。

三端可调式集成稳压器的型号由5部分组成，其意义如下：

C W 1 17 ××

- C：国际
- W：稳压器
- 1：产品序号：1为军工；2为工业，半军工；3为一般民用
- 17：产品序号：17表示输出为正电压；37表示输出为负电压
- ××：输出电流：L为0.1A；M为0.5A；无字母为1.5A

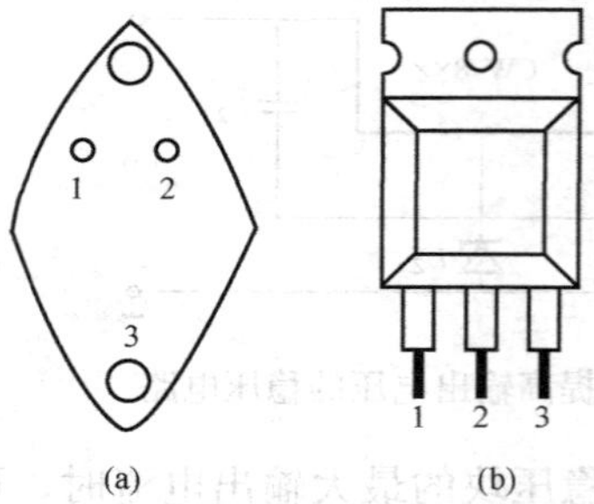

图4-18 三端可调式集成稳压器

(a) F—1、F—2型；(b) S—7型

常见的有正电压输出的CW117、CW217和CW317系列以及负电压输出的CW337。产品封装形式和管脚排列如图4-18所示，1端为调整端，接取样电路，2端为输入端，接输入电压U_I，3端为输出端U_O。

用CW317构成的基本应用电路如图4-19所示。经变压、整流和C_1滤波后的直流电压作为稳压电路的输入电压。C_2是为消除高频自激。C_3为旁路电容，进一步减少纹波电压。C_4是为防止容性负载时产生高频振荡。LED是发光二极管，用于显示电源的接通与否，R_3为限流电阻。通过调节R_1和R_2的比值来确定输出电压的高低。

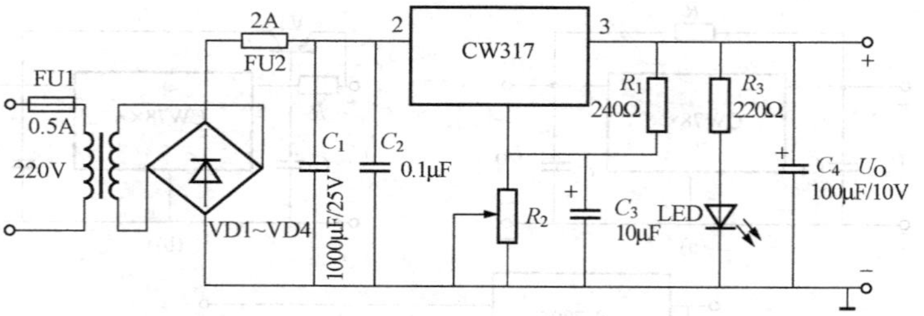

图4-19 CW317基本应用电路

三端集成稳压器在使用时应注意以下几点：

(1) 三端集成稳压器的输入电压的大小要适当；否则，当电网电压过高或过低时，会损坏稳压器，或使其不能正常工作。应保证稳压器输入电压高于输出电压2～3V。

(2) 稳压器引脚不能接错，接地端不能悬空，否则易损坏稳压器。

(3) 当三端集成稳压器输出端的滤波电容较大时，一旦输入端开路，C_3将从稳压器输出向稳压器放电，易使稳压器损坏，因此，可在稳压器的输入和输出之间跨接一个保护二极管，如图4-20所示。

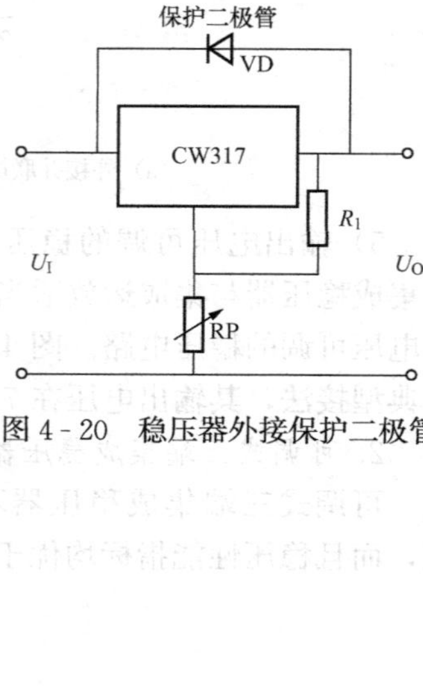

图4-20 稳压器外接保护二极管

4.3 可控整流电路

可控整流是将交流电变成电压大小可调的直流电。晶闸管具有单向导电及可控特性，可把交流电变为输出量可调的直流电，这就是可控整流。

4.3.1 晶闸管

晶闸管是具有可控开关特性的半导体器件的总称。它包括普通晶闸管（通常称为可控硅）及各种派生元件，如双向晶闸管、逆导晶闸管、快速晶闸管、光控晶闸管和可关断晶闸管等。晶闸管的外形如图 4-21 所示，它有三个引出极：阳极（A）、阴极（K）和门极（G）（又称控制极）。

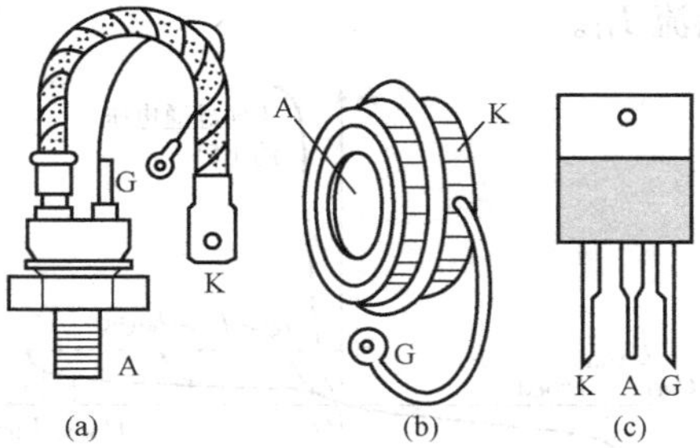

图 4-21 晶闸管的外形图

(a) 螺旋式；(b) 平板式；(c) 压膜塑封式

1. 晶闸管的结构

普通晶闸管由四层半导体（P1、N1、P2、N2）组成，形成三个 PN 结 J1（P1N1），J2（N1P2），J3（P2N2）。阳极 A 从 P1 层引出，阴极由 N2 层引出，门极由 P2 层引出，如图 4-22所示。普通晶闸管的符号一般用 T（或 V）表示。

2. 晶闸管的工作原理

普通晶闸管可以等效成由两个晶体管 VT1（PNP 型）和 VT2（NPN 型）组成的等效电路，如图 4-23 所示。每只管子的基极都与另一只管子的集电极相连。

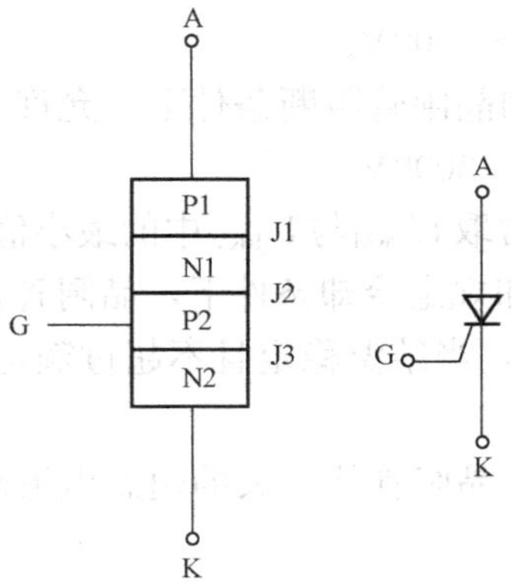

图 4-22 晶闸管的内部结构和图形符号

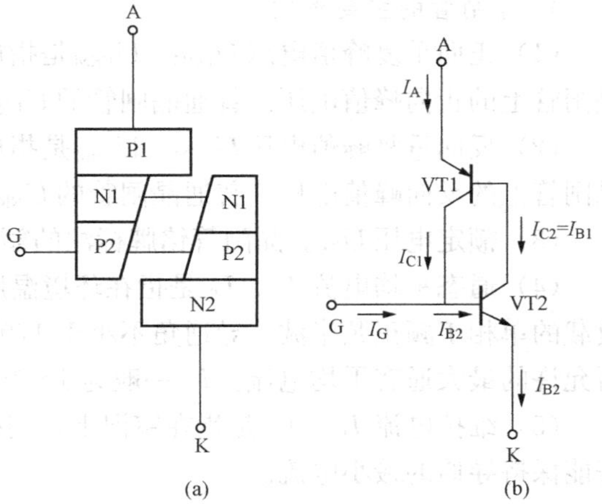

图 4-23 晶闸管等效电路

(a) 等效电路；(b) 双晶体管模型

当晶闸管加上正向阳极电压时，一旦有门极电流注入，将形成强烈的正反馈，反馈过程如下：

$$I_G\uparrow \rightarrow I_{B2}\uparrow \rightarrow I_{C2}\uparrow = I_{B1}\uparrow \rightarrow I_{C1}\uparrow$$

这样，两管迅速饱和导通。晶闸管导通后，$U_{AK}=0.6\sim1.2\text{V}$。

晶闸管导通以后，即使控制极与外电路断开，因晶体管 VT2 的基极电流 $I_{B2}=I_{C1}\approx I_A$，所以晶闸管仍能维持导通。但是，若在导通过程中，将阳极电流 I_A 减小至一定数值以下时，晶闸管的导通状态将无法维持，管子迅速截止。晶闸管维持导通所必需的最小电流称为维持电流 I_H。

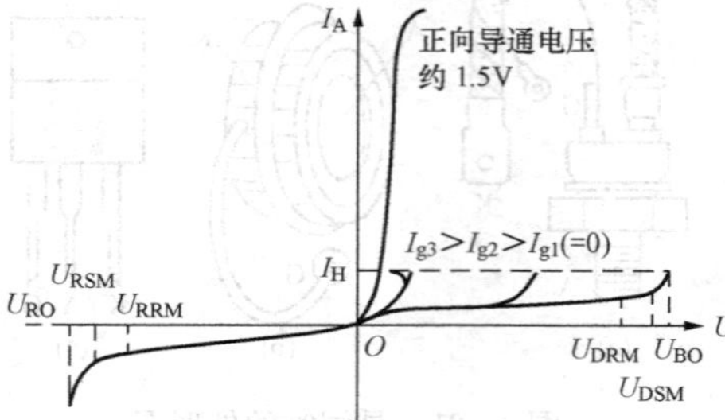

图 4-24　晶闸管伏安特性曲线

3. 晶闸管的伏安特性

图 4-24 所示为晶闸管的伏安特性曲线。下面对曲线进行分析。

（1）当门极电压 $U_{GK}=0$（门极电流 $I_G=0$）时，晶闸管加正向阳极电压 U_{AK}，在 U_{AK} 较小时，阳极电流 I_A 较小，称为正向漏流，管子处于正向阻断状态。增大 U_{AK} 至 U_{BO} 时，管子突然由正向阻断状态（简称断态）变为正向导通状态（简称通态）。这种在 $I_G=0$ 时，依靠增大阳极电压而强迫晶闸管导通的方式称为"硬开通"，多次"硬开通"会使晶闸管损坏，而 U_{BO} 值为正向转折电压。导通之后，管压降降为 U_T，I_A 随 U_{AK} 快速增减。当 I_A 减至 I_H 以下时，管子恢复阻断，回到原点。

（2）当 $U_{AK}>0$、$I_G>0$ 时，I_G 越大，管子由断态转为通态所需正向转折电压越小。如 $I_{G1}>I_{G0}$，I_{G1} 对应的转折电压小于 I_{G0} 对应的转折电压。

（3）当 $U_{AK}<0$（其值较小）时，管子有很小的反向漏流，此时管子处于反向阻断状态。若反向 U_{AK} 值加大至 U_{BR}，反向电流突增，此时管子击穿。U_{BR} 称为击穿电压。

4. 晶闸管的主要参数

（1）正向重复峰值电压 U_{DRM}。U_{DRM} 是指门极开路和晶闸管阻断条件下，允许重复加在晶闸管上的正向峰值电压。普通晶闸管的 U_{DRM} 值为 100～3000V。

（2）反向重复峰值电压 U_{RRM}。U_{RRM} 是指门极开路和晶闸管阻断条件下，允许重复加在晶闸管上的反向峰值电压。普通晶闸管的 U_{RRM} 值为 100～3000V。

（3）额定电压 U_{Te}。晶闸管铭牌标注的额定电压通常取 U_{DRM} 与 U_{RRM} 中的最小值。

（4）通态平均电流 I_T。I_T 是指在环境温度为 40℃和规定冷却条件下，晶闸管在电阻性负载的单相工频正弦半波、导通角不小于 170°的电路中，当结温稳定且不超过额定结温时，所允许的最大通态平均电流。I_T 一般为 1～1000A。

（5）维持电流 I_H。I_H 是指在室温下，门极开路时，晶闸管从较大的通态电流降低至刚好能保持导通的最小电流。

（6）门极触发电流 I_G。I_G 是指在室温下，晶闸管施加 6V 正向阳极电压时，使其完全开通所必需的最小门极直流电流。

（7）门极触发电压 U_G。U_G 是指与门极触发电流相对应的门极直流电压。

除上述参数外，还有一些其他参数，如断态电压临界上升率、通态电流临界上升率等。

5. 晶闸管的型号

晶闸管的型号由字母及数字五部分组成。其意义如下：

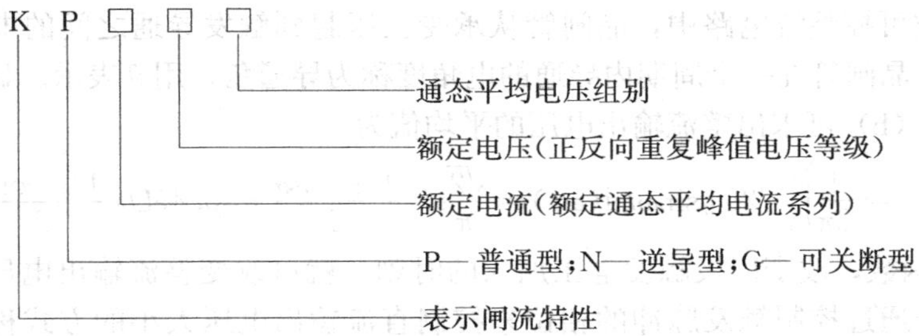

4.3.2　可控整流电路

可控整流电路可分为单相可控整流、三相可控整流和多相可控整流电路。

单相可控整流电路又可分为单相半波、单相全波和单相桥式可控整流电路。

可控整流电路的工作情况与整流电路所带的负载性质有关，同一电路，不同性质负载时工作情况会有很大的差别，计算公式也不相同，需要分别进行分析。

1. 单相半波可控整流电路

(1) 电阻性负载。

图 4-25 (a) 所示为单相半波可控整流电路，其中 Tr 称为整流变压器，其二次侧的输出电压为

$$u_2 = \sqrt{2}U_2\sin\omega t$$

在电源正半周，晶闸管 T 承受正向电压，$\omega t<\alpha$ 期间未加触发脉冲 u_g，T 处于正向阻断状态而承受全部电压 u_2，负载 R_d 中无电流流过，负载上电压 u_d 为零。在 $\omega t=\alpha$ 时 T 被 u_g 触发导通，电源电压 u_2 全部加在 R_d 上（忽略管压降），$u_d=u_2$。到 $\omega t=\pi$ 时，电压 u_2 过零，电流下降到小于晶闸管的维持电流时，晶闸管 T 关断，此时 i_d、u_d 均为零。在 u_2 的负半周，T 承受反压，一直处于反向阻断状态，i_d 等于零，u_2 全部加在 T 两端。到下一个周期的触发脉冲 u_g 到来后，T 又被触发导通，电路工作情况又重复上述过程，各电量波形如图 4-25 (b) 所示。

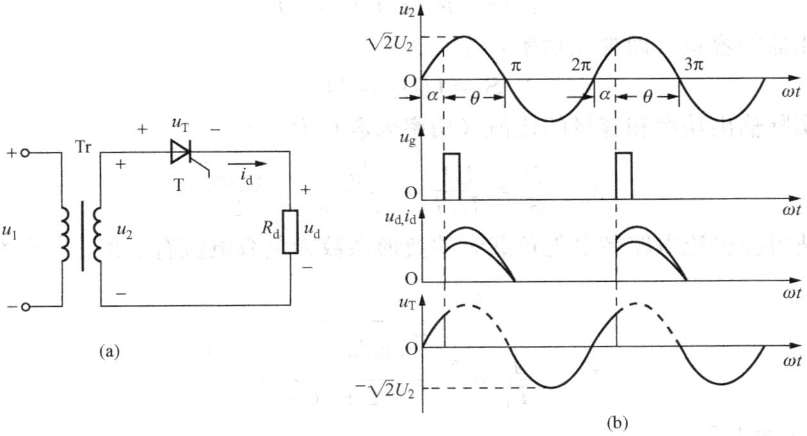

图 4-25　单相半波可控整流电路

(a) 电路图；(b) 波形图

在单相半波可控整流电路中，晶闸管从承受正压起到触发导通之间的电角度称为控制角，用 α 表示。晶闸管在一个周期内导通的电角度称为导通角，用 θ 表示。显然，$\alpha+\theta=\pi$。

由图 4-25（b）可求出整流输出电压的平均值为

$$U_d=\frac{1}{2\pi}\int_{\alpha}^{\pi}\sqrt{2}U_2\sin\omega t\,d(\omega t)=\frac{\sqrt{2}}{\pi}U_2\frac{1+\cos\alpha}{2}=0.45U_2\frac{1+\cos\alpha}{2} \tag{4-19}$$

U_d 为 α 的函数，改变门极触发电压加入的时刻，就可改变整流输出电压，达到可控整流的目的。这种通过控制触发脉冲的相位来控制直流输出电压大小的方式称为相位控制方式，简称相控方式。

当 $\alpha=0°$ 时，$U_d=0.45U_2$ 为最大值。当 $\alpha=\pi$ 时，$U_d=0$，晶闸管全阻断。定义整流输出电压 u_d 的平均值从最大值变化到零时，控制角 α 的变化范围为移相范围。显然，单相半波可控整流电路带电阻性负载时的移相范围为 $0\sim\pi$。

流过负载电阻 R_d 的电流平均值为

$$I_d=\frac{U_d}{R_d}=\frac{0.45U_2}{R_d}\frac{1+\cos\alpha}{2} \tag{4-20}$$

负载上的整流输出电压的有效值为

$$U=\sqrt{\frac{1}{2\pi}\int_{\alpha}^{\pi}(\sqrt{2}U_2\sin\omega t)^2d(\omega t)}=U_2\sqrt{\frac{\sin 2\alpha}{4\pi}+\frac{\pi-\alpha}{2\pi}} \tag{4-21}$$

负载电流有效值为

$$I=\frac{U}{R_d}=\frac{U_2}{R_d}\sqrt{\frac{\sin 2\alpha}{4\pi}+\frac{\pi-\alpha}{2\pi}} \tag{4-22}$$

当 $\alpha=0°$ 时，电流有效值为最大，即

$$I|_{\alpha=0}=\frac{U_2}{\sqrt{2}R_d}$$

如果忽略晶闸管 T 的损耗，则变压器二次侧输出功率等于负载电阻消耗的有功功率，有

$$P=I^2R_d=UI=UI_2 \tag{4-23}$$

整流变压器的容量（即视在功率）为

$$S=U_2I_2=U_2I$$

变压器实际输出功率和容量的比值（功率因数）为

$$\lambda=\frac{P}{S}=\frac{UI}{U_2I}=\sqrt{\frac{\pi-\alpha}{2\pi}+\frac{\sin 2\alpha}{4\pi}} \tag{4-24}$$

单相半波可控整流电路带电阻负载时的波形系数为负载电流有效值 I 与负载电流平均值 I_d 之比，即

$$K_f=\frac{I}{I_d}=\frac{\sqrt{\frac{\pi}{2}\sin 2\alpha+\pi(\pi-\alpha)}}{1+\cos\alpha}$$

当 $\alpha=0°$ 时，$K_f=1.57$。

由图 4-25（b）的波形可见，晶闸管可能承受的正反向峰值电压均为 $\sqrt{2}U_2$。

【例 4-3】 图 4-25（a）所示单相半波可控整流电路中，负载电阻 R_d 为 10Ω，整流变压器二次侧电压为 220V，要求控制角在 0°～180°之间可移相。试计算控制角 $\alpha=60°$ 时输出

电压平均值U_d、输出电流平均值I_d和有效值I，并计算变压器容量S和最大功率因数λ。

解 输出电压平均值为

$$U_d = 0.45U_2\frac{1+\cos\alpha}{2} = 0.45\times 220\times\frac{1+\cos 60^\circ}{2} = 74.3 \quad (\text{V})$$

输出电流平均值为

$$I_d = \frac{U_d}{R_d} = \frac{74.3}{10} = 7.43 \quad (\text{A})$$

输出电压的有效值为

$$U = U_2\sqrt{\frac{1}{4\pi}\sin 2\alpha + \frac{\pi-\alpha}{2\pi}} = 220\times\sqrt{\frac{1}{4\pi}\sin 2\times 60^\circ + \frac{\pi-60^\circ}{2\pi}} = 139.5 \quad (\text{V})$$

输出电流的有效值为

$$I = \frac{U}{R_d} = \frac{139.5}{10} = 13.95 \quad (\text{A})$$

变压器容量为

$$S = U_2 I = 220\times 13.95 = 3069 \quad (\text{V}\cdot\text{A})$$

最大功率因数为

$$\lambda = \sqrt{\frac{\pi-\alpha}{2\pi} + \frac{\sin 2\alpha}{4\pi}}$$

当$\alpha=0^\circ$时，$\lambda=0.707$。

（2）电感性负载。

整流电路的负载常常是电感性负载。感性负载可以等效为电感L和电阻R串联。图4-26（a）所示为带电感性负载的单相半波可控整流电路，图4-26（b）所示为整流电路各电量波形图。

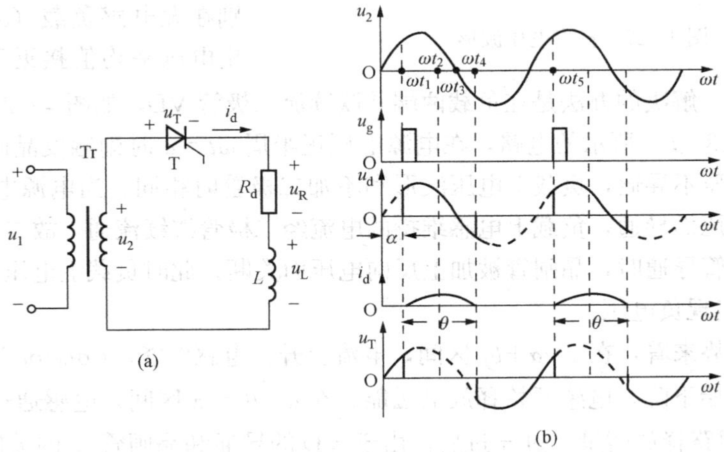

图4-26 电感性负载单相半波可控整流电路及其波形

（a）电路；（b）电量的波形

在电源正半周时，$\omega t=\omega t_1=\alpha$时刻触发晶闸管T导通，$u_2$加到电感性负载上。由于电感中感应电动势的作用，电流i_d只能从零开始上升。当$\omega t=\omega t_2$时，$u_R=u_d=u_2$，则$u_L=0$，电流的变化量为0，i_d为最大值，随后i_d开始减小。由于电感中感应电动势要阻碍电流的减小，到 $\omega t=\omega t_3$ 时刻 u_2 过零变负时，i_d 并未下降到零，而在继续减小，此时负载上的电压 u_d 为负值。直到 $\omega t=\omega t_4$ 时刻，电感上的感应电动势与电源电压相等，i_d 下降到零，晶闸管 T 关断。此后晶闸管承受反压，到下一周期的 ωt_5 时刻，触发脉冲又使晶闸管导通，并重复上述过程。

从图 4-26（b）所示的波形可知，在电角度 α 到 π 期间负载上电压为正，在 π 到 $\alpha+\theta$ 期间负载上电压为负，因此，与电阻性负载相比，感性负载上所得到的输出电压平均值变小了。其值的计算式为

$$U_d=U_R+U_L=\frac{1}{2\pi}\int_{\alpha}^{\alpha+\theta}u_R\mathrm{d}(\omega t)+\frac{1}{2\pi}\int_{\alpha}^{\alpha+\theta}u_L\mathrm{d}(\omega t)$$

$$U_L=\frac{1}{2\pi}\int_{\alpha}^{\alpha+\theta}u_L\mathrm{d}(\omega t)=\frac{1}{2\pi}\int_{\alpha}^{\alpha+\theta}L\,\frac{\mathrm{d}i}{\mathrm{d}t}\mathrm{d}(\omega t)=\frac{\omega L}{2\pi}\int_{0}^{0}\mathrm{d}i=0$$

故

$$U_d=\frac{1}{2\pi}\int_{\alpha}^{\alpha+\theta}u_R\mathrm{d}(\omega t)=\frac{1}{2\pi}\int_{\alpha}^{\alpha+\theta}\sqrt{2}U_2\sin\omega t\,\mathrm{d}(\omega t)=\frac{\sqrt{2}U_2}{2\pi}[\cos\alpha-\cos(\alpha+\theta)] \quad (4-25)$$

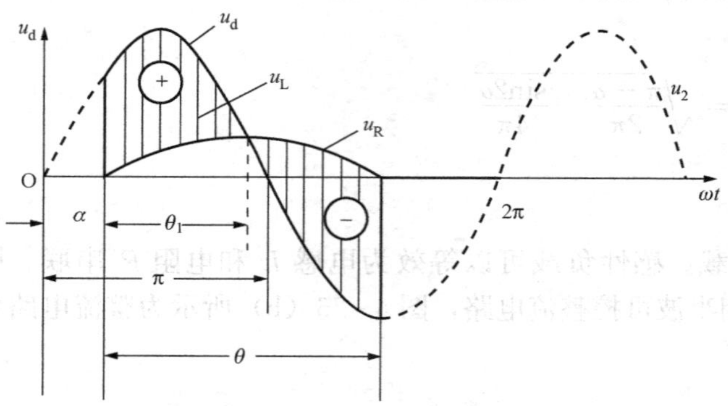

图 4-27 输出电压波形

式（4-25）表明，感性负载上的电压平均值等于负载电阻上的电压平均值。

导通角 θ 越大，U_d 越小。如果 $\omega L\gg R$，那么 $U_L\gg U_R$。在图 4-27 中，$\alpha+\theta_1$ 更接近于 π，最大导通角 θ_m 更接近于 $2\pi-2\alpha$，此时，$U_d=0$。

由以上分析可知，在单相半波可控整流电路中，由于电感的存在，整流输出电压的平均值将减小，特别在大电感负载（$\omega L\gg R$）时，输出电压平均值接近于零，负载上得不到应有的电压。解决的办法是在负载两端并联续流二极管 VD，如图 4-28（a）所示。

针对图 4-28（a）所示的电路，在电源电压正半周 $\omega t=\alpha$ 时刻触发晶闸管 T 导通，二极管 VD 承受反压不导通，负载上电压波形和不加二极管时相同。当电源电压过零变负时，二极管受正向电压而导通，负载上电感维持的电流经二极管继续流通，故二极管 VD 称为续流二极管。二极管导通时，晶闸管被加上反向电压而关断，此时负载上电压为零（忽略二极管压降），不会出现负电压。

从自感电动势来看，在 $\alpha\sim\alpha+\theta_1$ 区间，电流上升，电感储能，$L\mathrm{d}i_d/\mathrm{d}t$ 为正，在 $\omega t=\alpha+\theta_1$ 以后，电流开始下降，电感开始释放电磁能，在 $\alpha+\theta_1\sim\pi$ 区间，电感通过电阻 R_d、电源 u_2 及晶闸管 T 回路释放能量，过 π 过后，由于 VD 的导通和晶闸管 T 的关断，电感通过电阻 R_d 及二极管 VD 回路继续释放电磁能，因此标有“+”和“−”的两块阴影面积应该相等，直至 $\omega t=2\pi+\alpha$ 为止又重复上述过程。

综上所述，在电源电压正半周，负载电流由晶闸管导通提供；电源电压负半周时，续流二极管 VD 维持负载电流，因此负载电流是一个连续且平稳的直流电流。大电感负载时，负载电流波形是一条平行于横轴的直线，其值为 I_d，波形如图 4-28（b）所示。

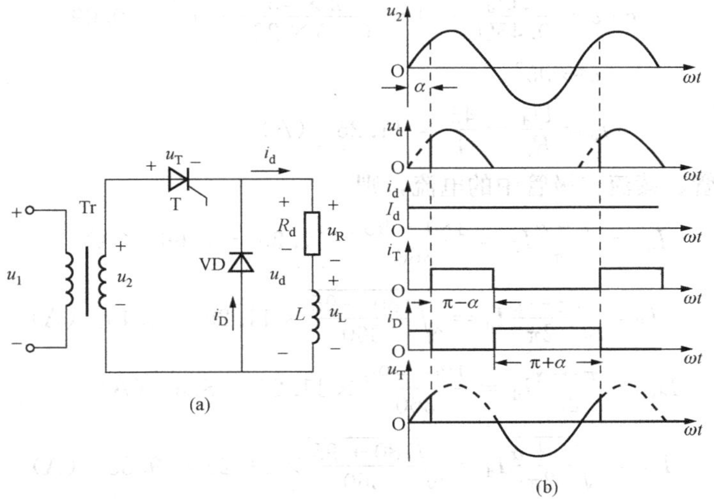

图 4-28 大电感负载接续流管的电路及电量波形

(a) 电路；(b) 电量的波形

若设 θ_T 和 θ_{VD} 分别为晶闸管和续流二极管在一个周期内的导通角，则容易得出晶闸管的电流平均值为

$$I_{dT}=\frac{\pi-\alpha}{2\pi}I_d \tag{4-26}$$

流过续流二极管的电流平均值为

$$I_{dVD}=\frac{\pi+\alpha}{2\pi}I_d \tag{4-27}$$

流过晶闸管和续流管的电流有效值分别为

$$I_T=\sqrt{\frac{\pi-\alpha}{2\pi}}I_d \tag{4-28}$$

$$I_{VD}=\sqrt{\frac{\pi+\alpha}{2\pi}}I_d \tag{4-29}$$

晶闸管与续流管承受的最大电压均为 $\sqrt{2}U_2$。控制角 α 的移相范围与电阻性负载时的移相范围相同，为 0～π。

单相半波可控整流电路的优点是线路简单、调整方便，缺点是输出电压脉动大，负载电流脉动大（电阻性负载时），且整流变压器二次绕组中存在直流电流分量，使铁心磁化，变压器容量不能充分利用。若不用变压器，则交流回路有直流电流，使电网波形畸变引起额外损耗。

【例 4-4】 图 4-28（a）所示大电感负载电路中，变压器二次侧电压 $u_2=220\sqrt{2}\sin 314t$V，电感负载的电阻为 $R_d=4\Omega$，要求输出电压平均值为 45V，试计算通过晶闸管与续流二极管的电流平均值、有效值。

解 先求出控制角 α 并计算负载电流平均值，则

$$U_d=0.45U_2\frac{1+\cos\alpha}{2}$$

$$\cos\alpha=\frac{2U_d}{0.45U_2}-1=\frac{2\times45}{0.45\times220}-1=-0.09$$

$$\alpha\approx95^\circ$$

$$I_d=\frac{U_d}{R_d}=\frac{45}{4}=11.25\quad(\text{A})$$

再计算晶闸管、续流二极管中的电流，则

$$I_{dT}=\frac{\pi-\alpha}{2\pi}I_d=\frac{180-95}{360}\times11.25=2.66\quad(\text{A})$$

$$I_T=\sqrt{\frac{\pi-\alpha}{2\pi}}I_d=\sqrt{\frac{180-95}{360}}\times11.25=5.45\quad(\text{A})$$

$$I_{dVD}=\frac{\pi+\alpha}{2\pi}I_d=\frac{180+95}{360}\times11.25=8.6\quad(\text{A})$$

$$I_{VD}=\sqrt{\frac{\pi+\alpha}{2\pi}}I_d=\sqrt{\frac{180+95}{360}}\times11.25=9.83\quad(\text{A})$$

2. 单相桥式可控整流电路

(1) 电阻性负载。

单相全控桥式整流电路带电阻性负载的电路如图 4 - 29 (a) 所示，其中 Tr 为整流变压器，四只晶闸管组成整流桥，变压器二次侧电压 $u_2=\sqrt{2}U_2\sin\omega t$ 接在 a、b 两点，负载是纯电阻 R_d。

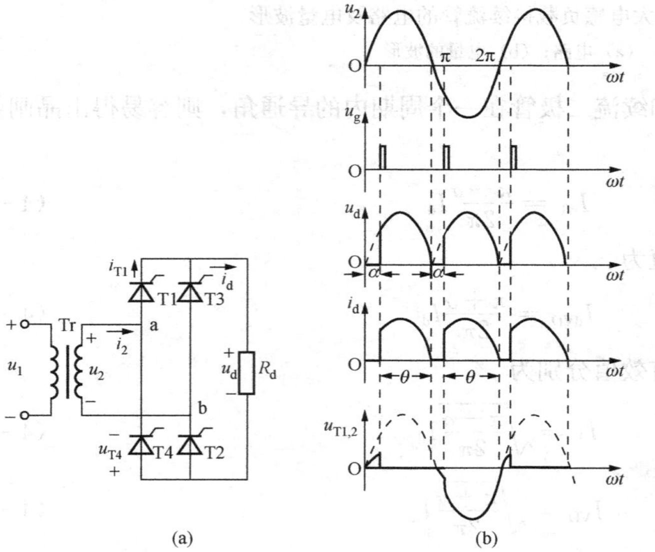

图 4 - 29 单相全控桥式整流电路带电阻性负载的电路及电量波形

(a) 电路；(b) 电量的波形

当电源电压 u_2 处于正半周时，a 端电位高于 b 端电位，两个晶闸管 T1、T2 同时承受正向电压，如果此时门极无触发脉冲 u_g，则两个晶闸管仍处于正向阻断状态，电源电压 u_2 将全部加在 T1 和 T2 上，$u_{T1}\approx u_{T2}=\frac{1}{2}u_2$，负载电阻 R_d 上电压 $u_d=0$。

在 $\omega t=\alpha$ 时刻，给 T1 和 T2 同时加触发脉冲使其导通，电流经 T1、R_d、T2、Tr 二次侧形成回路。由于晶闸管导通时管压降可视为零，电源电压 u_2 将通过 T1 和 T2 加在负载电阻 R_d 上，则负载 R_d 两端的整流电压 $u_d=u_2$。在 u_2 的正半周期，T3 和 T4 均承受反向电压而处于阻断状态。当电源电压 u_2 降到零时，电流 i_d 也降为零，T1 和 T2 自然地关断。

电源电压 u_2 进入负半周时，b 端电位高于 a 端电位，两个晶闸管 T3、T4 同时承受正向电压，在 $\omega t=\pi+\alpha$ 时，给 T3、T4 同时加触发脉冲使其导通，电流经 T3、R_d、T4、Tr 二次侧形成回路。在负载 R_d 两端获得与 u_2 正半周相同波形的整流电压和电流，在这期间 T1 和 T2 均承受反向电压而处于阻断状态。

当 u_2 由负半周电压过零变正时，T3、T4 因电流过零而关断。T1、T2 仍然截止，u_d、i_d 又降为零。一个周期过后，T1、T2 在 $\omega t=2\pi+\alpha$ 时刻又被触发导通。

由以上电路工作原理可知，在交流电源 u_2 的正、负半周里，T1、T2 和 T3、T4 两组晶闸管轮流触发导通，将交流电变成脉动的直流电。改变触发脉冲出现的时刻，即改变 α 的大小，u_d、i_d 的波形和平均值大小随之改变，如图 4-29（b）所示。

整流输出电压平均值的计算式为

$$U_d=\frac{1}{\pi}\int_{\alpha}^{\pi}\sqrt{2}U_2\sin\omega t\,d(\omega t)=\frac{\sqrt{2}}{\pi}U_2(1+\cos\alpha)=0.9U_2\,\frac{1+\cos\alpha}{2} \tag{4-30}$$

由式（4-30）可知，当 $\alpha=0°$时，$U_d=0.9U_2$ 为最大值。当 $\alpha=\pi$ 时，$U_d=0$，即控制角 α 的移相范围为 $0\sim\pi$。

输出电压有效值为

$$U=\sqrt{\frac{1}{\pi}\int_{\alpha}^{\pi}(\sqrt{2}U_2\sin\omega t)^2d(\omega t)}=U_2\sqrt{\frac{\sin2\alpha}{2\pi}+\frac{\pi-\alpha}{\pi}} \tag{4-31}$$

输出电流平均值为

$$I_d=\frac{U_d}{R_d}=\frac{0.9U_2}{R_d}\,\frac{1+\cos\alpha}{2} \tag{4-32}$$

输出电流有效值为

$$I=\frac{U}{R_d}=\frac{U_2}{R_d}\sqrt{\frac{\sin2\alpha}{2\pi}+\frac{\pi-\alpha}{\pi}} \tag{4-33}$$

流过每个晶闸管的平均电流为输出电流平均值的一半，即

$$I_{dT}=\frac{1}{2}I_d=0.45\,\frac{U_2}{R_d}\,\frac{1+\cos\alpha}{2} \tag{4-34}$$

流过每个晶闸管的电流有效值为

$$I_T=\sqrt{\frac{1}{2\pi}\int_{\alpha}^{\pi}\left(\frac{\sqrt{2}U_2}{R_d}\sin\omega t\right)^2d(\omega t)}=\frac{U_2}{\sqrt{2}R_d}\sqrt{\frac{\sin2\alpha}{2\pi}+\frac{\pi-\alpha}{\pi}}=\frac{I}{\sqrt{2}} \tag{4-35}$$

晶闸管在导通时管压降 $u_T=0$，故其波形为与横轴重合的直线段；T1 和 T2 加正向电压但触发脉冲没到时，4 个晶闸管都不导通，假定 T1 和 T2 两个晶闸管的漏电阻相等，则每个元件承受的最大可能的正向电压等于$\frac{\sqrt{2}}{2}U_2$；T1 和 T2 反向阻断时漏电流为零，只要另一组晶闸管导通，就把整个电压 u_2 加到 T1 或 T2 上，故两个晶闸管承受的最大反向电压为 $\sqrt{2}U_2$。

在一个周期内电源通过变压器 Tr 两次向负载提供能量，因此负载电流有效值 I 与变压器二次电流有效值 I_2 相同。那么电路的功率因数的计算式为

$$\lambda=\frac{P}{S}=\frac{UI}{U_2I_2}=\frac{U}{U_2}=\sqrt{\frac{\sin2\alpha}{2\pi}+\frac{\pi-\alpha}{\pi}} \tag{4-36}$$

晶闸管电流波形系数，即流过晶闸管的电流有效值 I_T 与负载电流平均值 I_d 之比为

$$K_f=\frac{I_T}{I_d}=\frac{\sqrt{\pi\sin2\alpha+2\pi(\pi-\alpha)}}{2\sqrt{2}(1+\cos\alpha)}$$

当 $\alpha=0°$时，$K_f=0.785$。

变压器二次侧绕组电流的波形系数为

$$\frac{I_2}{I_d}=\sqrt{\frac{\pi\sin2\alpha+2\pi(\pi-\alpha)}{2(1+\cos\alpha)}}$$

当 $\alpha=0°$时，由上式得变压器二次侧绕组电流的波形系数为1.11。

【例4-5】 如图4-29（a）所示的单相全控桥式整流电路，$R_d=4\Omega$，要求 I_d 在 0～25A之间变化，求：

（1）整流变压器 Tr 的变比（不考虑裕量）。

（2）计算负载电阻的功率。

（3）计算电路的最大功率因数。

解 （1）负载上的最大平均电压为

$$U_{dmax}=I_{dmax}R_d=25\times4=100\quad(V)$$

又因为

$$U_d=0.9U_2\frac{1+\cos\alpha}{2}$$

当 $\alpha=0°$时，U_d 最大，即 $U_{dmax}=0.9U_2$，有

$$U_2=\frac{U_{dmax}}{0.9}=\frac{100}{0.9}=111\quad(V)$$

所以变压器的变比为

$$k=\frac{U_1}{U_2}=\frac{220}{111}\approx2$$

（2）$P_{R_d}=\frac{U^2}{R_d}=\frac{U_2^2}{R_d}=U_2I=111\times27.75=3.08\quad(kW)$

（3）$\lambda=\sqrt{\frac{\sin2\alpha}{2\pi}+\frac{\pi-\alpha}{\pi}}$

当 $\alpha=0°$时，$\lambda=1$。这是因为此时电流 i_2 为完整的正弦波。

（2）大电感负载。

图4-30为带电感性负载的电路及各电量的波形。负载为大电感，感抗 $\omega L_d\gg R_d$，电路电流连续而平直。

在电源电压 u_2 正半周期间，T1、T2承受正向电压，若在 $\omega t=\alpha$ 时刻触发 T1、T2导通，电流经 T1、R_d、T2 和 Tr 二次侧形成回路，在 u_2 过零变负时，由于此时电流是减小的，电感两端产生的自感电动势来阻碍电流的变化，对晶闸管而言是正向的，因此，即使电源电压 u_2 变为负值，只要电动势的数值大于相应的相电压的数值，T1、T2继续导通，直到 T3、T4 被触发导通时，T1、T2承受反压而关断。输出电压的波形出现了负值部分。

在电源电压 u_2 负半周期间，晶闸管 T3、T4受正向电压，在 $\omega t=\pi+\alpha$ 时刻触发 T3、T4导通，T1、T2受反压而关断，负载电流从 T1、T2中换流至 T3、T4中。在 $\omega t=2\pi$ 时电压 u_2 过零，T3、T4因电感中的自感电动势并不关断，直到下个周期 T1、T2导通时，T3、T4加上反压才关断。

在电流连续的情况下，整流输出电压的平均值为

$$U_d=\frac{1}{\pi}\int_{\alpha}^{\pi+\alpha}\sqrt{2}U_2\sin\omega t\,d(\omega t)$$

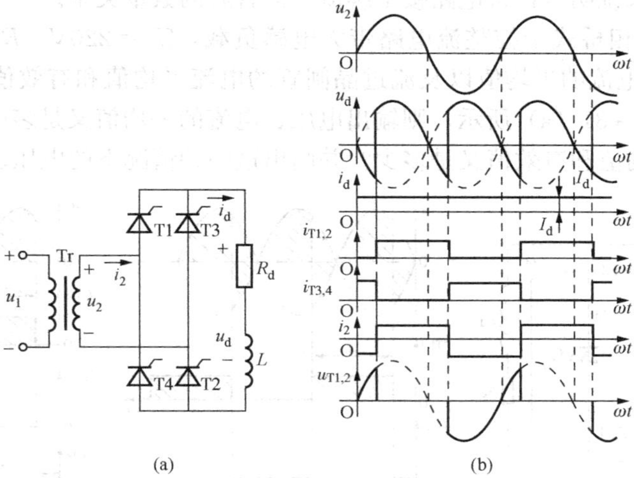

图 4-30 单相全控桥式整流电路带电感性负载的电路及电量波形

(a) 电路；(b) 电量波形

$$=\frac{2\sqrt{2}}{\pi}U_2\cos\alpha=0.9U_2\cos\alpha(0°\leqslant\alpha\leqslant 90°) \tag{4-37}$$

当 $\alpha=0°$时，$U_d=0.9U_2$ 为最大值。当 $\alpha=\frac{\pi}{2}$时，$U_d=0$，因此这种电路控制角 α 的移相范围是 $0\sim\frac{\pi}{2}$。

整流输出电压有效值为

$$U=\sqrt{\frac{1}{\pi}\int_{\alpha}^{\pi+\alpha}(\sqrt{2}U_2\sin\omega t)^2\mathrm{d}(\omega t)}=U_2 \tag{4-38}$$

晶闸管在导通时管压降 $u_d=0$，其波形为与横轴重合的直线段；T1 和 T2 加正向电压但触发脉冲没到时，T3 和 T4 已导通，把整个电压 u_2 加到 T1 或 T2 上，T1 和 T2 承受的最大可能的正向电压等于$\sqrt{2}U_2$；T1 和 T2 反向阻断时漏电流为零，只要另一组晶闸管导通，也就把整个电压 u_2 加到 T1 或 T2 上，故两个晶闸管承受的最大反向电压也为$\sqrt{2}U_2$，因此，晶闸管承受的最大正反向电压均为$\sqrt{2}U_2$。

流过每个晶闸管的电流平均值和有效值分别为

$$I_{dT}=\frac{\theta_T}{2\pi}I_d=\frac{\pi}{2\pi}I_d=\frac{1}{2}I_d \tag{4-39}$$

$$I_T=\sqrt{\frac{\theta_T}{2\pi}}I_d=\sqrt{\frac{\pi}{2\pi}}I_d=\frac{1}{\sqrt{2}}I_d \tag{4-40}$$

负载电流因电感感抗很大，电流纹波很小，因而可认为负载电流 I_d 是水平直线（恒定直流电流）。流过变压器二次绕组的电流 i_2 为对称的正负矩形波，晶闸管导通角 $\theta=\pi$，所以变压器二次绕组的电流有效值为 $I_2=I=I_d$。

为了扩大移相范围，且去掉输出电压的负值，提高 U_d 的值，也可以在负载两端并联续流二极管，如图 4-31（a）所示。接了续流二极管后，α 的移相范围可以扩大到 $0°\sim180°$。

下面通过一个例题来说明全控桥电路接了续流二极管后的数量关系。

【例 4-6】 单相桥式全控整流电路带大电感负载，$U_2=220\text{V}$，$R_d=4\Omega$，计算当 $\alpha=60°$时，输出电压、电流的平均值以及流过晶闸管的电流平均值和有效值。若负载两端并接续流二极管，如图 4-31（a）所示，则输出电压、电流的平均值又是多少？流过晶闸管和续流二极管的电流平均值和有效值又是多少？并画出这两种情况下的电压、电流波形。

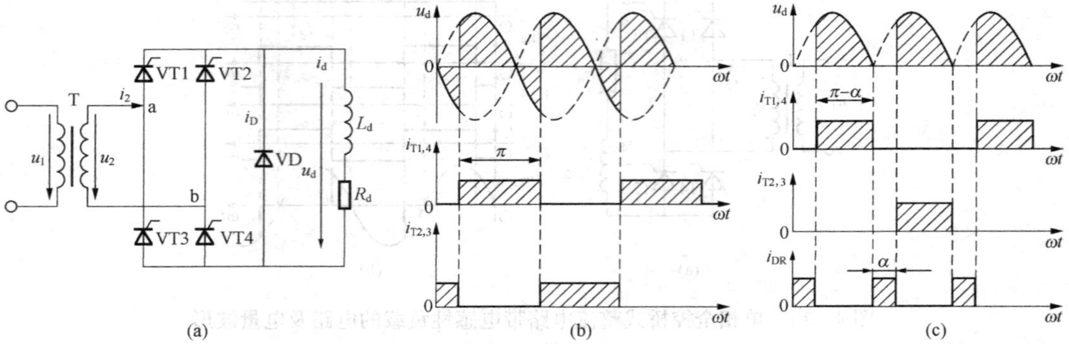

图 4-31 ［例 4-6］图

（a）单相桥式全控整流电路带电感性负载加续流二极管；（b）不加续流二极管；（c）加续流二极管

解 （1）不接续流二极管时的电压、电流波形如图 4-31（b）所示，由于是大电感负载，故由式（4-37）可有

$$U_d=0.9U_2\cos\alpha=0.9\times220\times\cos60°=99(\text{V})$$

$$I_d=\frac{U_d}{R_d}=\frac{99}{4}=24.75\quad(\text{A})$$

因负载电流是由两组晶闸管轮流导通提供的，故由式（4-39）和式（4-40）知，流过晶闸管的电流平均值和有效值为

$$I_{dT}=\frac{1}{2}I_d=\frac{1}{2}\times24.75=12.38\quad(\text{A})$$

$$I_T=\frac{1}{\sqrt{2}}I_d=\frac{1}{\sqrt{2}}\times24.75=17.5\quad(\text{A})$$

（2）加接续流二极管后的电压、电流波形如图 4-31（c）所示，由于此时没有负电压输出，电压波形和电路带电阻性负载时一样，所以输出电压平均值的计算可利用式（4-30）求得，即

$$U_d=0.9U_2\frac{1+\cos\alpha}{2}=0.9\times220\times\frac{1+\cos60°}{2}=148.5\quad(\text{V})$$

输出电流的平均值为

$$I_d=\frac{U_d}{R_d}=\frac{148.5}{4}=37.13\quad(\text{A})$$

负载电流是由两组晶闸管以及续流二极管共同提供的，根据图 4-31（c）所示的波形可知，每只晶闸管的导通角均为 $\theta_T=\pi-\alpha$，续流二极管 VD 的导通角为 $\theta_D=2\alpha$，所以流过晶闸管和续流二极管的电流平均值和有效值分别为

$$I_{dT}=\frac{\pi-\alpha}{2\pi}I_d=\frac{180°-60°}{360°}\times37.13=12.38\quad(\text{A})$$

$$I_T=\sqrt{\frac{\pi-\alpha}{2\pi}}I_d=\sqrt{\frac{180°-60°}{360°}}\times 37.13=21.44 \quad (A)$$

$$I_{dD}=\frac{2\alpha}{2\pi}I_d=\frac{\alpha}{\pi}I_d=\frac{60°}{180°}\times 37.13=12.38 \quad (A)$$

$$I_D=\sqrt{\frac{\alpha}{\pi}}I_d=\sqrt{\frac{60°}{180°}}\times 37.13=21.44 \quad (A)$$

3. 三相半波可控整流电路

当负载容量较大时，若采用单相可控整流电路，将造成电网三相电压的不平衡，影响其他用电设备的正常运行，因此必须采用三相可控整流电路。三相整流电路分为三相半波、三相桥式整流电路两大类。三相半波可控整流电路是基础，其分析方法对研究其他整流电路非常有益。

（1）电阻性负载。

带电阻性负载的三相半波可控整流电路如图 4 - 32（a）所示。图中将三个晶闸管的阴极连在一起接到负载端，这种接法称为共阴接法（若将三个晶闸管的阳极连在一起，则称为共阳接法），三个阳极分别接到变压器二次侧，变压器为△/Y接法。共阴接法时触发电路有公共点，接线比较方便，应用更为广泛。下面介绍共阴接法。

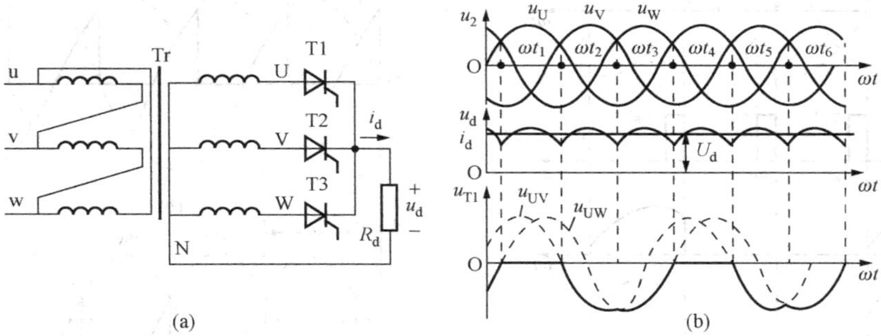

图 4 - 32　三相半波可控整流电流电路带电阻性负载电路及电量波形

(a) 电路；(b) 电量波形

在 ωt_1～ωt_2 期间，U 相电压比 V、W 相都高，如果在 ωt_1 时刻触发晶闸管 T1 导通，负载上得到 U 相电压 u_U。在 ωt_2～ωt_3 期间，V 相电压最高，若在 ωt_2 时刻触发 T2 导通，负载上得到 V 相电压 u_V，与此同时 T1 因承受反压而关断。若在 ωt_3 时刻触发 T3 导通，负载上得到 W 相电压 u_W，并关断 T2。如此循环下去，输出的整流电压 u_d 是一个脉动的直流电压，它是三相交流相电压正半周的包络线，在三相电源的一个周期内有三次脉动。输出电流 i_d、晶闸管 T1 两端电压 u_{T1} 的波形如图 4 - 32（b）所示。

从图 4 - 32（b）可知 ωt_1、ωt_2 和 ωt_3 时刻距相电压波形过零点 30°电角度，它是各相晶闸管能被正常触发导通的最早时刻，在该点以前，对应的晶闸管因承受反压，不能触发导通，所以把它们称为自然换流点。在三相可控整流电路中，把自然换流点作为计算控制角 α 的起点，即该处 $\alpha=0°$。很明显，图 4 - 32（b）所示为三相半波可控整流电路在 $\alpha=0°$时的输出电压波形。

若增大控制角，输出电压的波形发生变化。当 $\alpha=25°$时，输出电压 u_d 波形对应的触发

脉冲 u_g 如图 4-33 所示，各相触发脉冲的间隔为 120°。假设在 $\omega t=0$ 时电路已在工作，W 相 T3 导通，当经过自然换流点 ωt_0 时由于 U 相 T1 没有触发，不能导通，T3 仍承受正压继续导通。直到 ωt_1（$\alpha=25°$）时，T1 被触发导通，才使 T3 承受反压而关断，负载电流从 W 相换到 U 相。以后各相如此依次轮流导通，任何时候总有一个晶闸管处于导通状态，所以输出电流 i_d 保持连续。

继续增大控制角 α，整流输出电压将逐渐减小。当 $\alpha=30°$时，u_d、i_d 波形临界连续。继续增大 α，当 $\alpha>30°$时，输出电压和电流波形将不再连续。图 4-34 是 $\alpha=30°$、$\alpha=90°$和 $\alpha=120°$时的输出电压波形。若控制角 α 继续增大，整流输出电压继续减小，当 $\alpha=150°$时，整流输出电压就减小到零。

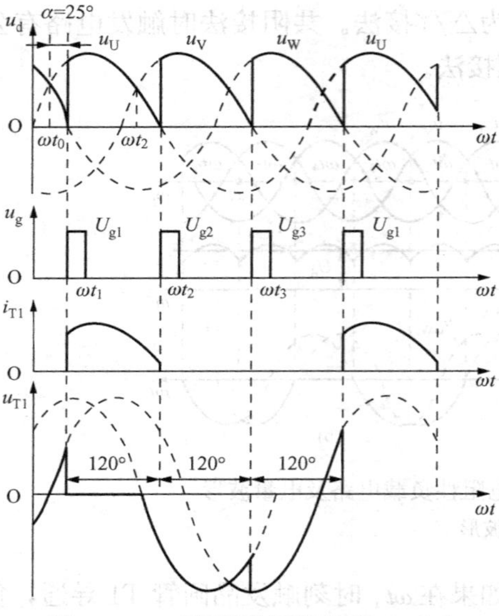

图 4-33 三相半波可控整流 $\alpha=25°$ 时电量波形

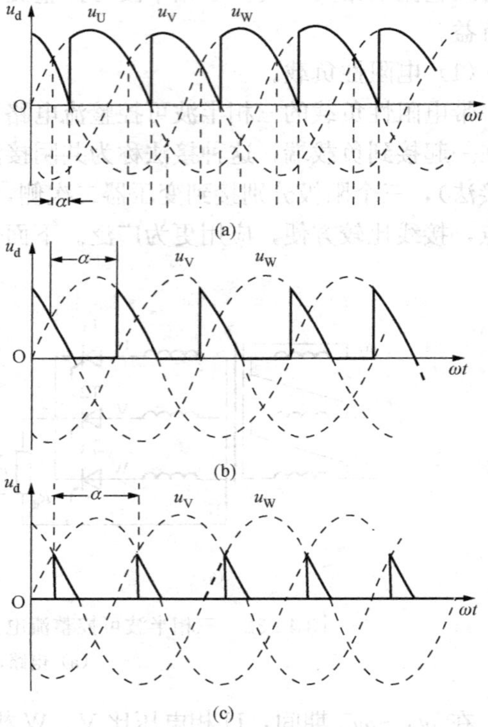

图 4-34 三相半波可控整流 $\alpha=30°$、$\alpha=90°$、$\alpha=120°$时的输出电压波形
(a) $\alpha=30°$；(b) $\alpha=90°$ (c) $\alpha=120°$

从以上分析可知，当 $\alpha=0°$时，整流输出电压平均值 U_d 最大。增大 α，U_d 减小，当 $\alpha=150°$时，$U_d=0$，所以带电阻性负载的三相半波可控整流电路的 α 移相范围为 0°～150°。在电源交流电路中，若不存在电感情况，晶闸管之间的电流转移是在瞬间完成的。

输出电压平均值 U_d 为

$$U_d=\frac{3}{2\pi}\int_{\frac{\pi}{6}+\alpha}^{\frac{5\pi}{6}+\alpha}\sqrt{2}U_2\sin\omega t\,\mathrm{d}(\omega t)$$

$$=1.17U_2\cos\alpha \quad (0°\leqslant\alpha\leqslant 30°,\text{波形连续}) \tag{4-41}$$

$$U_d=\frac{3}{2\pi}\int_{\frac{\pi}{6}+\alpha}^{\pi}\sqrt{2}U_2\sin\omega t\,\mathrm{d}(\omega t)$$

$$= 0.675U_2\left[1+\cos\alpha\left(\frac{\pi}{6}+\alpha\right)\right] \quad (30^\circ < \alpha \leqslant 150^\circ，波形断续) \tag{4-42}$$

负载电流的平均值为

$$I_d = \frac{U_d}{R_d} \tag{4-43}$$

流过每个晶闸管的平均电流为

$$I_{dT} = \frac{1}{3}I_d \tag{4-44}$$

通过每个晶闸管的电流有效值为

$$I_T = I_2 = \sqrt{\frac{1}{2\pi}\int_{\frac{\pi}{6}+\alpha}^{\frac{5\pi}{6}+\alpha}\left(\frac{\sqrt{2}U_2}{R_d}\sin\omega t\right)^2 d(\omega t)}$$

$$= \frac{U_2}{R_d}\sqrt{\frac{1}{\pi}\left(\frac{4}{3}+\frac{\sqrt{3}}{4}\cos2\alpha\right)} \quad (0^\circ \leqslant \alpha \leqslant 30^\circ) \tag{4-45}$$

$$I_T = I_2 = \sqrt{\frac{1}{2\pi}\int_{\frac{\pi}{6}+\alpha}^{\pi}\left(\frac{\sqrt{2}U_2}{R_d}\sin\omega t\right)^2 d(\omega t)}$$

$$= \frac{U_2}{R_d}\sqrt{\frac{1}{2\pi}\left(\frac{5\pi}{6}-\alpha+\frac{\sqrt{3}}{4}\cos2\alpha+\frac{1}{4}\sin2\alpha\right)} \quad (30^\circ < \alpha \leqslant 150^\circ) \tag{4-46}$$

晶闸管承受的最大反向电压为电源线电压峰值，即$\sqrt{6}U_2$；最大正向电压为电源相电压，即$\sqrt{2}U_2$。

【例4-7】 调压范围为2～15V的直流电源，采用三相半波可控整流电路带电阻负载，输出电流不小于130A。试求：输出电压平均值为9V时的α角。

解 因为是电阻性负载，且$U_{dmax}=15V$，此时可视为$\alpha=0^\circ$。

$$U_d = 1.17U_2\cos\alpha \quad (0^\circ \leqslant \alpha \leqslant 30^\circ)$$

$$U_2 = \frac{U_{dmax}}{1.17} = \frac{15}{1.17} = 12.8 \quad (V)$$

当$\alpha=30^\circ$时

$$U_d = 1.17U_2\cos\alpha = 1.17\times12.8\times\cos30^\circ = 12.97 \quad (V)$$

若$U_d=9V$，$\alpha>30^\circ$，则

$$U_d = 0.675U_2[1+\cos(30^\circ+\alpha)] \quad (30^\circ \leqslant \alpha \leqslant 150^\circ)$$

$$\cos(30^\circ+\alpha) = \frac{U_d}{0.675U_2}-1 = \frac{9}{0.675\times12.8}-1 = 0.042$$

$$\alpha = 57.7^\circ$$

（2）电感性负载。

图4-35（a）是大电感负载的三相半波可控整流电路。由图可见，当$\alpha\leqslant30^\circ$时，整流输出电压与电阻性负载时的完全相同。当$30^\circ\leqslant\alpha\leqslant90^\circ$时，整流输出电压$u_d$的波形出现了负值，这是由于负载中电感的存在使得当电流变化时，电感产生了自感电动势来阻碍电流的变化，在电源电压过零变负时，自感电动势对晶闸管而言是正向的，因此，晶闸管继续导通，直到下一相的晶闸管的触发脉冲到来。由图4-35（c）可见，当$\alpha=90^\circ$时，u_d波形的正负面

积相等，其平均值 U_d 为零。

实际装置中，由于电感不可能无限大，当 $\alpha \geqslant 90°$ 时，正电压的面积会略大于负电压的面积，输出电压有一个微小数值。

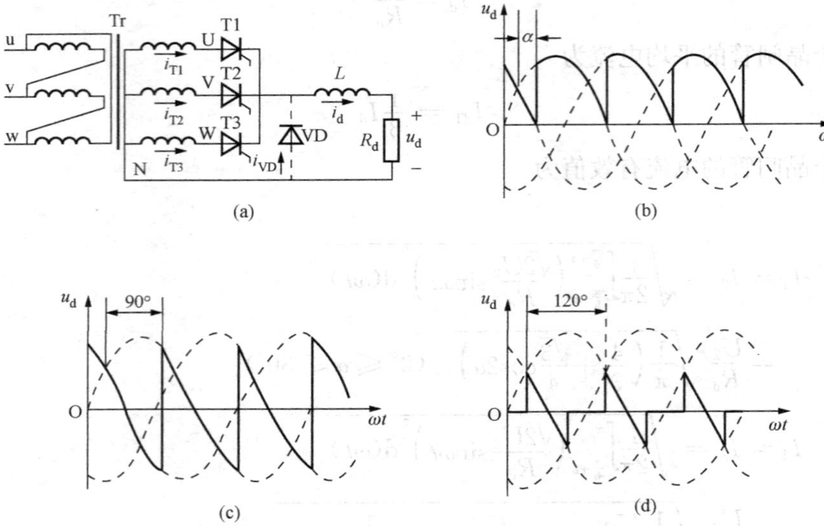

图 4 - 35 大电感负载的三相半波可控整流电路

(a) 电路；(b) $\alpha=30°$；(c) $\alpha=90°$；(d) $\alpha=120°$

由于在 $30° \leqslant \alpha \leqslant 90°$ 区间输出电压、电流是连续的，所以输出电压的平均值为

$$U_d = \frac{3}{2\pi}\int_{\frac{\pi}{6}+\alpha}^{\frac{5\pi}{6}+\alpha} \sqrt{2}U_2 \sin\omega t \, d(\omega t) = 1.17U_2\cos\alpha \tag{4-47}$$

当 $\alpha=0°$ 时，U_d 最大，当 $\alpha=90°$ 时，$U_d=0$，因此，大电感负载时 α 移相范围为 $0°\sim 90°$。

负载电流的平均值为

$$I_d = \frac{U_d}{R_d} \tag{4-48}$$

因为是大电感负载，电流波形接近于平行线，即 $i_d=I_d$。考虑到每个晶闸管的导电角 $\theta=120°$，所以流过每个晶闸管的电流平均值与有效值分别为

$$I_{dT} = \frac{1}{3}I_d \tag{4-49}$$

$$I_T = \sqrt{\frac{1}{3}}I_d \tag{4-50}$$

值得注意的是，大电感负载时，晶闸管可能承受的最大正反向电压都是 $\sqrt{6}U_2$，这与电阻性负载时只承受 $\sqrt{2}U_2$ 的正向电压是不同的。

三相半波可控整流电路带电感性负载时，可以通过加续流二极管解决在控制角 α 接近 90°时，输出电压波形出现正负面积相等而使其平均值为零的问题［如图 4 - 35（a）中虚线所示］。当 $\alpha \leqslant 30°$ 时，u_d 的波形与纯电阻负载时一样，U_d 的计算公式也一样。$30° < \alpha \leqslant 90°$ 时，当电源电压过零变负时，续流二极管 VD 就会导通，为负载提供续流回路，使得负载电流不再经过变压器二次侧绕组，而此时晶闸管因承受反向的电源相电压而关断。因此，负载

上的输出电压为续流二极管 VD 的正相导通压降，接近于零。这样，输出电压 u_d 的波形出现了断续，且没有了负值，同时，负载上的电流 i_d 仍是连续的。续流二极管 VD 的导通角为 $\theta_{VD}=3$（$\alpha-30°$），而此时晶闸管的导通角变为 $\theta_T=150°-\alpha$。三相半波可控整流电路带电感性负载、接续流二极管时各电量的数量关系如下：

1）输出电压的平均值。

当 $0°\leqslant\alpha\leqslant30°$时，因为输出电压 u_d 波形与不接续流二极管时一致，故有

$$U_d = 1.17U_2\cos\alpha \tag{4-51}$$

当 $30°\leqslant\alpha\leqslant150°$时，$u_d$ 波形与带电阻性负载时一致，u_d 波形也是断续的，故有

$$U_d = 0.675U_2\left[1+\cos\alpha\left(\frac{\pi}{6}+\alpha\right)\right] \tag{4-52}$$

2）输出电流的平均值为

$$I_d = \frac{U_d}{R_d} \tag{4-53}$$

3）流过一只晶闸管的电流的平均值和有效值。

当 $0°\leqslant\alpha\leqslant30°$时

$$I_{dT}=\frac{1}{3}I_d \tag{4-54}$$

$$I_T=\sqrt{\frac{1}{3}}I_d \tag{4-55}$$

当 $30°<\alpha\leqslant150°$时

$$I_{dT}=\frac{\theta_T}{2\pi}I_d=\frac{\frac{5\pi}{6}-\alpha}{2\pi}I_d \tag{4-56}$$

$$I_T=\sqrt{\frac{\theta_T}{2\pi}}I_d=\sqrt{\frac{\frac{5\pi}{6}-\alpha}{2\pi}}I_d \tag{4-57}$$

4）流过续流二极管 VD 的电流的平均值和有效值。

当 $0°\leqslant\alpha\leqslant30°$时，续流二极管没起作用，所以流过 VD 的电流为零。

当 $30°<\alpha\leqslant150°$时

$$I_{dVD}=\frac{\theta_{VD}}{2\pi}I_d=\frac{\left(\alpha-\frac{\pi}{6}\right)\times3}{2\pi}I_d=\frac{\alpha-\frac{\pi}{6}}{\frac{2}{3}\pi}I_d \tag{4-58}$$

$$I_{VD}=\sqrt{\frac{\theta_{VD}}{2\pi}}I_d=\sqrt{\frac{\alpha-\frac{\pi}{6}}{\frac{2}{3}\pi}}I_d \tag{4-59}$$

【例 4-8】 三相半波可控整流电路，带大电感负载，$R_d=4\Omega$，变压器二次侧相电压有效值 $U_2=220$V，电路工作在 $\alpha=60°$。求不接续流二极管和接续流二极管两种情况下的负载电流值 I_d，并选择合适的晶闸管元件。

解 （1）不接续流二极管时，因为是大电感负载，故有

$$U_d=1.17U_2\cos\alpha=1.17\times220\times\cos60°=128.7\ \text{(V)}$$

$$I_d=\frac{U_d}{R_d}=\frac{128.7}{4}=32.18 \quad (A)$$

$$I_T=\sqrt{\frac{1}{3}}I_d=\sqrt{\frac{1}{3}}\times 32.18=18.58 \quad (A)$$

取 2 倍裕量，则晶闸管的额定电流为

$$I_{T(AV)}\geqslant 2\times\frac{I_T}{1.57}=2\times\frac{18.58}{1.57}=23.67 \quad (A)$$

晶闸管的额定电压也取 2 倍裕量为

$$U_{Tn}=2U_{TM}=2\sqrt{6}U_2=2\times\sqrt{6}\times 220=1077.78 \quad (V)$$

因此，不接续流二极管时可选 30A/1200V 的晶闸管。

(2) 接续流二极管时

$$U_d=0.675U_2\left[1+\cos\left(\frac{\pi}{6}+\alpha\right)\right]$$

$$=0.675\times 220\times[1+\cos(30°+60°)]=148.5 \quad (V)$$

$$I_d=\frac{U_d}{R_d}=\frac{148.5}{4}=37.13 \quad (A)$$

$$I_T=\sqrt{\frac{\frac{5\pi}{6}-\alpha}{2\pi}}I_d=\sqrt{\frac{150°-60°}{360°}}\times 37.13=18.57 \quad (A)$$

同上 $$I_{T(AV)}\geqslant 2\times\frac{I_T}{1.57}=2\times\frac{18.57}{1.57}=23.66 \quad (A)$$

晶闸管的额定电压仍为

$$U_{Tn}=2U_{TM}=2\sqrt{6}U_2=2\times\sqrt{6}\times 220=1077.78 \quad (V)$$

接续流二极管时也可选 30A/1200V 的晶闸管。

三相半波可控整流电路只用三个晶闸管，接线简单，与单相电路比较，其具有输出电压脉动小、输出功率大、三相负载平衡的特点。但是整流变压器二次侧绕组在一个周期内只有 1/3 时间流过电流，变压器的利用率低。另外变压器二次侧绕组中电流是单方向的，其直流分量在磁路中产生直流不平衡磁动势，会引起附加损耗。如不用变压器，则中线电流较大，同时交流侧的直流分量会造成电网的附加损耗。

4. 三相可控桥式整流电路

三相可控桥式整流电路具有输出电压脉动小、脉动频率高、网侧功率因数高以及动态响应快的特点，因此它在中、大功率领域中获得了广泛的应用。这里只作定性介绍。

(1) 电阻性负载三相可控桥式整流电路 [如图 4-36 (a) 所示]。

图 4-36 给出了 $\alpha=0°$、$\alpha=30°$、$\alpha=60°$ 和 $\alpha=90°$ 电阻性负载时输出电压 u_d 波形，由此可见，$\alpha=60°$ 是电阻性负载电流连续和断续的分界。$\alpha=120°$ 时，输出电压 $u_d=0$，所以电阻性负载时的移相范围为 0°～120°。

$\alpha\leqslant 60°$ 时，负载电流连续，负载上承受的是线电压，则整流输出电压的平均值为

$$U_d=\frac{1}{\frac{\pi}{3}}\int_{\frac{\pi}{3}+\alpha}^{\frac{2\pi}{3}+\alpha}\sqrt{6}U_2\sin\omega t\,d(\omega t)=\frac{3\sqrt{6}}{\pi}U_2\cos\alpha=2.34U_2\cos\alpha \tag{4-60}$$

$\alpha>60°$ 时，负载电流不连续，整流输出电压的平均值为

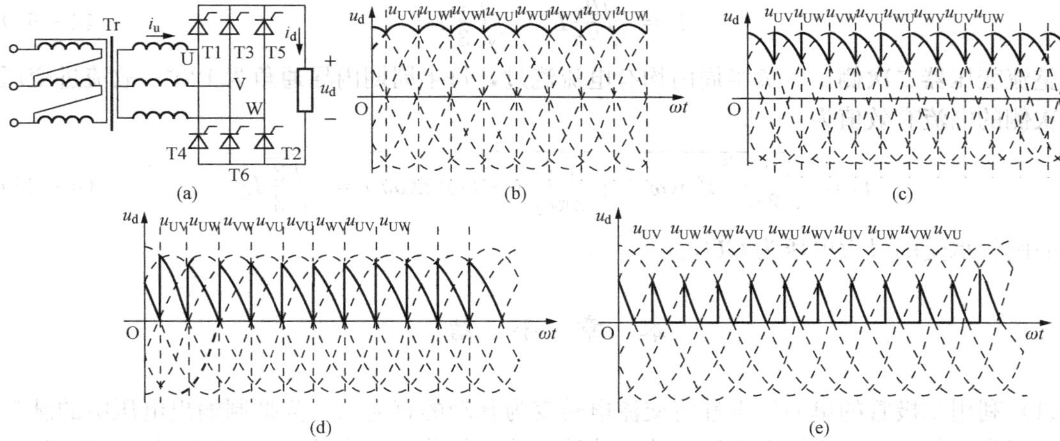

图 4-36 带电阻性负载三相可控桥式整流电路

(a) 电路；(b) $\alpha=0°$；(c) $\alpha=30°$；(d) $\alpha=60°$；(e) $\alpha=90°$

$$U_d=\frac{1}{\frac{\pi}{3}}\int_{\frac{\pi}{3}+\alpha}^{\pi}\sqrt{6}U_2\sin\omega t\,\mathrm{d}(\omega t)=\frac{3\sqrt{6}}{\pi}U_2\left[1+\cos\left(\frac{\pi}{3}+\alpha\right)\right]$$

$$=2.34U_2\left[1+\cos\left(\frac{\pi}{3}+\alpha\right)\right] \quad (4-61)$$

（2）电感性负载三相可控桥式整流电路如图 4-37 所示。

当 $0°\leqslant\alpha\leqslant60°$时，输出电压 u_d 波形与电阻性负载时波形相同。

当 $60°<\alpha<90°$时，由于电感的作用，u_d 波形出现负值，但正面积大于负面积，输出电压的平均值 U_d 仍为正值。

当 $\alpha=90°$时，正负面积基本相等，$U_d\approx0$，控制角 α 的移相范围为 $0°\sim90°$。

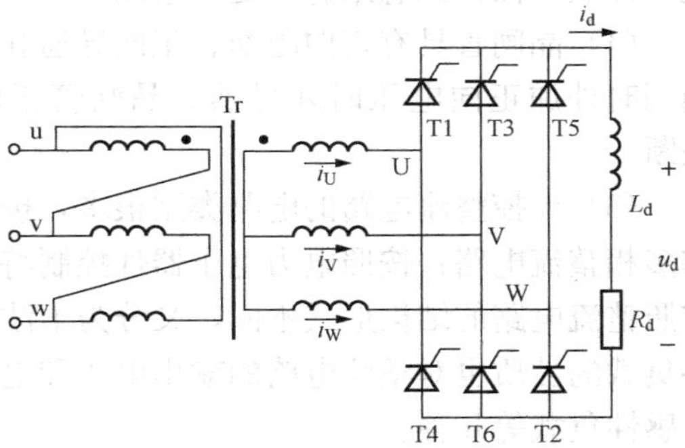

图 4-37 带感性负载三相可控桥式整流电路

当 $0°\leqslant\alpha\leqslant90°$时，输出电压的平均值为

$$U_d=\frac{1}{\frac{\pi}{3}}\int_{\frac{\pi}{3}+\alpha}^{\frac{2\pi}{3}+\alpha}\sqrt{6}U_2\sin\omega t\,\mathrm{d}(\omega t)=\frac{3\sqrt{6}}{\pi}U_2\cos\alpha=2.34U_2\cos\alpha \quad (4-62)$$

负载电流的平均值为

$$I_d=\frac{U_d}{R_d}=2.34\frac{U_2}{R_d}\cos\alpha \quad (4-63)$$

在三相可控桥式整流电路中，晶闸管换流只在本组内进行，每隔 120°换流一次，即在电流连续的情况下，每个晶闸管的导通角 $\theta_T=120°$。因此流过晶闸管的电流平均值和有效值分别为

$$I_{dT}=\frac{\theta_T}{2\pi}I_d=\frac{120°}{360°}I_d=\frac{1}{3}I_d \quad (4-64)$$

$$I_{\mathrm{T}}=\sqrt{\frac{\theta_{\mathrm{T}}}{2\pi}}I_{\mathrm{d}}=\sqrt{\frac{1}{3}}I_{\mathrm{d}} \tag{4-65}$$

整流变压器二次侧正、负半周内均有电流流过，每半周期内导通角为120°，故流进变压器二次侧的电流有效值为

$$I_2=\sqrt{\frac{1}{2\pi}\int_0^{\frac{2\pi}{3}}I_{\mathrm{d}}^2\mathrm{d}(\omega t)+\frac{1}{2\pi}\int_{\pi}^{\frac{5\pi}{3}}(-I_{\mathrm{d}})^2\mathrm{d}(\omega t)}=\sqrt{\frac{2}{3}}I_{\mathrm{d}} \tag{4-66}$$

晶闸管承受的最大电压为$\sqrt{6}U_2$。

本 章 小 结

(1) 利用二极管的单向导电性将交流电转变为脉动的直流电。为抑制输出电压中的脉动程度，通常在整流电路后接有滤波电路。滤波电路一般分为电容滤波、LC滤波、π型滤波。电容滤波适合于输出电压较高，负载电流较小的场合；而LC滤波、π型滤波常适合于输出电压较小、负载电流较大的场合。

(2) 为了保证输出电压不随电网电压、负载和温度的变化而产生波动，可再接入稳压电路。在小功率供电系统中，多采用串联反馈稳压电路，而在大功率稳压电源中，一般采用调整管工作在开关状态的开关稳压电路。

(3) 集成稳压器由于有集成度高，输出功率大，稳压效果好，可靠性高，安装、调整方便等优点，而得到愈来愈广泛的应用。

(4) 晶闸管具有正向阻断、正向导通和反向截止三种状态。晶闸管只有在阳极与门极之间同时外加正向电压时才导通。晶闸管正向导通后，只有在阳极电流小于维持电流时才关断。

(5) 可控整流电路的电路类型很多，按照输入交流电源的相数的不同可分为单相、三相和多相整流电路；按照电力电子器件控制特性的不同可分为不可控、半控和全控整流电路；按照整流电路的结构形式不同，又分为半波、全波和桥式整流电路等。另外，整流输出端所接负载的性质也对整流电路的输出电压和电流产生很大的影响，常见的负载有电阻性负载、电感性负载等几种。

习 题

4-1 整流电路如图4-38所示。若电路中二极管出现下述情况，将会出现什么问题？

(1) VD1因虚焊而开路；

(2) VD2误接造成短路；

(3) VD3极性接反；

(4) VD1，VD2极性都接反；

(5) VD1开路，VD2短路。

4-2 如图4-39所示电路中，变压器二次侧电压有效值为$U_2=20\mathrm{V}$，$R_{\mathrm{L}}=40\Omega$，$C=1000\mu\mathrm{F}$。试问：

(1) 正常工作时U_{o}为多少？

（2）如果测得 U_o 为下列数值，分析可能出现的故障：①$U_o=18V$；②$U_o=28V$；③$U_o=9V$。

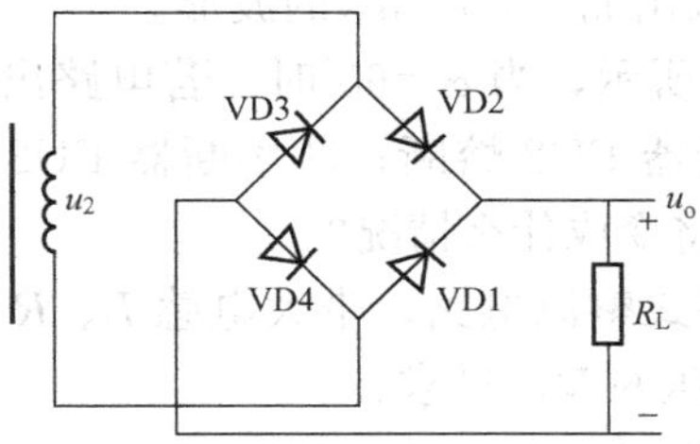

图 4-38　习题 4-1 图

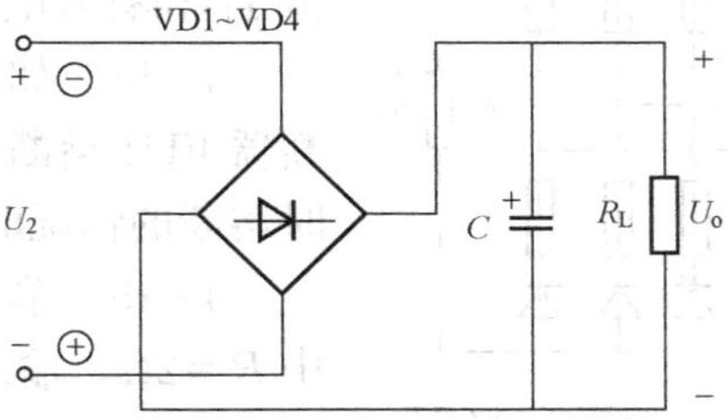

图 4-39　习题 4-2 图

4-3　稳压管稳压电路中若限流电阻 $R=0$，电路会出现什么问题？电阻 R 在电路中起什么作用？如果稳压管极性接反会出现什么问题？

4-4　稳压二极管也具有单向导电性，可否当作整流元件使用？

4-5　设两个稳压管的稳压值分别为 6V 和 9V，正向压降均为 0.7V，则用这两只稳压管串联可以组成哪些稳压值的稳压电路？

4-6　如图 4-40 所示硅稳压二极管稳压电路中，若 220V 的交流电波动范围为 10%，$R_L=1k\Omega$，流过 R_L 的电流为 10mA，试计算电路中各元件的数值。

4-7　串联型稳压电路如图 4-41 所示，稳压管 D_Z 的稳定电压 $U_Z=5.3V$，晶体管的 $U_{BE}=0.7V$，电阻 $R_1=R_2=200\Omega$。

（1）指出①调整管、②放大环节、③基准电压和④取样环节的构成元件。

（2）当 RP 调到最下端时，$U_O=15V$，求 RP 值。

（3）当 RP 调到最上端时，求 U_O 值。

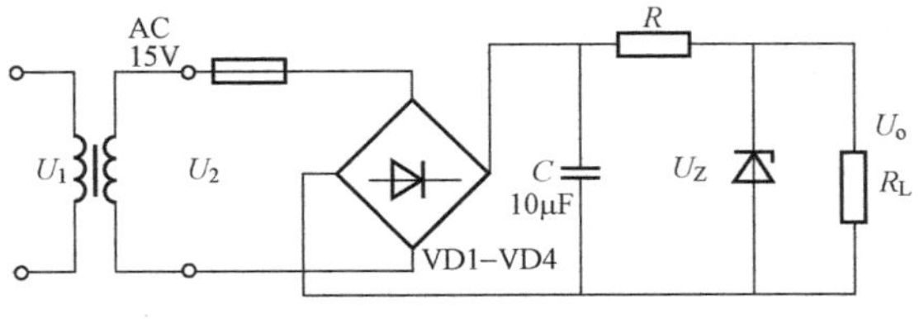

图 4-40　习题 4-6 图

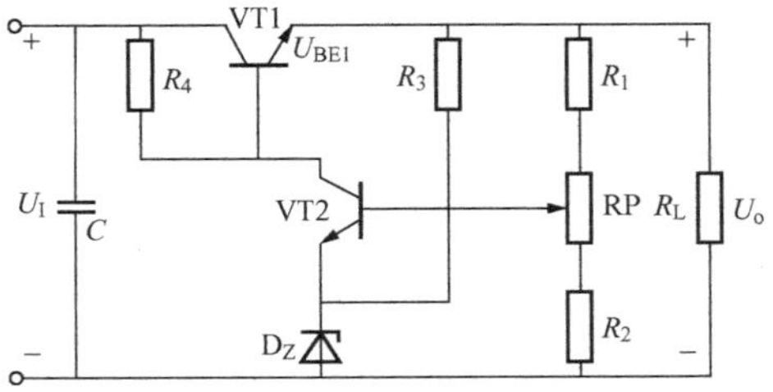

图 4-41　习题 4-7 图

4-8　晶闸管导通与关断的条件是什么？导通后流过晶闸管的电流由什么决定？晶闸管处于阻断状态时其两端的电压大小由什么决定？

4-9　晶闸管除门极加触发脉冲导通外还有什么导通方式？

4-10　为什么电感负载的触发脉冲要宽一些？

4-11　单相半波可控整流对纯电阻负载供电，二次侧电压有效值为 220V，负载电阻为 20Ω，控制角为 90°。求负载电压、电流平均值及有效值。

4-12　某电阻负载要求 0～24V 直流电压，最大负载电流 $I_d=30A$。如用 220V 交流直接供电与用变压器降到 60V 供电，都采用单相半波可控整流电路，是否都能满足要求？试计算两种供电方案的导通角、额定电压、额定电流及电路的功率因数。

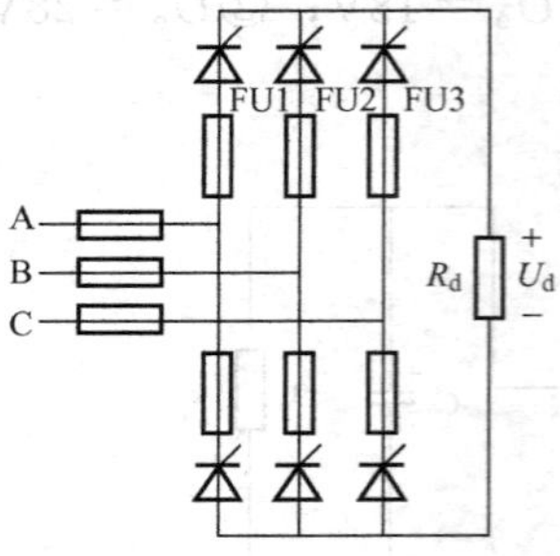

图 4-42 习题 4-14 图

4-13 三相半波可控整流电路带大电感负载，$R_d=10\Omega$，$U_2=220V$。求 $\alpha=45°$时负载直流电压 U_d、流过晶闸管的平均电流 I_{dT}和有效电流 I_T，画出 u_d、i_{T2}、u_{T3}的波形。

4-14 如图 4-42 所示，当 $\alpha=60°$时，若电路出现：①熔断器 FU1 熔断；②熔断器 FU2 熔断；③熔断器 FU2、FU3 同时熔断的情况时，电路将变成什么情况？

4-15 单相全控桥式整流电路，带大电感 L、R 负载，其中 $R=2\Omega$，输入交流电压 60V，试求：

(1) 输出电压可调范围；

(2) 选择晶闸管元件；

(3) 计算电源变压器容量 S。

4-16 现有单相半波、单相桥式、三相半波三种整流电阻性负载，负载电流 I_d 都是 40A，问流过与晶闸管串联的熔断器的平均电流、有效电流各为多大？

第5章 数字电路基础知识

数字电路及其组成器件是构成各种数字电子系统尤其是数字电子计算机的基础。本章介绍数字电路的概念、数制与编码，以及逻辑代数的运算规则、逻辑函数的描述方法和逻辑函数的化简等。

5.1 数字电路概述

5.1.1 数字信号和数字电路

信号分为模拟信号和数字信号两大类。模拟信号是指时间和幅值上都是连续变化的信号，如电视的图像和伴音信号、生产过程中由传感器检测的由某种物理量（如温度、压力）转化成的电信号等。传输、处理模拟信号的电路称为模拟电路。数字信号是指时间和幅值上都是断续变化的离散信号，如电子表的秒信号、生产中自动记录零件个数的计数信号等。传输、处理数字信号的电路称为数字电路。

5.1.2 数字电路的特点

数字电路在结构、工作状态、研究内容和分析方法等方面都与模拟电路不同。它具有如下特点：

（1）数字电路在稳态时，半导体器件处于开关状态。这和二进制信号的要求是相对应的。因为半导体器件饱和、截止状态的外部表现为电流的有和无、电压的高和低，这种有和无、高和低相对应的两种状态，分别用1和0两个数码来表示。

（2）数字电路的基本单元电路比较简单，对元器件的精度要求不高，允许有较大的误差。因为数字信号的1和0没有任何数量的含义，而只是状态的含义，所以电路工作时只要能可靠地区分1和0两种状态就可以了。因此，数字电路便于集成化、系列化生产。它具有使用方便、可靠性高、价格低廉等优点，而集成电路的这一系列优点又促进数字电路的广泛应用。另外，利用脉冲信号代表和传输信息还使得数字电路具有较强的抗干扰能力。

（3）在数字电路中，重点研究的是输入信号和输出信号之间的逻辑关系，以反映电路的逻辑功能。数字电路的研究可以分为两种：①对已有电路分析其逻辑功能，称为逻辑分析；②按逻辑功能要求设计出满足逻辑功能的电路，称为逻辑设计。

（4）在数字电路中，表示电路功能的方法是真值表、逻辑表达式、波形图、特性方程、状态转换表、时序图以及状态转换图等。

5.1.3 数字电路的分类

按组成的结构不同，数字电路可分为分立元件电路和集成电路两大类。其中，集成电路按集成度大小分为小规模集成电路（SSI，集成度为1～10门/片）、中规模集成电路（MSI，集成度为10～100门/片），大规模集成电路（LSI，集成度为100～1000门/片）和超大规模集成电路（VLSI，集成度为大于1000门/片）。

按电路所用元器件的不同，数字电路可分为双极型和单极型电路。其中，双极型电路又有 DTL、TTL、ECL、IIL、HTI 等多种，单极型电路有 JFET、NMOS、PMOS、CMOS 四种。

按电路逻辑功能的不同特点，数字电路又可分为组合逻辑电路和时序逻辑电路两大类。

5.1.4 脉冲与脉冲参数

脉冲是指短时间内出现的电压或电流，或者说间断的不连续的电压或电流。广义地讲，非正弦规律变化的电压或电流均称为脉冲电压或脉冲电流。

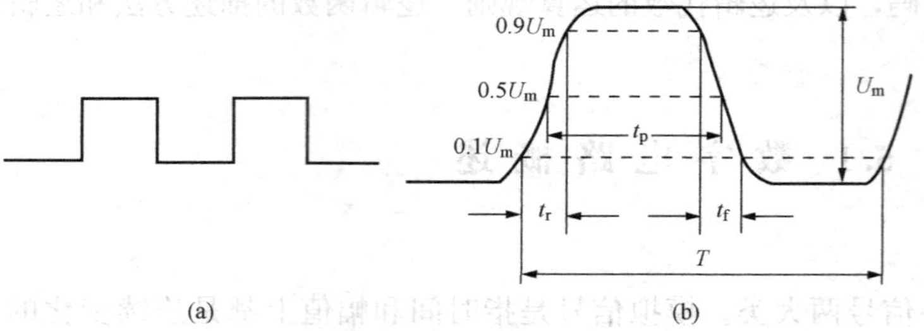

图 5-1 脉冲波形

(a) 理想矩形脉冲；(b) 实际矩形脉冲

现在以矩形脉冲电压为例介绍脉冲参数。

在图 5-1 所示的矩形脉冲电压中：

(1) 脉冲幅度 U_m：脉冲信号变化的最大值。

(2) 上升时间 t_r：从脉冲幅度的 10% 上升到 90% 所需的时间。

(3) 下降时间 t_f：从脉冲幅度的 90% 下降到 10% 所需的时间。

(4) 脉冲宽度 t_p：从脉冲前沿上升到脉冲幅度的 50% 处到脉冲后沿下降到脉冲幅度的 50% 处所需的时间。

(5) 脉冲周期 T：周期性脉冲信号序列中两个相邻脉冲间的时间间隔。

(6) 脉冲频率 f：单位时间的脉冲数，$f=\frac{1}{T}$。

此外，脉冲信号还有正负之分。如果脉冲跃变后的值比初值高，则为正脉冲，如图 5-2(a) 所示；反之，若脉冲跃变后的值比初值低，则为负脉冲，如图 5-2 (b) 所示。

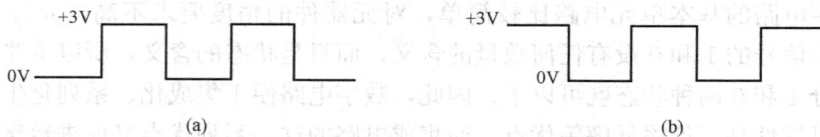

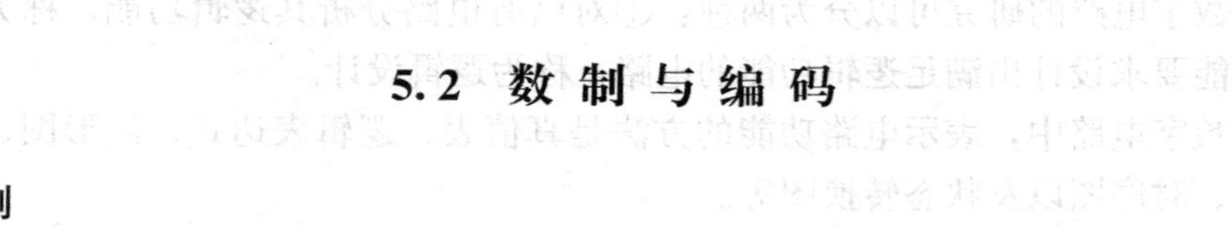

图 5-2 正脉冲和负脉冲

(a) 正脉冲；(b) 负脉冲

5.2 数制与编码

5.2.1 数制

数字电路中经常要遇到计数的问题。在日常生活中，人们习惯用十进制，有时也使用十二进制、六十进制，而在数字电路中多采用二进制，也常采用八进制和十六进制。

1. 十进制数 (Decimal)

大家最为熟悉，十进制是用 0、1、2、3、4、5、6、7、8、9 十个数字符号按照一定的规律排列起来表示数值的大小。这些数字符号称为数码，数码的个数称为基数。十进制的基数为 10，计算规则是“逢十进一”。因此，当数码处于不同位置时，所表示的数值大小是不同的。例如，十进制数 $(996.75)_{10}$ 可以展开为：

$$(996.75)_{10}=9\times10^{2}+9\times10^{1}+6\times10^{0}+7\times10^{-1}+5\times10^{-2}$$

其中，10^2、10^1、10^0、10^{-1}、10^{-2} 为各位的权值或权，权是 10 的幂。任何一个十进制数均可按其权展开。

2. 二进制数（Binary）

二进制计数是数字电路中最为常用的进位计数体制。它采用 0、1 两个数码，基数为 2，计算规则是“逢二进一”。各位数的权值是 2 的幂。

例如，二进制数 $(1101)_2$ 可以展开为：

$$(1101)_2=1\times2^{3}+1\times2^{2}+0\times2^{1}+1\times2^{0}$$

$(1010.11)_2$ 可以展开为：

$$(1010.11)_2=1\times2^{3}+0\times2^{2}+1\times2^{1}+0\times2^{0}+1\times2^{-1}+1\times2^{-2}$$

尽管一个数用二进制表示要比用十进制表示位数多得多，但是，二进制数只有 0、1 两个数码，适合数字电路状态的表示，比较容易实现。

3. 八进制数

八进制计数是以 8 为基数的计数体制。在八进制中，采用 0、1、2、3、4、5、6、7 八个数码，它的进位规律是“逢八进一”，各位的权为 8（2^3）的幂。

例如，八进制数 $(437.25)_8$ 可表示为：

$$(437.25)_8=4\times8^{2}+3\times8^{1}+7\times8^{0}+2\times8^{-1}+5\times8^{-2}$$

其中 8^2、8^1、8^0、8^{-1}、8^{-2} 分别为八进制数各位的权。

4. 十六进制数

十六进制计数是以 16 为基数的计数体制。在十六进制中，采用 0、1、2、3、4、5、6、7、8、9、A（10）、B（11）、C（12）、D（13）、E（14）、F（15）十六个数码，它的进位规律是“逢十六进一”，各位的权为 16（2^4）的幂。

例如十六进制数 $(3BE.C4)_{16}$ 可表示为：

$$(3BE.C4)_{16}=3\times16^{2}+11\times16^{1}+14\times16^{0}+12\times16^{-1}+4\times16^{-2}$$

其中 16^2、16^1、16^0、16^{-1}、16^{-2} 分别为十六进制数各位的权。

5.2.2 数制间的转换

（1）各种进制数转换为十进制数。

将二进制、八进制、十六进制数转换为十进制数时，只需将它们按权展开，然后将各项数值按十进制相加，即可得到等值的十进制数。

【例 5-1】 将二进制数 1001 转换为等值的十进制数。

解 $(1001)_2=(1\times2^{3}+0\times2^{2}+0\times2^{1}+1\times2^{0})_{10}=(8+0+0+1)_{10}=(9)_{10}$

【例 5-2】 将八进制数 $(172.01)_8$ 转换为等值的十进制数。

解 $(172.01)_8=(1\times8^{2}+7\times8^{1}+2\times8^{0}+0\times8^{-1}+1\times8^{-2})_{10}$

$=(64+56+2+0.015\,625)_{10}=(122.015\,625)_{10}$

（2）十进制数转换为二进制数、八进制数和十六进制数。

1）将十进制数转换为等值二进制数，对整数和小数部分要分别进行转换，转换后再合并。

①整数部分的转换。整数部分的转换方法可以概括为“除 2 取余，后余先排”。

②小数部分的转换。小数部分的转换方法可以概括为“乘 2 取整，整数顺排”。

【例 5-3】 将 $(135.25)_{10}$转换为等值的二进制数。

解 首先将整数部分 135 转换为等值的二进制数，然后再将小数部分 0.25 转换为等值的二进制数，最后，将两部分结果合并在一起。

```
2 | 135
2 | 67……余数 1
2 | 33……余数 1
2 | 16……余数 1
2 | 8……余数 0
2 | 4……余数 0
2 | 2……余数 0
2 | 1……余数 0
2 | 0……余数 1
                整数
0.25×2=0.5       0
0.5×2=1.0        1
```

则 $(135.25)_{10}=(10000111.01)_2$

2）十进制数转换为八进制数。与十进制数转换为二进制数一样，十进制数转换为八进制数时，也要将整数部分和小数部分分别进行转换，然后再将转换结果按顺序排序起来就得到八进制数。

【例 5-4】 将十进制数 $(254)_{10}$转换成八进制数。

解 将十进制数的整数部分转换为八进制时，采用“除 8 取余法”。

```
8 | 254
  8 | 31 ……余数 6
    8 | 3 ……余数 7
        0 ……余数 3
```

所以 $(254)_{10}=(376)_8$

3）十进制数转换为十六进制数。十进制数转换为十六进制数的方法和前面介绍的十进制数转换为八进制数的方法基本相同。

（3）二进制数与八进制数、十六进制数间相互转换

1）二进制数与八进制数间的相互转换。

①二进制数转换成八进制数。由于八进制数的基数 $8=2^3$，故每位八进制数用三位二进制数构成。因此，二进制数转换为八进制数的方法是：整数部分从低位开始，每三位二进制数一组，最后不足三位的，则在高位加 0 补足三位为止；小数点后的二进制数则从高位开始，每三位二进制数为一组，最后不足三位的，则在低位加 0 补足三位，然后用对应的八进制数来代替，再按顺序排序写出对应的八进制数。

【例 5-5】 将二进制数 $(1100101.1110101)_2$ 转换成八进制数。

解

```
001  100  101.  111  010  100
 ↓    ↓    ↓     ↓    ↓    ↓
 1    4    5.    7    2    4
```

所以 $(1100101.1110101)_2=(145.724)_8$

②八进制数转换成二进制数。将每位八进制数用三位二进制数来代替，再按原来的顺序排列起来，便得到了相应的二进制数。

【例 5-6】 将八进制数 $(645.362)_8$ 转换成二进制数。

解

6	4	5.	3	6	2
↓	↓	↓	↓	↓	↓
110	100	101.	011	110	010

所以 $(645.362)_8=(110100101.011110010)_2$

2）二进制数与十六进制数间的相互转换。

①二进制数转换成十六进制数。由于十六进制数的基数 $16=2^4$，故每位十六进制数用四位二进制数构成。因此，二进制数转换为十六进制数的方法是：整数部分从低位开始，每四位二进制数为一组，最后不足位的，则在高位加 0 补足位为止；小数部分从高位开始，每四位二进制数为一组，最后不足 4 位的，在低位加 0 补足位，然后用对应的十六进制数来代替，再按顺序写出对应的十六进制数。

【例 5-7】 将二进制数 $(11011111011.111011)_2$ 转换成十六进制数。

解

0110	1111	1011.	1110	1100
↓	↓	↓	↓	↓
6	F	B.	E	C

所以 $(11011111011.111011)_2=(6FB.EC)_{16}$

②十六进制数转换成二进制数。将每位十六进制数用四位二进制数来代替，再按原来的顺序排列起来便得到了相应的二进制数。

【例 5-8】 将十六进制数 $(BE5.97D)_{16}$ 转换成二进制数。

解

B	E	5.	9	7	D
↓	↓	↓	↓	↓	↓
1011	1110	0101.	1001	0111	1101

所以 $(BE5.97D)_{16}=(101111100101.100101111101)_2$

5.2.3 BCD 编码

数字电路处理的所有信息都必须用 0 和 1 来表示，因此在数字电路中，0 和 1 不仅作为二进制数的两个数码、按二进制计数规律排列起来表示数值的大小，而且还可按照其他不同的规律排列表示特定的信息。在这种情况下，二进制码不再有量的含义，而只是不同事物的代号，因此称之为代码。在同一场合，代码与所表示的信息之间应该有一一对应的关系，建立这种关系的过程称为编码。

把十进制数的十个数码 0～9 用二进制数码来表示称作二—十进制编码，也称 BCD (Binary Coded Decimal)编码。BCD 码由四位二进制数码构成。由于四位二进制数码可以组成 $2^4=16$ 个代码，而十进制数码只需要 10 个代码，因此，二—十进制编码的方案是很多的，相应地 BCD 码也有多种（见表 5-1)。

表 5-1 几种常见的 BCD 码

十进制数	8421BCD 码	5421BCD 码	余 3 码	格雷码
0	0000	0000	0011	0000
1	0001	0001	0100	0001
2	0010	0010	0101	0011
3	0011	0011	0110	0010
4	0100	0100	0111	0110
5	0101	1000	1000	0111
6	0110	1001	1001	0101
7	0111	1010	1010	0100
8	1000	1011	1011	1100
9	1001	1100	1100	1000

应该指出的是，8421BCD 码最常用，虽然 8421BCD 码和二进制数在形式上有一定的相似性，但它们是完全不同的两个概念。例如，十进制数 135 转换为等值二进制数时，其结果为

$$(135)_{10} = (10000111)_2$$

但是用 8421BCD 码表示时，其结果为

$$(135)_{10} = (000100110101)_{8421BCD}$$

5.3 二极管和三极管的开关特性

开关是用来接通和断开电路的。一个理想的开关，当其处于断开状态时，电阻应为无穷大，通过开关的电流为零；当其处于接通状态时，电阻应为零，开关两端电压也为零。数字电路中二极管和三极管在脉冲信号的作用下，交替地工作于饱和导通和截止状态，相当于开关的接通和断开。

5.3.1 二极管的开关特性

二极管具有单向导电性，当外加正向电压时，二极管处于导通状态，等效电阻很小，相当于一个开关的接通状态；当外加反向电压时，二极管处于截止状态，等效电阻很大，相当于一个开关的断开状态。因此二极管相当于一个受外加电压控制的开关。

1. 开关二极管的等效模型

(1) 近似模型：如图 5-3 (a) 所示，U_D 保持在 0.7V 不变，即导通时 $U_D = 0.7V$，如同 U_D 被钳在 0.7V。

(2) 理想模型：如图 5-3 (b) 所示，U_D 上的压降忽略不计，即导通时 $U_D = 0V$，如同开关闭合，$i = U_I/R$。硅二极管截止时，$u_I = 0$，一般认为 $i \approx 0$，如同开关断开，如图 5-3 (c) 所示。

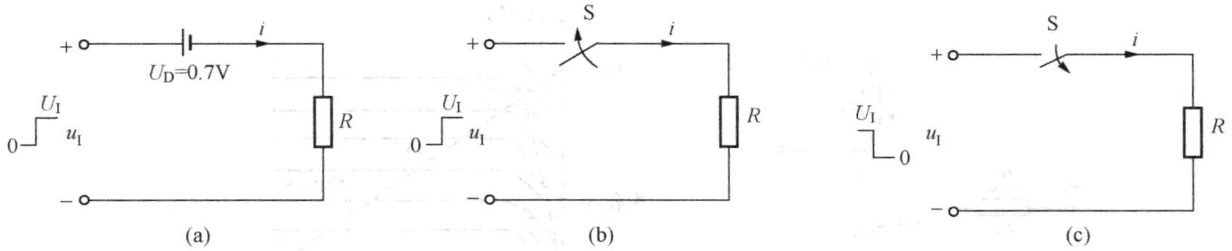

图 5-3　硅二极管开关等效电路

(a) 近似模型；(b) 理想模型；(c) 硅二极管截止等效电路

2. 二极管的动态特性

工作在开关状态的二极管除了有导通和截止两种稳定状态外，更多的是在导通和截止之间转换。当输入电压波形如图 5-4 (a) 所示时，理想开关的输出电流波形如图 5-4 (b) 所示。由于二极管从导通到截止需要时间，实际的输出电流波形如图 5-4 (c) 所示。由图 5-4 (c) 可见，二极管由导通到截止时，开始在二极管内产生了很大的反向电流 I_2，经过 t_{re}后，输出电流才接近正常反向电流 I_s，二极管才进入截止状态。t_{re}是二极管从导通到截止所需的时间，称为反向恢复时间。反向恢复时间 t_{re}对二极管开关的动态特性有很大影响。若二极管两端输入电压的频率过高，以至输入负电压的持续时间小于它的反向恢复时间时，二极管将失去其单向导电性。当然，二极管从截止到导通也是需要时间的，这段时间称为开通时间，这段时间较短，一般可以忽略不计。

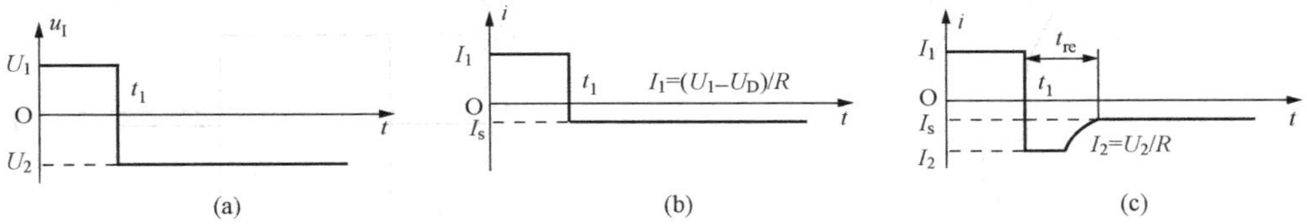

图 5-4　二极管开关的动态过程

(a) 输入电压波形；(b) 理想开关的输出电流波形；(c) 实际的输出电流波形

5.3.2　三极管的开关特性

1. 开关三极管的等效模型

三极管具有截止、放大与饱和三种工作状态，当三极管交替工作于截止与饱和状态时，便相当于开关的“断开”和“闭合”。

(1) 截止状态。当输入电压 u_I<0.7V 时，三极管的 u_{BE}小于开启电压，$i_B=0$，发射结截止。对应的输出特性曲线，位于图 5-5 中 Q_1 点或 Q_1 点以下位置，$i_C\approx0$，集电结为反偏。三极管的发射结和集电结之间相当于一个断开的开关。三极管的这种工作状态叫截止状态，其输出电压 $u_O=U_{CC}-i_CR_C=U_{CC}$。其等效电路如图 5-6 (a) 所示。

(2) 放大状态。当输入电压 $u_I\geqslant0.7$V 时，三极管的 u_{BE} 大于开启电压，发射结导通，U_{BE} 被钳在 0.7V，i_C 与 i_B 之间存在 $i_C=\beta i_B$ 的关系，其中 β 是三极管的电流放大系数。$u_O=u_{CE}=U_{CC}-i_CR_C$，如果输入 u_I 增加，i_B、i_C 相应增加，输出 u_O 和 u_{CE}随之相应减小。三极管的这种工作状态称为放大状态，如图 5-5 所示，此时三极管工作在 Q_2 点附近，在 Q_1 和 Q_3 之间。

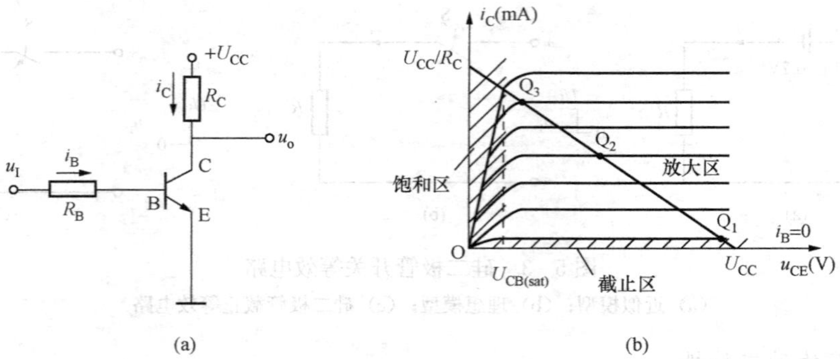

图 5-5　NPN 型硅三极管输出特性曲线

（a）电路；（b）输出特性

（3）饱和状态。随输入电压 u_I 增加，基极电流 i_B 增加，工作点上移，当工作点上移至 Q_3 时，i_C 将不再明显变化，此时三极管 C—E 间的电压称为饱和压降，硅管的饱和压降 $U_{CE(sat)}=0.3V$，输出电压 $u_O=U_{CE(sat)}=0.3V$。三极管的这种工作状态称为饱和状态，其等效电路如图 5-6（b）所示。若忽略 B—E 和 C—E 间压降，理想的等效电路如图 5-6（c）所示。

2. 三极管的动态特性

三极管的开关过程与二极管相似。三极管从饱和到截止和从截止到饱和都是需要时间的。

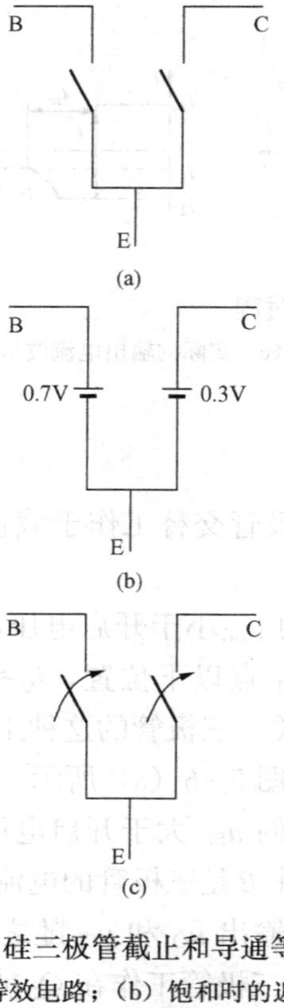

图 5-6　硅三极管截止和导通等效电路

（a）截止时的等效电路；（b）饱和时的近似等效电路；

（c）饱和时的理想等效电路

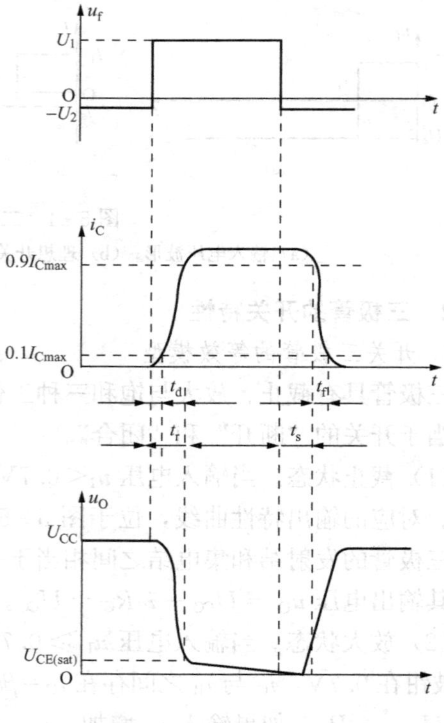

图 5-7　三极管的动态特性

三极管从截止到饱和所需要的时间称为开通时间，用 t_{on} 表示；三极管从饱和到截止所需要的时间称为关断时间，用 t_{off} 表示。

如图 5-7 所示，当输入电压 u_I 由 $-U_2$ 跳变到 U_1 时，三极管不能立即导通，而是要先经过 t_d 时间，集电极电流 i_C 上升至最大值 I_{Cmax} 的 0.1 倍，再经过 t_r 时间，集电极电流 i_C 上升至最大值 I_{Cmax} 的 0.9 倍，之后集电极电流才接近最大值 I_{Cmax}，三极管进入饱和状态。因此开通时间 $t_{on}=t_d+t_r$，其中 t_d 称为延迟时间，t_r 称为上升时间。

当输入电压 u_I 由 U_1 跳变到 $-U_2$ 时，三极管不能立即截止，而是要先经过 t_s 时间，集电极电流 i_C 下降至 $0.9I_{Cmax}$，再经过 t_f 时间，集电极电流 i_C 下降至 $0.1I_{Cmax}$，之后集电极电流才接近于 0，三极管进入截止状态。因此关断时间 $t_{off}=t_s+t_f$，其中 t_s 称为存储时间，t_f 称为下降时间。

三极管的开通时间 t_{on} 和关断时间 t_{off} 一般在纳秒（ns）数量级。通常 $t_{off}>t_{on}$，$t_s>t_f$，因此 t_s 的大小是影响三极管速度的最主要因素。

5.4 逻 辑 代 数

逻辑代数又叫布尔代数，它是 19 世纪英国数学家布尔（Boole）提出的。逻辑代数和普通代数一样，也是用字母表示变量。但是逻辑代数中变量的取值只能是 0 或 1，没有第三种可能。而且这时的 0 和 1 已不再表示具体的数量大小，而只是表示两种不同的逻辑状态："是"和"非"、"开"和"关"、"高"和"低"、"有"和"无"、"真"和"假"等。

数字系统中的逻辑电路虽然品种繁多，功能各异，但它们的逻辑关系均可用三种基本逻辑运算组合而成。这三种基本逻辑运算是：与逻辑运算、或逻辑运算、非逻辑运算。

5.4.1 基本逻辑运算

1. 与逻辑运算

如图 5-8（a）所示，是两个开关 A 和 B 串联起来控制一个指示灯 F 的电路。只有当两个开关同时闭合时，指示灯才亮，而只要有一个开关断开，指示灯就灭。也就是只有决定事物结果的所有条件同时具备时，结果才会发生。如果把开关闭合作为条件，而把灯亮作为结果，这种"条件"和"结果"之间的关系称为与逻辑关系，其表达式为

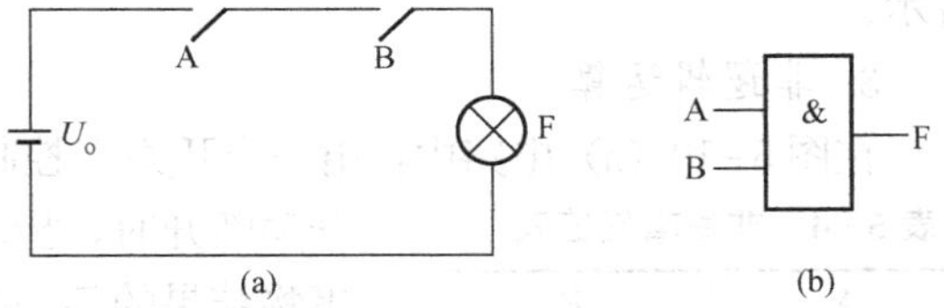

图 5-8 与逻辑关系

(a) 电路；(b) 与门符号

$$F = A \cdot B \tag{5-1}$$

因式中与逻辑运算用乘法符号"·"表示，因此也把与逻辑运算称为逻辑乘，也可把"·"省略，写为 F=AB。

表 5-2 与逻辑真值表

A	B	F
0	0	0
0	1	0
1	0	0
1	1	1

如果开关 A、B 断开为 0 状态，闭合为 1 状态，灯亮 F 为 1 状态，灭为 0 状态，则两个开关可能的组合为四种不同状态，每种状态产生的结果，如表 5-2 所示。此表称为与逻辑真值表。所谓真值表是将变量的所有可能取值组合与其对应的函数值所列成的表格。

由真值表可得与逻辑运算的运算法则为

$$0 \cdot 0 = 0, 0 \cdot 1 = 0, 1 \cdot 0 = 0, 1 \cdot 1 = 1$$

即在与运算中，两个逻辑变量中只要有一个为0，则结果为0。

与逻辑运算可以用相应的逻辑门电路去实现，这样的门电路称为与逻辑门电路，简称与门。与逻辑门电路为集成电路，这里只给出它的符号，如图5-8（b）所示。

2. 或逻辑运算

如图5-9（a）所示，是由两个开关A和B并联控制指示灯F的电路。只要有一个开关闭合，指示灯就亮，而只有当所有的开关都断开时，指示灯才灭。该电路表明的是或逻辑关系。在决定事物结果的各个条件中，只要有任何一个条件成立，结果就会发生。其逻辑表达式为

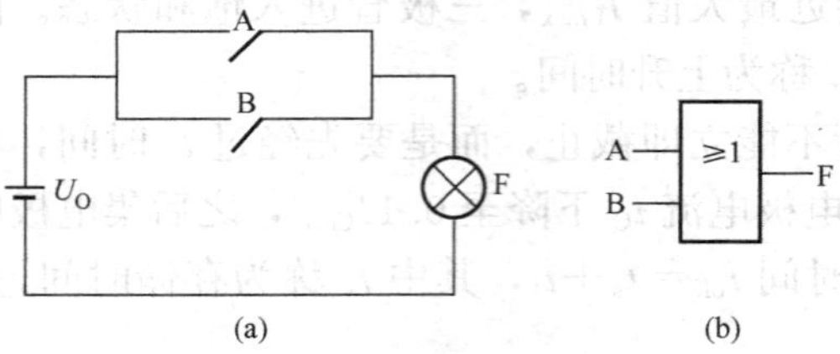

图5-9 或逻辑关系

（a）电路；（b）或门符号

$$F = A + B \tag{5-2}$$

因式中用"+"表示或逻辑运算，因此或逻辑运算也称为逻辑加。或逻辑运算的真值表如表5-3所示。

由真值表可得或逻辑运算的运算法则为

$$0 + 0 = 0, 0 + 1 = 1, 1 + 0 = 1, 1 + 1 = 1$$

即在或运算中，两个逻辑变量中只要有一个为1，则结果为1。

表5-3 或逻辑真值表

A	B	F
0	0	0
0	1	1
1	0	1
1	1	1

或逻辑运算可以用相应的逻辑门电路去实现，这样的门电路称为或逻辑门电路，简称或门，如图5-9（b）所示。

3. 非逻辑运算

在图5-10（a）电路中，由一个开关A控制指示灯F的电路。当开关闭合时，指示灯灭；当开关断开时，指示灯亮。该电路所表明的是非逻辑关系。当决定事物结果的某一条件成立时，结果不发生，而该条件不成立时，结果一定发生。其逻辑表达式为

表5-4 非逻辑真值表

A	F
0	1
1	0

$$F = \overline{A} \tag{5-3}$$

非逻辑运算的真值表如表5-4所示。

由真值表可得非逻辑运算的运算法则为

$$\overline{0} = 1, \overline{1} = 0$$

即在非运算中，结果是逻辑变量相反的值。

非逻辑运算可以用相应的逻辑门电路去实现，这样的门电路称为非逻辑门电路，简称非门，如图5-10（b）所示。

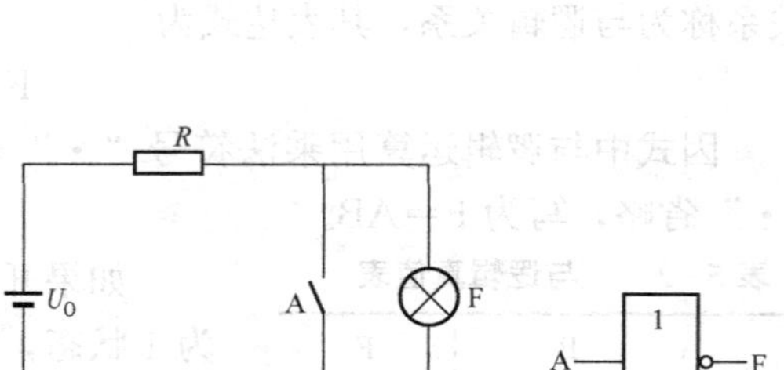

图5-10 非逻辑关系

（a）电路；（b）非门符号

5.4.2 复合逻辑运算

1. 与非运算

与非逻辑运算为与运算在先、非运算在后，表达式为

$$F=\overline{A\cdot B} \tag{5-4}$$

与非逻辑运算的真值表如表 5-5 所示。与非门电路的符号如图 5-11 所示。

2. 或非运算

或非逻辑运算为或运算在先、非运算在后，表达式为

$$F=\overline{A+B} \tag{5-5}$$

或非逻辑运算的真值表如表 5-6 所示。或非门电路的符号如图 5-12 所示。

3. 异或运算

异或关系是指两个输入信号相同时没有输出，而两个输入信号不同时则有输出。实现这种逻辑关系的电路就是异或门电路。

异或运算是一种特殊的逻辑运算，采用专门的运算符号“⊕”。其逻辑表达式为

$$F=A\oplus B \tag{5-6}$$

异或逻辑运算的真值表如表 5-7 所示。异或门电路的符号如图 5-13 所示。

表 5-5 与非逻辑真值表

A	B	F
0	0	1
0	1	1
1	0	1
1	1	0

表 5-6 或非逻辑真值表

A	B	F
0	0	1
0	1	0
1	0	0
1	1	0

表 5-7 异或逻辑真值表

A	B	F
0	0	0
0	1	1
1	0	1
1	1	0

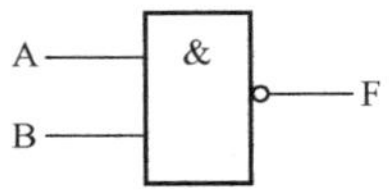

图 5-11 与非门

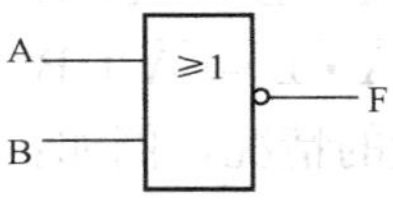

图 5-12 或非门

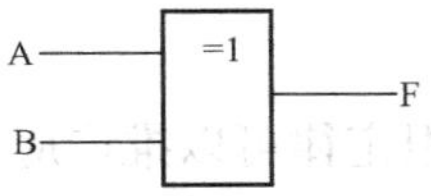

图 5-13 异或门

5.4.3 逻辑代数的运算规律

1. 逻辑代数的运算规律

与普通代数相似，逻辑代数也有其相应的运算规律，将常用的逻辑代数的运算规律列于下面。

（1）交换律：

$$A\cdot B=B\cdot A$$
$$A+B=B+A$$

（2）结合律：

$$A\cdot(B\cdot C)=(A\cdot B)\cdot C$$
$$A+(B+C)=(A+B)+C$$

（3）分配律：

$$A\cdot(B+C)=A\cdot B+A\cdot C$$
$$A+B\cdot C=(A+B)\cdot(A+C)$$

（4）重叠律：

$$A\cdot A=A$$
$$A+A=A$$

（5）互补律：

$$A\cdot\overline{A}=0$$
$$A+\overline{A}=1$$

（6）0—1律：

$$1+A=1$$
$$0+A=A$$
$$1\cdot A=A$$
$$0\cdot A=0$$

（7）二次求反律：

$$\overline{\overline{A}}=A$$

（8）吸收律：

$$A+AB=A$$
$$A+\overline{A}B=A+B$$
$$AB+A\overline{B}=A$$

（9）多余项定律：

$$AB+\overline{A}C+BC=AB+\overline{A}C$$
$$AB+\overline{A}C+BCDE+\cdots=AB+\overline{A}C$$

（10）摩根定律：

$$\overline{A+B}=\overline{A}\cdot\overline{B}$$
$$\overline{A\cdot B}=\overline{A}+\overline{B}$$

摩根定律可以推广应用到多个变量的情况，例如：

$$\overline{A+B+C}=\overline{A}\cdot\overline{B}\cdot\overline{C}$$
$$\overline{A\cdot B\cdot C}=\overline{A}+\overline{B}+\overline{C}$$

2. 逻辑代数的基本规则

下面介绍的是逻辑代数的基本规则，利用这些规则可以扩充逻辑代数运算规律的使用范围。

（1）代入规则。在任何一个逻辑等式中，如果将等式两侧所有出现某一变量的位置都代之以一个逻辑表达式，则该等式仍然成立。这个规则称为代入规则，也称置换规则。

例如，在式$\overline{A+B}=\overline{A}\cdot\overline{B}$中，若用（B+C）代替式中B，则有

$$\overline{A+(B+C)}=\overline{A}\cdot\overline{(B+C)}=\overline{A}\cdot\overline{B}\cdot\overline{C}$$

原来是两个变量的等式，利用代入规则成为三个变量的等式，从而扩大了等式的应用范围。

（2）反演规则。对于任意一个逻辑式F，如果把式中所有的“·”换成“+”，“+”换成“·”，0换成1，1换成0，原变量换成反变量，反变量换成原变量，那么得到的结果就是$\overline{F}$，这就是反演规则。

【例5-9】 已知F=A（B+C）+CD，求$\overline{F}$。

解 利用反演规则可得

$$\begin{aligned}\overline{F}&=(\overline{A}+\overline{B}\cdot\overline{C})\cdot(\overline{C}+\overline{D})\\&=\overline{A}\,\overline{C}+\overline{A}\,\overline{D}+\overline{B}\,\overline{C}+\overline{B}\,\overline{C}\,\overline{D}\\&=\overline{A}\,\overline{C}+\overline{A}\,\overline{D}+\overline{B}\,\overline{C}\end{aligned}$$

【例 5-10】 已知 $F=\overline{\overline{A\overline{B}+C}+D}+C$，求 $\overline{F}$。

解 $\overline{F}=\overline{\overline{(\overline{A}+B)\cdot\overline{C}}\cdot\overline{D}}\cdot\overline{C}$

运用反演规则时，必须注意符号的优先顺序，先算括号，再算乘积，最后算加法。运用反演规则时，几个变量上的公共反号要保持不变。

（3）对偶规则。对于任意一个逻辑公式 F，如果把其中所有的“＋”换成“•”，“•”换成“＋”，0 换成 1，1 换成 0，那么得到新的逻辑式 F'，F'称为 F 的对偶式。

如果两个逻辑式相等，那么它们的对偶式也一定相等，这就是对偶规则。

5.5 逻辑函数的表示方法

在数字电路中，一般用输入信号表示条件，用输出信号表示结果，所以，输出变量是输入变量的逻辑函数。由于决定一个结果的条件往往有多个，因此，一般情况下，逻辑函数是一个多变量的函数。

逻辑函数的表示方法有真值表、逻辑函数表达式、卡诺图（在 5.6 节中介绍）和逻辑图等。

5.5.1 真值表

一般真值表包括两部分：左边为自变量部分（如 A、B），表达式中有多少变量，真值表左边就有几列；右边为其函数或结果（F）。由于变量的取值只能是 0 或 1，所以 n 个变量共有 2^n 种不同的取值。为了不出现错误，通常将这些变量的取值按二进制递增规律排列起来。在真值表中包含了变量的所有取值组合，因此，真值表是唯一的。

【例 5-11】 将 $F=AB+\overline{A}\,\overline{B}$用真值表表示。

解

A	B	F
0	0	1
0	1	0
1	0	0
1	1	1

尽管用真值表表示逻辑函数直观明了，但随着变量的增加，真值表的行数将急剧增加，因此真值表一般用在变量数目不超过 4 个的逻辑函数的描述中。

5.5.2 逻辑函数表达式

1. 逻辑函数表达式类型

逻辑函数表达式是用与、或、非等逻辑运算符号和逻辑变量组成的。逻辑函数表达式的特点是书写简洁、方便，有利于用逻辑代数的公式进行化简和变换。一个逻辑函数表达式不是唯一的，通常有以下几种形式：

（1）与—或式 $F=AB+\overline{A}C$

（2）与非—与非式 $F=\overline{\overline{AB}\cdot\overline{\overline{A}C}}$

（3）或—与式 $F=(A+C)(\overline{A}+B)$

（4）或非—或非式 $F=\overline{\overline{A+B}+\overline{\overline{A}+B}}$

2. 逻辑函数的标准与或式

由 n 个逻辑变量所构成的与项中，如果每个变量以原变量或反变量的形式均出现一次并且仅出现一次，则该与项称为标准与项（或最小项）。n 个逻辑变量可构成 2^n 个标准与项。例如，A、B、C三个逻辑变量可构成如下 8 个标准与项：$\overline{A}\overline{B}\overline{C}$、$\overline{A}\overline{B}C$、$\overline{A}B\overline{C}$、$\overline{A}BC$、$A\overline{B}\overline{C}$、$A\overline{B}C$、$AB\overline{C}$、$ABC$。为方便起见，可对最小项进行编号。其方法是：编号与变量取值相对应，在最小项中变量以原变量的形式出现时取 1，以反变量的形式出现时取 0。这样所构成的二进制数所对应的十进制数就是最小项的序号 i，该最小项以代号 m_i 来表示。例如，$\overline{A}\overline{B}\overline{C}$可以用 m_0 表示，$AB\overline{C}$可以用 m_6 表示。

如果一个逻辑函数的表达式均由标准与项之和构成，则该表达式称作标准与或式或最小项表达式。例如：$F=\overline{A}\overline{B}\overline{C}+\overline{A}B\overline{C}+A\overline{B}C+AB\overline{C}$为最小项表达式。

一个逻辑函数的最小项表达式具有唯一性。任何一个逻辑函数都可以转换成最小项表达式，具体方法是先将函数表达式转换成与或式，然后用公式 $A+\overline{A}=1$ 将所缺变量补齐。

【例 5 - 12】 将逻辑函数 $F=\overline{(AB+\overline{A}\overline{B}+\overline{C})\cdot\overline{AB}}$ 转换成标准与或表达式。

解

$$\begin{aligned}F&=\overline{AB+\overline{A}\overline{B}+\overline{C}}+AB\\&=\overline{AB}\cdot\overline{\overline{A}\overline{B}}\cdot C+AB\\&=(\overline{A}+\overline{B})(A+B)\cdot C+AB\\&=\overline{A}BC+A\overline{B}C+AB(C+\overline{C})\\&=\overline{A}BC+A\overline{B}C+AB\overline{C}+ABC\end{aligned}$$

5.5.3 逻辑图

逻辑图与逻辑函数表达式具有直接的对应关系。一般地，逻辑图都是根据逻辑函数表达式画出，反过来，给定一个逻辑图亦可写出相应的函数表达。逻辑图的主要特点是逻辑门电路符号与实际电路器件有明显的对应关系，能方便地按照逻辑图构成实际电路。

1. 根据逻辑函数表达式画逻辑图

将函数表达式中变量之间的运算关系用相应的逻辑门符号表示出来，就可得到函数的逻辑图。

【例 5 - 13】 试画出函数 $F=AB+\overline{BC}+AC$ 的逻辑图。

解 A 和 B、A 和 C 都是与逻辑关系，可用与门实现；B 和 C 是与非逻辑关系，可用与非门实现；AB、$\overline{BC}$、AC 三个与项之间是或逻辑关系，可用或门实现。因此用两个与门、一个与非门和一个或门来表示 F，逻辑图如图 5 - 14 所示。

2. 根据逻辑图写函数表达式

根据给定的逻辑图，将每个逻辑门符号所表示的逻辑运算关系依次写出，即可得到函数表达式。

【例 5 - 14】 试写出图 5 - 15 所示逻辑图的函数表达式。

解

$$\begin{aligned}F_1&=ABC\\F_2&=\overline{A}\\F_3&=\overline{F_1+F_2}=\overline{ABC+\overline{A}}\\F&=\overline{B+F_3}=\overline{B+\overline{ABC+\overline{A}}}\end{aligned}$$

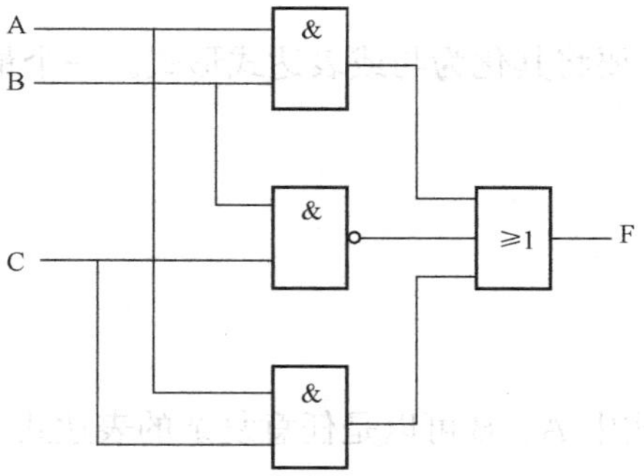

图 5-14　[例 5-13] 图

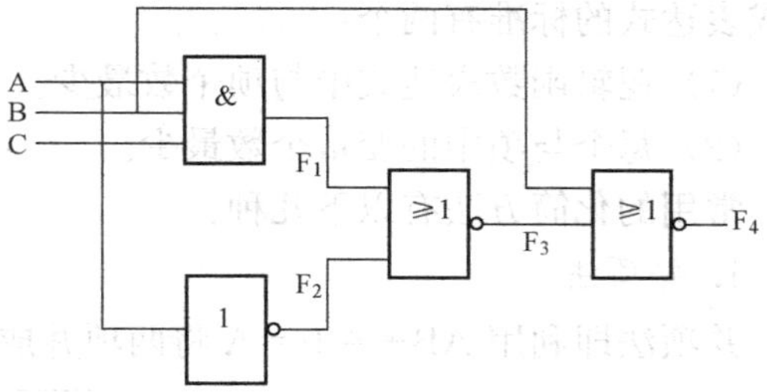

图 5-15　[例 5-14] 图

5.6　逻辑函数的化简

5.6.1　逻辑函数化简的意义

对于任意一个逻辑函数，都可以用逻辑电路来实现。例如逻辑函数 $F=ABC+AB\overline{C}+\overline{A}BC+\overline{A}\,\overline{B}C$ 的逻辑电路由 3 个“非门”、4 个“与门”、1 个“或门”共 8 个逻辑门组成，电路如图 5-16（a）所示。

如果利用逻辑代数的公式把上述函数化简，即

$$\begin{aligned}F&=ABC+AB\overline{C}+\overline{A}BC+\overline{A}\,\overline{B}C\\&=AB(C+\overline{C})+\overline{A}C(B+\overline{B})\\&=AB+\overline{A}C\end{aligned}$$

化简后的逻辑图如图 5-16（b）所示。比较图 5-16（a）、（b）就会发现，它们的逻辑功能一致，但图 5-16（b）所用门电路少，逻辑表达式也简单。

一般地说，如果逻辑函数的表达式简单，实现电路所需的门电路就少，设备就简单，这样可节省器件，降低成本，又能提高可靠性。因此，逻辑函数的化简在设计逻辑电路时显得十分重要。

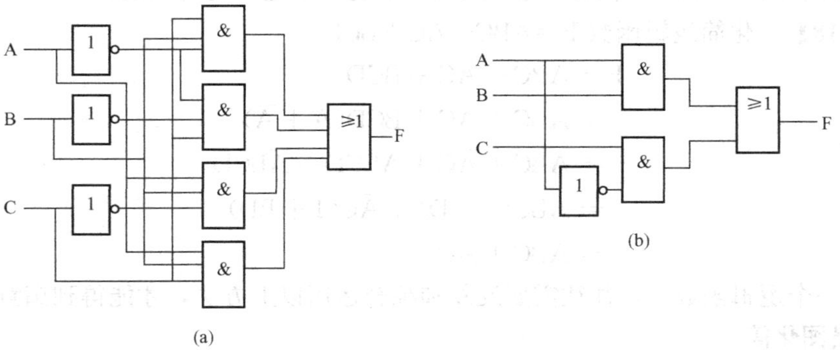

图 5-16　函数 $AB+\overline{A}C$ 的逻辑电路

（a）化简前；（b）化简后

5.6.2 代数法化简

一个逻辑函数表达式有多种形式，化简时，一般要将其化为与或表达式形式。一个最简与或表达式的标准有两个：

(1) 逻辑函数表达式中与项个数最少。

(2) 每个与项中的变量个数最少。

常用的化简方法有以下几种：

1. 并项法

并项法即利用 $AB+A\overline{B}=A$ 将两项并成一项，式中 A、B 可以是任意复杂的表达式。

【例 5-15】 化简逻辑函数 $F=A\overline{\overline{B}CD}+A\overline{B}CD$。

解

$$F=A\overline{\overline{B}CD}+A\overline{B}CD$$
$$=A(\overline{\overline{B}CD}+\overline{B}CD)$$
$$=A$$

2. 吸收法

吸收法即利用 $A+AB=A$ 将 AB 这一项吸收掉。

【例 5-16】 化简逻辑函数 $F=\overline{A}B+\overline{A}BC(D+E)$。

解

$$F=\overline{A}B+\overline{A}BC(D+E)$$
$$=\overline{A}B$$

3. 消去法

消去法即利用 $A+\overline{A}B=A+B$ 消除多余因子 $\overline{A}$。

【例 5-17】 化简逻辑函数 $F=AB+\overline{A}C+\overline{B}C$。

解

$$F=AB+\overline{A}C+\overline{B}C$$
$$=AB+(\overline{A}+\overline{B})C$$
$$=AB+\overline{AB}C$$
$$=AB+C$$

4. 配项法

配项法即利用 $A+\overline{A}=1$ 给某个与项配项，来进一步化简逻辑函数。

【例 5-18】 化简逻辑函数 $F=ABC+\overline{A}C+BCD$。

解

$$F=ABC+\overline{A}C+BCD$$
$$=ABC+\overline{A}C+BCD(A+\overline{A})$$
$$=ABC+\overline{A}C+ABCD+\overline{A}BCD$$
$$=ABC(1+D)+\overline{A}C(1+BD)$$
$$=ABC+\overline{A}C$$

在化简一个逻辑函数时，往往需要反复和综合运用以上方法，才能得到满意的结果。

5.6.3 卡诺图化简

1. 用卡诺图表示逻辑函数

(1) 卡诺图的画法。卡诺图就是最小项的方格图。n 个变量有 2^n 个小方格（最小项）。二个变量、三个变量、四个变量的卡诺图如图 5-17 所示。输入变量在左边和上边取值正交处的小方格就是对应的最小项。在此，以最小项的序号来表示。

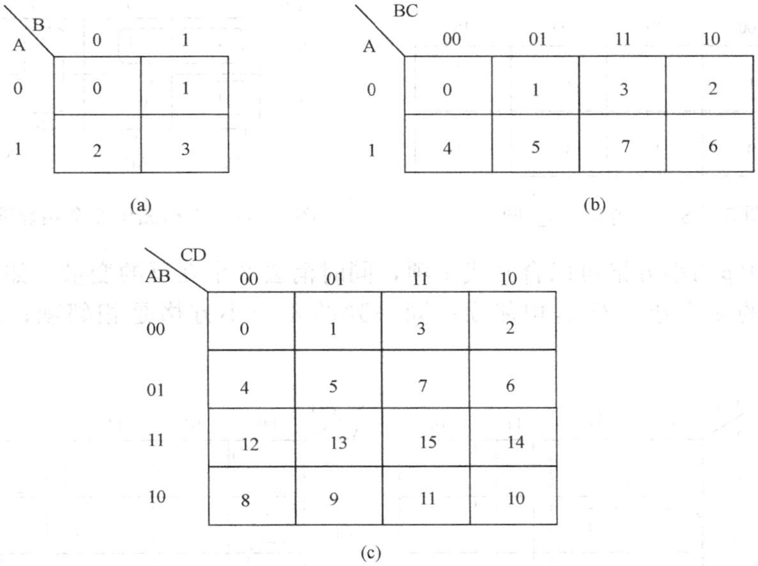

图 5-17 变量卡诺图

(a) 二变量；(b) 三变量；(c) 四变量

应当注意：在三个变量、四个变量的卡诺图中，输入变量取值要按 00，01，11，10（循环码）的方式排列，以确保几何位置相邻的最小项其逻辑也相邻。

（2）逻辑函数的卡诺图。任意一个逻辑函数都可以用最小项表达式来表示，而卡诺图中的最小项是由小方格代表的，所以卡诺图也可以表示逻辑函数。其表示方法为：将逻辑函数中包含的最小项，在卡诺图中相应的小方格内填 1，其余的小方格内填 0 或不填，所得即为逻辑函数的卡诺图。

【例 5-19】 用卡诺图表示逻辑函数 $F=\overline{A}\,\overline{B}+B\overline{C}$。

解 先将逻辑函数展开为最小项和的形式，即

$$F=\overline{A}\,\overline{B}(C+\overline{C})+B\overline{C}(A+\overline{A})=\overline{A}\,\overline{B}C+\overline{A}\,\overline{B}\,\overline{C}+AB\overline{C}+\overline{A}B\overline{C}$$

然后画出三个变量的卡诺图，找出上式中每个最小项对应的小方格，并填上 1，在其余空格中填上 0 或不填，就得到图 5-18 所示的卡诺图。

（3）卡诺图的基本特性。如果 2 个最小项只有一个变量的取值不同，其他变量的取值都相同，这样的 2 个最小项称为相邻项。我们不难发现，在卡诺图中任何几何位置相邻的最小项，在逻辑上都具有相邻性。因此，根据公式 $AB+A\overline{B}=A$ 可以将相邻的两个最小项并为 1 项，消去 1 个互反的变量。由此可以看出，我们能够利用卡诺图对逻辑函数进行化简。

2. 卡诺图化简方法

（1）2 个相邻的小方格可以合并成 1 项，同时消去 1 个互反的变量，如图 5-19 所示。应当注意：同一行最左边的一个小方格和最右边的一个小方格是相邻项。例如，m_4 和 m_6 就是相邻项。

A \ BC	00	01	11	10
0	1	1	0	1
1	0	0	0	1

图 5-18　［例 5-19］图

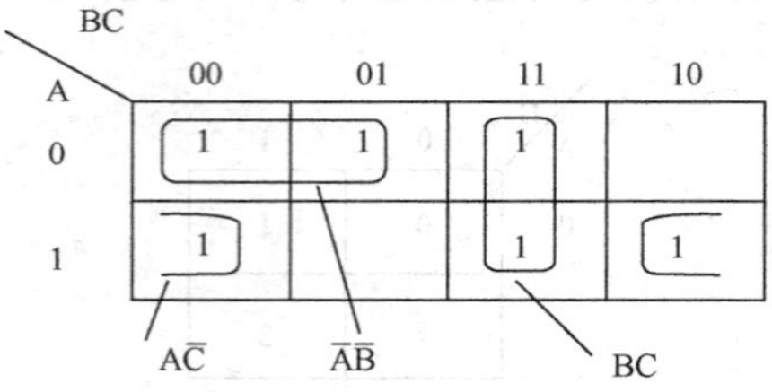

图 5-19　卡诺图中 2 个相邻项的合并

（2）4 个相邻的小方格可以合并成 1 项，同时消去 2 个互反的变量，如图 5-20 所示。注意：同一行的 4 个小方格是相邻项；同一列的 4 个小方格是相邻项；四个角也是相邻项。

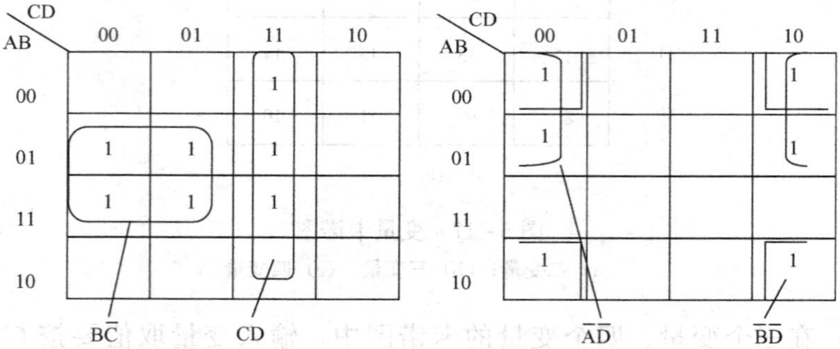

图 5-20　卡诺图中 4 个相邻项的合并

（3）8 个相邻的小方格可以合并成 1 项，同时消去 3 个互反的变量，如图 5-21 所示。

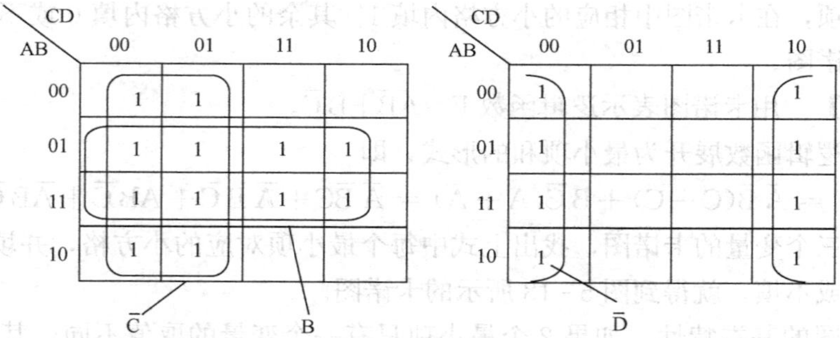

图 5-21　卡诺图中 8 个相邻项的合并

依此类推，2^n 个相邻最小项合并成 1 项，就可以消去 n 个变量。

3. 合理的卡诺圈的画法

（1）圈应尽量大，圈越大，消去的变量越多，但圈内应含 2^n 个小方格（最小项）。

（2）圈的个数应尽量少，圈越少，或项越少。

（3）同一个方格可以被圈多次，但每个圈应包含有未被圈过的 1 方格，否则该圈所表示的与项是多余的，如图 5-22 所示。

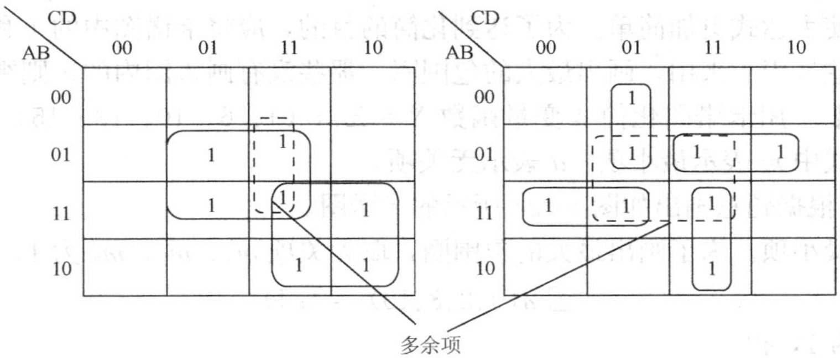

图 5-22 卡诺图上的多余项

4. 化简步骤

(1) 画出函数的卡诺图。

(2) 按化简方法，将相邻的 1 方格圈起来，直到所有的 1 方格被圈完为止。

(3) 把每一个圈所代表的乘积项相加，就得到最简与或式。

【例 5-20】 用卡诺图表示逻辑函数 $F=A\bar{B}C+\bar{B}CD+B\bar{C}+\bar{A}\bar{C}D$。

解 先将逻辑函数展开为最小项和的形式，即

$$F=A\bar{B}CD+A\bar{B}C\bar{D}+\bar{A}\bar{B}CD+\bar{A}B\bar{C}D+\bar{A}\bar{B}\bar{C}D+AB\bar{C}D+AB\bar{C}\bar{D}+\bar{A}B\bar{C}\bar{D}$$

再将函数 F 中每一个最小项在卡诺图中对应的小方格内填 1，如图 5-23 所示。然后按化简方法画圈，将每个圈所表示的与项写出并相加，即得到逻辑函数的最简与或表达式为

$$F=B\bar{C}+\bar{A}\bar{B}D+A\bar{B}C$$

5. 具有无关项的逻辑函数的化简

在实际应用中，常会遇到这种情况，即有些变量的取值是不可能出现，或者有些变量的取值使函数值是任意的。把这些变量的取值所对应的最小项称为无关项，亦称为任意项、约束项等。无关项用“×”表示。

例如，一位 8421BCD 码是由 4 个变量组成的，但是它的取值只是 0000～1001 这 10 项，而 1010～1111 这 6 项是不会出现的。因此，$A\bar{B}C\bar{D}$、$A\bar{B}CD$、$AB\bar{C}\bar{D}$、$AB\bar{C}D$、$ABC\bar{D}$、ABCD 这 6 个最小项就是 8421BCD 码的无关项。

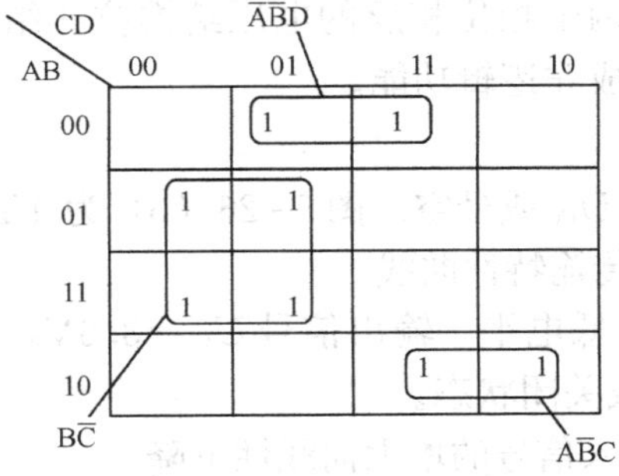

图 5-23 [例 5-20] 图

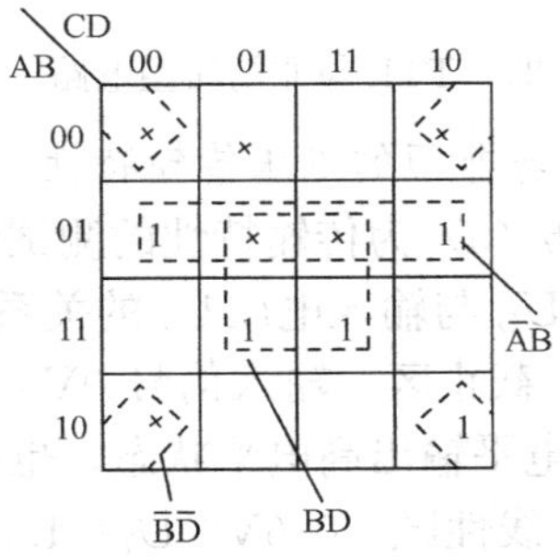

图 5-24 [例 5-21] 图

无关项既然不存在，它的值取 1 或取 0 对逻辑函数就没有影响。但是如能合理地使用无关项，常常可使表达式更加简单。为了达到化简的目的，应将卡诺图中的 1 和必要的×圈在一起，并把这些×当 1 来用，画出最大的包围圈。那些没有画入圈内的×则视为 0。

【例 5-21】 用卡诺图化简 4 变量函数 $Y=\sum m$（4、6、10、13、15）$+\sum d$（0、1、2、5、7、8）式中 m 表示最小项、d 表示无关项。

解 （1）根据题意画出如图 5-24 所示的卡诺图。

（2）合并最小项。为了画出最大的包围圈，取无关项 m_0、m_2、m_8 为 1，得

$$\sum m(0、2、8、10)=\overline{B}\,\overline{D}$$

并取 m_5、m_7 为 1，得

$$\sum m(5、7、13、15)=BD$$
$$\sum m(4、5、6、7)=\overline{A}B$$

（3）写出最简表达式为

$$Y=\overline{A}B+BD+\overline{B}\,\overline{D}$$

如果不利用无关项化简，则化简结果为

$$Y=\overline{A}B\overline{D}+ABD+A\overline{B}C\overline{D}$$

由此可见，充分利用无关项进行化简，可以得到更为简单的结果。

5.7 集成门电路及其芯片

逻辑代数中的基本逻辑运算和复合逻辑运算都可以用相应的电路来实现，这样的电路称为逻辑门电路。TTL 集成电路是双极型集成电路的典型代表，在结构上采用半导体三极管器件。这里先介绍 TTL 集成与非门电路。

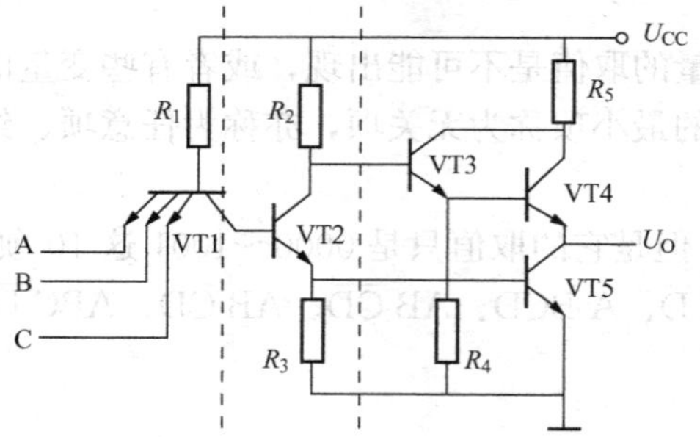

图 5-25 TTL 与非门典型电路

5.7.1 TTL 与非门

1. TTL 与非门电路

TTL 与非门电路如图 5-25 所示，由输入级（VT1、R_1）、中间级（VT2、R_2、R_3）、输出级（VT3、VT4、VT5、R_4、R_5）组成。输入级能够实现输入变量 A、B、C 的与运算，中间级相当于一个电压分相器，在 VT2 的发射极和集电极上分别得到两个相位相反的电压给推拉式结构的输出级以完成非逻辑功能。

2. TTL 与非门的电压传输特性

图 5-26（a）为传输特性的测试电路，A、B 接 U_{CC} 或悬空。图 5-26（b）为 TTL 与非门输出电压 U_O 与输入电压 U_I 的关系曲线，即电压传输特性曲线。

AB 段：截止区。输入信号 $0V<U_I<0.6V$，为低电平，输出信号 $U_O=3.6V$，为高电平。输入低电平输出高电平状态，也称与非门截止或关闭状态。

BC 段：线性区。$0.6V\leqslant U_I<1.3V$，U_O 随着输入信号的增大而线性下降。

CD 段：转折区。线性区结束后，$U_I\geqslant 1.3V$，U_O 突然下降到 0.3V，实现高低电平转换。

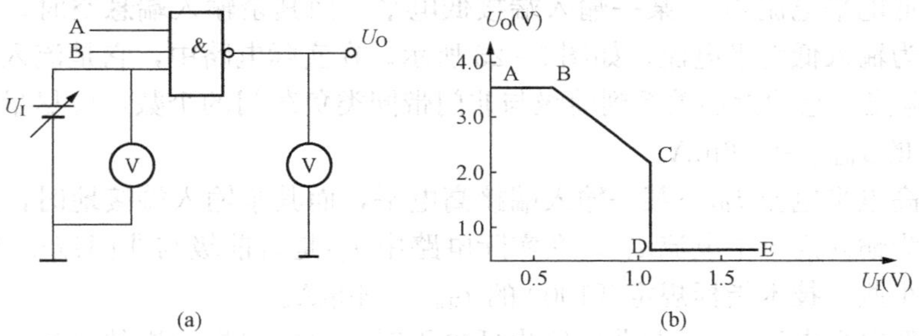

图 5-26 TTL 与非门电压传输曲线
(a) 测试电路；(b) 电压传输特性

DE 段：饱和区。这时输出低电平不再变化，但是电路内部的变化仍在继续进行，称为与非门饱和或开通状态。

3. TTL 与非门的主要参数

表 5-8 列出了 T1000 等四个 2 输入与非门的主要性能参数。使用者应了解这些参数的定义，以便合理地使用它们。

表 5-8　T1000、T2000、T3000、T4000 系列四个 2 输入与非门的主要性能参数

参数名称	单位	测试条件	T1000	T2000	T3000	T4000
输出高电平 U_{OHmin}	V		2	2	2	2
输出低电平 U_{OLmax}	V		0.8	0.8	0.8	0.8
输入高电平 U_{IHmin}	V		2.4	2.4	2.7	2.7
输入低电平 U_{ILmax}	V	U_{CC}=5.5V，U_{IL}=0.8V，I_{OHmax}	0.4	0.4	0.5	0.5
输入高电平电流 I_{IHmax}	μA	U_{CC}=4.5V，U_{IH}=2V，I_{OLmax2}	40	50	50	20
输入低电平电流 I_{ILmax}	mA	U_{CC}=5.5V，U_{IH}=U_{OHmin}	1.6	2	2	0.4
输出高电平电流 I_{OHmax}	mA	U_{CC}=5.5V，U_{IL}=U_{OLmax}	0.4	0.5	1	0.4
输出低电平电流 I_{OLmax}	mA		16	20	20	4
电源电流 I_{CCL}	mA		22	40	36	4.4

(1) 输出高电平 U_{OH}。当有一个或几个输入端接低电平时的输出电平值称为输出高电平。技术指标规定 T1000 的输出高电平下限值 U_{OHmin}=2.4V（典型值为 3.6V）。

(2) 输出低电平 U_{OL}。在额定负载下，所有输入端全接高电平时的输出电平称为输出低电平。技术指标规定 T1000 的输出低电平上限值 U_{OLmax}=0.4V。

(3) 输入高电平 U_{IH}。在额定负载下，与输出低电平上限值所对应的输入高电平下限值，称为输入高电平。从图 5-26 (b) 电压传输特性可见，该值大约为 1.4V。CD 段曲线很陡，在产品检验时，如要准确测量这个数值，很不方便。技术指标规定 U_{IHmin}=2V。测试时，将输入电压固定为 2V，如输出不超过低电平上限值 0.4V，即为合格。U_{IH}又称为开门电平。

(4) 输入低电平 U_{IL}。与输出高电平下限值所对应的输入低电平上限值，称为输入低电平。从图 5-26 (b) 可见，大约为 1.2V。工厂中不实测这个电压的数值，技术指标规定 U_{ILmax}=0.8V。测试时，将输入电压固定为 0.8V，如输出不低于高电平下限值 2.4V，即为合格。U_{IL}又称为关门电平。

(5) 输入低电平电流 I_{IL}。某一输入端接低电平，而其余输入端悬空时，从这个输入端流出的电流称为输入低电平电流，如图 5-25 所示。在实际电路中，它是流入前级与非门输出管 V5 的灌电流，它的大小关系到前级与非门带同类负载门的个数，应尽量小些。技术指标规定 T1000 的 $I_{ILmax}=1.6mA$。

(6) 输入高电平电流 I_{IH}。某一输入端接高电平，而其余输入端接地时，从这个输入端流进的电流称为输入高电平电流 I_{IH}。在实际电路中 I_{IH} 是自前级与非门流出的拉电流负载，此值也应尽量小些。技术指标规定 T1000 的 $I_{IHmax}=40\mu A$。

(7) 输出低电平电流 I_{OL}。与非门输出低电平时，自输出端流进的电流，即灌电流，称为输出低电平电流 I_{OL}。受与非门输出电阻的影响，I_{OL} 越大，U_{OL} 越高。由于 U_{OL} 有一最大值的限制，所以 I_{OL} 也有最大值的限制。技术指标规定 T1000 的 $I_{OLmax}=16mA$。

(8) 输出高电平电流 I_{OH}。与非门输出高电平时，自输出端流出的电流，即拉电流，称为输出高电平电流 I_{OH}。受与非门输出电阻的影响，当 I_{OH} 增大时，U_{OH} 随之下降，因此 I_{OH} 的大小受 U_{OHmin} 的限制。又因为功耗的限制，技术指标规定 T1000 的 $I_{OHmax}=0.4mA$。

(9) 低电平电源电流 I_{CCL}。输入端悬空，输出端空载，输出为低电平时的电源电流称为低电平电源电流。将 I_{CCL} 与电源电压 U_{CC} 相乘，称为空载导通功耗，此值越小越好。

4. TTL 与非门电路使用注意事项

(1) 多余或暂时不用的输入端的处理。

1) 对暂时不用的输入端，在外界干扰较小时可采用悬空的方法，如图 5-27 (a) 所示。此方法相当于悬空输入端接高电平。

2) 多余的输入端（“与门”和“与非门”）接电源或（“或门”和“或非门”）接地时，在集成电路电源和地之间应接一个高频电容，以消除电源线上的噪声干扰，如图 5-27 (b) 所示。用这种方法电路工作性能稳定可靠。

3) 多余的输入端可以并联使用，如图 5-27 (c) 所示。这种处理方法会影响前级负载及增加输入电容，影响电路的工作速度。多余的输入端可以剪去，如图 5-27 (d) 所示。

(2) 输出端的处理。

1) 基本型的 TTL 与非门电路输出端不允许相互并联，否则将损坏器件。

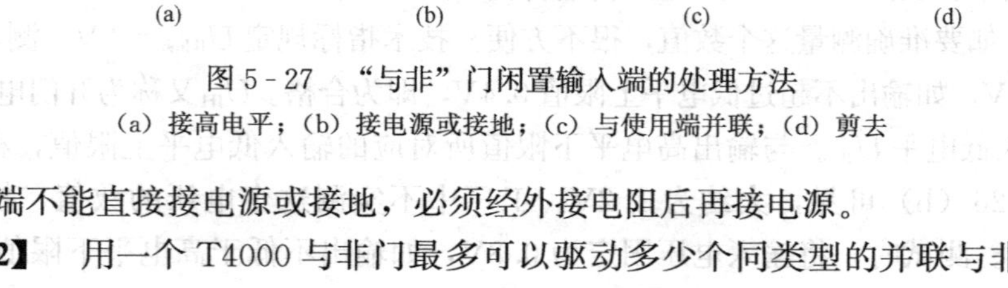

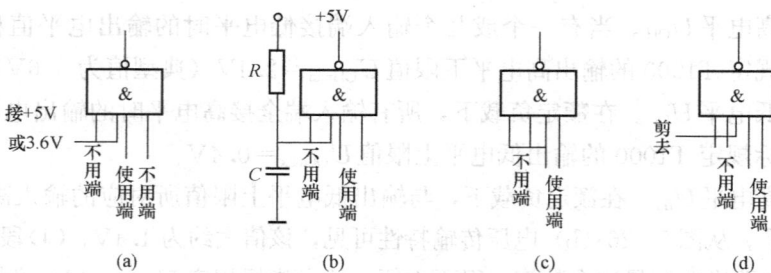

图 5-27 “与非”门闲置输入端的处理方法

(a) 接高电平；(b) 接电源或接地；(c) 与使用端并联；(d) 剪去

2) 输出端不能直接接电源或接地，必须经外接电阻后再接电源。

【例 5-22】 用一个 T4000 与非门最多可以驱动多少个同类型的并联与非门电路负载（称为扇出系数 N_0）？

解 已知T4000与非门输出低电平电流 $I_{OL}=4mA$，输入高电平电流 $I_{IH}=0.4mA$，与非门可以驱动负载门的个数为

$$N_1 = 4/0.4 = 10$$

T4000与非门输出高电平电流 $I_{OH}=0.4mA$，输入高电平电流 $I_{IL}=20\mu A$，与非门可以驱动负载门的个数为

$$N_2 = 400/20 = 20$$

综合以上两种情况可以得出结论：T4000与非门驱动同类型门电路的最大数目 $N_0=10$。这个数值又称为门电路的扇出系数。

5.7.2 三态门

1. 三态门符号

三态门是在普通与非门电路的基础上增加使能控制端EN构成的。三态门有输出低电平、输出高电平和高阻状态三种状态。三态门电路的逻辑符号如图5-28所示。

2. 利用三态门实现信号的传输控制

三态门的重要用途之一是应用在计算机的数据总线上，实现在同一根总线上轮流传输不同的数据信号或控制信号。图5-29是由一条总线接受3个三态门的输出信号。该电路工作时，仅有1个门处于有效状态，即各个门电路的控制端轮流处于有效状态，这样就将各个门的输出信号轮流送到总线上而不互相干扰。

图5-28 三态门逻辑符号

(a) 控制端高电平有效；(b) 控制端低电平有效

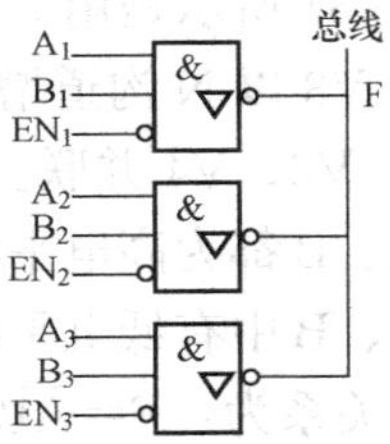

图5-29 利用三态门控制传输信号

5.7.3 MOS门电路

如果让MOS管只工作在截止区和饱和区，那么就可以将MOS管作为开关器件使用。以MOS管作为开关器件的电路均称为MOS门电路。同双极型集成逻辑门电路一样，采用MOS器件也可以制造成各种各样的集成逻辑门电路，如与门、或门、与非门、或非门、三态门等。就逻辑功能而言，它们与TTL门电路并无区别，符号表示也相同。此外还有将NMOS管和PMOS管同时制造在一块晶片上的所谓互补器件，称为CMOS电路。下面举例说明。

1. CMOS非门电路

图5-30（a）所示是用CMOS管制成的非门电路。

V1为NMOS管，V2为PMOS管，两管的栅极接在一起，作为输入，漏极接在一起作为输出。V1的源极接地，V2的源极接 U_{DD}（+10V），则 $u_{G1S1}=u_A$，$u_{S2G2}=U_{DD}-u_A$。

设V1管开启电压 $U_{T1}=3V$，V2管开启电压 $U_{T2}=3V$。

当 $u_A=+10V$ 时，由于 $u_{G1S1}=u_A=10V>U_{T1}$，V1管饱和导通，而 $u_{S2G2}=U_{DD}-u_A=$

0V，V2 管截止，相当于开关 S_2 断开，如图 5-30（b）所示，输出经 R_{D1S1} 下拉至 0V，其中 R_{D1S1} 为 V1 漏源极间电阻。

当 $u_A=0V$ 时，由于 $u_{G1S1}=u_A=0V<U_{T1}$，V1 管截止，而 $u_{S2G2}=U_{DD}-u_A=10V>U_{T2}$，V2 管饱和导通，相当于开关 S_1 断开，如图 5-30（c）所示，输出经 R_{D2S2} 上拉至 U_{DD}，所以 $u_F=U_{DD}=10V$。

当 V1 管导通时，V2 管子截止[如图 5-30（b）所示]，相当于 $R_D=\infty$，故 $u_F=0V$。

当 V2 管导通时，V1 管子截止[如图 5-30（c）所示]，$R_D=R_{D2S2}$ 很小，故 $u_F=10V$。

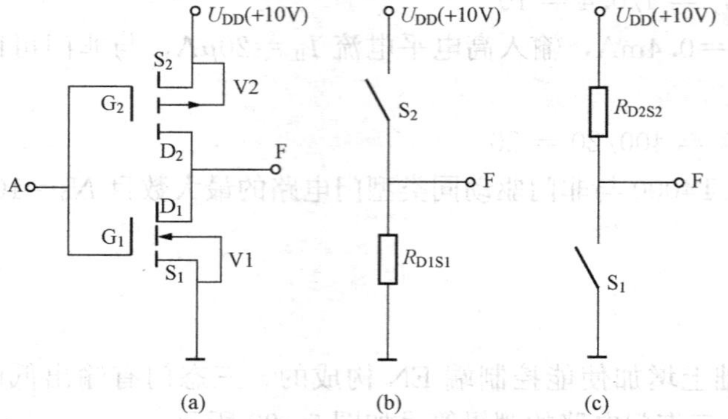

图 5-30　CMOS 非门电路

（a）电路；（b）导通等效电路；（c）截止等效电路

当 V1 由导通变为截止时，由于 R_{D2S2} 很小，电源向容性负载的充电时间减少，工作速度得到提高。

2. CMOS 与非门电路

图 5-31 所示是用 CMOS 管制成的与非门电路。

V1、V3 以 N 沟道增强型管作为驱动管，V2、V4 以 P 沟道增强型管作为负载管，V1、V3 串联，V2、V4 并联。

当 A、B 都为高电平时，V1、V3 导通，输出电压为 V1、V3 两导通管压降之和。

当 A、B 中有低电平时，驱动管不通，但负载管中栅极接低电平的导通，输出高电平，输入输出关系为：$F=\overline{AB}$。

3. CMOS 或非门电路

图 5-32 所示是用 CMOS 管制成的或非门电路。

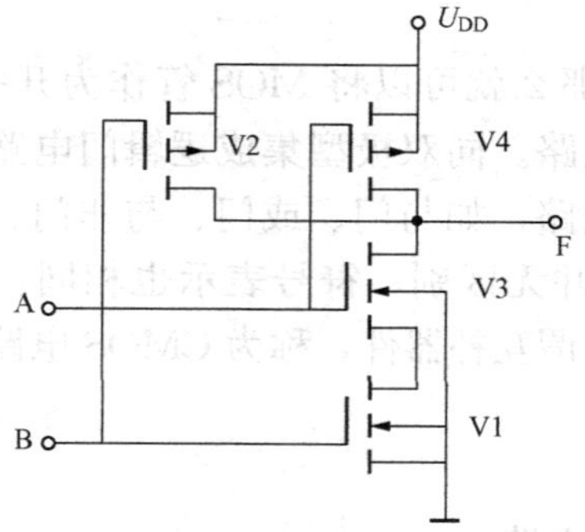

图 5-31　CMOS 与非门电路

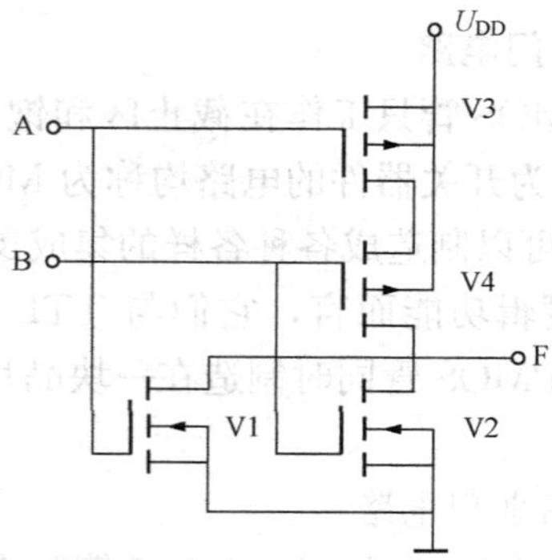

图 5-32　CMOS 或非门电路

V1、V2 为并联的 NMOS 驱动管，V3、V4 为串联的 PMOS 管。

当 A=1，V1 导通时，F=0；B=1，V2 导通时，F=0；A=B=0，V1、V2 都截止，同时 V3、V4 都导通时，F=1。输入输出关系为：$F=\overline{A+B}$。

4. CMOS传输门

图5-33所示是用CMOS管制成的传输门。

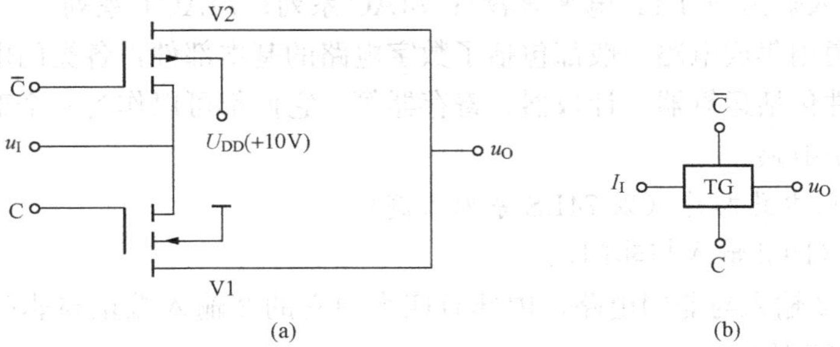

图5-33 CMOS传输门

(a) 电路；(b) 符号

CMOS传输门是一种控制信号通过与否的电子开关。它由一个NMOS管和一个PMOS管并联组成，电路和符号如图5-33所示。两管的源极接在一起作为输入端，漏极接在一起作为输出端。两个栅极是一对控制端，分别接入控制信号C和$\overline{C}$。NMOS管V1衬底接地，PMOS管V2衬底接电源U_{DD}。

设图5-33（a）中两管的开启电压为3V，电源电压U_{DD}=10V，输入电压u_I在0～10V之间变化。当控制信号C=0、$\overline{C}$=10V时，V1和V2都截止，输入和输出之间相当于断开，不能传输信号。

当C=10V，$\overline{C}$=0时，如u_I在7V以内，则V1导通；如u_I在3～10V之间，则V2导通。因此，当u_I在0～10V之间变化时，至少有一个管子导通，输入和输出之间呈低阻态，可以把输入信号传送到输出端。

综上所述可知，CMOS传输门的导通与截止取决于控制信号。当C=1，$\overline{C}$=0时，传输门导通；C=0，$\overline{C}$=1时，传输门截止。

传输门是CMOS集成电路的基本单元，传输门和逻辑门组合在一起，可构成各种复杂的CMOS电路，如触发器、计数器、移位寄存器、运算部件、微处理器及存储器等。

传输门的另一个重要作用是作双向模拟开关。实用的模拟开关通常由传输门和一个反相器组成，如图5-34（a）所示。

当控制端为高电平时，输入、输出之间导通；当控制端为低电平时，输入、输出之间断开。CMOS双向模拟开关的符号如图5-34（b）所示。

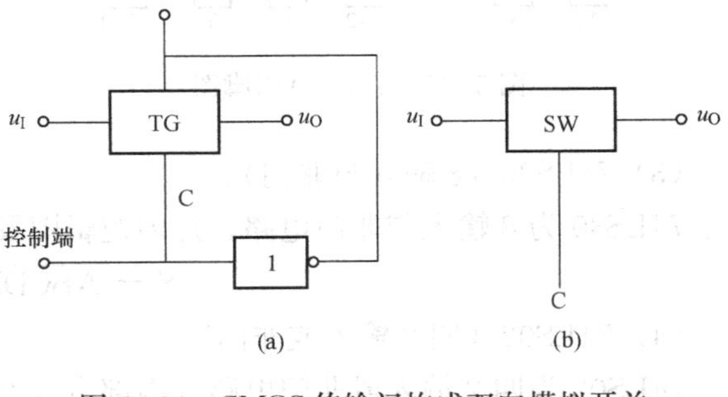

图5-34 CMOS传输门构成双向模拟开关

(a) 电路；(b) 符号

5.7.4 常用集成电路芯片

现在已经知道了集成电路按照其使用的材料可分为TTL集成电路、CMOS集成电路等。常用的集成电路系列如下：

TTL集成电路系列有：74，74H，74S，74AS，74LS，74ALS，74FAST等。

CMOS 集成电路系列有：标准 CMOS4000B、4500B 系列；高速 CMOS40H 系列；新型高速型 CMOS74HC 系列（与 74LS 系列功能引脚兼容）；74HC4000 系列；74HC4500 系列；74HCT 系列（输入输出与 TTL 电平兼容）；74AC 系列；74ACT 系列。

上述系列的通用集成电路一般都包括了数字电路的基本部件：各类门电路，各类触发器以及其他数字部件包括运算器、计数器、寄存器等。它们都可以作为一个部件选用，或扩展组成更复杂的数字电路。

1. TTL 集成门电路芯片（以 74LS 系列为例）

(1) 74LS00（四 2 输入与非门）。

74LS00 为四 2 输入与非门电路，内部有四个独立的 2 输入端正与非门电路。片内逻辑图及引脚如图 5-35 所示。

该电路能够完成的功能为：$Y1=\overline{A1\cdot B1}$，$Y2=\overline{A2\cdot B2}$，$Y3=\overline{A3\cdot B3}$，$Y4=\overline{A4\cdot B4}$，即 $Y=\overline{A\cdot B}$。

其中引脚 14 接电源正极 U_{CC}（+5V），引脚 7 接电源负极 GND 即地（0V）。引脚编号顺序是：以芯片缺口向左为参照，下排最左引脚为 1 号，按逆时针方向由小到大排列。一般电源正极 U_{CC} 接缺口上排最左脚，电源地 GND 接缺口下排最右脚。这种排号规律同样适用于其他集成电路。

(2) 74LS04（六非门）。

74LS04 为六非门电路，内部有 6 个独立的非门电路。片内逻辑图及引脚如图 5-36 所示。其逻辑功能为

$$Y=\overline{A}$$

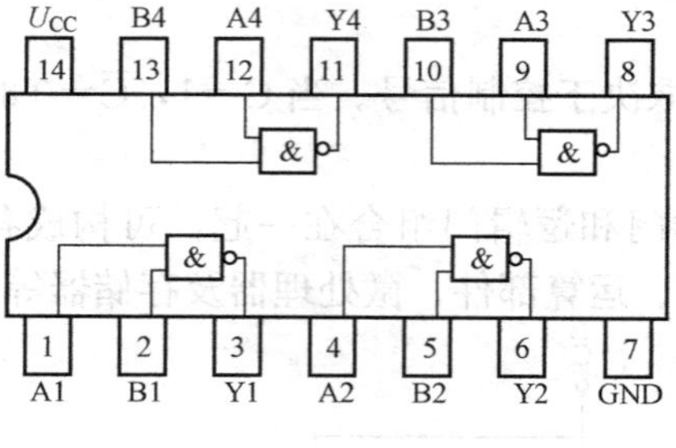

图 5-35 74LS00 引脚图

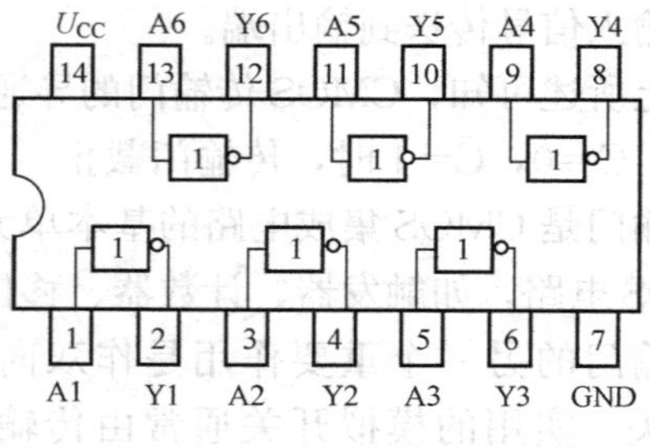

图 5-36 74LS04 引脚图

(3) 74LS30（8 输入与非门）。

74LS30 为 8 输入与非门电路，片内逻辑图及引脚如图 5-37 所示。其逻辑功能为

$$Y=\overline{ABCDEFGH}$$

(4) 74LS02（四 2 输入或非门）。

74LS02 为四 2 输入或非门电路，内部有 4 个独立的 2 输入端正或非门电路。片内逻辑图及引脚如图 5-38 所示。

该电路能够完成的功能为 $Y1=\overline{A1+B1}$，$Y2=\overline{A2+B2}$，$Y3=\overline{A3+B3}$，$Y4=\overline{A4+B4}$，即 $Y=\overline{A+B}$。

(5) 74LS06（六集电极开路反相驱动器）。

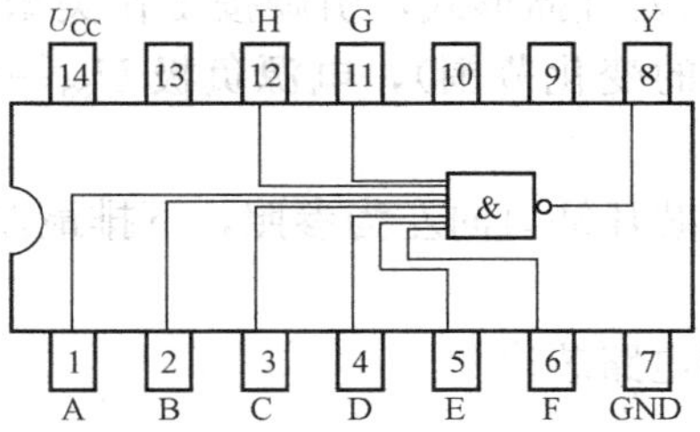

图 5-37 74LS30 引脚图

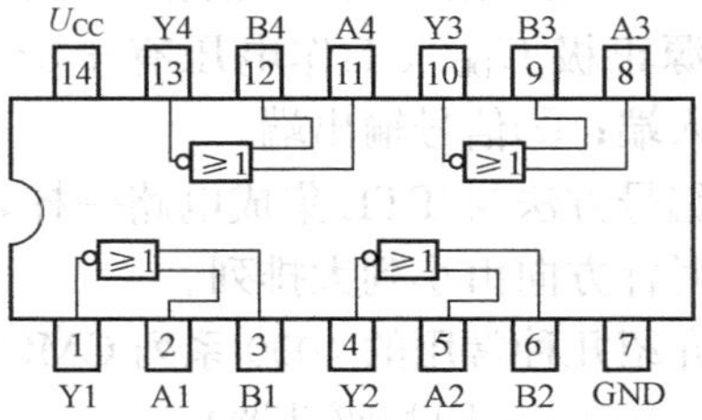

图 5-38 74LS02 引脚图

74LS06 含有 6 个独立的集电极开路反相驱动器，其片内逻辑图及引脚如图 5-39 所示。其逻辑功能为

$$Y=\overline{A}$$

这种芯片的输出端可加 30V 高压，可带 40mA 的负载，常用于 LED（发光二极管）显示电路中，进行段码及位码的电流驱动。此外 74LS07 是六集电极开路的同相驱动器，其逻辑功能是 Y=A，特性与 74LS06 类似。

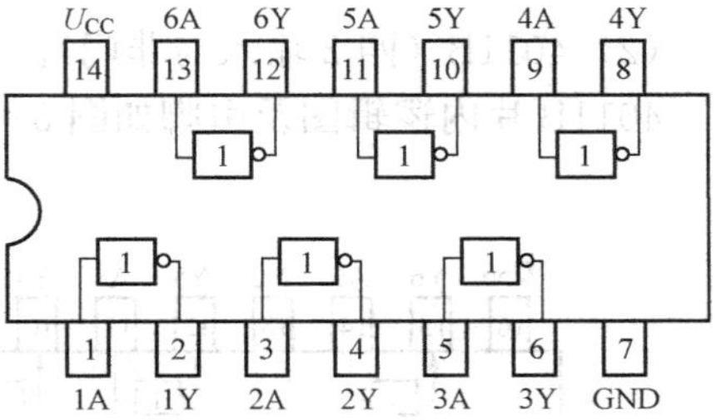

图 5-39 74LS06 引脚图

一般常用 74LS 系列集成门电路的名称及功能如表 5-9 所示。

表 5-9 常用 74LS 系列集成门电路的名称及功能

型 号	名 称	功 能
74LS00	四 2 输入与非门	$Y=\overline{AB}$
74LS01	四 2 输入与非门（OC）	$Y=\overline{AB}$
74LS02	四 2 输入或非门	$Y=\overline{A+B}$
74LS04	六非门	$Y=\overline{A}$
74LS08	四 2 输入与门	$Y=AB$
74LS10	三 3 输入与非门	$Y=\overline{ABC}$
74LS11	三 3 输入与门	$Y=ABC$
74LS21	双 4 输入与门	$Y=ABCD$
74LS27	三 3 输入或非门	$Y=\overline{A+B+C}$
74LS30	8 输入与非门	$Y=\overline{ABCDEFGH}$
74LS32	四 2 输入或门	$Y=A+B$
74LS86	四 2 输入异或门	$Y=A\oplus B$
74LS06	六集电极开路反相驱动器	$Y=\overline{A}$
74LS07	六集电极开路同相驱动器	$Y=A$

2. CMOS 集成门电路芯片

注意 4000/4500 系列中同编号的器件并不表示具有相同的逻辑功能。如 4000B 与 4500B 的逻辑功能就不同，4000B 是双 3 输入或非门加反相器，而 4500B 是一位微处理器。

4000/4500 系列数字集成电路也是采用塑封双列直插形式，引脚按工作类型可分为三类：①电源正极 U_{DD}（工作电压有＋3～＋18V 的变化范围），电源负极 U_{SS}一般接地；②信号输入端；③信号输出端。

引脚编号方法与 TTL 集成电路一样，也是以芯片缺口向左为参照，下排最左引脚为 1 号，按逆时针方向由小到大排列。

下面介绍几种常用的 4000 系列 CMOS 集成门电路芯片。

（1）4010B（六同相驱动器）。

4010B 片内逻辑图及引脚如图 5-40 所示。其逻辑功能为

$$Y = A$$

（2）4011B（四 2 输入与非门）。

4011B 片内逻辑图及引脚如图 5-41 所示。其逻辑功能为

$$Y = \overline{A \cdot B}$$

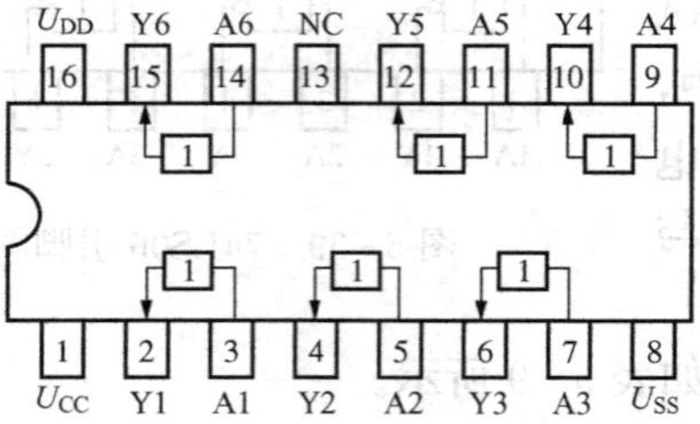

图 5-40　4010B 引脚图

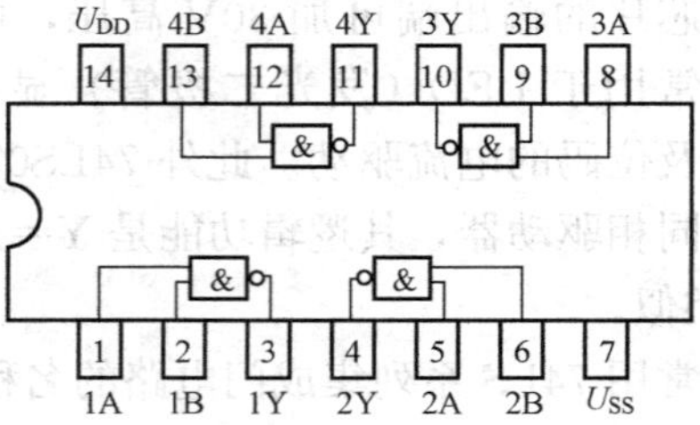

图 5-41　4011B 引脚图

一般常用 4000 系列集成门电路的名称及功能如表 5-10 所示。

表 5-10　　常用 4000 系列集成门电路的名称及功能

型　　号	名　　称	功　　能
4000B	二个 3 输入或非门，一个反相器	$Y1=\overline{A+B+C}$，$Y2=\overline{D}$
4001B	四 2 输入或非门	$Y=\overline{A+B}$
4002B	二 4 输入或非门	$Y=\overline{A+B+C+D}$
4009B	六反相器（驱动器）	$Y=\overline{A}$
4010B	六缓冲器	$Y=A$
4011B	四 2 输入与非门	$Y=\overline{AB}$
4012B	双 4 输入与非门	$Y=\overline{ABCD}$
4023B	三 3 输入与非门	$Y=\overline{ABC}$
4025B	三 3 输入或非门	$Y=\overline{A+B+C}$
4068B	8 输入与非门（互补输出）	$Y_1=\overline{ABCDEFGH}$ $Y_2=ABCDEFGH$
4069B	六反相器	$Y=\overline{A}$
4070B	四 2 输入异或门	$Y=A\oplus B$
4078B	8 输入或门（互补输出）	$Y_1=A+B+C+D+E+F+G+H$ $Y_2=\overline{A+B+C+D+E+F+G+H}$

本 章 小 结

（1）二进制广泛用于数字电路中，主要是因为它只有 0 和 1 这 2 个数码，电路上用高、低两种电平就能实现，且电路较简单。BCD 码是数字电路中用来表示十进制数的一种常用方法。

（2）逻辑函数的四种表示方法之间可以互相转换。逻辑函数的最小项表达式具有唯一性。

（3）逻辑代数与普通代数有相似的运算规律，但两者本质完全不同，不能混淆。虽然逻辑变量取值也用 0 和 1 表示，但它代表的是两种对应状态。

（4）代数法可以对任何逻辑函数化简，但它要求熟练地运用公式，并具有一定技巧。卡诺图化简法则比较直观、简便，也易于掌握，但当变量增多时，用卡诺图化简就显得太复杂，故卡诺图化简法多用于四变量以下逻辑函数的化简。

（5）TTL 与非门集成电路是双极型集成电路，虽然 TTL 集成电路得到广泛的应用，但在高速、高抗干扰和高集成度方面还远远不能满足需要，因而出现了其他类型的双极型集成电路。

（6）MOS 管可分为两类：NMOS 管和 PMOS 管。把 NMOS 管和 PMOS 管同时制造在一块晶片上的互补器件，称为 CMOS 电路。如果 MOS 管只工作在截止区和饱和区，则可作为开关器件使用。MOS 管作为开关器件的电路均称为 MOS 门电路。采用 MOS 器件也可以制造出各种各样的集成逻辑门电路，如与门、或门、与非门、或非门、三态门等。

习 题

5-1 将下列二进制数转换为十进制数。

（1）$(101011)_2$。

（2）$(1101.01)_2$。

5-2 将下列十进制数转换为二进制数。

（1）$(3.45)_{10}$。

（2）$(25)_{10}$。

5-3 用 8421BCD 码表示下列十进制数。

（1）$(27)_{10}$。

（2）$(41.8)_{10}$。

5-4 有一数码 10010111，作为二进制数和 8421BCD 码时，其相应的十进制数分别为多少？

5-5 列出下列各函数的真值表，说明 F_1 和 F_2 有何关系。

（1）$F_1=A\overline{B}+B\overline{C}+C\overline{A}$， $F_2=\overline{A}B+\overline{B}C+\overline{C}A$。

（2）$F_1=ABC+\overline{A}\,\overline{B}\,\overline{C}$， $F_2=\overline{A\overline{B}+B\overline{C}+C\overline{A}}$。

5-6 利用公式证明下列等式。

（1）$\overline{\overline{A}\,\overline{B}\,\overline{C}}\cdot\overline{AB+BC+CA}+ABC=\overline{(\overline{A}+\overline{B}+\overline{C})\,\overline{\overline{A}\,\overline{B}+\overline{B}\,\overline{C}+\overline{C}\,\overline{A}}+\overline{A}\,\overline{B}\,\overline{C}}$。

(2) $\overline{(C\oplus D)+C}=\overline{C}\cdot\overline{D}$。

(3) $ABC+A\overline{B}\overline{C}+\overline{A}B\overline{C}+\overline{A}\overline{B}C=A\oplus B\oplus C$。

5-7 试写出图5-42所示各逻辑电路的逻辑表达式，并进行化简。

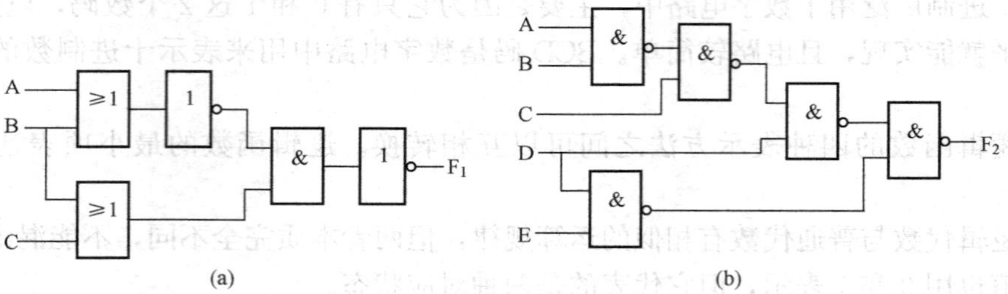

图5-42 习题5-7图

5-8 代数法化简逻辑函数。

(1) $F_1=A\overline{B}\overline{C}+A\overline{B}C+AB\overline{C}+ABC$。

(2) $F_2=(A+B)C+\overline{A}C+AB+ABC+\overline{B}C$。

(3) $F_3=\overline{AC+\overline{A}BC+\overline{B}C}+AB\overline{C}$。

(4) $F_4=\overline{AC+\overline{A}BC+\overline{B}C}+\overline{A\overline{B}C+\overline{A}C+BC}$。

(5) $F_5=A\overline{C}+ABC+AC\overline{D}+CD$。

(6) $F_6=\overline{AB}+BC+AC+\overline{ACD}+A\overline{C}E+\overline{A}CF$。

5-9 用卡诺图化简逻辑函数。

(1) $F_1(A,B,C,D)=A\overline{B}+\overline{A}C+\overline{C}\,\overline{D}+D$

(2) $F_2(A,B,C,D)=A\overline{B}CD+AB\overline{D}+\overline{A}\,\overline{B}C+\overline{B}D$

(3) $F_3(A, B, C)=\sum m(0, 1, 2, 3, 6, 7)$

(4) $F_4(A, B, C, D)=\sum m(3, 5, 8, 7, 11, 13, 14, 15)$

5-10 化简下列具有无关项的逻辑函数。

(1) $F_1(A, B, C, D)=\sum m(0, 2, 7, 13, 15)+\sum d(1, 3, 4, 5, 6, 8, 10)$

(2) $F_2(A, B, C, D)=\sum m(2, 4, 6, 7, 12, 15)+\sum d(0, 1, 3, 8, 9, 11)$

(3) $F_3(A, B, C, D)=\sum m(1, 2, 4, 12, 14)+\sum d(5, 6, 7, 8, 9, 10)$

第6章 组合逻辑电路

数字逻辑电路大致可分为两大类：一类是组合逻辑电路；另一类是时序逻辑电路。本章将介绍组合逻辑电路。首先介绍组合逻辑电路的特点和分析、设计方法。然后对几种常用的典型组合逻辑电路进行分析。

6.1 组合逻辑电路的分析和设计方法

6.1.1 组合逻辑电路分析

1. 组合逻辑电路的概念

任意时刻电路的输出状态只取决于该时刻的输入状态，而与该时刻前的电路状态无关，这种数字电路称为组合逻辑电路，简称组合电路。

2. 组合逻辑电路的特点

（1）输出与输入的关系具有即时性。

在组合逻辑电路中，数字信号是单向传递的，即只有从输入到输出的传递，没有从输出到输入的反传递，所以电路输出只与输入的即时状态有关。

（2）逻辑电路可以有一个或多个输入端，也可以有一个或多个输出端。

3. 组合逻辑电路的分析

已知逻辑电路图，分析逻辑功能。分析步骤如下：

（1）由逻辑电路图逐级写出逻辑函数表达式。

（2）对写出的逻辑函数表达式进行化简，或变换逻辑表达式。

（3）根据最简表达式列出真值表。

（4）依据真值表或最简表达式确定电路的功能。

以上组合逻辑电路的分析步骤可用图6-1描述。

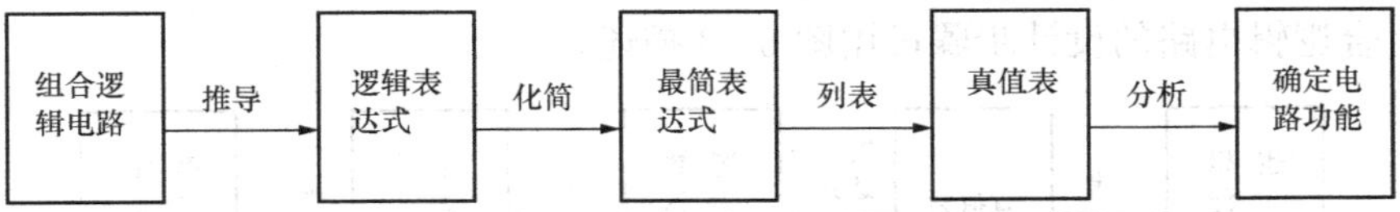

图6-1 组合逻辑电路的分析步骤

【例6-1】 分析如图6-2所示的逻辑电路的功能。

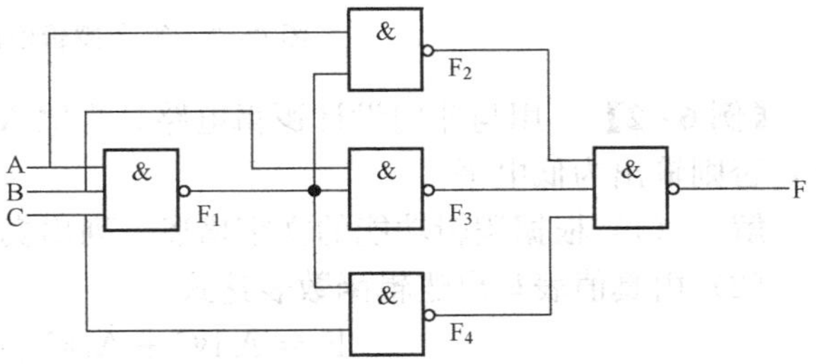

图6-2 ［例6-1］图

解 （1）写出给定逻辑电路的逻辑表达式。有

$$F_1=\overline{ABC}$$

$$F_2=\overline{A\cdot F_1}=\overline{A\cdot\overline{ABC}}$$

$$F_3=\overline{B\cdot F_1}=\overline{B\cdot\overline{ABC}}$$

$$F_4 = \overline{C \cdot F_1} = \overline{C \cdot \overline{ABC}}$$

$$F = \overline{F_2 \cdot F_3 \cdot F_4} = \overline{\overline{A \cdot \overline{ABC}} \cdot \overline{B \cdot \overline{ABC}} \cdot \overline{C \cdot \overline{ABC}}}$$

（2）化简逻辑函数 F。

$$
\begin{aligned}
F &= \overline{\overline{A \cdot \overline{ABC}} \cdot \overline{B\,\overline{ABC}} \cdot \overline{C \cdot \overline{ABC}}} \\
&= A \cdot \overline{ABC} + B \cdot \overline{ABC} + C \cdot \overline{ABC} \\
&= \overline{ABC} \cdot (A+B+C) \\
&= (A+\overline{B}+\overline{C}) \cdot (A+B+C) \\
&= \overline{A}B + \overline{A}C + A\overline{B} + \overline{B}C + A\overline{C} + B\overline{C} \\
&= \overline{A}B + \overline{B}C + A\overline{C} + A\overline{B} + B\overline{C} \\
&= \overline{A}B + \overline{B}C + A\overline{C} + B\overline{C} \\
&= \overline{A}B + \overline{B}C + A\overline{C}
\end{aligned}
$$

表 6-1　［例 6-1］的真值表

A	B	C	F
0	0	0	0
0	0	1	1
0	1	0	1
0	1	1	1
1	0	0	1
1	0	1	1
1	1	0	1
1	1	1	0

（3）列出真值表，如表 6-1 所示。

（4）分析确定电路的功能。

从真值表可看出：当输入一致（A、B、C 同时为 1 或同时为 0）时，输出为 0；当输入不一致时，输出为 1。所以，该电路是用来检查输入信号是否一致的，通常称这种电路为“不一致电路”。

6.1.2　组合逻辑电路的设计

组合逻辑电路设计的任务是设计出既能满足逻辑功能要求、电路可靠，同时又要尽可能地使电路简单、经济、所用器件符合要求。组合逻辑电路设计的步骤如下：

（1）根据逻辑功能的文字描述，列出真值表。

（2）由真值表写出逻辑函数表达式。

（3）化简逻辑函数表达式。

（4）根据逻辑函数表达式画出逻辑电路图。

以上组合逻辑电路的设计步骤可用图 6-3 描述。

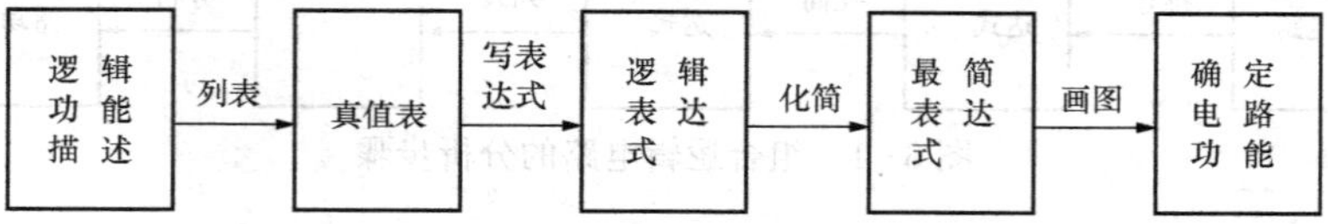

图 6-3　组合逻辑电路设计的步骤

【例 6-2】　用与非门设计逻辑电路，当输入信号中有奇数个高电平时，输出也是高电平，否则输出为低电平。

解　（1）根据逻辑功能的文字描述，列出真值表，如表 6-2 所示。

（2）由真值表写出逻辑函数表达式。

$$F = \overline{A}\,\overline{B}C + \overline{A}B\overline{C} + A\,\overline{B}\,\overline{C} + ABC$$

（3）逻辑函数表达式不能化简，将其变换为与非式。

$$F=\overline{\overline{\overline{A}\,\overline{B}C+\overline{A}B\overline{C}+A\overline{B}\,\overline{C}+ABC}}$$

$$=\overline{\overline{\overline{A}\,\overline{B}C}\cdot\overline{\overline{A}B\overline{C}}\cdot\overline{A\overline{B}\,\overline{C}}\cdot\overline{ABC}}$$

（4）根据逻辑函数表达式画出逻辑电路图，如图6-4所示。

表6-2　［例6-2］的真值表

A	B	C	F
0	0	0	0
0	0	1	1
0	1	0	1
0	1	1	0
1	0	0	1
1	0	1	0
1	1	0	0
1	1	1	1

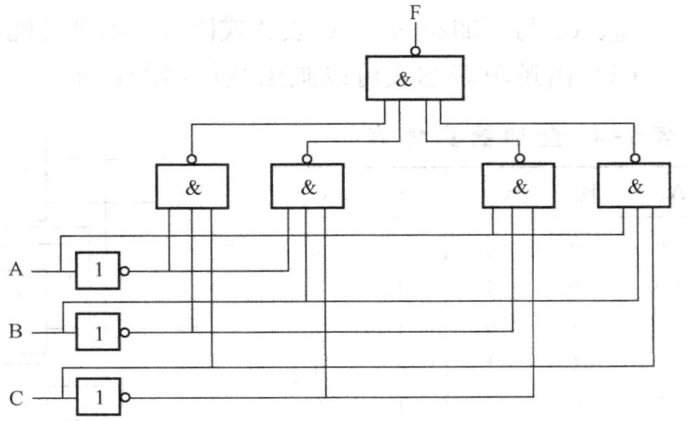

图6-4　［例6-2］图

【例6-3】　设计一个半加器。

两个一位二进制数本位相加（不考虑低位的进位）的加法运算称为半加，实现半加运算的电路称为半加器，简称HA。

表6-3　半加器真值表

A	B	S	C
0	0	0	0
0	1	1	0
1	0	1	0
1	1	0	1

解　（1）根据二进制数的加法运算法则，可以列出半加器的真值表，如表6-3所示。A、B为加数，S为本位和数、C为向高位的进位。

（2）由真值表可以写出两个输出函数的逻辑表达式。

$$S=\overline{A}B+A\overline{B}=A\oplus B$$

$$C=AB$$

（3）由逻辑表达式可以画出半加器的逻辑图，如图6-5所示。

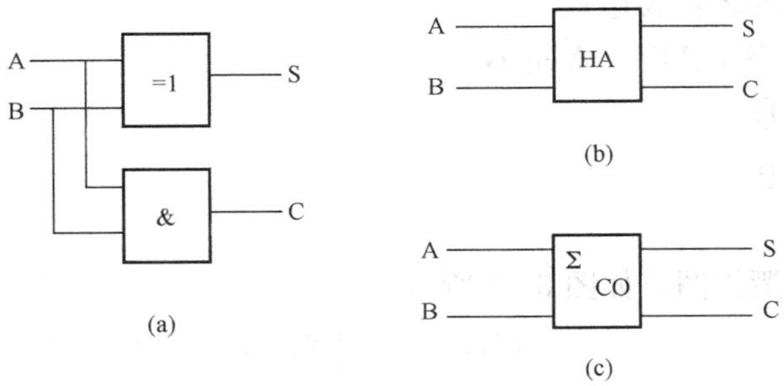

图6-5　［例6-3］图

（a）逻辑电路；（b）逻辑符号；（c）国际逻辑符号

【例6-4】　设计一个全加器。

两个二进制数本位相加时，在多数情况下，还要考虑来自低位的进位，把这种加法运算称为全加，实现全加运算的电路称为全加器，简称FA。设A_n、B_n为两个1位二进制数，C_{n-1}表示来自低位的进位，全加后得到本位的和为S_n，向高位进位为C_n。

解　（1）根据二进制数的加法运算法则，可以列出一位全加器的真值表，如表6-4所示。

（2）由真值表可以写出两个输出函数的逻辑表达式。

$$S_n=C_{n-1}(\overline{A}_n\overline{B}_n+A_nB_n)+\overline{C}_{n-1}(\overline{A}_nB_n+A_n\overline{B}_n)$$

$$= C_{n-1}(\overline{A_n \oplus B_n}) + \overline{C}_{n-1}(A_n \oplus B_n)$$
$$= A_n \oplus B_n \oplus C_{n-1}$$
$$C_n = C_{n-1}(\overline{A}_n B_n + A_n \overline{B}_n) + A_n B_n(\overline{C}_{n-1} + C_{n-1})$$
$$= C_{n-1}(A_n \oplus B_n) + A_n B_n$$

S_n、C_n 与半加器的 S、C 表达式比较，不难发现，全加器可用 2 个半加器及 1 个或门构成。

（3）由逻辑表达式可以画出全加器的逻辑图，如图 6-6 所示。

表 6-4　全加器真值表

A_n	B_n	C_{n-1}	S_n	C_n
0	0	0	0	0
0	0	1	1	0
0	1	0	1	0
0	1	1	0	1
1	0	0	1	0
1	0	1	0	1
1	1	0	0	1
1	1	1	1	1

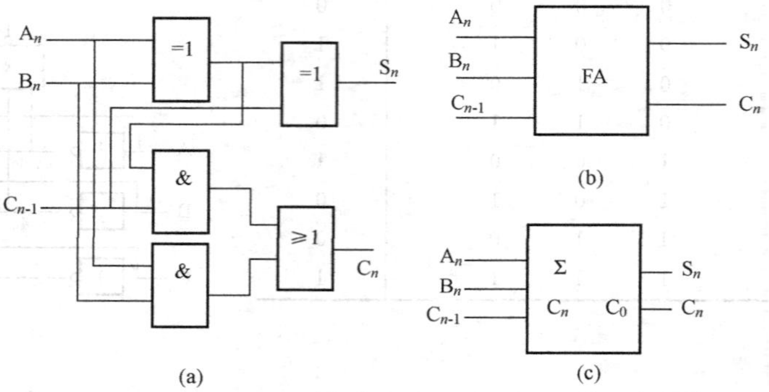

图 6-6　［例 6-4］图

（a）逻辑电路；（b）逻辑符号；（c）国际逻辑符号

【例 6-5】　设计一位数值比较器。

把两个二进制数 A 和 B 进行比较，以确定它们是否相等或谁大、谁小的组合逻辑电路称为数值比较器，简称比较器。

比较两个一位二进制数 A 和 B 的大小，可能会有以下 3 种情况：

当 A＝B 时，对应输出 $F_{A=B}$ 为高电平；

当 A＞B 时，对应输出 $F_{A>B}$ 为高电平；

当 A＜B 时，对应输出 $F_{A<B}$ 为高电平。

解　（1）根据以上分析，可以列出一位数值比较器的真值表，如表 6-5 所示。

（2）由真值表可以写出两个输出函数的逻辑表达式。

$$F_{A=B} = \overline{A}\,\overline{B} + AB = \overline{A \oplus B}$$
$$F_{A>B} = A\overline{B}$$
$$F_{A<B} = \overline{A}B$$

（3）由逻辑表达式可以画出比较器的逻辑图，如图 6-7 所示。

表 6-5　一位数值比较器真值表

A	B	$F_{A=B}$	$F_{A>B}$	$F_{A<B}$
0	0	1	0	0
0	1	0	0	1
1	0	0	1	0
1	1	1	0	0

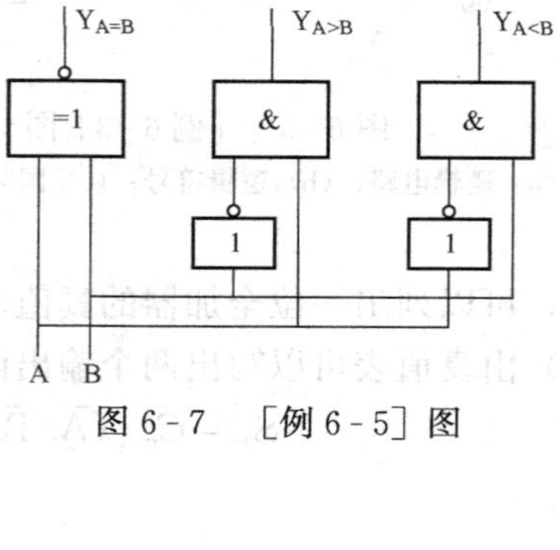

图 6-7　［例 6-5］图

6.2 常用组合逻辑部件

在数字系统中常用的编码器、译码器、加法器、数据比较器、数据选择器等都属于组合逻辑电路。本节将讨论它们的工作原理和使用方法，并介绍这些组合逻辑部件的中规模集成电路。

6.2.1 编码器

在数字系统中，经常需要把具有某种特定含义的信号变换成二进制代码，这种用二进制代码表示具有某种特定含义信号的过程称为编码。能完成编码的数字电路，称为编码器。

例如，在数字系统和计算机中，为了进行人机对话，必须有输入设备。输入设备是多种多样的，其中以键盘最为简单。键盘控制电路，实际上就是一种将键盘信号变成二进制信息输出的编码器。

1. 二进制编码器

将一般信号编为二进制代码的电路称为二进制编码器。1 位二进制代码可以表示两个信号，两位二进制代码有 00、01、10、11 四种组合，可以代表 4 个信号。依次类推，n 位二进制代码可以表示 2^n 个信号。

【例 6-6】　设计一个编码器，将 $I_0 I_1 \cdots I_7$ 的 8 个信号编成二进制代码。

解　(1) 分析题意，列出输入输出关系如表 6-6 所示。3 位二进制代码的组合关系是 $2^3=8$，因此 $I_0 I_1 \cdots I_7$ 这 8 个信号可用 3 位二进制代码表示，设 Y_2、Y_1、Y_0 为 3 位二进制数，编码器某一时刻只允许有一个信号输入，否则输出将会发生混乱。

(2) 写出逻辑表达式，并化简为

$$Y_2 = I_4 + I_5 + I_6 + I_7 = \overline{\bar{I}_4 \cdot \bar{I}_5 \cdot \bar{I}_6 \cdot \bar{I}_7}$$

$$Y_1 = I_2 + I_3 + I_6 + I_7 = \overline{\bar{I}_2 \cdot \bar{I}_3 \cdot \bar{I}_6 \cdot \bar{I}_7}$$

$$Y_3 = I_1 + I_3 + I_5 + I_7 = \overline{\bar{I}_1 \cdot \bar{I}_3 \cdot \bar{I}_5 \cdot \bar{I}_7}$$

(3) 画出逻辑图，如图 6-8 所示。

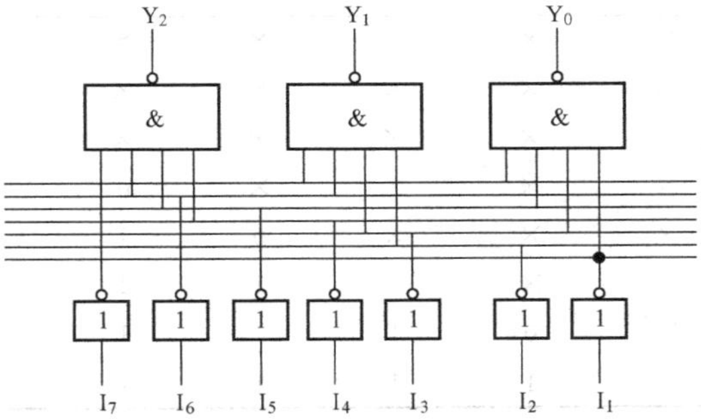

图 6-8　[例 6-6] 图

表 6-6　**3 位二进制编码的真值表**

I_7	I_6	I_5	I_4	I_3	I_2	I_1	I_0	Y_2	Y_1	Y_0
0	0	0	0	0	0	0	1	0	0	0
0	0	0	0	0	0	1	0	0	0	1
0	0	0	0	0	1	0	0	0	1	0
0	0	0	0	1	0	0	0	0	1	1
0	0	0	1	0	0	0	0	1	0	0
0	0	1	0	0	0	0	0	1	0	1
0	1	0	0	0	0	0	0	1	1	0
1	0	0	0	0	0	0	0	1	1	1

为了克服上述电路的局限性，又产生了优先编码器。在优先编码器中，允许几个信号同时加到输入端，而输入信号按优先顺序排队，当几个输入信号同时出现时，只对其中优先权最高的一个进行编码。

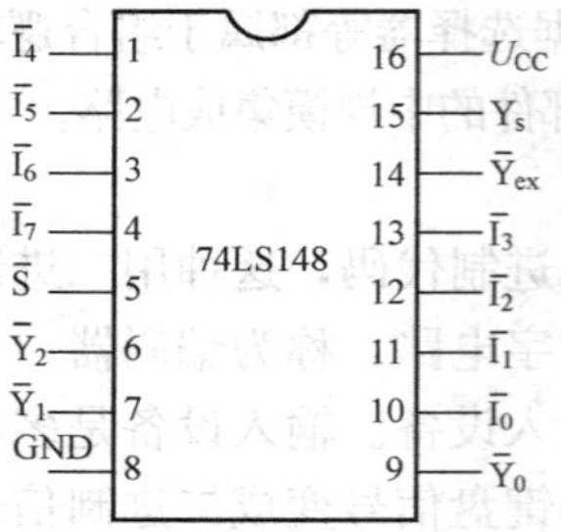

图 6-9 74LS148 编码器引脚图

常见的二进制优先编码器的型号为 74LS148，其引脚图如图 6-9 所示。该电路有 8 个输入信号线，可将 8 个信号 $\overline{I}_7\overline{I}_6\overline{I}_5\overline{I}_4\overline{I}_3\overline{I}_2\overline{I}_1\overline{I}_0$ 按高位优先原则编成 3 位二进制码，输入低电平有效，反码输出。该编码器设有选通输入端 $\overline{S}$。当 $\overline{S}=0$ 时，允许编码；当 $\overline{S}=1$ 时，输出端 $\overline{Y}_2$、$\overline{Y}_1$、$\overline{Y}_0$ 和 Y_S、$\overline{Y}_{EX}$ 均被封锁，编码被禁止。Y_S 为选通输出端，编码器正常工作时 $Y_S=1$；不工作时 $Y_S=0$。在串接应用时，高位片的 Y_S 与低位片 $\overline{S}$ 相连，以便扩展优先编码功能。$\overline{Y}_{EX}$ 为优先扩展输出端，编码器正常工作时 $\overline{Y}_{EX}=0$；不工作时 $\overline{Y}_{EX}=1$，应用它可以使所编数码输出位得到扩展。74LS148 的真值表如表 6-7 所示。

表 6-7　　8 线—3 线优先编码器的真值表

输入								输出		
$\overline{I}_0$	$\overline{I}_1$	$\overline{I}_2$	$\overline{I}_3$	$\overline{I}_4$	$\overline{I}_5$	$\overline{I}_6$	$\overline{I}_7$	$\overline{Y}_2$	$\overline{Y}_1$	$\overline{Y}_0$
×	×	×	×	×	×	×	0	0	0	0
×	×	×	×	×	×	0	1	0	0	1
×	×	×	×	×	0	1	1	0	1	0
×	×	×	×	0	1	1	1	0	1	1
×	×	×	0	1	1	1	1	1	0	0
×	×	0	1	1	1	1	1	1	0	1
×	0	1	1	1	1	1	1	1	1	0
0	1	1	1	1	1	1	1	1	1	1

【例 6-7】 试用两片 74LS148 接成一个 16 线—4 线优先编码器，将 $\overline{I}_{15}\sim\overline{I}_0$ 的 16 个低电平输入信号编为 0000～1111 的 16 个 4 位二进制代码。其中以 $\overline{I}_{15}$ 的优先权最高，$\overline{I}_0$ 的优先权最低。

解 由于每一片 74LS148 只有 8 个编码输入端，所以可将 $\overline{I}_{15}\sim\overline{I}_8$ 的 8 个优先权高的输入信号接到第（1）片上，而将 $\overline{I}_7\sim\overline{I}_0$ 的 8 个优先权低的输入信号接到第（2）片上。按照优先顺序的要求，两片之间应满足如下要求：只有 $\overline{I}_{15}\sim\overline{I}_8$ 均无信号时，才允许对 $\overline{I}_7\sim\overline{I}_0$ 的输入信号编码。为此只要把第（1）片的 Y_S 和第（2）片的 $\overline{S}$ 相连即可，其接线图如图 6-10 所示。

此外，当第（1）片有编码信号输入时，它的 $\overline{Y}_{EX}=0$，无编码信号输入时 $\overline{Y}_{EX}=1$，正好可以用它作为输出编码的第 4 位，以区分 8 个高优先权信号和 8 个低优先权信号的编码。若 $\overline{I}_{12}=0$，则片（1）的 $\overline{Y}_2\overline{Y}_1\overline{Y}_0=011$，而片（2）的 $\overline{Y}_2\overline{Y}_1\overline{Y}_0=111$，故 $Z_3Z_2Z_1Z_0=1100$，亦即将 $\overline{I}_{12}=0$ 的信号编成 1100 这个代码。

由图 6-10 可见，$\overline{I}_{15}\sim\overline{I}_8$ 全为高电平时，片（1）的 $Y_S=0$，故片（2）可以工作。此时片（1）的 $\overline{Y}_{EX}=1$，即 $Z_3=0$。片（1）的 $\overline{Y}_2\overline{Y}_1\overline{Y}_0=111$，假如现在 $\overline{I}_4=0$，则片（2）的 $\overline{Y}_2\overline{Y}_1\overline{Y}_0=011$，故输出编码 $Z_3Z_2Z_1Z_0=0100$，亦即将 $\overline{I}_4=0$ 的信号编成 0100 这个代码。

由此可见，此电路可将 $\overline{I}_{15}\sim\overline{I}_0$ 的 16 个低电平输入信号依次编为 0000～1111 的 16 个 4 位二进制代码。

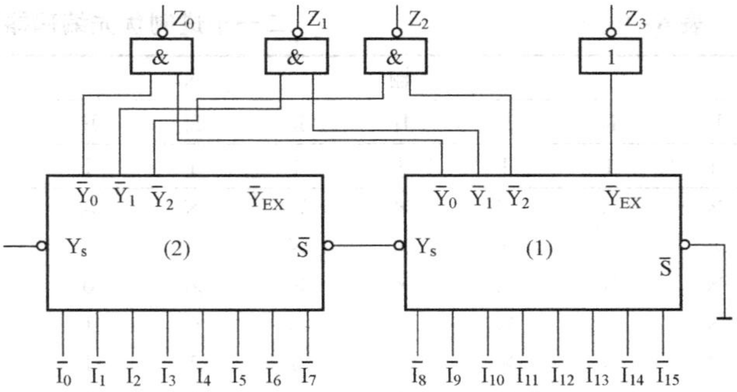

图 6 - 10 [例 6 - 7] 图

2. 二—十进制编码器

能够将十进制中 0～9 个数码编成二进制代码的电路称为二—十进制编码器。

8421BCD 编码器有 10 个输入端，4 个输出端，它能把十进制数转换成 8421BCD 码。该电路的框图如图 6 - 11 所示。

8421BCD 码从左至右各位权分别为 8、4、2、1，故而得名。每组代码加权系数之和就是它所代表的十进制数。8421BCD 编码器的编码表如表 6 - 8 所示。

表 6 - 8 8421BCD 编码表

十进制数	输入变量	8421BCD			
		D	C	B	A
0	I_0	0	0	0	0
1	I_1	0	0	0	1
2	I_2	0	0	1	0
3	I_3	0	0	1	1
4	I_4	0	1	0	0
5	I_5	0	1	0	1
6	I_6	0	1	1	0
7	I_7	0	1	1	1
8	I_8	1	0	0	0
9	I_9	1	0	0	1

输出端 D、C、B、A 的表达式为

$$D= I_8 + I_9$$
$$C= I_4 + I_5 + I_6 + I_7$$
$$B= I_2 + I_3 + I_6 + I_7$$
$$A= I_1 + I_3 + I_5 + I_7 + I_9$$

根据以上逻辑表达式即可画出逻辑图。

常见的集成二—十进制优先编码器的型号有 74LS147，其外部引脚图如图 6 - 12 所示。该电路可以将 10 个输入信号 $\overline{I}_9$、$\overline{I}_8\sim\overline{I}_1$、$\overline{I}_0$（$\overline{I}_0$ 不需输入端，一般省略）按高位优先原则编成 8421BCD 码，输出为 $\overline{Y}_3$、$\overline{Y}_2$、$\overline{Y}_1$、$\overline{Y}_0$。该电路输入为低电平有效，即 $\overline{I}_9\sim\overline{I}_0$ 取值为 0 时表示有信号。为 1 时为无信号。其输出为 8421 反码，例如，当 $\overline{I}_9=0$ 而其他信号任意时，$\overline{Y}_3\overline{Y}_2\overline{Y}_1\overline{Y}_0=0110$ 而不是 1001；当 $\overline{I}_9=1$、$\overline{I}_8=0$ 时，$\overline{Y}_3\overline{Y}_2\overline{Y}_1\overline{Y}_0=0111$。二—十进制优先编码器的真值表如表 6 - 9 所示。

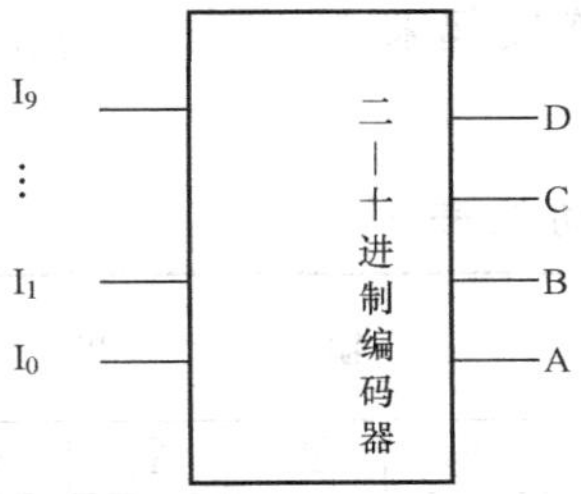

图 6 - 11 8421BCD 编码器框图

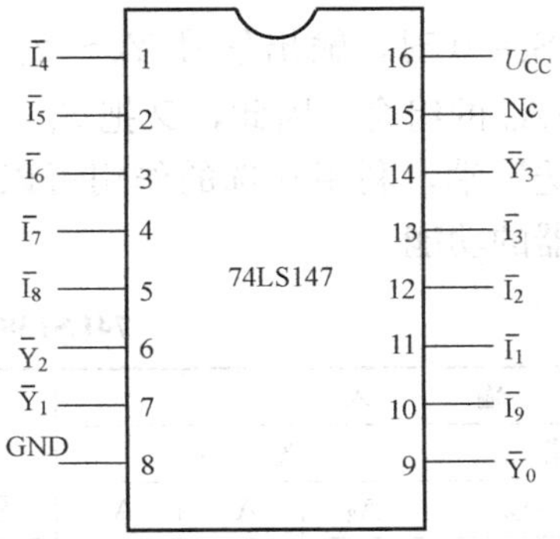

图 6 - 12 74LS147 引脚图

表 6-9　　　　二—十进制优先编码器的真值表

输				入					输	出		
$\overline{I}_1$	$\overline{I}_2$	$\overline{I}_3$	$\overline{I}_4$	$\overline{I}_5$	$\overline{I}_6$	$\overline{I}_7$	$\overline{I}_8$	$\overline{I}_9$	$\overline{Y}_3$	$\overline{Y}_2$	$\overline{Y}_1$	$\overline{Y}_0$
1	1	1	1	1	1	1	1	1	1	1	1	1
×	×	×	×	×	×	×	×	0	0	1	1	0
×	×	×	×	×	×	×	0	1	0	1	1	1
×	×	×	×	×	×	0	1	1	1	0	0	0
×	×	×	×	×	0	1	1	1	1	0	0	1
×	×	×	×	0	1	1	1	1	1	0	1	0
×	×	×	0	1	1	1	1	1	1	0	1	1
×	×	0	1	1	1	1	1	1	1	1	0	0
×	0	1	1	1	1	1	1	1	1	1	0	1
0	1	1	1	1	1	1	1	1	1	1	1	0

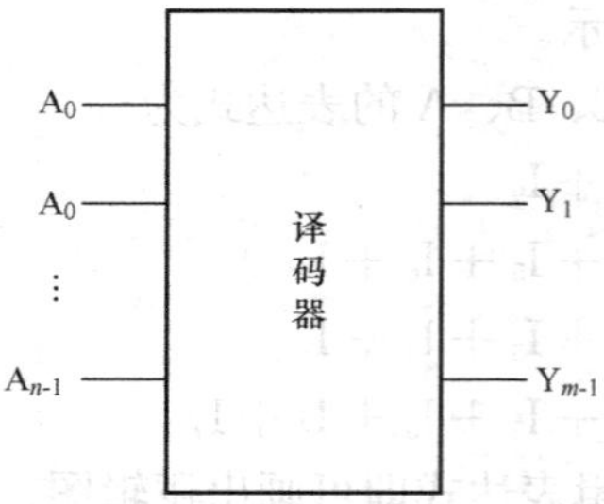

图 6-13　译码器框图

6.2.2　译码器(Decoder)

译码是编码的逆过程，是将代码的含义翻译出来，能完成译码的数字电路，称为译码器。译码器可以将输入的二进制代码翻译成某种控制信号或其他代码。译码器一般都是具有 n 个输入和 m 个输出的组合电路，其框图如图 6-13 所示。

译码器按用途不同，大致可分为以下三大类：

(1) 变量译码器。用以表示输入变量状态的组合电路，如二进制译码器。

(2) 码制变换译码器，用于一个数据的不同代码之间的相互变换，如二—十进制译码器。

(3) 显示译码器，将数字、文字、符号的代码译成数字、文字、符号的电路。

1. 二进制译码器

74LS138 是 3 线—8 线译码器，其功能表如表 6-10 所示，引脚图如图 6-14 所示。

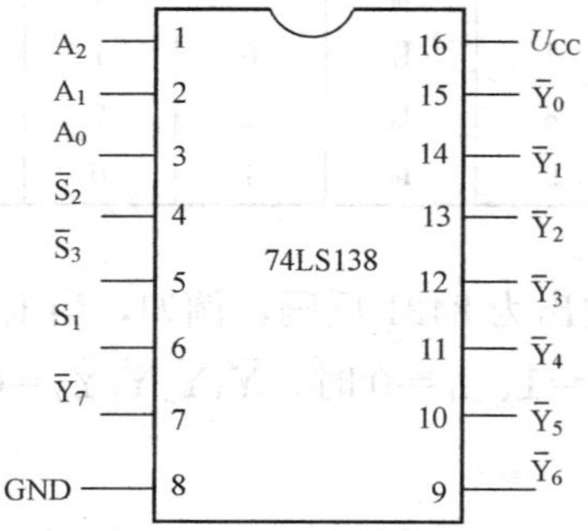

图 6-14　74LS138 译码器的引脚图

该译码器有 3 个输入端 A_2、A_1、A_0 和 8 个输出端 $\overline{Y}_0 \sim \overline{Y}_7$，低电平有效。$S_1$、$\overline{S}_2$、$\overline{S}_3$ 都是使能信号，当 $S_1=0$ 时，无论其他输入信号是什么，输出都是高电平，即无效信号。$\overline{S}_2+\overline{S}_3$ 为高电平时，输出也都是无效信号。在 $S_1=1$，$\overline{S}_2+\overline{S}_3=0$ 时，输出信号 $\overline{Y}_0 \sim \overline{Y}_7$ 才取决于输入信号 A_2、A_1、A_0 的组合。因此，又把 S_1、$\overline{S}_2$、$\overline{S}_3$ 三个控制端称为“片选”端，利用片选的作用可以将多片连接起来以扩展译码器的功能。

表 6-10　　　　74LS138 译码器功能表

输	入				输			出				
使	能	选	择									
S_1	$\overline{S}_2+\overline{S}_3$	A_2	A_1	A_0	$\overline{Y}_0$	$\overline{Y}_1$	$\overline{Y}_2$	$\overline{Y}_3$	$\overline{Y}_4$	$\overline{Y}_5$	$\overline{Y}_6$	$\overline{Y}_7$
×	1	×	×	×	1	1	1	1	1	1	1	1
0	×	×	×	×	1	1	1	1	1	1	1	1

续表

输入					输出							
使能		选择										
S_1	$\bar{S}_2+\bar{S}_3$	A_2	A_1	A_0	$\bar{Y}_0$	$\bar{Y}_1$	$\bar{Y}_2$	$\bar{Y}_3$	$\bar{Y}_4$	$\bar{Y}_5$	$\bar{Y}_6$	$\bar{Y}_7$
1	0	0	0	0	0	1	1	1	1	1	1	1
1	0	0	0	1	1	0	1	1	1	1	1	1
1	0	0	1	0	1	1	0	1	1	1	1	1
1	0	0	1	1	1	1	1	0	1	1	1	1
1	0	1	0	0	1	1	1	1	0	1	1	1
1	0	1	0	1	1	1	1	1	1	0	1	1
1	0	1	1	0	1	1	1	1	1	1	0	1
1	0	1	1	1	1	1	1	1	1	1	1	0

【例6-8】　试用两片3线—8线译码器74LS138组成一个4线—16线的译码器。

解　因为74LS138仅有三个地址输入端$A_2A_1A_0$，如果想对4位二进制代码进行译码，只能利用片选端的其中一个输入端作为第四个输入端，例如以S_1作为第四个输入端，同时令$\bar{S}_2=\bar{S}_3=0$，则连线图如图6-15所示。

当最高位$D_3=0$时，选中第（1）片74LS138工作，将0000～0111的8个代码译成低电平信号。当$D_3=1$时，选中第（2）片74LS138工作，将1000～1111这8个代码译成8个低电平信号。这样就用两片3线—8线译码器扩展成为一个4线—16线的译码器了。

2. 二—十进制译码器

74LS42是二—十进制译码器，其功能表如表6-11所示，引脚图如图6-16所示。

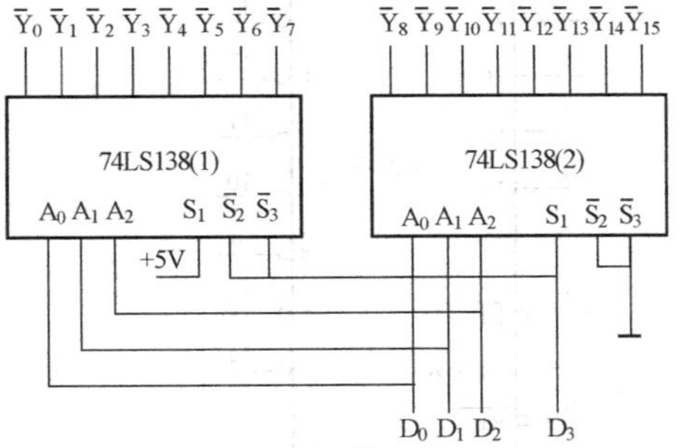

图6-15　用两片74LS138组成4线—16线译码

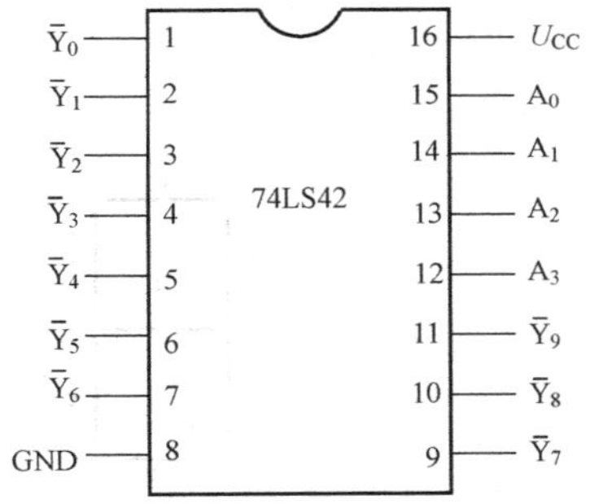

图6-16　74LS42译码器引脚图

表6-11　　**74LS42二—十进制译码器功能表**

十进制数	输入				输出									
	A_3	A_2	A_1	A_0	$\bar{Y}_0$	$\bar{Y}_1$	$\bar{Y}_2$	$\bar{Y}_3$	$\bar{Y}_4$	$\bar{Y}_5$	$\bar{Y}_6$	$\bar{Y}_7$	$\bar{Y}_8$	$\bar{Y}_9$
0	0	0	0	0	0	1	1	1	1	1	1	1	1	1
1	0	0	0	1	1	0	1	1	1	1	1	1	1	1
2	0	0	1	0	1	1	0	1	1	1	1	1	1	1
3	0	0	1	1	1	1	1	0	1	1	1	1	1	1
4	0	1	0	0	1	1	1	1	0	1	1	1	1	1
5	0	1	0	1	1	1	1	1	1	0	1	1	1	1

续表

十进制数	输入				输出									
	A_3	A_2	A_1	A_0	$\overline{Y_0}$	$\overline{Y_1}$	$\overline{Y_2}$	$\overline{Y_3}$	$\overline{Y_4}$	$\overline{Y_5}$	$\overline{Y_6}$	$\overline{Y_7}$	$\overline{Y_8}$	$\overline{Y_9}$
6	0	1	1	0	1	1	1	1	1	1	0	1	1	1
7	0	1	1	1	1	1	1	1	1	1	1	0	1	1
8	1	0	0	0	1	1	1	1	1	1	1	1	0	1
9	1	0	0	1	1	1	1	1	1	1	1	1	1	0
伪码	1	0	1	0	1	1	1	1	1	1	1	1	1	1
	1	0	1	1	1	1	1	1	1	1	1	1	1	1
	1	1	0	0	1	1	1	1	1	1	1	1	1	1
	1	1	0	1	1	1	1	1	1	1	1	1	1	1
	1	1	1	0	1	1	1	1	1	1	1	1	1	1
	1	1	1	1	1	1	1	1	1	1	1	1	1	1

3. 显示译码器

常用的数码显示器件是由发光二极管组成的七段显示数码管和液晶七段显示器。它们一般由 a、b、c、d、e、f、g 七段发光段组成。根据需要，让其中的某些段发光，可显示数字 0～9。例如，当 a、b、c、d、e、f、g 段亮时，显示 8，而 a、b、c、d、f、g 段亮、e 段暗时，显示 9。七段显示字形图如图 6 - 17 所示。

74LS47 是 BCD——七段译码驱动器，其功能表如表 6 - 12 所示，引脚图如图 6 - 18 所示。字段输出 a～g 低电平有效，可直接驱动共阳极的 0.5in（1in＝2.54cm）半导体数码管。

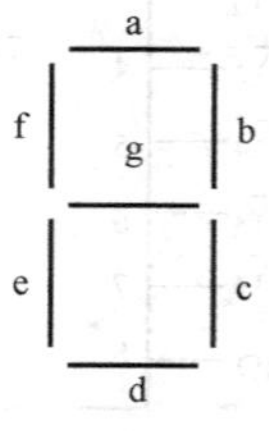

图 6 - 17　七段显示字形图

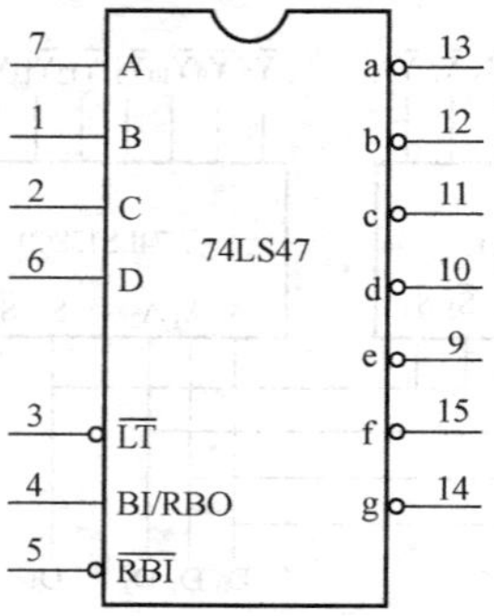

图 6 - 18　74LS47 译码器的引脚图

表 6 - 12　　**74LS47 译码器功能表**

十进制数	输入						BI/RBO	输出						
	$\overline{LT}$	$\overline{RBI}$	D	C	B	A		a	b	c	d	e	f	g
0	0	1	0	0	0	0	1	0	0	0	0	0	0	1
1	0	×	0	0	0	1	1	1	0	0	1	1	1	1
2	0	×	0	0	1	0	1	0	0	1	0	0	1	0
3	0	×	0	0	1	1	1	0	0	0	0	1	1	0
4	0	×	0	1	0	0	1	1	0	0	1	1	0	0
5	0	×	0	1	0	1	1	0	1	0	0	1	0	0
6	0	×	0	1	1	0	1	1	1	0	0	0	0	0

续表

十进制数	输入						BI/RBO	输出						
	$\overline{LT}$	$\overline{RBI}$	D	C	B	A		a	b	c	d	e	f	g
7	0	×	0	1	1	1	1	0	0	0	1	1	1	1
8	0	×	1	0	0	0	1	0	0	0	0	0	0	0
9	0	×	1	0	0	1	1	0	0	0	1	1	0	0
灭灯	×	×	×	×	×	×	0	1	1	1	1	1	1	1
灭0	0	0	0	0	0	0	0	1	1	1	1	1	1	1
试灯8	1	×	×	×	×	×	1	0	0	0	0	0	0	0

（1）$\overline{LT}$ 为测试灯输入端。$\overline{LT}=1$ 且 BI=1 时，a～g 输出均为 0，显示器七段都亮，用于测试每段工作是否正常；$\overline{LT}=0$ 时，译码器才可进行译码显示。

（2）BI/RBO 为灭灯输入/灭零输出端。利用熄灭信号 BI 可按照需要控制数码管显示或不显示。BI=0 时，无论 DCBA 状态如何，数码管均不显示。BI 与 RBO 共用一个引出端。

（3）$\overline{RBI}$ 为灭零输入端，其作用将数码显示管显示的数字 0 熄灭。当 $\overline{LT}=0$，$\overline{RBI}=0$ 且 DCBA=0000 时，a～g 输出为 1，数码管无显示。利用该灭零输出信号，可熄灭多位显示中不需要的零。

74LS47 与 74LS48 的功能相同，只是字段输出 a～g 高电平有效，可直接驱动共阴极的 0.5in（1in=2.54cm）半导体数码管。

6.2.3　数据比较器

数据比较器是对两个位数相同的二进制数进行数值比较并判定其大小关系的算术运算电路。

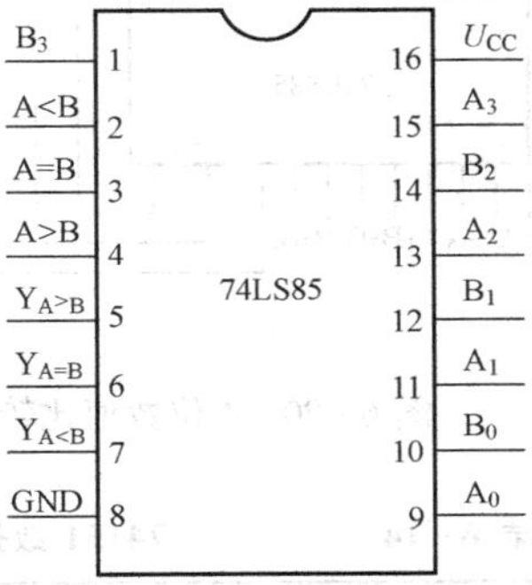

图 6-19　74LS85 比较器的引脚图

4 位数据比较器 74LS85 的功能表如表 6-13 所示，引脚图如图 6-19 所示。

74LS85 数据比较器有两组输入，例如 $A=A_3A_2A_1A_0$，另一组输入为 $B=B_3B_2B_1B_0$。用 $Y_{A>B}Y_{A=B}Y_{A>B}$作为级联输入端。

表 6-13　74LS85 数据比较器功能表

比较输入				控制输入			比较输出		
A_3B_3	A_2B_2	A_1B_1	A_0B_0	$A>B$	$A<B$	$A=B$	$Y_{A>B}$	$Y_{A<B}$	$Y_{A=B}$
$A_3>B_3$	×	×	×	×	×	×	1	0	0
$A_3<B_3$	×	×	×	×	×	×	0	1	0
$A_3=B_3$	$A_2>B_2$	×	×	×	×	×	1	0	0
$A_3=B_3$	$A_2<B_2$	×	×	×	×	×	0	1	0
$A_3=B_3$	$A_2=B_2$	$A_1>B_1$	×	×	×	×	1	0	0
$A_3=B_3$	$A_2=B_2$	$A_1<B_1$	×	×	×	×	0	1	0
$A_3=B_3$	$A_2=B_2$	$A_1=B_1$	$A_0>B_0$	×	×	×	1	0	0
$A_3=B_3$	$A_2=B_2$	$A_1=B_1$	$A_0<B_0$	×	×	×	0	1	0
$A_3=B_3$	$A_2=B_2$	$A_1=B_1$	$A_0=B_0$	1	0	0	1	0	0
$A_3=B_3$	$A_2=B_2$	$A_1=B_1$	$A_0=B_0$	0	1	0	0	1	0
$A_3=B_3$	$A_2=B_2$	$A_1=B_1$	$A_0=B_0$	0	0	1	0	0	1

【例 6-9】　用两片 74LS85 实现 8 位数值比较器。

解　图 6-20 中，A>B、A=B、A<B 这 3 个端口为级联输入端。利用级联输入端可以扩展数值比较器的位数，图 6-20 所示为 2 片 4 位数值比较器扩展成 8 位数值比较器的连线图。高位片的 3 个级联输入信号对应接低位片比较器的输出端，而低位片的级联输入端则应使 A>B、A<B 端接低电平，而 A=B 端接高电平。

6.2.4　数据选择器

数据选择器的逻辑功能就是在地址输入信号控制下，从多路输入数据中选择其中一路输出，也称为多路选择开关。

74LS151 是一个 8 选 1 的数据选择器，功能表如表 6-14 所示，引脚图如图 6-21 所示。图中 $\overline{S}$ 为使能端。

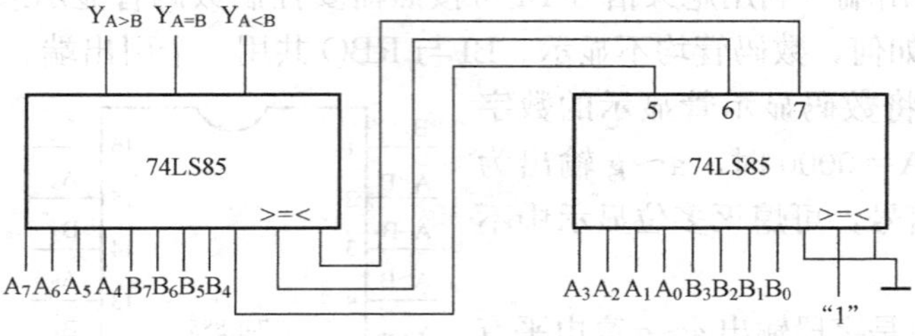

图 6-20　4 位数值比较器扩展成 8 位数值比较器

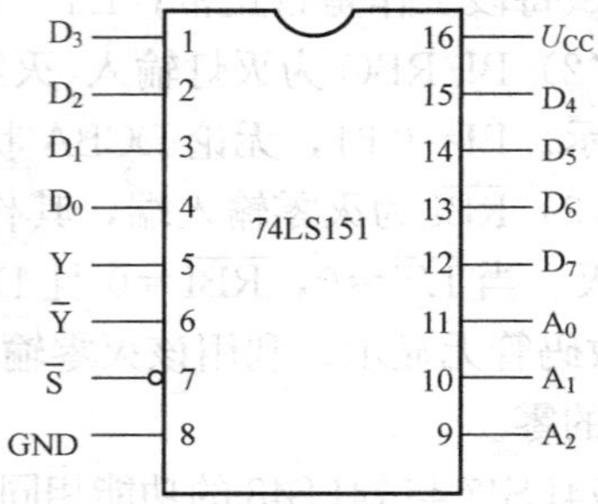

图 6-21　74151 数据选择器管脚图

表 6-14　　74151 数据选择器功能表

使能	选择输入			输出
$\overline{S}$	A_2	A_1	A_0	Y
1	×	×	×	0
0	0	0	0	D_0
0	0	0	1	D_1
0	0	1	0	D_2
0	0	1	1	D_3
0	1	0	0	D_4
0	1	0	1	D_5
0	1	1	0	D_6
0	1	1	1	D_7

74LS151 有 8 个数据选择端 D_0～D_7，3 个地址输入端 A_0～A_2，1 个选择控制端 $\overline{S}$，两个互补输出端 Y、$\overline{Y}$。当 $\overline{S}$=1 时，各输入端被封锁，总的输出端 Y=0；当 $\overline{S}$=0 时，电路开放，选择器正常工作，根据选择器控制端 A_0～A_2 选择 D_0～D_7 中的一路输出。

集成数据选择器的规格种类很多，有 4 选 1、8 选 1、16 选 1 等。表 6-14 所示是 8 选 1 数据选择器 74151、74LS151、74LS141、74251、74LS251 的功能表。

【例 6-10】　试用 74LS151 组成 16 选 1 数据选择器。

解　用 2 片 8 选 1 数据选择器 74LS151 可以构成 16 选 1 数据选择器，如图 6-22 所示。数据输出端 Y 和 $\overline{Y}$ 互补。当 $\overline{S}$=0 时，选用低位 8 选 1 数据选择器，根据 A_2、A_1、A_0 的取值组合，从 D_0～D_7 中选 1 路数据输出；当 $\overline{S}$=1 时，选中高位数据选择器，根据 A_2、A_1、A_0 的组合，从 D_8～D_{15} 中选 1 路数据输出。同理，由 2 个 16 选 1 数据选择器可构成 32 个数据通道。

6.2.5　用中规模集成电路实现组合电路

中规模集成电路逻辑组件（MSI）的出现，使逻辑设计的工作量大为减少，同时还避免了设计中错误的发生。用 MSI 组件设计的电路可以大大缩小电路的体积，减少连线，提高电路的可靠性。编码器、译码器、数据比较器和数据选择器等都有标准的 MSI，用 MSI 能实现组合逻辑函数。

1. 用数据选择器实现组合逻辑函数

数据选择器的输出函数逻辑表达式本身就是一个组合逻辑表达式。例如，一个 8 选 1 数据选择器的输出函数逻辑表达式为

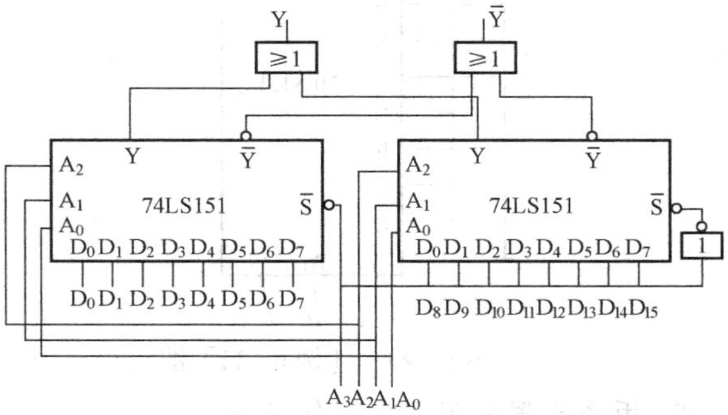

图 6-22　2 片 8 选 1 构成 16 选 1 数据选择器

$$
\begin{aligned}
Y &= I_0\overline{A}_2\overline{A}_1\overline{A}_0 + I_1\overline{A}_2\overline{A}_1A_0 + I_2\overline{A}_2A_1\overline{A}_0 + I_3\overline{A}_2A_1A_0 \\
&\quad + I_4A_2\overline{A}_1\overline{A}_0 + I_5A_2\overline{A}_1A_0 + I_6A_2A_1\overline{A}_0 + I_7A_2A_1A_0 \\
&= I_0m_0 + I_1m_1 + I_2m_2 + I_3m_3 + I_4m_4 + I_5m_5 + I_6m_6 + I_7m_7
\end{aligned}
$$

【例 6-11】　用 8 选 1 数据选择器实现逻辑函数 F(A，B，C) $=\overline{ABC}+\overline{AC}+ABC$。

解　(1) 将函数表达式展开成最小项式

$$
\begin{aligned}
F(A,B,C) &= \overline{A}\,\overline{B}\,\overline{C} + A\overline{C} + ABC \\
&= \overline{A}\,\overline{B}\,\overline{C} + A\overline{C}(B+\overline{B}) + ABC \\
&= m_0 + m_4 + m_6 + m_7
\end{aligned}
$$

(2) 写出 8 选 1 选择器输出函数表达式，并与上述函数进行比较，求出对应关系。

$$
\begin{aligned}
Y &= I_0\overline{A}_2\overline{A}_1\overline{A}_0 + I_1\overline{A}_2\overline{A}_1A_0 + I_2\overline{A}_2A_1\overline{A}_0 + I_3\overline{A}_2A_1A_0 \\
&\quad + I_4A_2\overline{A}_1\overline{A}_0 + I_5A_2\overline{A}_1A_0 + I_6A_2A_1\overline{A}_0 + I_7A_2A_1A_0
\end{aligned}
$$

令

$$
\begin{cases}
I_0 = I_4 = I_6 = I_7 = 1 \\
I_1 = I_2 = I_3 = I_5 = 0
\end{cases}
$$

则 $Y=F=m_0+m_4+m_6+m_7$

(3) 画出接线图，如图 6-23 所示。

【例 6-12】　用 4 选 1 数据选择器实现逻辑函数 F(A，B，C) $=\overline{AB}+\overline{B}C+\overline{ABC}$。

解　(1) 将函数表达式展开成最小项式

$$F = \overline{A}\,\overline{B}C + A\,\overline{B}\,\overline{C} + A\overline{B}C + AB\overline{C}$$

(2) 写出 4 选 1 选择器输出函数表达式，并与上述函数进行比较，求出对应关系。

$$Y = I_0\overline{A}_1\overline{A}_0 + I_1\overline{A}_1A_0 + I_2A_1\overline{A}_0 + I_3A_1A_0$$

若将函数 F 输入变量 A、B 接 4 选 1 数据选择器的地址端 A_1、A_0，C 接选择器的数据输入端 I_i，比较函数 F 和 Y 可以得到

$$I_0 = C, I_1 = 0, I_2 = 1, I_3 = \overline{C}$$

(3) 画出接线图，如图 6-24 所示。

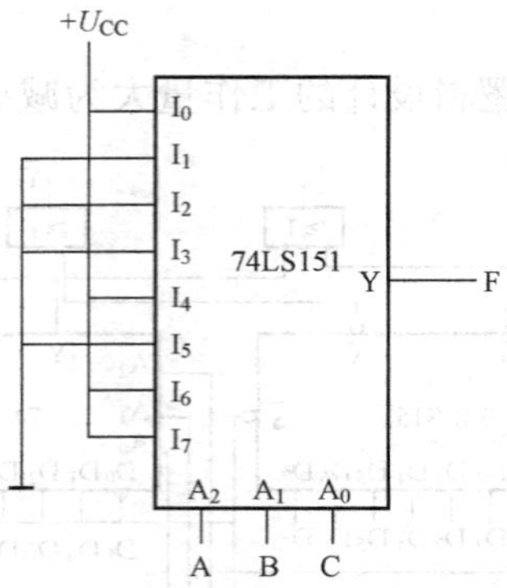

图 6-23 ［例 6-11］图

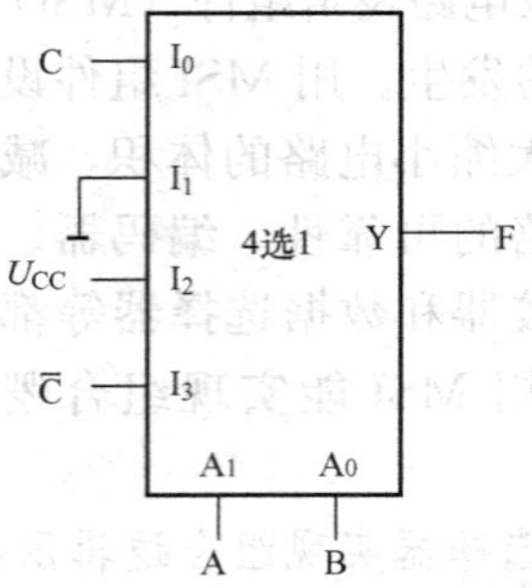

图 6-24 ［例 6-12］图

2. 用译码器实现组合逻辑函数

若一个 3 线—8 线译码器的输入为 A、B、C，则可产生 8 个输出信号：$\overline{Y}_0=\overline{ABC}$、$\overline{Y}_1=\overline{ABC}$、$\overline{Y}_2=\overline{ABC}$、$\overline{Y}_3=\overline{ABC}$、$\overline{Y}_4=\overline{A\,BC}$、$\overline{Y}_5=\overline{ABC}$、$\overline{Y}_6=\overline{ABC}$、$\overline{Y}_7=\overline{ABC}$，即 $\overline{Y}_0=\overline{m}_0$、$\overline{Y}_1=\overline{m}_1$、$\overline{Y}_2=\overline{m}_2$、$\overline{Y}_3=\overline{m}_3$、$\overline{Y}_4=\overline{m}_4$、$\overline{Y}_5=\overline{m}_5$、$\overline{Y}_6=\overline{m}_6$、$\overline{Y}_7=\overline{m}_7$。而任何一个逻辑函数都可以用最小项之和来表示，所以，能够用译码器来产生逻辑函数的全部最小项，再用或门将所有最小项相加，即可实现组合逻辑函数。但是，译码器一般都是输出低电平有效，所以，通常我们是将所需要的最小项取输出相与非，即可实现组合逻辑函数。

【例 6-13】 用 3 线—8 线译码器实现逻辑函 F(A，B，C) $=\overline{ABC}+A\overline{BC}+\overline{AB}C+ABC$。

解 （1）将函数表达式展开成最小项式

$$F(A,B,C)=m_0+m_4+m_5+m_7$$

（2）将 $\overline{m}_0$、$\overline{m}_4$、$\overline{m}_5$、$\overline{m}_7$ 输出相与非，实现组合逻辑函数。

$$F=\overline{\overline{m}_0\cdot\overline{m}_4\cdot\overline{m}_5\cdot\overline{m}_7}=m_0+m_4+m_5+m_7$$

（3）画出接线图，如图 6-25 所示。

【例 6-14】 用一片译码器和一片数据选择器实现两个 3 位二进制码的比较。

解 （1）设两个 3 位二进制数为 $A=A_2A_1A_0$，$B=B_2B_1B_0$，将 $A_2A_1A_0$ 接到译码器输入端，则 $\overline{Y}_0=\overline{\overline{A}_2\overline{A}_1\overline{A}_0}$，$\overline{Y}_1=\overline{\overline{A}_2\overline{A}_1A_0}$，$\overline{Y}_2=\overline{\overline{A}_2A_1\overline{A}_0}$，$\overline{Y}_3=\overline{\overline{A}_2A_1A_0}$，$\overline{Y}_4=\overline{A_2\overline{A}_1\overline{A}_0}$，$\overline{Y}_5=\overline{A_2\overline{A}_1A_0}$，$\overline{Y}_6=\overline{A_2A_1\overline{A}_0}$，$\overline{Y}_7=\overline{A_2A_1A_0}$，译码器的输出接到选择器的输入端，$B_2B_1B_0$ 接选择器控制端，如图 6-26 所示。

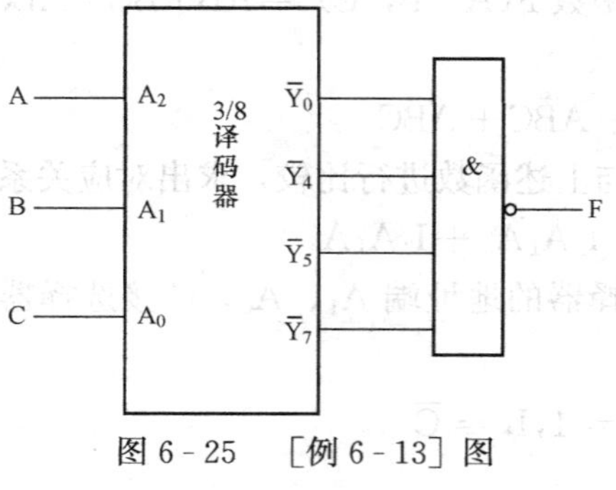

图 6-25 ［例 6-13］图

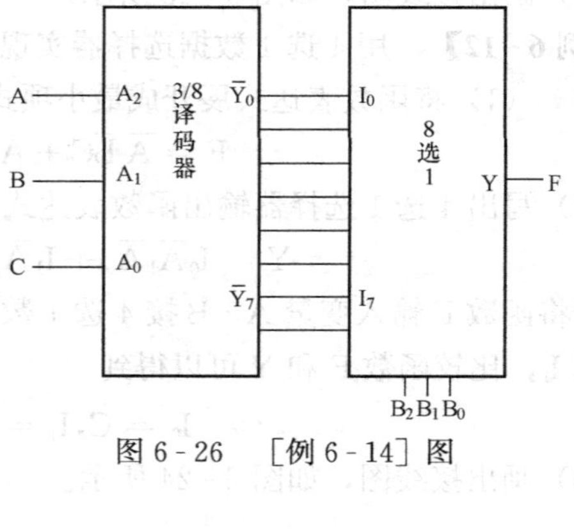

图 6-26 ［例 6-14］图

(2) 选择器输出函数为

$$Y = I_0\overline{B}_2\overline{B}_1\overline{B}_0 + I_1\overline{B}_2\overline{B}_1B_0 + I_2\overline{B}_2B_1\overline{B}_0 + I_3\overline{B}_2B_1B_0 + I_4B_2\overline{B}_1\overline{B}_0 + I_5B_2\overline{B}_1B_0 + I_6B_2B_1\overline{B}_0 + I_7B_2B_1B_0$$

令 m_i 为 $A_2A_1A_0$ 最小项，n_i 为 $B_2B_1B_0$ 最小项，则

$$Y=\overline{Y}_0n_0+\overline{Y}_1n_1+\overline{Y}_2n_2+\overline{Y}_3n_3+\overline{Y}_4n_4+\overline{Y}_5n_5+\overline{Y}_6n_6+\overline{Y}_7n_7$$

$$F=Y=\overline{\overline{m}_0n_0+\overline{m}_1n_1+\overline{m}_2n_2+\overline{m}_3n_3+\overline{m}_4n_4+\overline{m}_5n_5+\overline{m}_6n_6+\overline{m}_7n_7}$$

当 $A_2A_1A_0=B_2B_1B_0$ 时，$m_i=n_i$，故 F=0；当 $A_2A_1A_0\neq B_2B_1B_0$ 时，$m_i\neq n_i$，故 F=1。

根据以上分析得出，当 A=B 时，F=0，否则 F=1，从而实现了两个 3 位二进制数的比较。

以上介绍了用中规模集成电路 MSI 设计组合逻辑电路的实例，从中可以归纳出设计方法为：将逻辑表达式变换成与 MSI 的输出表达式相类似的形式，然后进行对比得出 MSI 输入信号，对不用的输入端进行接 1 或接 0 处理。

本 章 小 结

(1) 组合逻辑电路由门电路组成，它的特点是输出仅取决于当前的输入，而与电路以前的状态无关。

(2) 分析组合逻辑电路的目的是确定它的功能，即根据给定的逻辑电路，找出输入和输出信号之间的逻辑关系。

(3) 组合逻辑电路的设计是电路分析的逆过程，其任务是根据需要设计一个符合逻辑功能的最佳逻辑电路。

(4) 组合逻辑电路大多用集成电路来实现，种类很多，应用也很广泛，常见的有加法器、编码器、译码器、数值比较器、数据选择器、数据分配器等。本章讨论了以上常用集成组合逻辑电路的功能及工作原理，应重点掌握其集成单元的外特性及应用方法。

习 题

6-1 分析逻辑图 6-27 的逻辑功能。

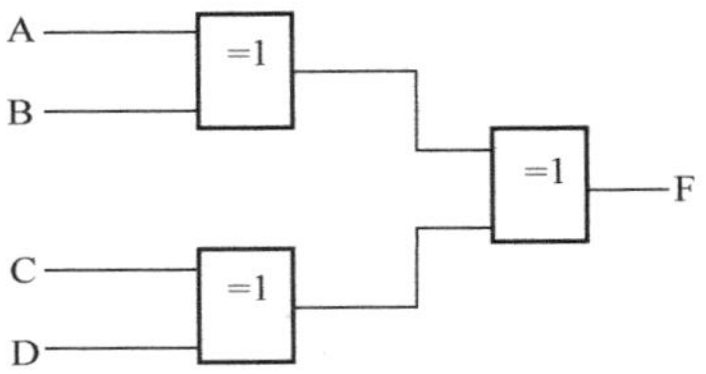

图 6-27 习题 6-1 图

6-2 某实验室有红、黄两个故障指示灯，用来表示三台设备的工作情况。当只有一台设备有故障时，黄灯亮；当有两台设备同时产生故障时，红灯亮；只有当三台设备都产生故障时，才会使红灯和黄灯都亮。设计一个控制灯亮的电路。

6-3 一种比赛有 A、B、C 三个裁判员，另外还有一名总裁判，当总裁判认为合格时算二票，而 A、B、C 裁判认为合格时分别算为一票。试设计多数通过的表决逻辑电路。

6-4 设计一个判别 4 位二进制数中 1 的个数是否为奇数的奇校验电路。

6-5 七段译码器中，若输入为 DCBA=0100，译码器 7 个输出端的状态如何？而当输入数码为 DCBA=0101 时，译码器的输出状态又如何？

6-6　用数据选择器组成的电路如图 6-28 所示，分别写出电路的输出函数逻辑表达式。

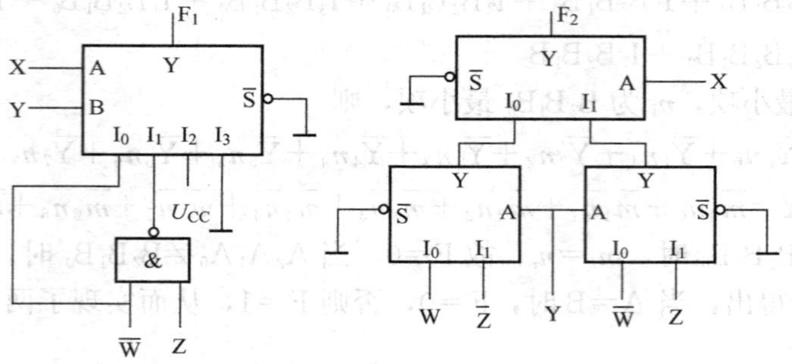

图 6-28　习题 6-6 图

6-7　试画出用 3 线—8 线译码器（74LS138）和门电路产生如下多输出函数的连接图：①$F_1 = AC$；②$F_2 = \overline{AB}C + \overline{AB}C + \overline{B}C$；③$F_3 = AB + \overline{A}C$。

6-8　试用 4 选 1 数据选择器实现逻辑函数 $F = \overline{ABC} + \overline{AB}C + A\,\overline{BC} + ABC$。

6-9　试用 8 选 1 数据选择器实现下列逻辑函数。

(1) $F_1 = m_1 + m_2 + m_3 + m_6 + m_8 + m_9 + m_{12}$。

(2) $F_2 = \overline{AB}C + \overline{A}BC + \overline{A}D + \overline{B}D$。

6-10　利用 74LS138 译码器实现全加器。

第7章 时序逻辑电路

数字系统中常用的各种数字部件，根据原理可分为两大类，即组合逻辑电路和时序逻辑电路。和组合逻辑电路不同，时序逻辑电路的特点是：电路在任意时刻的输出信号不仅取决于当时的输入信号，而且还取决于电路原来的状态。时序逻辑电路的状态是由存储电路来记忆和表示的，因此，在时序逻辑电路中，触发器是必不可少的。

前面介绍的门电路在某一时刻的输出信号完全取决于该时刻的输入，它没有记忆作用。在数字电路中，要经常用到能存储二进制信息（数字信息）的电路，而触发器就是具有这种功能的基本逻辑电路，且有着广泛的应用。

本章首先介绍基本RS触发器、各种同步触发器的电路结构、逻辑功能和触发器的应用，而后讨论寄存器工作原理及其逻辑功能、计数器工作原理和常用中规模计数器的应用方法。

7.1 RS 触发器

7.1.1 基本RS触发器

1. 电路结构

由两个与非门的输入和输出交叉耦合组成的基本RS触发器如图7-1所示。Q和$\overline{Q}$为两个输出端，在触发器处于稳定状态时，两个输出端总是逻辑互补的，即一个为0时另一个为1。$\overline{R}_D$和$\overline{S}_D$为信号输入端，其上面的非号表示这种触发器输入信号为低电平有效。

2. 逻辑功能

Q和$\overline{Q}$表示两个互补的输出端，以Q这个输出端的状态为触发器的状态，如$Q=1$（$\overline{Q}=0$）时触发器为1状态，$Q=0$（$\overline{Q}=1$）时触发器为0状态。下面根据与非门的逻辑功能讨论基本RS触发器的工作原理。

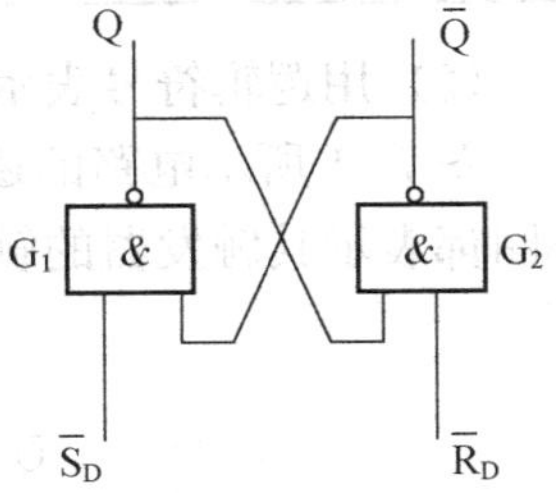

图7-1 与非门组成基本RS触发器

（1）当$\overline{R}_D=0$、$\overline{S}_D=1$时，触发器置0。因$\overline{R}_D=0$，G_2输出$\overline{Q}=1$，这时G_1输入都为高电平1，输出$Q=0$，触发器才被置0。使触发器先置0状态的输入端$\overline{R}_D$称为置0端，也称复位端。

（2）当$\overline{R}_D=1$，$\overline{S}_D=0$时，触发器置1。因$\overline{S}_D=0$，G_1输出$Q=1$，这时G_2输入为高电平1，输出$\overline{Q}=0$，触发器被置1。使触发器先置1状态的输入端$\overline{S}_D$称为置1端，也称置位端。

（3）当$\overline{R}_D=1$，$\overline{S}_D=1$时，触发器保持原状态不变。如触发器处于$Q=0$，$\overline{Q}=1$的0状态时，则$Q=0$反馈到G_2的输入端，G_2因输入有低电平0，输出$\overline{Q}=1$；$\overline{Q}=1$又反馈到G_1的输入端，G_1输入都为高电平1，输出$Q=0$。电路保持0状态不变。

如触发器原处于$Q=1$，$\overline{Q}=0$的1状态，则电路同样能保持1状态不变。

（4）当$\overline{R}_D=\overline{S}_D=0$时，触发器状态不定。这时触发器输出$Q=\overline{Q}=1$，这既不是1状态

也不是 0 状态。而在 $\overline{R}_D$ 和 $\overline{S}_D$ 同时由 0 变为 1 时，由于 G_1 和 G_2 电气性能上的差异，其输出状态无法预知，可能是 0 状态，也可能是 1 状态。实际上，这种情况是不允许的。

根据以上分析可看出，基本 RS 触发器具有两个稳态，并具有在适当信号触发下翻转性质，故又称为双稳态触发器。由于基本 RS 触发器的触发信号采用电平信号，故属于电平控制触发。

3. 逻辑功能的表示方法

(1) 用特性表表示。

图 7-1 所示的基本 RS 触发器的特性表列于表 7-1 中。从触发器性质的分析得出：当 $\overline{R}_D=\overline{S}_D=1$ 时，触发器保持原状态不变，称为保持功能；$\overline{R}_D=0$，$\overline{S}_D=1$ 时，触发器置 0，称置 0 功能；$\overline{R}_D=1$，$\overline{S}_D=0$ 时，触发器置 1，称置 1 功能。当 $\overline{R}_D=\overline{S}_D=0$ 时，即在 $\overline{R}_D$、$\overline{S}_D$ 端同时加低电平，这是触发器的失效状态。因为此时 $Q=\overline{Q}=1$，破坏了 Q 和 $\overline{Q}$ 的逻辑互补性，而且，在 $\overline{R}_D$ 和 $\overline{S}_D$ 端的低电平信号同时撤消后，由于门电路传输时间的随机性和离散性，最后究竟稳定到哪个状态是很难预知的，所以称为不定状态。在实际使用时应避免出现这种情况。

表 7-1 用与非门组成的基本 RS 触发器的特性表

输入信号		输出状态		功能说明
$\overline{R}_D$	$\overline{S}_D$	Q	$\overline{Q}$	
1	1	不	变	保持（记忆）
0	1	0	1	置 0
1	0	1	0	置 1
0	0	不	定	失效（不许使用）

(2) 用逻辑符号表示。

图 7-1 所示电路的逻辑符号如图 7-2 所示。图中输入端 $\overline{R}_D$、$\overline{S}_D$ 的“非线”和输入端的小圈都表示其触发器的触发信号是低电平有效。

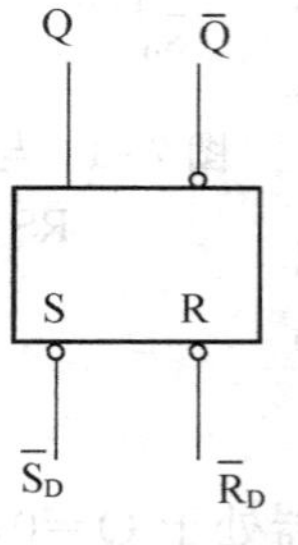

图 7-2 负脉冲触发的基本 RS 触发器的逻辑图

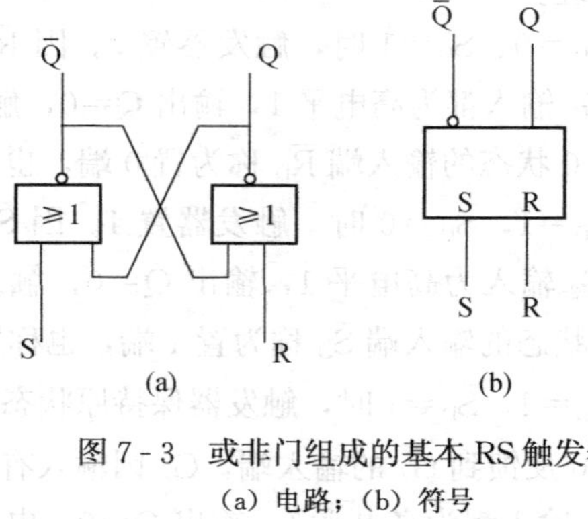

图 7-3 或非门组成的基本 RS 触发器
(a) 电路；(b) 符号

事实上，凡是具有非逻辑关系的两个门交叉耦合都可以构成基本 RS 触发器。图 7-3 就是用两个或非门构成的基本 RS 双稳态触发器。它具有图 7-1 所示电路同样的功能，只是触发输入端需要用高电平来触发，用R和S来表示。其特性表列于表7-2中，输入条件与输出状态的对应关系其实是与表7-1一致的，只要将表7-1中输入变量取“非”，就可得到表7-2。

表7-2　　用或非门组成的基本RS触发器的特性表

输入信号		输出状态		功能说明
R	S	Q	$\overline{Q}$	
0	0	不	变	保持（记忆）
1	0	0	1	置0
0	1	1	0	置1
1	1	不	定	失效（不允许使用）

（3）用时序图（波形图）来描述。

一般先设初始状态Q为0（也可设为1），然后根据给定输入信号波形，相应画出输出端Q的波形，这种波形图称为时序图，它可直观地显示触发器的工作情况。在画波形图时，如遇到触发器输入条件$\overline{R}_D=\overline{S}_D=0$（如图7-1所示）或R=S=1（如图7-3所示），而此后又同时出现$\overline{R}_D=\overline{S}_D=1$或R=S=0，则Q和$\overline{Q}$为不定状态，用斜实线或虚线注明，以表示触发处于失效状态，直至下一个$\overline{R}_D$或$\overline{S}_D$（R或S）使输出有确定的状态为止。

【例7-1】 在图7-2所示的基本RS触发器电路中，已知$\overline{R}_D$和$\overline{S}_D$的波形如图7-4所示，试画出Q和$\overline{Q}$端的波形（设触发器初态为0）。

解 根据某一时刻两个输入的状态去查触发器特性表，便可找出对应的Q和$\overline{Q}$的状态，并画出波形。

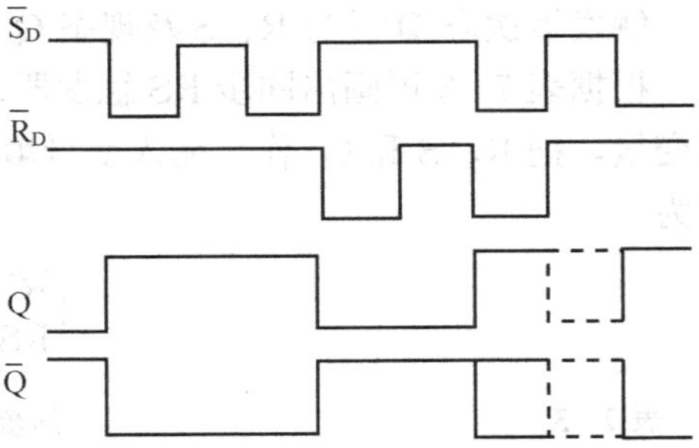

图7-4　基本RS触发器波形图举例

在实际应用中直接采用基本RS触发器的场合虽然不多，但它是构成各种复杂触发器的基本组成部分，所以其逻辑功能极为重要。

前面介绍的基本RS触发器属于异步式，或称为无时钟触发器。它的动作特点是，当输入的置0或置1信号一出现，输出状态就可能随之而发生变化，这在数字系统中会带来许多不便。在实际使用中，触发器的工作状态不仅要由输入端信号来决定，而且还要求触发器按一定的节拍翻转，于是产生了同步式触发器，它属于时钟触发器。这种触发器有两种输入端：一种是决定其输出状态的数据信号输入端；另一种是决定其动作时间的时钟脉冲(Clock Pulse)，简称CP输入端。

具有时钟脉冲输入端的触发器称为时钟触发器。同步式时钟触发器是结构最简单的一种。下面先介绍同步RS触发器，然后再介绍D触发器、JK触发器、T触发器和T′触发器。

7.1.2　同步RS触发器

1. 电路组成及逻辑符号

同步RS触发器是在基本RS触发器的基础上增加两个由时钟脉冲CP控制的门G_3、G_4

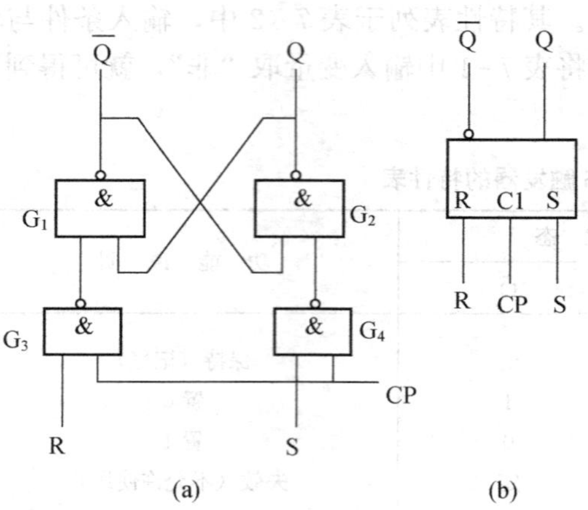

图 7-5 同步 RS 触发器

(a) 电路；(b) 符号

形成的，其电路及符号如图 7-5 所示。图中 CP 为时钟脉冲输入端，简称钟控端或 CP 端。

2. 逻辑功能

时钟触发器的动作时间是由时钟脉冲 CP 控制的。这里规定，CP 作用前触发器的原状态称为现态，用 Q^n 表示，CP 作用后触发器的状态称为次态，用 Q^{n+1} 表示。

当 CP=0 时，G_3、G_4 被封锁，都输出 1，这时，无论 R 端和 S 端的信号如何变化，触发器的状态保持不变，即 $Q^{n+1}=Q^n$。

当 CP=1 时，G_3、G_4 解除封锁，R、S 端的输入信号才能通过这两个门使基本 RS 触发状态翻转。其输出状态由 R、S 端的输入信号和电路的原有状态 Q^n 决定。电路的逻辑功能见表 7-3。

由表 7-3 可看出，在 R=S=1 时，触发器的输出状态不定，为避免出现这种情况，应使 RS=0。

时钟触发器逻辑功能的表示方法除使用特性表、符号图、时序图外，还可用特性方程、状态转换图（或转换表）来表示。

（1）特性方程。

触发器次态 Q^{n+1} 与 R、S 及现态 Q^n 之间关系的逻辑表达式称为触发器的特性方程。

根据表 7-3 可画出同步 RS 触发器、其特性表内容与 Q^{n+1} 的卡诺图。现将 Q^{n+1} 作为输出变量，把 R、S 和 Q^n 作为输入变量填入卡诺图，如图 7-6 所示，经化简后可得出特性方程为

$$\begin{cases} Q^{n+1} = S + \overline{R}Q^n \\ RS = 0(\text{约束条件}) \end{cases} \tag{7-1}$$

表 7-3 **同步 RS 触发器特性表**

输入 R	输入 S	Q^n（初态）	Q^{n+1}（次态）	功能说明（Q^{n+1}）
0	0	0	0	Q^n
0	0	1	1	（触发器状态保持）
0	1	0	1	1
0	1	1	1	（触发器置 1）
1	0	0	0	0
1	0	1	0	（触发器置 0）
1	1	0	×	×
1	1	1	×	（触发器状态不定）

（2）状态转换图。

将触发器两个稳态 0 和 1 用两个圆圈表示，用箭头表示由现态到次态的转换方向，在箭头旁边用文字符号及其相应信号表示实际转换所必备的输入条件，这种图形称为状态转换

图。其实，它与特性表是统一的，是特性表的直观形象表示。同步 RS 触发器的状态转换图如图 7-7 所示。

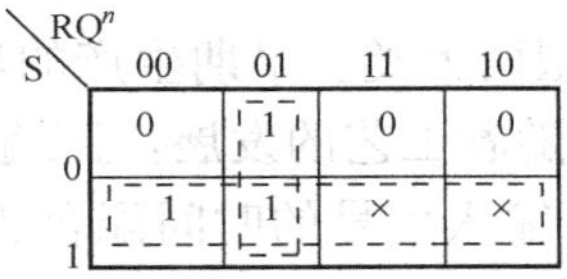

图 7-6 同步 RS 触发器的卡诺图

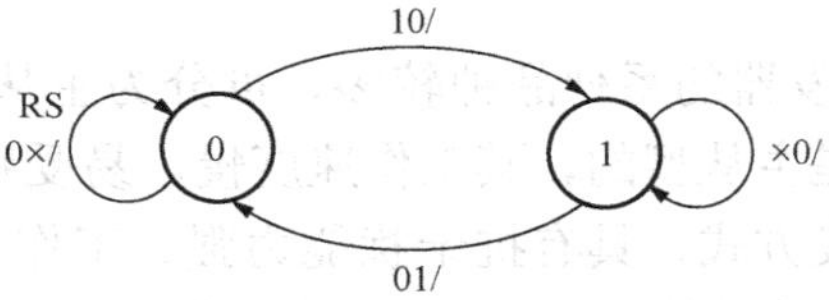

图 7-7 同步 RS 触发器的状态转图

(3) 同步 RS 触发器的空翻问题。

给时序逻辑电路加时钟脉冲的目的是统一电路动作的节拍。对触发器而言，在一个时钟脉冲的作用下，要求触发器的状态只能翻转一次。而同步 RS 触发器在一个时钟脉冲作用下，触发器的状态可能发生两次或两次以上的翻转，这种现象称为空翻。出现空翻现象有以下两种原因：

1) 在 CP=1 期间，如果输入端的信号 R 和 S 有变化，可能引起输出端 Q 翻转两次或两次以上，如图 7-8 所示。欲保证在 CP=1 期间输出只变化一次，则要求在 CP=1 期间不许 R 或 S 的输入信号发生变化。

2) 当同步 RS 触发器接成计数状态时，容易发生空翻。所谓计数状态是触发器在 CP 脉冲作用下，产生 0 和 1 两个状态间的交替变化，实现二进制计数。这要求每作用一个 CP 脉冲，触发器只允许翻转一次，电路如图 7-9 所示。由电路可知，设触发器的初始状态 Q=0，则当 CP 脉冲到来时，门 G_4 因输入全 1 出 0，门 G_2 输入有 0 而出 1，Q 由 0 翻转到 1。这时，若 CP=1 继续维持，就会因 Q 对 R 端的反馈使门 G_3 输入全 1 而出 0，会再次引起 $\overline{Q}$ 由 0 翻回到 1，而 Q 又从 1 翻回到 0。因此，在 CP=1 期间，输出连续引起新的翻转，即空翻。

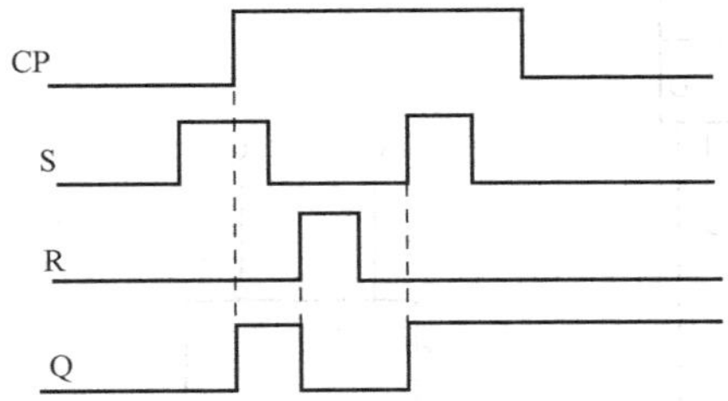

图 7-8 同步 RS 触发器的空翻现象波形举例

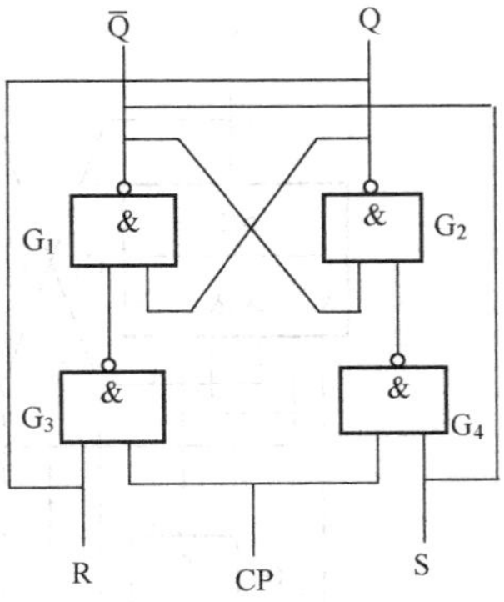

图 7-9 接成计数状态的同步 RS 触发器

具有空翻现象的触发器在使用上受到很大限制，为了解决空翻问题，必须对触发器电路作进一步改进，这样产生了各种类型的触发器。目前应用较多和性能较好的是边沿触发器。其特点是次态仅取决于 CP 脉冲下降沿（或上升沿）到达前瞬间的输入信号状态，而在此之前或之后的一段时间内，输入信号状态的变化对输出状态不产生影响。因此，它具有工作可靠性高、抗干扰能力强等优点。以下主要介绍各类边沿触发器。

7.2 JK 触发器

JK 触发器的系列品种较多，可分为主从型和边沿型两大类。早期生产的集成 JK 触发器大多数是主从型的，其工作速度慢，易受噪声干扰。随着工艺的发展，JK 触发器大都采用边沿触发方式，具有抗干扰能力强、工作速度快和对输入信号的时间配合要求不高等优点。下面以负边沿 JK 触发器为例，说明 JK 触发器的功能和工作特点。

1. 电路结构和逻辑符号

负边沿 JK 触发器的逻辑图和逻辑符号如图 7-10（a）、（b）所示。图中 G_1、G_2 两个与或非门交叉耦合组成基本 RS 触发器，G_3、G_4 为输入控制门，J、K 为输入端。在制造时，要保证 G_3、G_4 的传输延迟时间比基本 RS 触发器的翻转时间长，这种触发器正是利用门电路的传输延迟时间实现负边沿触发的。

2. 逻辑功能

设触发器的 $\overline{R}_D=\overline{S}_D=1$，初始状态为 0（$Q=0$，$\overline{Q}=1$）。

（1）在 CP=0 期间，G_3、G_4 及与门 A、D 被封锁，因此，触发器保持原状态不变。

（2）在 CP=1 期间，门 A、D 被打开，基本 RS 触发器的状态可以通过 A、D 继续保持原状态不变。

（3）CP 由 0 正跃到 1 时，触发器状态不变。

由于与非门 G_3、G_4 传输时间的延迟作用，门 A、D 先打开，先有 $A=\overline{Q^n}$、$D=Q^n$，随后才出现 $B=\overline{J}\,Q^n$、$C=\overline{K}Q^n$，这时与上述（2）CP=1 情况相同。

$$Q^{n+1}=Q^n,\overline{Q^{n+1}}=\overline{Q^n}$$

（4）CP 由 1 负跃到 0 时，情况就不同了，触发器的状态根据 J、K 的输入信号翻转。

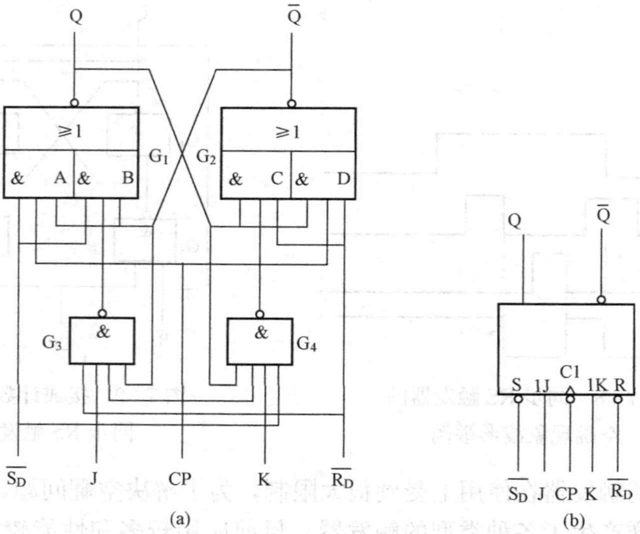

图 7-10 负边沿 JK 触发器的逻辑图及逻辑符号

（a）逻辑图；（b）逻辑符号

由于 G_3、G_4 延迟，A、D 门先关闭，A=D=0，而 G_3、G_4 门的输出则要保持一个 t_{pd}

的延迟时间，就在这一个极短时间内，使 $Q_3=\overline{J\,\overline{Q^n}}$，$Q_4=\overline{KQ^n}$，或非门和与门 A、D 相当于构成与非门的基本 RS 触发器，与图 7-1 对照可得 $Q_3=\overline{S}=\overline{J\,\overline{Q^n}}$，$Q_4=\overline{R}=\overline{KQ^n}$，代入 RS 触发器的特性方程，得到 JK 触发器的特性方程为

$$Q^{n+1}=S+\overline{R}Q^n=J\overline{Q^n}+\overline{KQ^n}Q^n=J\,\overline{Q^n}+\overline{K}Q^n(\text{CP}\downarrow\text{有效}) \qquad (7-2)$$

此后，门 C_3、G 被 CP=0 封锁，使 $Q_3=Q_4=1$，触发器状态不再受 J、K 输入信号变化的影响。

由上分析可知：该触发器只有在 CP 的下降沿（逻辑符号的 CP 处用小圆圈表示）时刻，才能使输出 Q 发生变化，具有边沿触发的特点。

式（7-2）对其他结构类型的 JK 触发器也是适用的。从电路结构看出，无论 J、K 取值如何，基本 RS 触发器都不会出现 $\overline{S}=\overline{R}=0$ 的情况。因此 JK 触发器在输入信号 J、K 的任何取值下都具有确定的逻辑功能，使用方便、灵活。

由 JK 触发器的特性方程，可得出其特性表如表 7-4 所示。JK 触发器的状态转换图如图 7-11 所示。

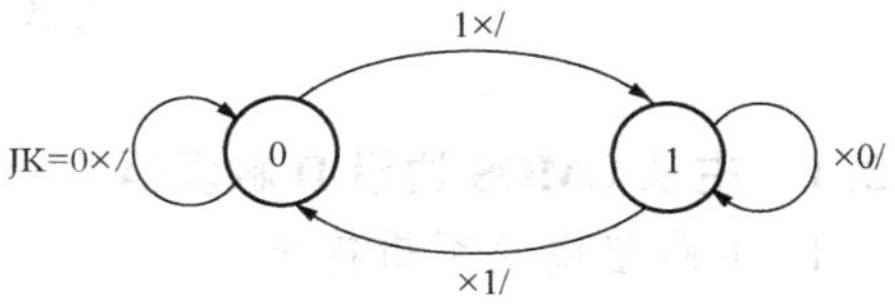

图 7-11 JK 触发器的状态转换

根据触发器的现态 Q^n 和次态 Q^{n+1} 的取值来确定输入信号取值的关系表，称为触发器的激励表，又称驱动表。由表 7-4 可列出表 7-5 所示 JK 触发器的激励表。表中的“×”号表示任意值，即可以为 0，也可以为 1。激励表对时序逻辑电路的分析和设计是很有用的。

表 7-4　　JK 触发器的特性表

J	K	Q^n	Q^{n+1}	功能说明
0	0	0	0	$Q^{n+1}=Q^n$ （保持）
0	0	1	1	
0	1	0	0	$Q^{n+1}=0$ （置 0）
0	1	1	0	
1	0	0	1	$Q^{n+1}=1$ （置 1）
1	0	1	1	
1	1	0	1	$Q^{n+1}=\overline{Q^n}$ （翻转）
1	1	1	0	

表 7-5　　JK 触发器的激励表

Q^n	→	Q^{n+1}	J	K
0		0	0	×
0		1	1	×
1		0	×	1
1		1	×	0

【例 7-2】 负边沿 JK 触发器的输入信号 J、K 及 CP 的波形如图 7-12 所示，设触发器初态为 0，试画出 Q 端的波形。

解 负边沿 JK 触发器的特点是在下降沿动作。

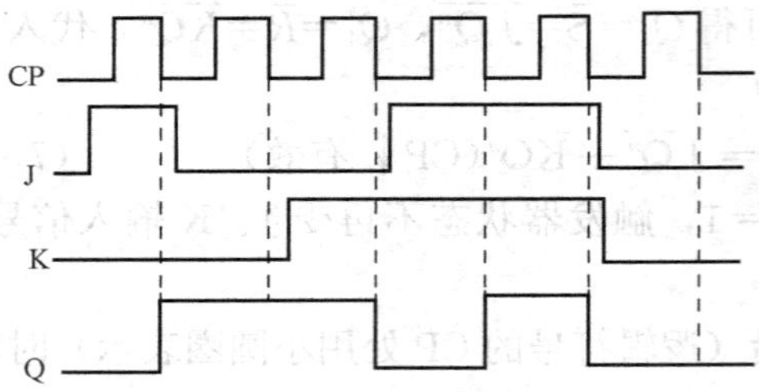

图 7-12 [例 7-2] 的波形图

根据每一个 CP 下降沿到来前瞬间 J、K 的逻辑状态，就可以确定每个 CP 下降沿作用后的 Q^{n+1} 的波形。首先画出每个 CP 下降沿作用瞬间的时标虚线，从初态 Q=0 开始，根据 JK 状态由逻辑规律逐个画出 Q 的次态波形，如图 7-12 所示。

常用的边沿 JK 触发器产品有 74LS112、54/74HC112、54HC107、74LS107、74LS113 等。主从型 JK 触发器产品有 74H71、74H72 等。

7.3 D 触发器

7.3.1 主从 CMOS 边沿 D 触发器

1. 电路组成及逻辑符号

图 7-13 所示为 CMOS 主从型 D 触发器的逻辑图和逻辑符号。它包含主触发器和从触发两个互补的时钟信号 c 和 $\bar{c}$ 控制；S_D 和 R_D 为异步直接置位（置 1）端和复位（置 0）端，高电平有效，触发器工作时处于低电平。D 为数据（信号）输入端，Q 和 $\overline{Q}$ 为输出端。由于 D 为信号输入端，故称为 D 触发器。

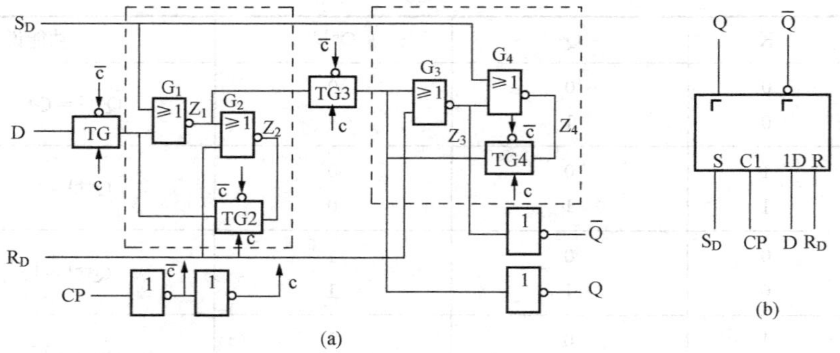

图 7-13 CMOS 主从边沿 D 触发器

(a) 电路图；(b) 逻辑符号

2. 逻辑功能

(1) 异步复位和置位功能。

一般集成触发器都设置有直接复位端和置位端。所谓异步是指复位和置位时不受时钟脉冲 CP 控制（反之称为同步）。由电路分析可知，无论 CP 和 D 端处于何种状态，当 $S_D=1$、$R_D=0$ 时，触发器立即置位 Q=1；而当 $S_D=0$，$R_D=1$ 时，则立即复位 Q=0。这里可看出 S_D、R_D 高电平有效，在逻辑符号中，S_D、R_D 上没有非线，引线上没有小圆圈的符号。由于高电平有效，故不允许同时 $S_D=R_D=1$。

(2) 电路逻辑功能。

现在分析当 $S_D=R_D=0$（即 S_D、R_D 均不起作用）时的工作情况。

CP=0 时，则 $\overline{CP}=1$。这时 TG_1、TG_4 开通，TG_2、TG_3 关闭。主触发器接收输入端 D 的信号。TG_3 关闭，所以，主、从两个触发器间的联系被切断。由于 TG_4 开通，从触发器通过 TG_4 闭环自锁，触发器保持原状态不变。

CP 由 0 正跃到 1 时，$\overline{CP}=0$。这时 TG_1、TG_4 关闭，TG_2、TG_3 开通，输入通道被封锁，主触发器维持原状态不变。而从触发器 Q 的状态根据 Z_1 的状态更新，即 $Q=\overline{Z}_1=D$，因此它具有边沿触发器的特性，这类触发器称为主从型边沿 D 触发器。

由以上分析可见，主从触发器通过传输门的作用，使主触发器和从触发器总是处于一个打开，另一个封锁的状态，因此在任何时刻输入信号都不会直接影响输出状态，解决了输入直接控制输出的问题，这样提高了抗干扰能力，克服了空翻。

（3）逻辑功能的表示。

综上所述，D 触发器具有锁存数据的功能，即置 0、置 1 功能。在 CP 上升沿到来之前瞬间 D=0，则当 CP 上升为 1 时触发器的次态 $Q^{n+1}=0$；如果 D=1，则次态 $Q^{n+1}=1$。所以 D 触发器的特性方程为

$$Q^{n+1}=D(CP\uparrow 有效) \tag{7-3}$$

D 触发器的特性表如表 7-6 所示，其状态转换图如图 7-14 所示。

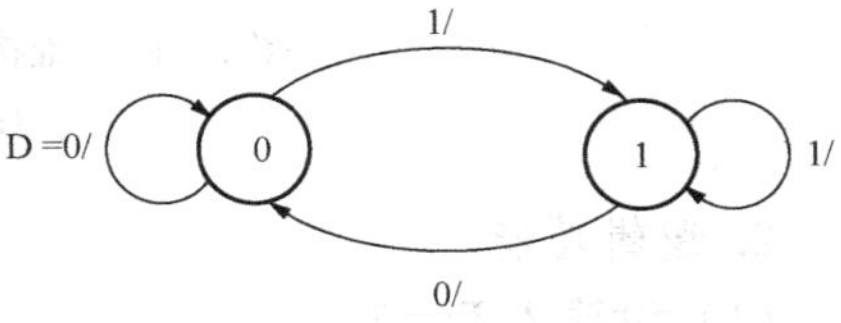

图 7-14　D 触发器的状态转换图

表 7-6　D 触发器的特性表

D	Q^n	Q^{n+1}	功能说明
0	0	0	置 0
0	1	0	
1	0	1	置 1
1	1	1	

【例 7-3】　CMOS D 触发器的 D 和 CP 的波形如图 7-15 所示，试画出 Q 端的波形。

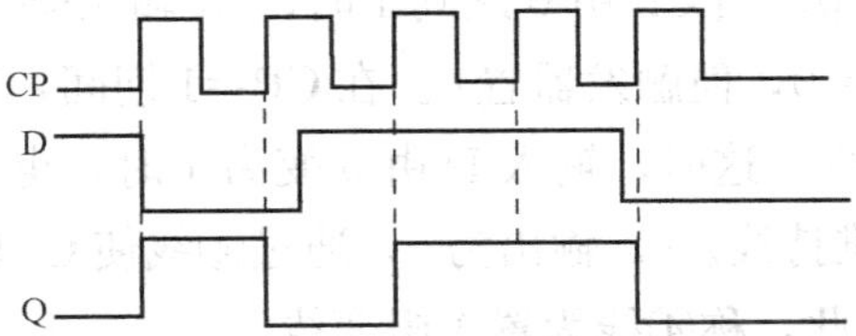

图 7-15　［例 7-3］波形图

解　D 触发器的动作特点可知，触发器的次态只取决于 CP 上升沿到达时 D 端的状态，并且在 CP=1 期间，D 端信号的变化对触发器没有影响，所以只有根据 CP 上升沿到来时 D 的状态去查 D 触发器的特性表，便可得到对应的 Q 端状态。

首先画出每个 CP 下降沿作用瞬间的时标虚线，从初态 Q=0 开始，画出图 7-15 中的 Q 端波形来。

CMOS 触发器具有功耗低、抗干扰能力强、电源适应范围大等特点，所以应用广泛。常用的 CMOS D 触发器有 CC4013、74HC74、74HCT74 等。

7.3.2　维持阻塞边沿 D 触发器

1. 电路组成及逻辑符号

维持阻塞边沿 D 触发器的逻辑图如图 7-16（a）所示，图（b）为其逻辑符号，图中“∧”表示边沿触发输入。G_1 和 G_2 为基本 RS 触发器，G_3～G_6 为维持阻塞电路，它由 G_3、

G_5 和 G_4、G_6 两个互锁的基本 RS 触发器组成。国产 54HC74、54LS174、54LS374、54HC175、54LS175 等就采用了这样的结构。

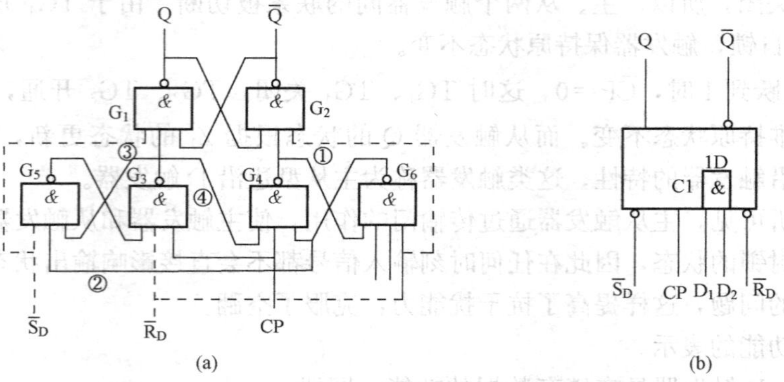

图 7-16 维持阻塞 D 触发器的电路图和逻辑符号

(a) 电路图；(b) 逻辑符号

2. 逻辑功能

(1) 设输入 D=1。

在 CP=0 时，G_3 和 G_4 被封锁，G_3、G_4 出 1，基本 RS 触发器保持原状态不变。因 D=1，G_6 输入全 1，G_6 出 0，它使 G_4、G_5 出 1。当 CP 由 0 跃变到 1 时，G_3 输入全 1，G_3 出 0。这时，G_1 输入有 0，输出 $Q^{n+1}=1$，G_2 输入全 1，输出 $Q^{n+1}=0$，使触发器置 1。在CP=1 期间，由于 G_3 出 0 不变，它通过④线使 G_4 出 1，从而阻塞了置 0 通路，故称④线为置 0 阻塞线。又由于 G_3 出 0，通过③线使 G_5 出 1，这时如输入端 D 的信号由 1 变为 0 时，只会影响到 G_6 的输出，不会影响 G_5 的输出，维持了触发器的 1 状态。因此，称③线为置 1 维持线。

(2) 设输入 D=0。

在 CP=0 时，G_3、G_4 被封锁，G_3 和 G_4 均出 1，基本 RS 触发器保持原状态不变。因 D=0，G_6 输出为 1，这时，G_5 输入全 1，G_5 输出为 0。当 CP 由 0 跃到 1 时，G_4 输出全 1，G_4 出 0，G_2 输出 $Q^{n+1}=1$，G_1 输入全 1，输出 $Q^{n+1}=0$，使触发器置 0。在 CP=1 期间，由于 G_4 出 0 不变，它通过①线封锁 G_6，使 G_6 出 1 不变。这时，输入 D 由 0 变为 1 时，也不能通过 G_6，维持了触发器的 0 状态，故①线为置 0 维持线。G_6 输出为 1，通过④线使 G_5 输出为 0。G_3 输出继续为 1，从而阻塞了置 1 通路，因此，称④线为置 1 阻塞线。

综上所述，维持阻塞 D 触发器是利用时钟脉冲 CP 的上升沿进行触发的，而且电路的状态总是翻到和 D 相同的状态。它的逻辑功能和前面讨论的主从边沿 D 触发器的相同。因此，它们的特性表、特性方程和状态转换图也相同。但这种维持阻塞 D 触发器属于正边沿触发型，特性方程只有在 CP 上升沿到来时才有效。只要在 CP 正边沿来到之前附近的极短时间内输入端 D 没有干扰，触发器就会有正确的输出，所以这种触发器也具有抗干扰能力强、工作稳定可靠的特点。

需要特别说明的是，D 和 JK 触发器都有 CP↓和 CP↑有效的产品，只不过大部分 D 触发器是在 CP↑有效，而大部分 JK 触发器是在 CP↓有效。

7.4 触发器的应用

7.4.1 触发器逻辑功能的转换

由于JK触发器功能齐全，D触发器使用方便，故目前市场上出售的TTL和CMOS集成触发器大多数是JK触发器和D触发器。在需要使用其他功能的触发器时，常用JK和D触发器来转换。

1. JK触发器转换为T触发器和T′触发器

在中、大规模集成电路内部，有一种可控翻转的叫T触发器的电路，它的逻辑功能是在CP的作用下，根据输入信号T取值不同（T为1或为0），决定触发器是否翻转。当T=0时，CP作用下触发器保持原状态不变；当T=1时，CP作用沿到来，触发器状态将发生翻转。其特性方程为

$$Q^{n+1}=T\overline{Q^n}+\overline{T}Q^n \tag{7-4}$$

具有这种功能的触发器比较简单，但无单独的T触发器产品，而是由RS、D、JK等触发器转换来实现。如用JK触发器转换为T触发器，已知JK触发器的特性方程为

$$Q^{n+1}=J\overline{Q^n}+\overline{K}Q^n \tag{7-5}$$

比较式（7-4）和式（7-5）可知，若令J=K=T，就可以将JK触发器转换为T触发器，电路的连接方法如图7-17 (a)所示。

在时钟脉冲CP作用下，只具有翻转功能的触发器称作T′触发器。T′触发器也是非独立的触发器，但这种结构在CMOS集成计数器中被广泛应用。用JK触发器实现时，令J=K=1便构成了T′触发器，如图7-17（b）所示。

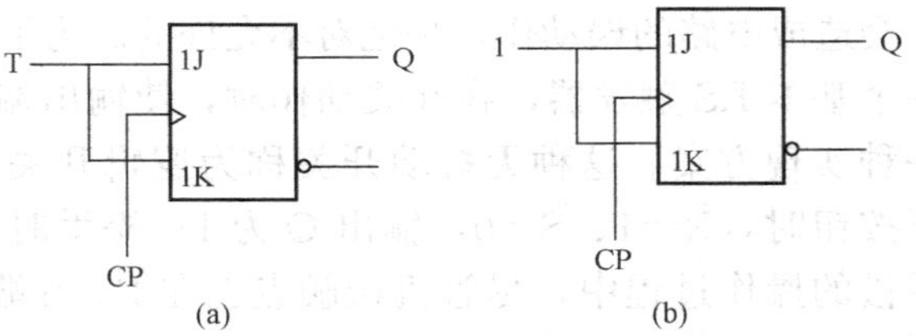

图7-17　JK→T、T′的逻辑图

(a) JK→T的逻辑图；(b) JK→T′的逻辑图

2. JK触发器转换为D触发器

已知D触发器特性方程为

$$Q^{n+1}=D$$

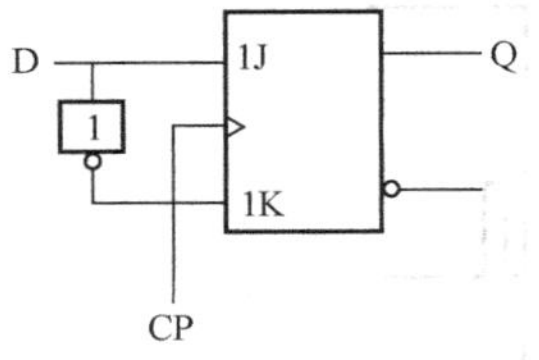

图7-18　JK→D逻辑图

将上式稍作变化，得

$$Q^{n+1}=D(Q^n+\overline{Q^n})=DQ^n+D\overline{Q^n} \tag{7-6}$$

将式（7-6）和式（7-5）进行比较可知，若令J=D、K=$\overline{D}$，就可得到D触发器。转换电路如图7-18所示。

3. D触发器转换为T触发器和T′触发器

用D触发器实现T触发器，需将T和D两种触发器的特性方程联立，求得D=$T\overline{Q^n}+\overline{T}Q^n$，然后用门电路搭接转换电路，如图7-19（a）所示。

用D触发器来实现T′触发器时，将D触发器的特性方程Q^{n+1}=D和T′触发器特性方程$Q^{n+1}=\overline{Q^n}$进行比较可知，只要令D=$\overline{Q^n}$，也就是将$\overline{Q}$端与D端相连，就可转换为T′触发器。电路的接法如图7-19（b）所示。

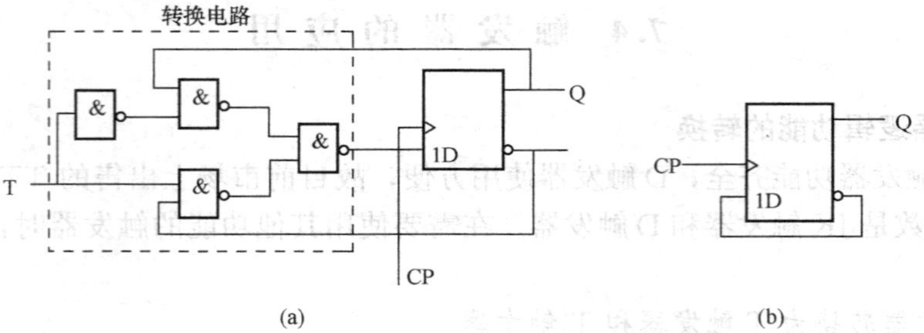

图 7-19 D→T、T′的逻辑图

（a）D→T；（b）D→T′

7.4.2 应用举例

集成触发器作为基本逻辑单元，在各种数字系统中应用广泛，几乎无所不在。下面举几个简单的例子。

1. 消除波形抖动电路

调试数字电路时，常需要单脉冲。用机械触点开关产生单脉冲波形时，由于机械触头可能出现抖动，电路要经过几次反复才能稳定，产生如图 7-20（b）所示波形。这在数字系统中会造成电路的误动作，是绝对不允许的。为了克服电压抖动，可在电源和输出端之间接入一个基本 RS 触发器，在开关动作时，使输出端产生一次性的电压阶跃，图 7-20（c）就是一种实现方案。这种无抖动开关称为逻辑开关。常态时，$\overline{R}=0$、$\overline{S}=1$，输出 Q 为 0；按下按钮时，$\overline{R}=1$、$\overline{S}=0$，输出 Q 为 1；松手时，$\overline{R}=0$、$\overline{S}=1$，输出 Q 又为 0。在这先按后松的操作过程中，尽管机械触点也在 $\overline{R}$、$\overline{S}$ 端产生抖动波形，但不会造成危害。譬如按下按钮，当第一次接通 $\overline{S}$ 端时，就将触发器置于 1 了，此后由于触电的抖动，可能再和 $\overline{S}$ 断开，使得 $\overline{S}$ 端又变为 1，但因 $\overline{R}$、$\overline{S}$ 同时为 1，触发器状态不变，故仍为 1。这样就消除

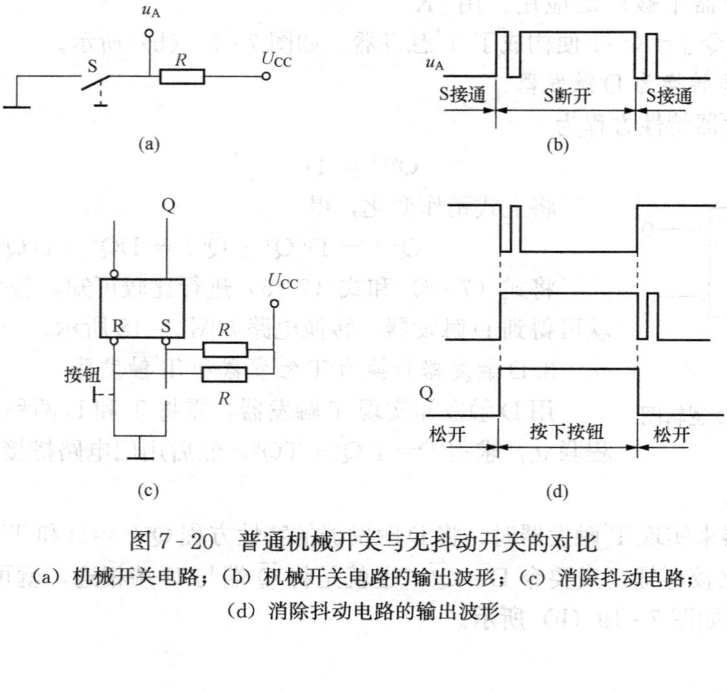

图 7-20 普通机械开关与无抖动开关的对比

（a）机械开关电路；（b）机械开关电路的输出波形；（c）消除抖动电路；

（d）消除抖动电路的输出波形

了开关抖动的影响，保证每操作一次开关，便输出一个标准的单脉冲波形，如图 7-20 (d) 所示。

2. 双相时钟电路

用一个 CMOS JK 触发器和两个与门可以组成如图 7-21 (a) 所示的双相时钟电路。由图可知，JK 触发器的输出和输入是交叉连接，所以有

$$J=\overline{Q^n},\ K=Q^n$$

将 J、K 代入 JK 触发器的特性方程中可得

$$Q^{n+1}=J\,\overline{Q^n}+\overline{K}Q^n=\overline{Q^n}\,\overline{Q^n}+\overline{Q^n}Q^n=\overline{Q^n} \qquad (7-7)$$

由式 (7-7) 可看出，JK 触发器转换成了 T′触发器。再根据两个与门的逻辑关系

$$A=QCP,B=\overline{Q^n}CP$$

便可画出如图 7-21 (b) 所示的波形图。

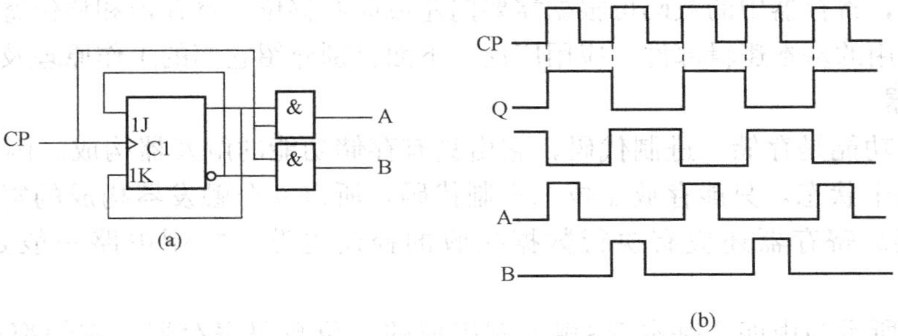

图 7-21 双相时钟电路

(a) 电路图；(b) 波形图

由上述分析可见，在图 7-21 (a) 所示的电路中，CP 端加入时钟脉冲后，在两个输出端 A 和 B 处，即可得到相位互相错开的双相时钟脉冲。

7.4.3 触发器的选择和使用

通过上述对触发器逻辑功能、动作特点和工作原理的讨论可看出，各种触发器所具有的逻辑功能不同，即使功能相同，不同系列的触发器在结构、性能等方面也有差异。所以，在使用中应针对实际需要加以选择，并注意处理好一些实际问题。

(1) 实用的集成时钟触发器分为主从型、边沿触发型和主从边沿型（含维持阻塞结构），它们的电路各不相同，各具特点，但各种结构的电路都可以组成 RS、D、JK、T、T′五种功能的触发器，而且这些功能可以相互转换。

(2) 在使用触发器时，必须注意电路的功能及触发方式，这是分析时序逻辑电路的重要依据。

电平触发的同步触发器有空翻现象，只能用于时钟脉冲高或低有效电平作用期间输入信号不变的场合。

边沿触发方式分上升、下降沿触发，这种触发器无空翻现象，抗干扰能力强，但使用这种触发器时，对时钟脉冲的边沿要求严格，不允许其边沿时间过长，否则电路也将无法正常工作。

主从触发器也无空翻，但因采用双拍工作方式，主触发器可能误动作，所以抗干扰能力仍然较弱，使用时，时钟脉冲宽度要不窄，还要求输入信号不得在主触发器存储信号阶段

变化。

(3) 由于电路实际上存在传输延迟时间，所以，在使用触发器时，还应注意其脉冲工作特性，否则就不能可靠地工作。为了保证触发器可靠工作，一般要求输入信号在CP有效作用沿前、后各有一段时间保持不变。

(4) 常用的集成触发器以TTL和CMOS电路为主，虽然其电路形式各不相同，但同结构的电路工作原理相似。在选用时应根据实际需要从速度、功耗、功能、触发方式等方面权衡考虑。

7.5 寄 存 器

寄存器是存放数码、运算结果或指令的电路，移位寄存器不但可存放数码，而且在移位脉冲的作用下，寄存器中的数码可根据需要向左或向右移位。寄存器和移位寄存器是数字系统和计算机常用的基本逻辑部件，应用广泛。下面分别介绍它们的工作原理及应用。

7.5.1 寄存器

寄存器的功能是存储二进制代码，它由具有存储功能的触发器构成。因为一个触发器只有0和1两个状态，只能存放1位二进制代码，所以n个触发器构成的寄存器能存储n位二进制代码。寄存器还应有执行数据接收的控制电路，控制电路一般是由门电路构成的。

图7-22所示为由四个基本RS触发器组成的4位数码寄存器，它们都通过控制门接成了D触发器的形式。图中D_0～D_3为并行数码输入端，CP为时钟脉冲端，Q_0～Q_3为并行数码输出端。当CP正脉冲接受指令到达时，无论数据D_0～D_3为何值，R和S的状态都相反，触发器同步翻转，输出Q_0～Q_3将随S即随D_0～D_3数值而变。这种寄存器在寄存数据时不需要清除原来数据的过程，只要CP=1到达，新的数据就会存入，所以为单拍工作方式。

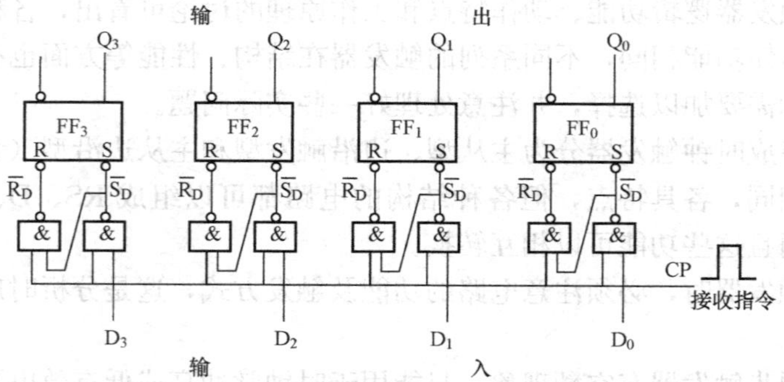

图7-22 由RS触发器构成的四位数码寄存器

用D触发器构成的单拍工作方式的寄存器如图7-23所示。其电路将接收指令直接加到触发器的CP端，无须门电路。四位寄存器用一片四D触发器74LS175或HC175就可实现。

在图7-22和图7-23中，因为接收数码时所有各位都是同时输入和读出的，所以称为并行输入、并行输出方式。

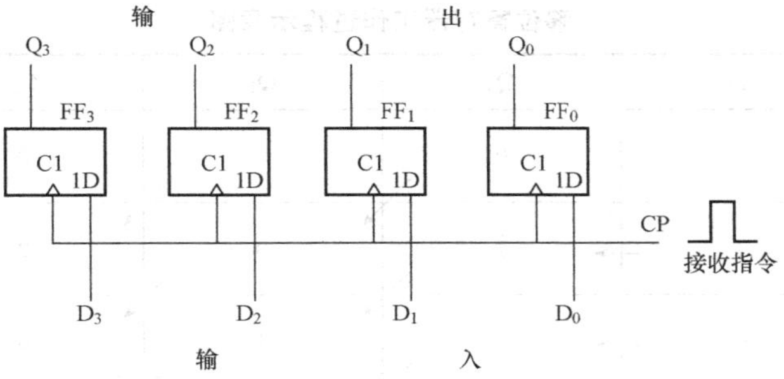

图 7-23 由D触发器构成的四位数码寄存器

7.5.2 移位寄存器

具有存放数码和使数码逐位右移或左移的电路称作移位寄存器。移位寄存器可用于存储代码，也可用于数据的串行—并行转换、数据的运算和处理等。移位寄存器又分为单向移位寄存器和双向移位寄存器。下面分别介绍。

1. 单向移位寄存器

图 7-24（a）所示为由维持阻塞D触发器构成的四位右移移位寄存器。4个D触发器共用一个时钟脉冲信号（移位脉冲），因此为同步时序逻辑电路。寄存器的数据由 FF_0 的 D_0 端串行输入，前一级的输出端Q依次接到下一级的数据输入端D，Q_3～Q_0 为并行输出端，Q_3 为串行输出端。其工作原理如下。

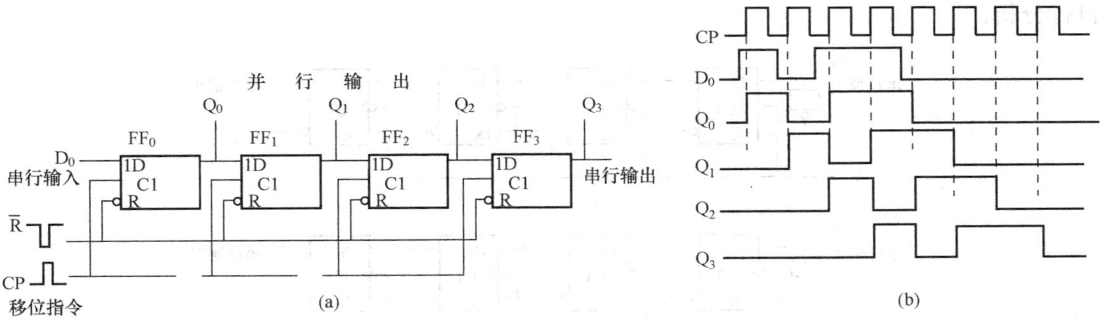

图 7-24 四位单向右移移位寄存器

（a）逻辑图；（b）工作波形图

现以一组数码1011移入移位寄存器为例，说明其工作原理如下。

先在清零端输入一个负脉冲，使各触发器都置0，即 $Q_3Q_2Q_1Q_0=0000$。输入的四位二进制数码 $D_3D_2D_1D_0=1011$，按移位脉冲CP的节拍从高位至低位逐个输入D端。当第一CP上升沿到来时寄存器状态为 $Q_3Q_2Q_1Q_0=0001$，第二个CP上升沿到来时，次高位数据进 FF_0，各触发器的状态都移入右边相邻的触发器，于是 $Q_3Q_2Q_1Q_0=0100$。依此类推，第三个CP上升沿后，$Q_3Q_2Q_1Q_0=0101$，第四个CP上升沿后，$Q_3Q_2Q_1Q_0=1011$。这时并行输出端的数码与输入端的数据相对应，完成了将四位数码由串行输入转换为并行输出的过程。其工作波形图（时序图）如图 7-22（b）所示。

表 7-7 列出了四位右移移位寄存器的移位过程。

表 7-7 **移位寄存器工作过程示意图**

CP	D	Q_0	Q_1	Q_2	Q_3
清 0		0	0	0	0
CP_1	1 →	1	0	0	0
CP_2	0 →	0	1	0	0
CP_3	1 →	1	0	1	0
CP_4	1 →	1	1	0	1

寄存器在移位脉冲的作用下，将数码自 D 端逐个输入，称为串行输入。待数码全部移入寄存器后，4 位数码同时从各触发器的 Q 端输出，称为并行输出。如果再输入 4 个移位脉冲，4 位数码便会依次从 Q_3 端送出去，这称为串行输出。在第 5 个到第 8 个 CP 脉冲作用下，数码在寄存器中的移位情况如图 7-24（b）所示。因此，图 7-24（a）电路称为串行输入、串行输出与并行输出右移移位寄存器。

移位寄存器也可用 JK 触发器和同步 RS 触发器构成。图 7-25 分别给出了 JK 触发器和同步 RS 触发器组成的移位寄存器的逻辑图。它们的工作原理和上述电路基本相同，请读者自行分析。

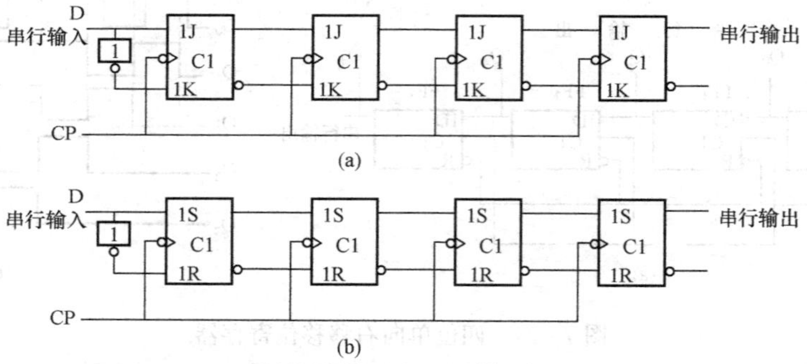

图 7-25 用 JK、同步 RS 触发器组成的移位寄存器
（a）用 JK 触发器；（b）用 RS 触发器

2. 双向移位寄存器

在单向移位寄存器的基础上，适当加入一些控制信号和由门电路组成的控制电路，可构成既能左移又能右移的双向移位寄存器。图 7-26 和图 7-27 分别给出了四位双向移位寄存器定型产品 74LS194 的逻辑功能示意图和逻辑符号。图中$\overline{CR}$为置 0 端，D_0～D_3 为并行数码输入端，D_{SR}为右移串行数码输入端，D_{SL}为左移串行数码输入端，M_0 和 M_1 为工作方式控制端，Q_0～Q_3 为并行数码输出端，CP 为移位脉冲输入端。74LS194 的功能如表 7-8 所示，由表可知它有如下主要功能。

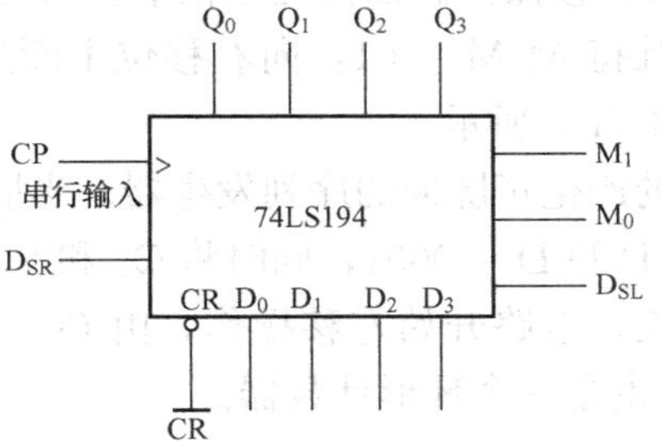

图 7-26 74LS194 的逻辑功能示意

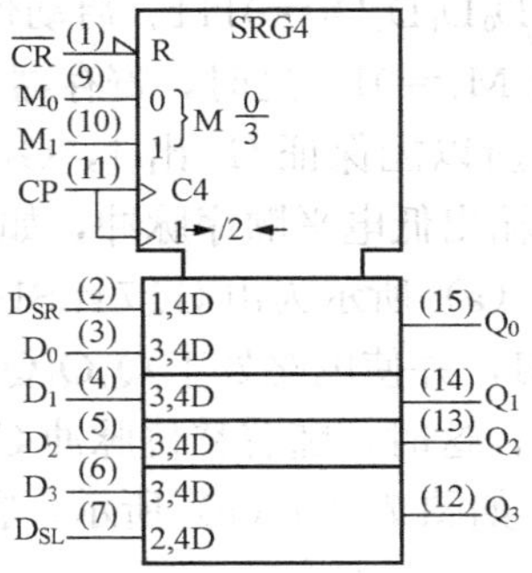

图 7-27 74LS194 逻辑符号

(1) 置 0 功能。当 $\overline{CR}=0$ 时，双向移位寄存器置 0，$Q_0 \sim Q_3$ 都为 0 状态。

(2) 保持功能。当 $\overline{CR}=1$ 时，CP=0，或 $\overline{CR}=1$、$M_1M_0=00$ 时，双向移位寄存器保持原状态不变。

(3) 并行送数功能。当 $\overline{CR}=1$，$M_1M_0=11$ 时，在 CP 上升沿作用下，使 $D_0 \sim D_3$ 端输的数码 $d_0 \sim d_3$ 并行送入寄存器，显然是同步并行送数。

表 7-8　　四位双向移位寄存器 74LS194 功能表

序号	清零	控制信号		时钟	串行输入		并行输入				输出				功能
	$\overline{CR}$	M_1	M_0	CP	D_{SL}	D_{SR}	D_0	D_1	D_2	D_3	Q_0	Q_1	Q_2	Q_3	
1	0	×	×	×	×	×	×	×	×	×	0	0	0	0	清零
2	1	×	×	0	×	×	×	×	×	×	Q_{00}	Q_{10}	Q_{20}	Q_{30}	保持
3	1	1	1	↑	×	×	d_0	d_1	d_2	d_3	d_0	d_1	d_2	d_3	置数
4	1	0	1	↑	×	1	×	×	×	×	1	Q_{0n}	Q_{1n}	Q_{2n}	右移
5	1	0	1	↑	×	0	×	×	×	×	0	Q_{0n}	Q_{1n}	Q_{2n}	右移
6	1	1	0	↑	1	×	×	×	×	×	Q_{1n}	Q_{2n}	Q_{3n}	1	左移
7	1	1	0	↑	0	×	×	×	×	×	Q_{1n}	Q_{2n}	Q_{3n}	0	左移
8	1	0	0	×	×	×	×	×	×	×	Q_{00}	Q_{10}	Q_{20}	Q_{30}	保持

(4) 右移串行送数功能。当 $\overline{CR}=1$、$M_1M_0=01$ 时，在 CP 上升沿作用下，实现右移功能，D_{SR} 端输入的数码依次送入寄存器。

(5) 左移串行送数功能。当 $\overline{CR}=1$、$M_1M_0=10$ 时，在 CP 上升沿作用下，实现左移功能，D_{SL} 端输入的数码依次送入寄存器。

3. 应用举例

脉冲序列发生器是指在每个循环周期内，在时间上按一定先后顺序排列的脉冲信号。产生顺序脉冲信号的电路称为脉冲序列发生器，在数字系统中，常用以控制某些设备按照事先规定的顺序进行运算或操作。

由双向移位寄存器 CT74LS194 和门电路可以构成脉冲序列发生器，其电路接线如图 7-28 (a) 所示。工作原理为：

当启动信号输入负脉冲时，G_2 门输出为 1，$M_1=M_2=1$，寄存器执行并行置数功能，

$Q_0Q_1Q_2Q_3=D_0D_1D_2D_3=0111$。启动信号结束后为高电平，由于 $Q_0=0$，G_1 输出为 1，G_2 输出为 0，$M_1M_0=01$。这时，寄存器开始执行右移操作。在移位过程中，因为 G_1 输入端总有一个为 0，所以能保证 G_1 出 1，G_2 出 0，维持 $M_1M_0=01$，向右移位不断进行下去，由 $Q_0\sim Q_3$ 依次输出低电平顺序脉冲，如图 7-28（b）所示。

图 7-29（a）所示为由 CT74LS194 构成的产生正脉冲的序列发生器。当取 $M_1M_0=10$、$D_0\sim D_3=0001$，并使电路处于 $Q_0Q_1Q_2Q_3=D_0D_1D_2D_3=0001$，同时将 Q_0 和左移串行数码输入端 D_{SL} 相连，这时，随着移位脉冲 CP 的输入，电路开始左移操作，由 $Q_3\sim Q_0$ 端依次输出顺序脉冲，如图 7-29（b）所示。它实际上也是一个环形计数器。

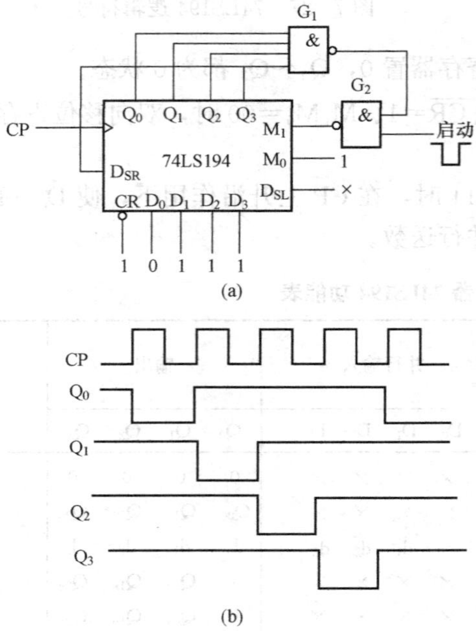

图 7-28　由 74LS194 构成的低电平脉冲序列发生器和时序图

（a）脉冲序列发生器；（b）时序图

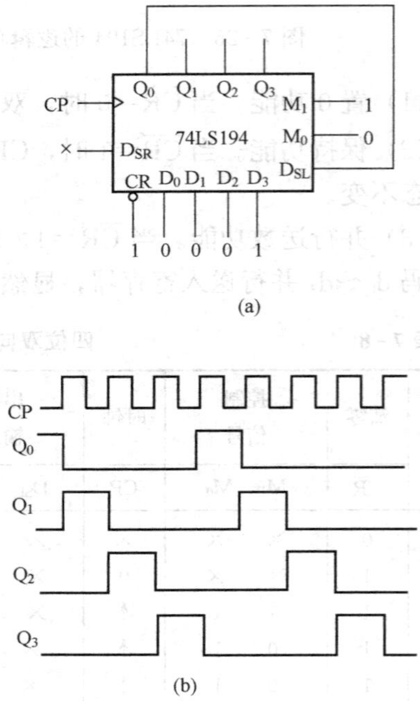

图 7-29　由 74LS194 构成的高电平脉冲序列发生器和时序图

（a）脉冲序列发生器；（b）时序图

7.6 计　数　器

所谓计数就是累计输入脉冲的个数，计数器是实现计数功能的时序逻辑部件。它是数字系统中应用场合最多的时序电路，计数器除了用作计数外，还可以用于分频、定时及进行数字运算。

计数器的种类很多，特点各异。它的主要分类如下：

（1）按计数体制分，有二进制计数器、十进制计数器和任意进制计数器。如果构成计数器的触发器个数为 n，二进制计数器在计数脉冲作用下，有效循环的状态数为 2^n 个；十进制计数器有效循环的状态数为 10 个；状态数不等于 2^n 和 10 的，就是任意进制了。

（2）按计数增减分，有加法（递增）计数器、减法（递减）计数器和可逆（加/减）计数器。

（3）按计数器中触发器翻转是否同步分，有同步计数器和异步计数器。同步计数器中各触发器均采用同一个 CP 脉冲触发；而异步计数器中计数脉冲只加到部分触发器的时钟脉冲输入端，其他触发器的触发信号则由电路内部提供。

（4）按电路内部结构分，有 TTL 和 CMOS。

7.6.1 异步计数器

1. 异步二进制加法计数器

在数字系统中，广泛地采用二进制计数体制，与此相应的必然是二进制计数器。二制数只有 0 和 1 两个数码，可以用一个触发器的 0 和 1 两个状态来表示。如果要表示 n 位二进制数，就用 n 个触发器。

表 7 - 9 为四位二进制加法计数器的计数状态表。从表 7 - 9 可看出，二进制加法计数器具有两条规律：①每来一个计数脉冲，最低位 Q_0 状态翻转一次；②当低位状态由 1 变 0 时，其相邻高位状态翻转一次。

表 7 - 9　　四位二进制加法计数器的计数状态表

计数脉冲顺序	电路状态 Q_3	Q_2	Q_1	Q_0	等效的十进制数
0	0	0	0	0	0
1	0	0	0	1	1
2	0	0	1	0	2
3	0	0	1	1	3
4	0	1	0	0	4
5	0	1	0	1	5
6	0	1	1	0	6
7	0	1	1	1	7
8	1	0	0	0	8
9	1	0	0	1	9
10	1	0	1	0	10
11	1	0	1	1	11
12	1	1	0	0	12
13	1	1	0	1	13
14	1	1	1	0	14
15	1	1	1	1	15
16	0	0	0	0	0

采用异步方式构成二进制加法计数器是很容易的，图 7 - 30 所示为由 JK 触发器组成的四位异步二进制加法计数器的逻辑图。图中 JK 触发器都接成 T′触发器，用计数脉冲的下降沿触发。外来时钟脉冲作最低位触发器的计数脉冲，而由低位触发器的输出 Q 端引出进位信号作为相邻高位触发器的时钟脉冲，使相邻两位之间符合逢二进一的加法计数规律。如果是上升沿触发的触发器，则由低位 $\overline{Q}$ 端引出进位信号作为相邻高位的时钟脉冲。逻辑电路如图 7—31 所示。

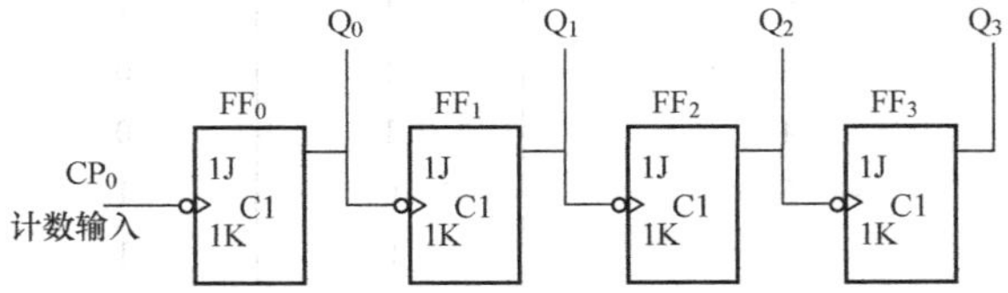

图 7 - 30　下降沿动作的四位二进制异步加法计数器

根据T′触发器的翻转规律可依次画出$Q_0Q_1Q_2Q_3$在计数脉冲CP_0作用下的波形（时序图）。图7-30电路的时序图如图7-32所示。

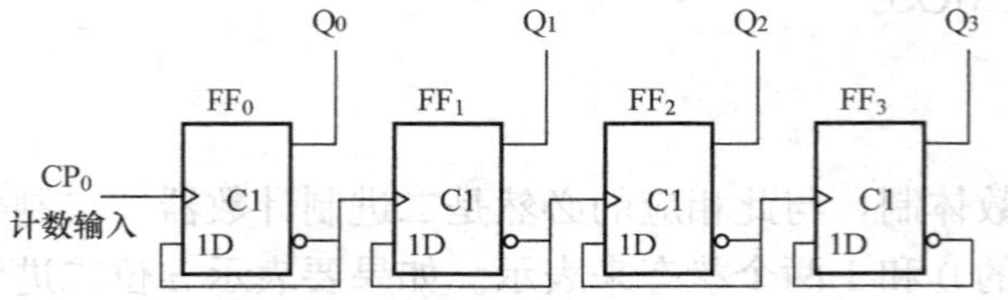

图7-31 上升沿动作的四位二进制异步加法计数器

由图7-32时序图可看出，如果CP_0的频率为f_0，则Q_0、Q_1、Q_2、Q_3的频率分别为$\frac{1}{2}f_0$、$\frac{1}{4}f_0$、$\frac{1}{8}f_0$、$\frac{1}{16}f_0$，说明计数器具有分频的作用，也叫分频器。对于图7-30和图7-31所示计数器来说，每经过一级T′触发器，输出脉冲的频率就被二分频，即相对于CP_0的频率而言，各级依次称为二分频、四分频、八分频和十六分频。

n位二进制计数器总共有2^n个状态，输入2^n个计数脉冲后，计数器状态的变化就要循环一次，通常称2^n为计数器的模。在逻辑符号中以“CTRDIVm”标注模的数值，如十进制计数器$m=10$，标注为“CTRDIV10”。计数器能累计的最大脉冲个数称为计数容量或计数长度，它等于2^n-1。

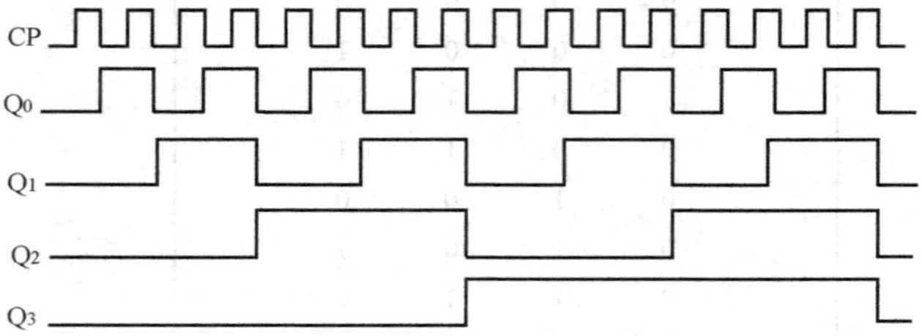

图7-32 下降沿动作的异步二进制加法计数器时序图

2. 异步二进制减法计数器

以三位二进制减法计数器为例，其递减计数的规律如计数状态表，如表7-10所示。

表7-10 三位二进制减法计数器状态表

计数脉冲顺序	电路状态			等效的十进制数
	Q_2	Q_1	Q_0	
0	0	0	0	0
1	1	1	1	7
2	1	1	0	6
3	1	0	1	5
4	1	0	0	4
5	0	1	1	3
6	0	1	0	2
7	0	0	1	1
8	0	0	0	0

分析表7-10可知，当低位已经是0，那么再来一个脉冲本位变为1，同时向相邻高位发出借位信号，使高位翻转。最低位是每来一个脉冲翻转一次，相邻两位之间是当低位由0跳1时高位翻转。

用 T′触发器构成二进制减法计数器时，也将低位触发器的一个输出送至相邻高位触发器的 CP 端，但与加法计数器相反，对下降沿动作的 T′触发器要由低位 $\overline{Q}$ 端引出作相邻高位 CP 的输入；对上升沿动作的 T′触发器来说，要由低位 Q 端引出作相邻高位 CP 的输入。四位二进制减法计数器的逻辑图如图 7-33 和图 7-34 所示。

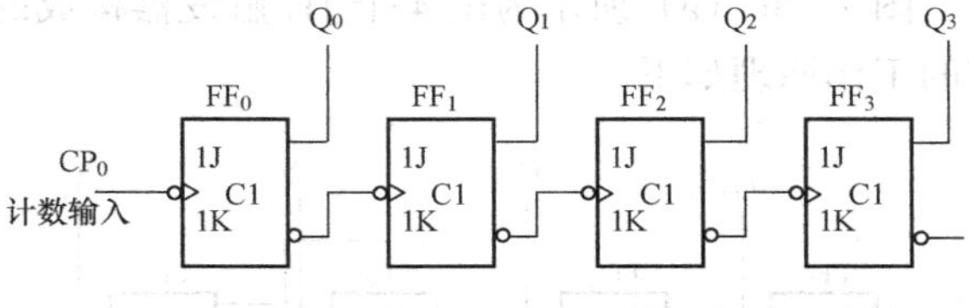

图 7-33　下降沿动作的四位二进制异步减法计数器

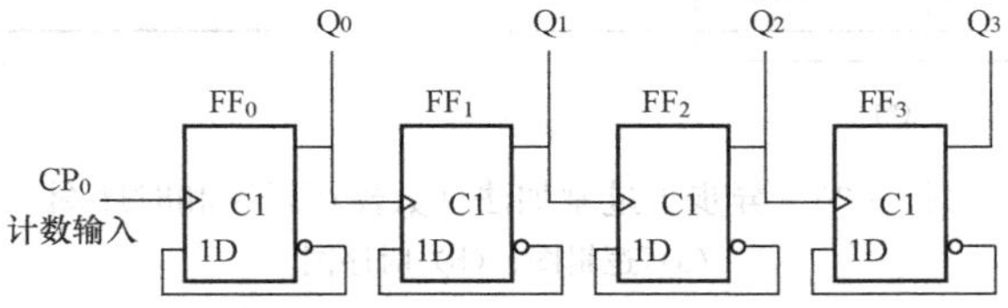

图 7-34　上升沿动作的四位二进制异步减法计数器

与图 7-34 电路相对应的二进制减法计数器的时序图如图 7-35 所示。

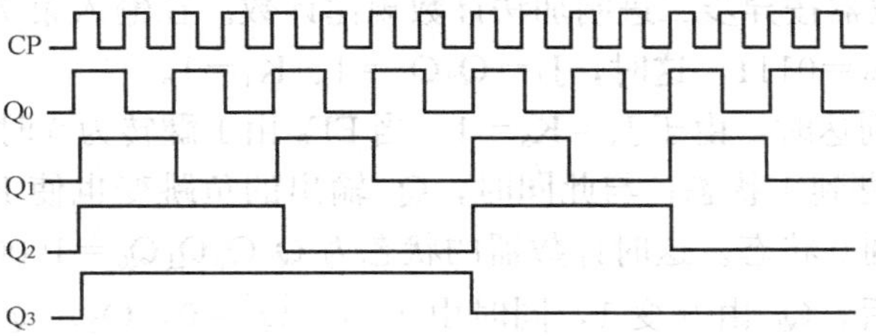

图 7-35　上升沿动作的二进制减法计数器时序图

3. 异步十进制计数器

十进制的编码方式很多，其计数器的种类也就较多，因为读出结果都是 BCD 码，所以十进制计数器也称为二—十进制计数器。异步十进制计数器是在四位异步二进制加法计数器的基础上经过适当修改获得的。它跳过了 1010～1111 六个状态，利用自然二进制数的前十个状态 0000～1001 实现十进制计数。其计数状态表如表 7-11 所示。

表 7-11　　**十进制计数器状态表**

计数顺序	计数器状态			
	Q_3	Q_2	Q_1	Q_0
0	0	0	0	0
1	0	0	0	1
2	0	0	1	0
3	0	0	1	1
4	0	1	0	0
5	0	1	0	1
6	0	1	1	0
7	0	1	1	1
8	1	0	0	0
9	1	0	0	1
10	0	0	0	0

图 7-36（a）所示为由 4 个 JK 触发器构成的 8421BCD 码异步十进制计数器的逻辑图。它的工作原理如下。

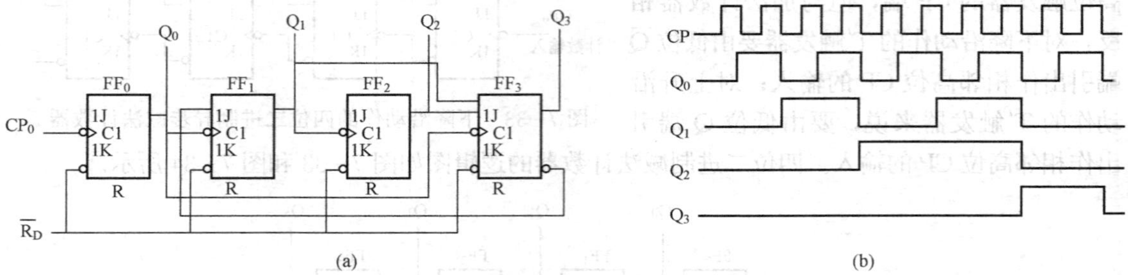

图 7-36 异步十进制加法计数器逻辑图和时序图

(a) 逻辑图；(b) 时序图

设计数器从 $Q_3Q_2Q_1Q_0$=0000 状态开始计数。由图 7-36（a）可知，FF_0 和 FF_2 为 T′触发器。在 FF_3 为 0 状态时，$\overline{Q_3}=1$，这时 $J_1=\overline{Q_3}=1$，FF_1 也为 T′触发器。因此，输入前 8 个计数脉冲时，计数器按异步二进制加法计数规律计数。在输入第 7 个计数脉冲时，计数器的状态为 $Q_3Q_2Q_1Q_0$=0111，这时，$J_3=Q_2Q_1=1$、$K_3=1$。

第 8 个计数脉冲到达时，由于 $J_3=K_3=1$，当 FF_0 由 1 翻转为 0 时，Q_0 输出的负脉冲一方面使 FF_3 由 0 状态翻到 1 状态；与此同时，Q_0 输出的负跳变也使 FF_1 由 1 状态翻转到 0 状态，FF_2 随之翻转到 0 状态。这时计数器的状态为 $Q_3Q_2Q_1Q_0$=1000。

第 9 个脉冲输入后，Q_0 由 0 变 1，同时由于 $J_1=\overline{Q_3}=0$，Q_2、Q_1 保持不变，FF_3 虽然处于 $J_3=0$、$K_3=1$，但因 Q_0 是正跳，所以 Q_3 状态不变，即保持为 1；计数器的状态为 $Q_3Q_2Q_1Q_0$=1001。

当第 10 个脉冲输入后，FF_0 翻回到 0，Q_1Q_2 仍保持不变，而 FF_3 由于 $CP_3=Q_0$ 的下降沿触发，故 Q_3 翻转为 0，计数器的状态为 $Q_3Q_2Q_1Q_0$=0000，实现了十进制计数。其时序图和状态转换图分别如图 7-36（b）和图 7-37 所示。

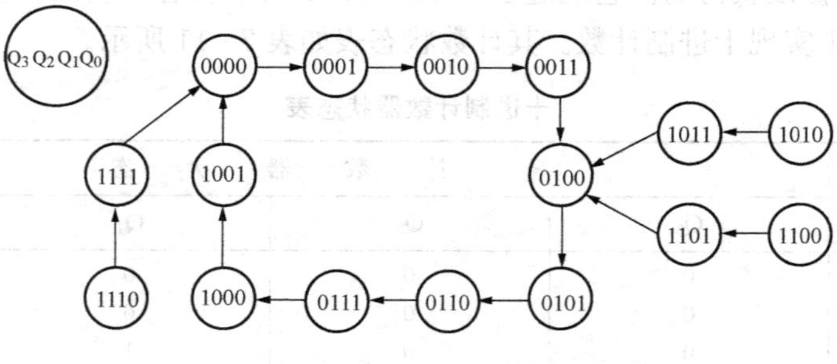

图 7-37 异步十进制加法计数器状态转换图

中规模集成计数器有 54/74LS196、54/74LS190、54/74HC390、74LS290、74LS292 等。

4. 集成异步加法计数器

图 7-38 所示为集成异步加法计数器 54LS196 的逻辑图，其功能表如表 7-12 所示。它是一可预置的二—五—十进制异步加法计数器，使用比较灵活。其功能如下。

（1）当异步清零端 $\overline{CR}$ 为低电平时，可完成清除功能，与时钟脉冲端 $\overline{CP_0}$、$\overline{CP_1}$ 的状态无

关。如要执行其他功能时$\overline{CR}$必须置1。R和S分别为异步复位和置位端，置数时亦与$\overline{CP_0}$、$\overline{CP_1}$无关。

(2) 当计数/置入控制端$CT/\overline{LD}$为低电平时，无论$\overline{CP_0}$、$\overline{CP_1}$状态如何，输出$Q_3 \sim Q_0$即可预置成与数据输入端$D_3 \sim D_0$相一致的状态。$CT/\overline{LD}$还可作为锁存器的选通端，当$CT/\overline{LD}$为低电平时，$Q_3 \sim Q_0$随$D_3 \sim D_0$而变化，当$CT/\overline{LD}$为高电平时，只要时钟脉冲不作用，$Q_3 \sim Q_0$将保持不变。

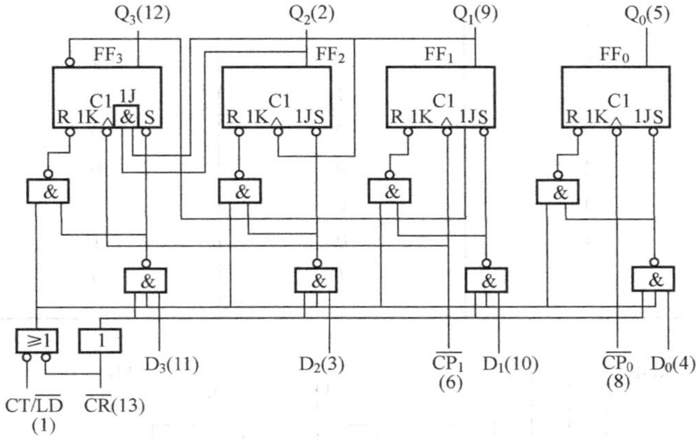

图7-38 54LS196二—五—十进制异步加法计数器

表7-12 **54LS196二—五—十进制计数器功能表**

输入							输出			
$\overline{CR}$	$CT/\overline{LD}$	$\overline{CP}$	D_0	D_1	D_2	D_3	Q_0	Q_1	Q_2	Q_3
0	×	×	×	×	×	×	0	0	0	0
1	0	×	d_0	d_1	d_2	d_3	d_0	d_1	d_2	d_3
1	1	↓	×	×	×	×	加计数			

(3) 当$CT/\overline{LD}$为高电平时，在$\overline{CP_0}$、$\overline{CP_1}$脉冲的作用下进行计数：

1) 计数脉冲由$\overline{CP_0}$输入，则Q_0得到二分频输出；另一个计数脉冲由$\overline{CP_1}$输入，$Q_1 \sim Q_3$为五分频输出。

2) 计数脉冲由$\overline{CP_0}$输入，$\overline{CP_1}$与Q_0连接，为8421编码的十进制计数器。

3) 计数脉冲由$\overline{CP_1}$输入，$\overline{CP_0}$与Q_3连接，为5421编码的十进制计数器。通用的5421计数状态表如表7-13所示。要注意的是对于54LS196来说，此种情况的数据读出顺序为$Q_0Q_1Q_2Q_3$，即Q_0位的位权为5，Q_1、Q_2、Q_3位的位权依次为4、2、1，这样读出，才能符合5421BCD码的计数状态表。

利用LS196可构成如图7-39所示的百进制计数器。其方法是：将两片LS196进行级联，低位芯片的Q_3端与高位芯片的$\overline{CP_0}$相连。这样一来1号计数器在每次计数从“9”到“0”时，Q_3由1→0产生一个下降沿，连到2号计数器的$\overline{CP_0}$，作为向高位进位的计数脉冲，从而遵循了“逢十进一”的规律。所以，计数状态数从0000、0000到1001、1001的百进制计数器，这种用法称为计数器的位扩展。类似的，可用双二—五—十进制计数器LS390或

HC390 一片芯片完成，也可用其他十进制计数器连接构成。

表 7-13　　5421 加法计数状态表

计数顺序	输出 Q_0	输出 Q_1	输出 Q_2	输出 Q_3
0	0	0	0	0
1	0	0	0	1
2	0	0	1	0
3	0	0	1	1
4	0	1	0	0
5	1	0	0	0
6	1	0	0	1
7	1	0	1	0
8	1	0	1	1
9	1	1	0	0

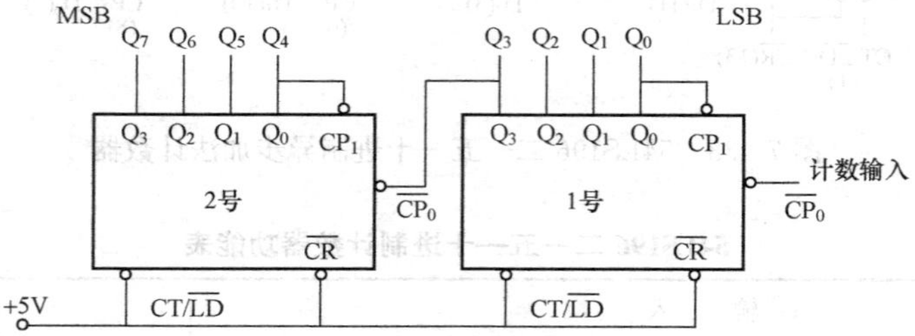

图 7-39　用两片 LS196 构成的百进制计数器

7.6.2　同步计数器

异步计数器的结构较为简单，但由于其进位（或借位）信号是逐级传送的，因而使计数速度受到了限制，工作频率不能太高。为了提高计数速度和工作频率，可将计数脉冲同时加到各位触发器的 CP 端，使它状态的变化和计数脉冲同步。按照这种方式组成的计数器称为同步计数器。

1. 同步二进制计数器

（1）同步二进制加法计数器。

由于同步计数器中各触发器的 CP 端输入同一个计数脉冲，因此各触发器的状态就由它们的输入端的状态决定。即触发器应该翻转时，要满足计数状态的条件，不应该翻转时，要满足状态不变的条件。由此可见，用 T 触发器构成同步二进制计数器比较方便，因它只有一个输入端 T，当 T=1 时，为计数状态；T=0 时，保持状态不变。若采用 JK 触发器来实现 T 触发器的功能，则令 J=K=T 就可以了。

图 7-40 为 JK 触发器构成的四位同步二进制加法计数器。由二进制加法计数状态表 7-9和 JK 触发器的逻辑功能可归纳出下列逻辑关系：

1）触发器 FF_0 每来一个计数脉冲就翻转一次，故 $J_0=K_0=1$；

2）触发器 FF_1，在 $Q_0=1$ 时，再来一个计数脉冲就翻转，故 $J_1=K_1=Q_0$；

3）触发器 FF_2，在 $Q_1=Q_0=1$ 时，再来一个计数脉冲就翻转，故 $J_2=K_2=Q_1Q_0$；

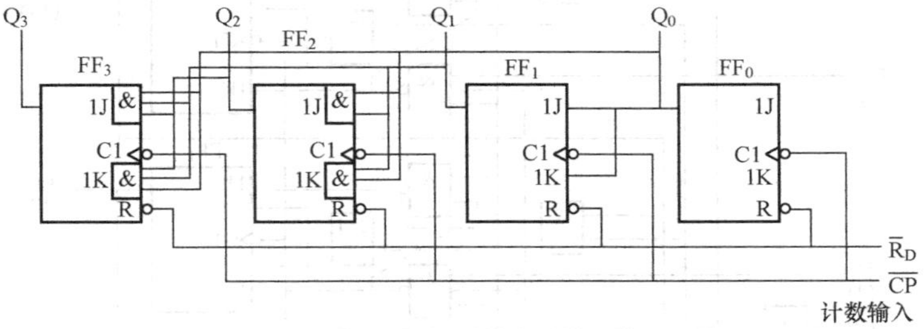

图 7-40　由 JK 触发器构成的四位同步二进制加法计数器

4）触发器 FF_3，在 $Q_2=Q_1=Q_0=1$ 时，再来一个计数脉冲才翻转，$J_3=K_3=Q_2Q_1Q_0$。

以上各 J、K 端的逻辑表达式称为驱动方程或激励方程，是进行级连接的依据。由图 7-40可知，该计数器中各触发器受同一个计数脉冲控制，决定各触发器翻转的条件（J、K 状态）也是并行产生的，所以这种计数器输入脉冲的最短周期为一级触发器的传输延迟时间，与异步计数器相比，显然速度提高很多。

常用的同步二进加法计数器有 CD74HC161、CD74H4163、C183 等。

（2）同步二进制减法计数器。

根据表 7-10 二进制减法计数状态转换的规律，最低位触发器 FF_0 与加法计数中 FF_0 相同，每来一个计数脉冲翻转一次，应有 $J_0=K_0=1$。其他触发器的翻转条件是所有低位触发器的 Q 端全为 0，高位的 Q 端在下一个 CP 脉冲到来时翻转，应有 $J_1=K_1=\overline{Q}$、$J_2=K_2=\overline{Q_1Q_0}$、$J_3=K_3=\overline{Q_2}\cdot\overline{Q_1}\cdot\overline{Q_0}$。所以，只要将图 7-38 加法计数器中 $FF_1\sim FF_3$ 的 J、K 端由原来接低位 Q 端改为接 $\overline{Q}$ 端，就构成了二进制减法计数器。

（3）同步二进制可逆计数器。

图 7-41 为四位同步二进制可逆计数器的逻辑图。从图中看出，将加法和减法计数器综合起来，由控制门进行转换，使计数器成为既能作加法又能作减法计数的可逆计数器。其 S 为加/减控制端，当 S=1 时，下面三个与非门被封锁，进行加计数；当 S=0 时，上面三个与非门被封锁，进行减计数。

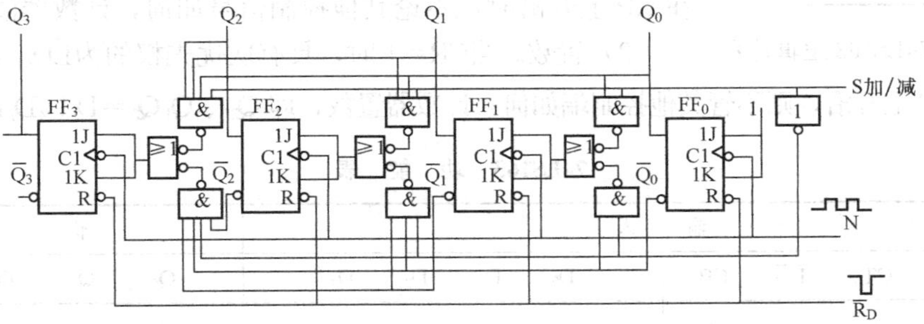

图 7-41　四位同步二进制可逆计数器

（4）集成同步二进制计数器。

现以 74LS163 为例介绍集成同步二进制计数器芯片的使用方法。74LS163 电路图和逻

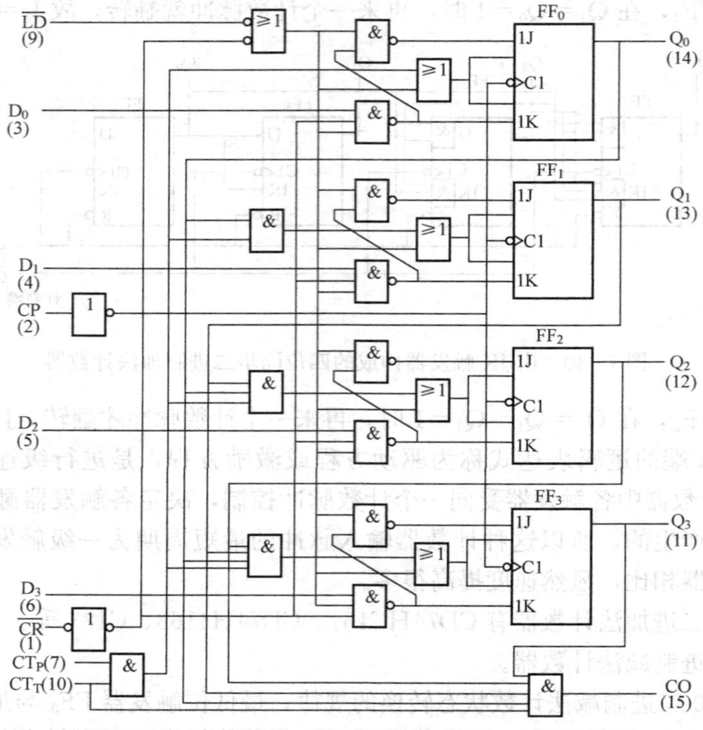

图 7 - 42　四位同步二进制计数器 74LS163 逻辑图

辑符号分别如图 7 - 42 和图 7 - 43 所示，其功能表如表 7 - 14 所示。

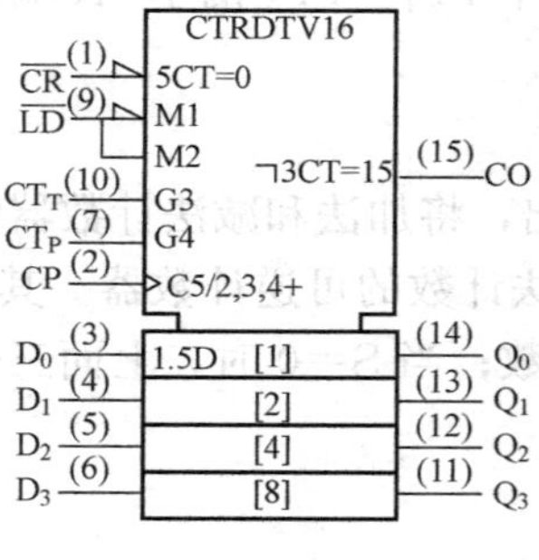

图 7 - 43　74LS163 逻辑符号

由逻辑图和功能表可知，该计数器的输入信号有清零信号$\overline{CR}$，使能信号 CT_P、CT_T，置数信号$\overline{LD}$，时钟输入 CP，数据输入 D_0～D_3。输出信号为数据输出 Q_0～Q_3，进位输出 CO。

计数器是具有清零、置数、计数和保持等四种功能的加法同步四位二进制计数器，通过正确级连还可构成八位以上二进制计数器。现将使能控制端的功能简述如下：

1）清零。$\overline{CR}$是具有最高级别的同步清零端。当$\overline{CR}=0$且在 CP 上升沿时，不论其他控制信号如何，计数器清零。

2）置数。当$\overline{CR}=1$时，具有次优先权的为$\overline{LD}$。当$\overline{LD}=0$时，输入一个 CP 上升沿，则不管其他控制端如何，计数器置数，即 $Q_3Q_2Q_1Q_0=D_3D_2D_1D_0$。

表 7 - 14　　74LS163　功　能　表

输入									输出			
$\overline{CR}$	CT_P	CT_T	$\overline{LD}$	CP	D_0	D_1	D_2	D_3	Q_0	Q_1	Q_2	Q_3
0	×	×	×	↑	×	×	×	×	0	0	0	0
1	×	×	0	↑	d_0	d_1	d_2	d_3	d_0	d_1	d_2	d_3
1	1	1	1	↑	×	×	×	×	计数			
1	0	×	1	×	×	×	×	×	保持			
1	×	0	1	×	×	×	×	×	保持			

3）计数。当$\overline{CR}=\overline{LC}=1$，且优先级别最低的使能端$CT_P=CT_T=1$时，在CP上升沿触发下，计数器进行计数。

4）保持。当$\overline{CR}=\overline{LD}=1$，且$CT_P$和$CT_T$中至少有一个为0时，CP不起作用，计数器保持原状态不变。

5）实现二进制计数的位扩展。由逻辑图可以看到，进位输出$CO=Q_3Q_2Q_1Q_0CT_T$，即当计数到$Q_3Q_2Q_1Q_0=1111$，且使能信号$CT_T=1$时，产生一个高电平，作为向高四位级连的进位信号，以构成八位以上二进制的计数器。

图7-44为74LS163的时序图。从图中可看出各控制端的作用和优先级别，$\overline{CR}=0$一出现且CP到来就清零。该计数器的清零属于依靠CP驱动，故称同步清零方式。

由时序图可知，如果给计数器先预置了某一数据然后再计数，那么计数将从被预置的状态开始，直至计满到1111再从0000开始。如果计数器从0000开始计数，可用两个方法实现，一种是先清零后计数，另一种是先预置0000然后计数。

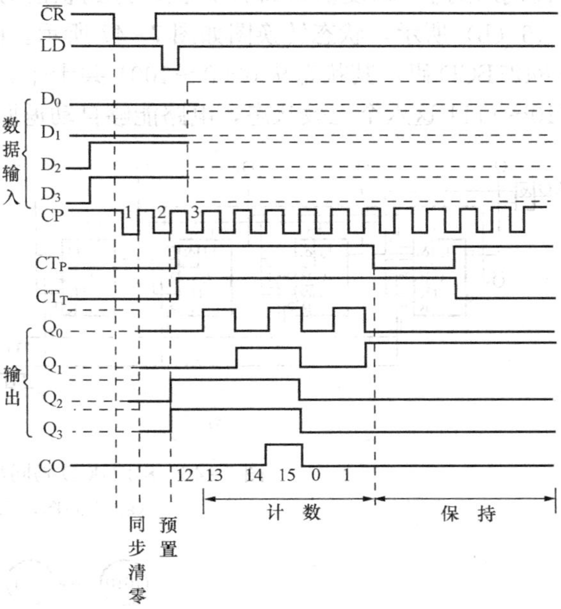

图7-44　可预置二进制计数器时序图

实现二进制计数的位扩展举例说明如下：

用三片74LS163构成12位二进制计数器的连接方法如图7-45所示。图中标1号、2号、3号芯片分别为低、中、高4位，1号片的CO与2号的CT_P、CT_T相连，只有当1号片计满1时，其CO=1，2号片才有$CT_P=CT_T=1$的条件，而该高电平只持续一个CP周期，当下一个周期到来时，1号片的$Q_3Q_2Q_1Q_0=0000$，2号片计数1次，其输出$Q_3Q_2Q_1Q_0$由0000变0001，完成了加1运算。由图中可知，2号片CO接3号片CT_T，1号片CO接3号片CT_P，只有当1号片、2号片均变为0000时，3号片完成一次加1运算。显而易见，这种连接方法是符合加法计数的规律的。

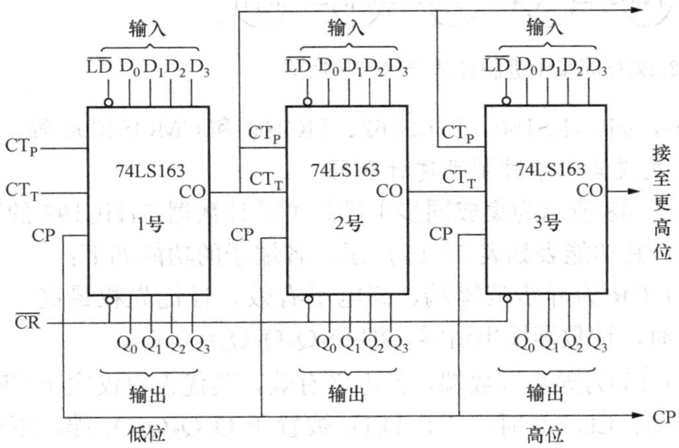

图7-45　74LS163扩展位数的连接方法

2. 同步十进制加法计数器

前面对异步十进制计数器已作过介绍，对同步十进制加法计数器，现以图 7 - 46 (a) 所示的逻辑电路为例说明其工作原理。

根据时序电路的分析方法，可以列出图 7 - 46 (a) 的驱动方程和输出方程。然后将驱动方程代入到 JK 触发器的特性方程，得到状态方程，并进行状态计算，得出其时序图如图 7 - 46 (b) 所示，状态转换图如图 7 - 47 所示。由图可见，该同步十进制加法计数器采用的是 8421BCD 码，其状态从 0000～1001 共十个，它能够实现自启动，即计数器如果进入了 1010～1111 这六个无效状态，电路能够自动返回到有效状态。

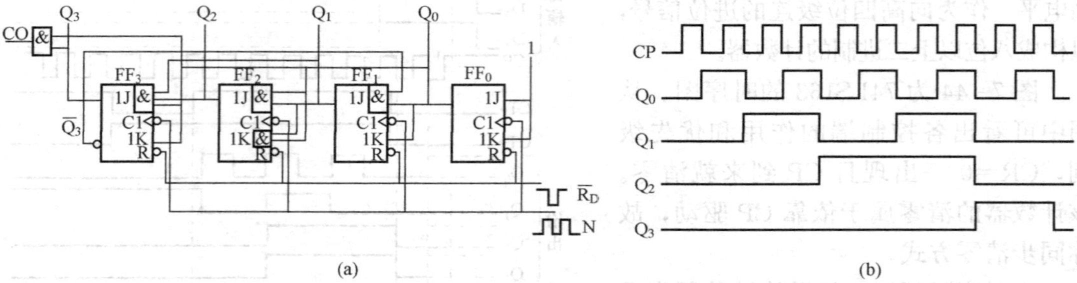

图 7 - 46 8421BCD 码同步十进制加法计数器

(a) 逻辑图；(b) 时序图

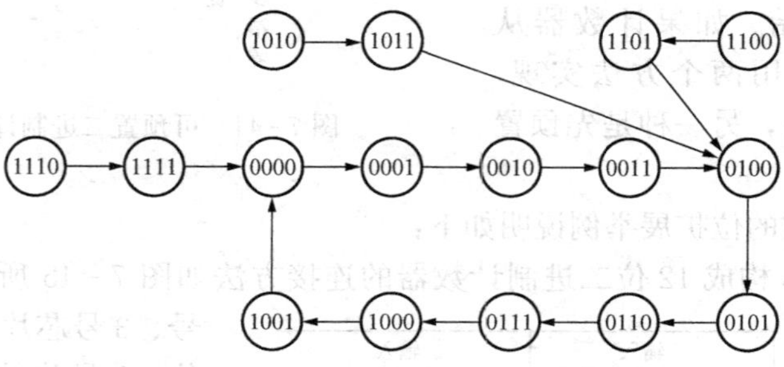

图 7 - 47 8421BCD 同步十进制计数器状态转换图

常用的同步十进制集成芯片很多，如 74LS160、74LS162、HC160 和 CMOS4000 等。

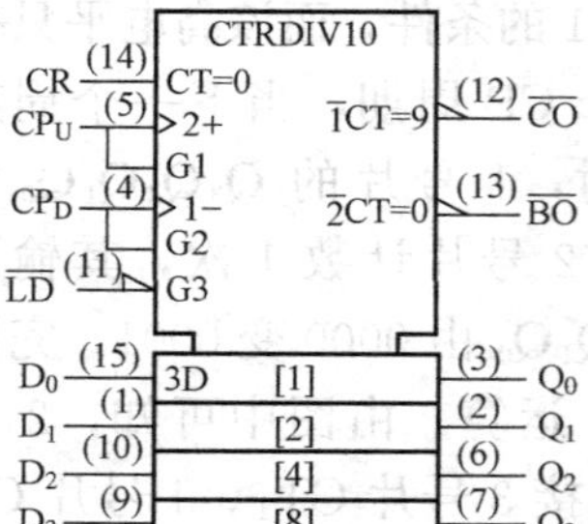

图 7 - 48 54HC192 逻辑符号

3. 集成同步十进制可逆计数器

图 7 - 48 所示为集成同步十进制可逆计数器 54HC192 的逻辑符号，其功能表如表 7 - 15 所示。各端子的功能如下：

(1) CR 为异步清零端，高电平有效，且优先权最高。当 CR=1 时，计数器输出清零，即 $Q_3Q_2Q_1Q_0$=0000。

(2) $\overline{LD}$为异步置数端，低电平有效，其优先权仅次于 CR，当 CR=0、$\overline{LD}$=0 时，$D_3D_2D_1D_0$ 被置于 $Q_3Q_2Q_1Q_0$ 端，不受 CP 控制。

(3) 当 CR 和$\overline{LD}$均为无效电平时，即 CR=0、$\overline{LD}$=1，且减法计数输入端 CP_D 为高电平，计数脉冲从加法计数输入端 CP_U 输入时，进行加法计数。当 CP_D 和 CP_U 条件互换时，则进行减法计数。

(4) 当 CR=0、$\overline{LD}$=1，且当 $CP_D=CP_U=1$ 时，计数器处于保持状态。

(5) 加法进位输出条件为 $\overline{CO}=\overline{\overline{CP_U}Q_3Q_0}$，减法借位输出条件为 $\overline{BO}=\overline{\overline{CP_D}\ \overline{Q_3}\ \overline{Q_2}\ \overline{Q_1}\ \overline{Q_0}}$。这说明，进行加计数，当 Q_3Q_0 均为 1、$CP_U=0$ 时，即在计数状态为 1001 时，给出一进位信号；进行减计数，当 $Q_3Q_2Q_1Q_0$ 均为 0，且 $CP_D=0$ 时，即在计数状态为 0000 时，给出一借位信号。可见，这是符合十进制计数规律的。

表 7-15　　54HC192 功能表

输入								输出			
CR	$\overline{LD}$	CP_U	CP_D	D_0	D_1	D_2	D_3	Q_0	Q_1	Q_2	Q_3
1	×	×	×	×	×	×	×	0	0	0	0
0	0	×	×	d_0	d_1	d_2	d_3	d_0	d_1	d_2	d_3
0	1	↑	1	×	×	×	×	递增计数			
0	1	1	↑	×	×	×	×	递减计数			
0	1	1	1	×	×	×	×	保　持			

如要构成 2 位以上的十进制计数器，只需将低位的$\overline{CO}$和$\overline{BO}$分别接到高位的 CP_U 和 CP_D 就可实现。因为$\overline{CO}$和$\overline{BO}$在处于低电平情况下，当低位 CP 到来时将输出一个上升沿，使高位计数器进行加 1 或减 1 运算。

7.6.3 N 进制计数器

在计数脉冲的作用下，计数器中循环的状态个数称为计数器的模数，用 N 表示。n 位二进制计数器的模为 $N=2^n$，其中 n 为构成计数器的触发器的个数。所以，1 位十进制计数器的模为 10，2 位十进制计数器的模为 100，依此类推。一般将二进制和十进制以外的进制统称为 N 进制（也称为任意进制）。在有些数字系统中，任意进制计数器也是常用到的，如七进制、十二进制、二十四进制和六十进制等。

要实现 N 进制计数的方法大致有三种：一是利用触发器直接构成，称为反馈阻塞法；二是用移位寄存器构成，称为串行反馈法；三是用集成计数器构成，称为反馈清零法和反馈置数法。现以由集成计数器芯片构成 N 进制计数器为例介绍其方法。

利用集成二进制或十进制计数器芯片可以较方便地构成任意进制计数器。采用的方法有两种，一是反馈清零法，另一种是反馈置数法。以下作分别说明。

1. 反馈清零法

利用计数器的置 0 功能可获得 N 进制计数器。集成计数器的置 0 方式有异步和同步两种。异步置 0 与时钟脉冲 CP 无关，只要异步置 0 输入端出现置 0 信号，计数器便立刻被置 0。因此，利用异步置 0 输入端获得 N 进制计数器时，应在输入第 N 个计数脉冲 CP 后，通过控制电路产生一个置 0 信号加到异步置 0 输入端上，使计数器置 0，即实现了 N 进制计数。和异步置 0 不同，同步置 0 输入端获得置 0 信号后，计数器并不能立刻被置 0，只是为置 0 创造了条件，还需要再输入一个计数脉冲 CP，计数器才被置 0。所以，利用同步置 0 端获得 N 进制计数器时，应在输入第 $N-1$ 个计数脉冲 CP 时，同步置 0 输入端获得置 0 信号，这样，在输入第 N 个计数脉冲 CP 时，计数器才被置 0，回到初始的零状态，从而实现 N 进制计数。利用反馈清零法获得 N 进制计数器的方法如下：

用 S_1，S_2，…，S_N 表示输入 1，2，…，N 个计数脉冲 CP 时计数器的状态。

(1) 写出计数器状态的二进制代码。如以十二进制计数器为例，当利用异步置 0 端获得十二进制计数器时，$S_N=S_{12}=1100$；当利用同步置 0 获得十二进制计数器时，$S_{N-1}=S_{12-1}=S_{11}=1011$。

(2) 写出反馈清零函数。这实际上是根据 S_N 或 S_{N-1} 写出置 0 端的逻辑表达式。

(3) 画连线图。根据反馈清零函数画连线图。

【例 7-4】 试用 74LS290 构成六进制计数器。

解 74LS290 为异步二－五－十进制计数器，其功能表如表 7-16 所示。

表 7-16 74LS290 的功能表

输入			输出				功能说明
$R_{0A}R_{0B}$	$S_{9A}S_{9B}$	CP	Q_3	Q_2	Q_1	Q_0	
1	0	×	0	0	0	0	置 0
0	1	×	1	0	0	1	置 1
0	0	↑	计数				

(1) 写出 S_6 的二进制代码为

$$S_6=0110$$

(2) 写出反馈清零函数。由于 74LS290 的异步置 0 信号为高电平 1，因此

$$R_0=Q_2Q_1=R_{0A}R_{0B}$$

(3) 画连线图。由上式可知，对 74LS290 而言，要实现六进制计数，应将异步置 0 输入端 R_{0A} 和 R_{0B} 分别接 Q_2、Q_1，同时将 S_{9A} 和 S_{9B} 接 0，由于计数容量大于五，还应将 Q_0 和 CP_1 相连。图 7-49 (a) 为六进制计数器的逻辑图。用同样的方法，可将 74LS290 构成九进制计数器，如图 7-49 (b) 所示。

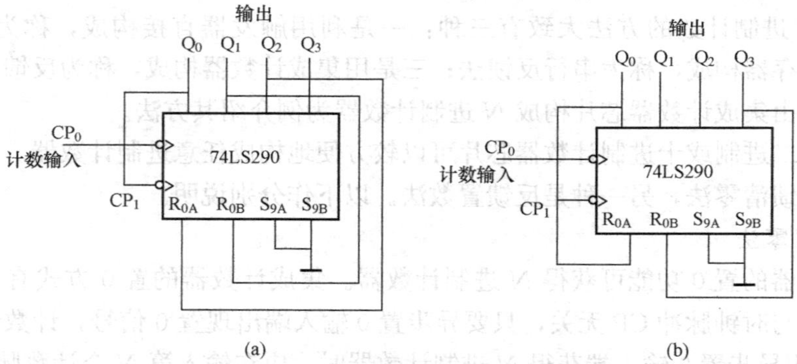

图 7-49 74LS290 构成六进制计数器和九进制计数器

(a) 六进制计数器；(b) 九进制计数器

【例 7-5】 试用二进制计数器芯片 74LS163 构成一个八十六进制计数器。

解 74LS163 为同步清零方式，其功能表如表 7-14 所示。当 $\overline{CR}=0$，CP 脉冲完成清零。八十六进制计数器中出现的最大数是 85，显然，应由两片 74LS163 实现。在出现 $(85)_{10}$ 的下一个状态，即下一个 CP 到来时，计数器回到零，这要求计数器状态的二进制码

为 $S_{N-1}=S_{86-1}=S_{85}=(01010101)_2$。

由此，只要将高位芯片 Q_2Q_0 和低位芯片 Q_2Q_0 组合为与非函数，作为反馈清零信号来实现清零。因为 $\overline{CR}$ 要求低电平，所以反馈信号要由与非门引导到 $\overline{CR}$ 端，其逻辑图如图 7-50 所示。

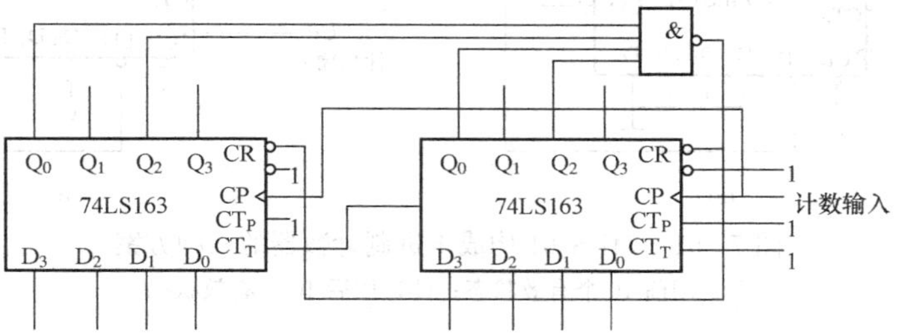

图 7-50 两片 74LS163 构成的八十六进制计数器

由上面两例可知，在芯片的各使能端都置于正确状态的前提下，确定置 0 所取输出代码是个关键，这与芯片的清零方式有关（同步清零还是异步清零）。异步清零以 N 作为置 0 的输出代码，同步清零以 $N-1$ 作为置 0 的输出代码。此外还要注意清零端的有效电平，以确定反馈引导门是与门还是与非门。

2. 反馈置数法

利用计数器的置数功能也可获得 N 进制计数器，这时应先将计数起始数据预先置入计数器。集成计数器置数控制端也有同步和异步之分。与异步置零一样，异步置数与时钟脉冲无关，只要异步置数控制端出现置数信号时，并行输入的数据便立刻被置入计数器相应的触发器中。因此，利用异步置数控制端构成 N 进制计数器时，应在输入第 N 个 CP 脉冲后，通过控制电路产生一个置数信号加到置数控制端上，使计数器返回到初始的预置数状态，即实现了 N 进制计数器。对于同步置数控制端获得置数信号时，仍需再输入一个计数脉冲 CP 才能将预置数置入计数器中。因此，利用同步置数控制端实现 N 进制计数器时，应在输入第 $N-1$ 个计数脉冲时，使同步置数控制端获得反馈的置数信号。这样，在输入第 N 个计数脉冲 CP 时，计数器返回到初始的预置数状态，从而实现 N 进制计数。利用反馈置数法获得 N 进制计数器的方法如下：

（1）写出计数器状态的二进制代码。若利用异步置数输入端获得 N 进制计数器，写出 S_N 对应的二进制代码；若利用同步置数端获得 N 进制计数器，写出 S_{N-1} 对应的二进制代码。

（2）写出反馈置数函数。即由 S_N 或 S_{N-1} 写出置数端的逻辑表达式。

（3）根据反馈置数函数画连接图。

【例 7-6】 试用 CT74LS161 构成十进制计数器。

解 CT74LS161 设有同步置数控制端，可利用它来实现十进制计数。具体方案有两种：

（1）设计数从 $Q_3Q_2Q_1Q_0=0000$ 状态开始计数，由于采用反馈置数法获得十进制计数器，因此应取 $D_3D_2D_1D_0=0000$。

1）写出 S_{N-1} 的二进制代码为

$$S_{N-1}=S_{10-1}=S_9=1001$$

2）写出反馈置数函数。由于计数器从 0 开始计数，所以，反馈置数函数为

$$\overline{LD}=\overline{Q_3Q_0}$$

3）画连接图。根据上式和置数的要求画出十进制计数器的逻辑图，如图 7-51（a）所示。

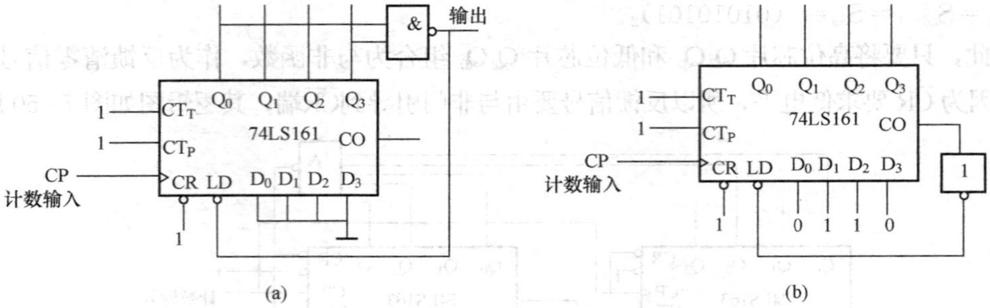

图 7-51 74LS161 构成十进制计数器的两种方案

(a) 用前 10 个有效状态；(b) 用后 10 个有效状态

（2）利用自然二进制数的后 10 个状态 0110～1111 也能实现十进制计数。此时数据输入端输入的数据应为 $D_3D_2D_1D_0=0110$，从 CT74LS161 的进位输出端 CO 取得反馈置数信号最简单，连接电路如图 7-51（b）所示。

【例 7-7】 试用 74LS161 构成十二进制计数器。

解 由于 74LS161 设有异步置 0 控制端$\overline{CR}$和同步置数端$\overline{LD}$，利用这两个控制端都可以构成十二进制计数器。设计数器从 $Q_3Q_2Q_1Q_0=0000$ 状态开始计数。下面分别介绍。

（1）利用异步置 0 控制端$\overline{CR}$实现十二进制计数器。

1）写出 S_{12} 的二进制代码为

$$S_{12}=1100$$

2）写出反馈置零函数为

$$\overline{CR}=\overline{Q_3Q_2}$$

3）画连线图：根据上式画出连线图，如图 7-52（a）所示。

（2）利用同步置数控制端$\overline{LD}$实现十二进制计数器。

设计数器从 0 开始计数。由于采用同步置数端获得十二进制计数器，所以，应取 $D_3D_2D_1D_0=0000$。

1）写出 S_{N-1} 的二进制代码为

$$S_{N-1}=S_{12-1}=S_{11}=1011$$

2）写出反馈置数函数为

$$\overline{LD}=\overline{Q_3Q_1Q_0}$$

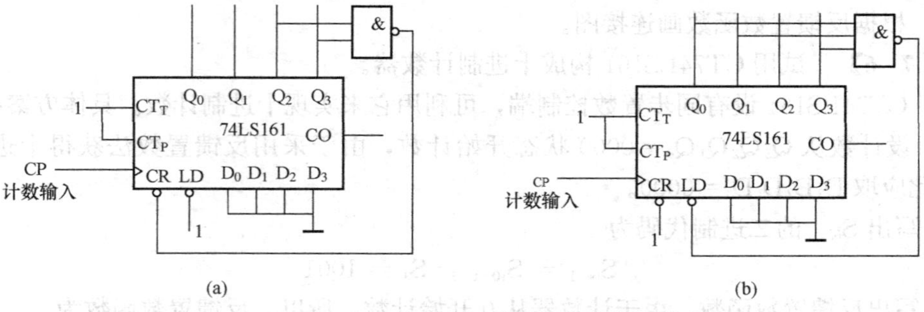

图 7-52 74LS161 构成十二进制计数器的两种方案

(a) 用异步置 0 控制端$\overline{CR}$归零；(b) 用同步置数控制端$\overline{LD}$归零

3）画连线图：根据 $\overline{LD}$ 的表达式画连线图，如图 7-52（b）所示。

7.6.4 时序逻辑电路的分析方法

时序逻辑电路的分析是根据给定的时序电路，写出其方程、列出状态转换表、画出状态转换图及时序图，从而分析出电路的逻辑功能。

1. 基本分析步骤

（1）根据给定逻辑电路写方程式。

1）输出方程。时序逻辑电路的输出逻辑表达式，它通常为现态的函数。

2）驱动方程。各触发器输入端的逻辑表达式。

3）状态方程。将驱动方程代入相应触发器的特性方程中，便得出该触发器的次态方程。时序逻辑电路的状态方程由各触发器次态的逻辑表达式组成。

（2）列状态转换表。

把电路的输入和现态各种可能取值组合代入状态方程中进行计算，得到相应的次态和输出。在进行状态计算时应注意：

1）状态方程有效的时钟条件。

2）各个触发器现态的组合作为该电路的现态。

3）应以给定的或设定的初态为条件计算出相应的次态和组合电路的输出状态。

（3）画状态转换图和时序图。

整理计算结果，画出状态转换图。这里需要注意以下几点：

1）状态转换图是现态到次态，不是现态到现态或次态到次态。

2）由于输出是现态的函数，不是次态的函数。所以转换箭头旁斜线下方标出转换前的输入值。

3）如需画时序图，应在 CP 触发沿到来时更新状态。

上述对时序逻辑电路的分析步骤，可根据电路的繁简情况和分析者的熟悉程度进行取舍。

2. 分析举例

【例 7-8】 试分析图 7-53 所示电路的逻辑功能，并画出状态转换图和时序图。

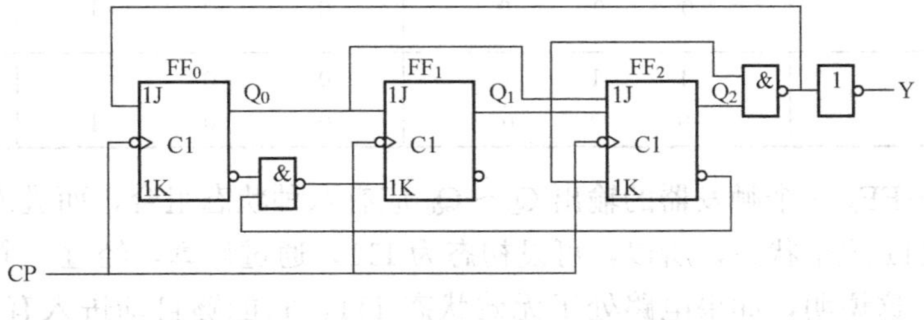

图 7-53 ［例 7-8］的逻辑电路

解 由图 7-53 电路可看出，时钟脉冲 CP 加在每个触发器的时钟脉冲输入端上。因此，它是一个同步时序逻辑电路，时钟方程可不写。

（1）写方程式。

1）输出方程为

$$Y = Q_2^n Q_1^n \tag{7-8}$$

2）驱动方程为

$$
\begin{cases}
J_0 = \overline{Q_1^n Q_2^n}, & K_0 = 1 \\
J_1 = Q_0^n, & K_1 = \overline{\overline{Q_0^n} \cdot \overline{Q_2^n}} \\
J_2 = Q_0^n Q_1^n, & K_2 = Q_1^n
\end{cases}
\tag{7-9}
$$

3）状态方程。将驱动方程式（7-8）代入 JK 触发器的特性方程 $Q^{n+1} = J\overline{Q^n} + \overline{K}Q^n$ 中，便可得电路的状态方程为

$$
\begin{cases}
Q_0^{n+1} = \overline{Q_1^n Q_2^n}\,\overline{Q_0^n} \\
Q_1^{n+1} = Q_0^n \overline{Q_1^n} + \overline{Q_0^n}\,\overline{Q_2^n} Q_1^n \\
Q_2^{n+1} = Q_0^n Q_1^n \overline{Q_2^n} + \overline{Q_1^n} Q_2^n
\end{cases}
\tag{7-10}
$$

（2）列状态转换表。设电路的初态 $Q_2^n Q_1^n Q_0^n = 000$，代入式（7-8）、式（7-9）中进行状态计算，可得次态和新的输出值，而这个次态又作为下一个 CP 到来前的现态，这样依次进行，可得表 7-17 所示的状态转换表。

（3）逻辑功能说明。由表 7-17 可看出，图 7-53 所示电路在输入第 7 个脉冲 CP 后，返回原来的状态，同时输出端 Y 输出一个进位脉冲。因此，电路在 7 个状态中循环，它具有对时钟信号进行计数的功能，计数容量为 7，即 $N=7$，故电路为同步七进制计数器。

表 7-17　［例 7-8］的状态转换表

CP 的顺序	现态			次态			输出
	Q_2^n	Q_1^n	Q_0^n	Q_2^{n+1}	Q_1^{n+1}	Q_0^{n+1}	Y
0	0	0	0	0	0	1	0
1	0	0	1	0	1	0	0
2	0	1	0	0	1	1	0
3	0	1	1	1	0	0	0
4	1	0	0	1	0	1	0
5	1	0	1	1	1	0	0
6	1	1	0	0	0	0	1
7	0	0	0	0	0	1	0
0	1	1	1	0	0	0	1
1	0	0	0	0	0	1	0

此外，$FF_2 \sim FF_0$ 三个触发器的输出 $Q_2 \sim Q_0$ 应有八种状态组合，而进入循环的是七种，缺少 $Q_2Q_1Q_0 = 111$ 这个状态，所以，可设初态为 111，通过计算，经过一个 CP 就可转换为 000，进入循环。这说明，如果电路处于无效状态 111，它能够自动进入有效状态，故称为具有自启动能力的电路。这种功能也列入状态转换表中的最下面。

（4）画状态转换图和时序图。

根据表 7-17 可画出图 7-54（a）所示的状态转换图。图中的圆圈内表示电路的一个状态，箭头表示电路状态的转换方向。箭头线上方标注的 X/Y 为转换条件，X 为转换前输入变量的取值，Y 为输出值。由于本例没有输入变量，所以，X 未标上数值。

图 7-54（b）为根据表 7-17 画出的时序图（或称工作波形图）。

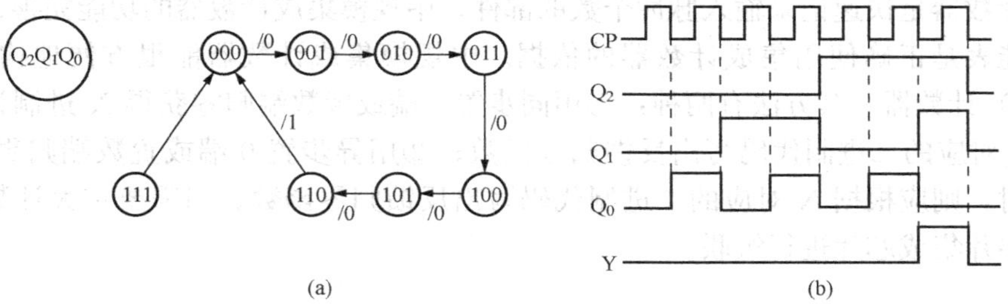

图 7-54 [例 7-8] 电路的状态转换图和时序图

(a) 状态转换图；(b) 时序图

本 章 小 结

(1) 触发器是数字系统中的基本逻辑单元。它有两个基本特性：①有两个稳定状态；②在外加信号作用下，两个稳定状态可相互转换。没有外信号作用时，保持原状态不变，因此，触发器具有记忆功能，常用来存储二进制信息。

(2) 触发器的逻辑功能是指触发器输出的次态与输入的现态及输入信号之间的逻辑关系。描写触发器逻辑功能的方法主要有特性表、特性方程、驱动表、状态转换图和时序图等。

(3) 不同功能触发器的特性方程如下：

1) RS 触发器 $\begin{cases} Q^{n+1}=S+\overline{R}Q^n \\ RS=0 \end{cases}$

2) D 触发器 $Q^{n+1}=D$

3) JK 触发器 $Q^{n+1}=J\overline{Q^n}+\overline{K}Q^n$

4) T′触发器 $Q^{n+1}=\overline{Q^n}$

(4) 根据电路结构的不同，触发器分类如下：

1) 基本 RS 触发器：由与非门构成，用负脉冲触发；由或非门组成，用正脉冲触发。

2) 钟控触发器：① 同步 RS 触发器、同步 D 触发器、同步 JK 触发器，用电平触发；②TTL主从 RS 触发器和主从 JK 触发器中的主触发器和从触发器都为同步 RS 触发器，常用负脉冲触发；③ TTL 边沿触发器有维持阻塞 D 触发器和边沿 JK 触发器，前者常用 CP 上升沿触发，后者常用 CP 下降沿触发。传输门构成 CMOS 边沿 D 触发器和边沿 JK 触发器，常用 CP 上升沿触发。

可以利用触发器特性方程实现不同功能触发器间逻辑功能的相互转换。

(5) 时序逻辑电路由触发器和门电路组成，而触发器是必不可少的。时序逻辑电路的输出不仅与输入有关，而且还与电路原来的状态有关。

(6) 描述时序逻辑电路逻辑功能的方法有逻辑图、状态方程、驱动方程、输出方程、状态转换表、状态转换图和时序图等。时序逻辑电路分析的关键是求出状态方程和状态转换表，由此可分析时序逻辑电路的功能。根据状态转换表可画出状态转换图和时序图。

(7) 寄存器主要用以存放数码。移位寄存器不但可存放数码，而且还能对数码进行移位操作。移位寄存器有单向和双向移位寄存器。寄存器使用方便、功能全、输入和输出方式灵活，且功能表是正确使用的依据。

(8) 计数器是快速记录输入脉冲个数的部件。中规模集成计数器的功能完善、使用方便灵活，功能表是正确使用集成计数器的依据。中规模集成计数器能很方便地构成 N 进制(任意进制)计数器。其方法有两种：①用同步置 0 端或置数端归零获得 N 进制计数时，应根据 $N-1$ 对应的二进制代码写出反馈归零函数；②用异步置 0 端或置数端归零获得 N 进制计数器时，则应根据 N 对应的二进制代码写出反馈归零函数。当需要扩大计数器的容量时，可将多片集成芯片进行级联。

习　题

7-1　填空题

(1) 通常将具有两种不同稳定状态，且能在外加信号作用下在两种状态间转换的电路称为________触发器。对于基本 RS 触发器，当 $Q=1$、$\overline{Q}=0$ 时称触发器处于________状态；当 $Q=0$、$\overline{Q}=1$ 时称触发器处于________状态。

(2) RS 触发器的特性方程为________，约束条件是________。

(3) JK 触发器的特性方程为________，D 触发器的特性方程为________。

(4) 一个触发器可以存放________位二进制数。

(5) 计数器按增减趋势分有________、________和________计数器。

(6) 四位二进制计数器共有________个工作状态。

(7) 一个五进制计数器也是一个______分频器。

(8) 构成一个六进制计数器最少需要________个触发器。

7-2　选择题

(1) 触发器是由逻辑门组成的，所以它的功能特点是________。

A. 和逻辑门功能相同　　B. 有记忆功能　　C. 没有记忆功能

(2) 由与非构成的基本 RS 触发器，当 $\overline{R}=0$、$\overline{S}=1$ 时，则________。

A. $Q=1$　　B. $Q=0$　　C. $\overline{Q}=0$

(3) 由或非门构成的基本 RS 触发器，当 $R=1$、$S=0$ 时，则________。

A. $Q=0$　　B. $Q=1$　　C. $\overline{Q}=1$

(4) 具有记忆和存储功能的电路属于时序逻辑电路，故________、________、________电路是时序逻辑电路。

A. 触发器　　B. 寄存器　　C. 加法器

D. 计数器　　E. 译码器　　F. 数据选择器

(5) 下列触发器中，不能用于移位寄存器的是________。

A. D 触发器　　B. JK 触发器　　C. 基本 RS 触发器

(6) 寄存器的电路结构特点是________。

A. 只有数据输入端　　B. 只有 CP 输入端　　C. 两者皆有

(7) 若构成计数器的触发器数目相同，计数器速度最高的是______计数器。

A. 同步十进制　　B. 异步二进制　　C. 二—五—十进制

7-3　判断题

(1) 具有异步 S_D、R_D 端的 D 触发器也能构成防抖动开关。　(　)

(2) 无论哪种结构形式的触发器，它们的逻辑功能都相同。（　　）

(3) CP上升沿触发翻转的JK触发器，若其原始状态为1，现欲使其次态为0，则应在CP上升沿到来之前置J=×、K=1。（　　）

(4) CMOS触发器不用的控制端可以悬空。（　　）

(5) TTL触发器不用低电平有效的控制端可以悬空。（　　）

(6) 同一CP控制各触发器的计数器称为异步计数器。（　　）

7-4　触发器有什么特点？触发器有哪几种主要类型？

7-5　基本RS触发器和同步RS触发器有何不同？

7-6　试分别写出RS触发器、JK触发器、D触发器的特性表和特性方程。

7-7　说明组合逻辑电路和时序逻辑电路在逻辑功能上和电路结构上有何不同。

7-8　数码寄存器和移位寄存器具有什么逻辑功能？

7-9　计数器如何分类？

7-10　具有6个、12个、15个触发器的二进制异步计数器，各有多少种工作状态？

7-11　一个由与非门组成的RS触发器，其$\overline{R}$、$\overline{S}$端信号的波形如图7-55所示。设触发器初态为0，试画出Q和$\overline{Q}$端的波形。

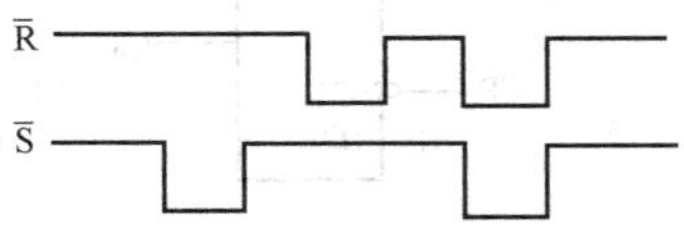

图7-55　习题7-11图

7-12　主从RS触发器逻辑符号及R、S、CP端波形如图7-56所示，试画出Q和$\overline{Q}$端的波形（设触发器初态为0）。

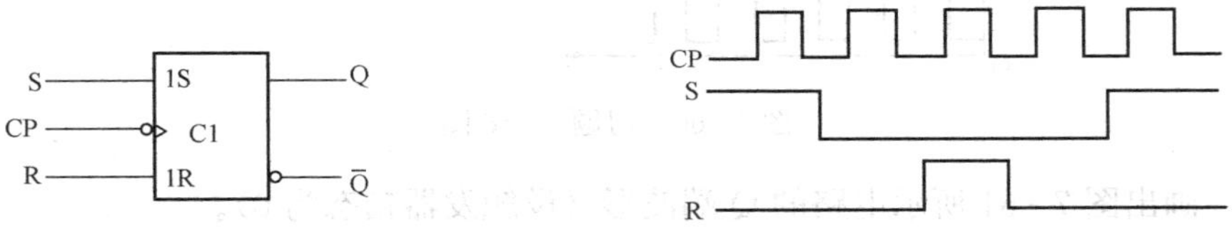

图7-56　习题7-12图

7-13　已知维持阻塞D触发器的D和CP端波形如图7-57所示，试画出Q、$\overline{Q}$端的波形（设触发器初态为0）。

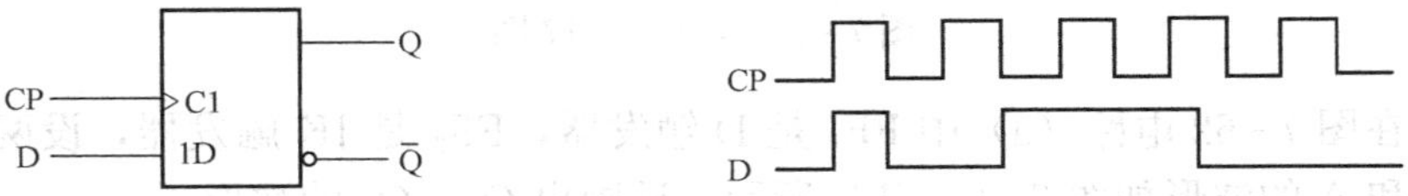

图7-57　习题7-13图

7-14　设一边沿JK触发器的初态为0，CP、J、K信号波形如图7-58所示，试画出触发器Q端的波形。

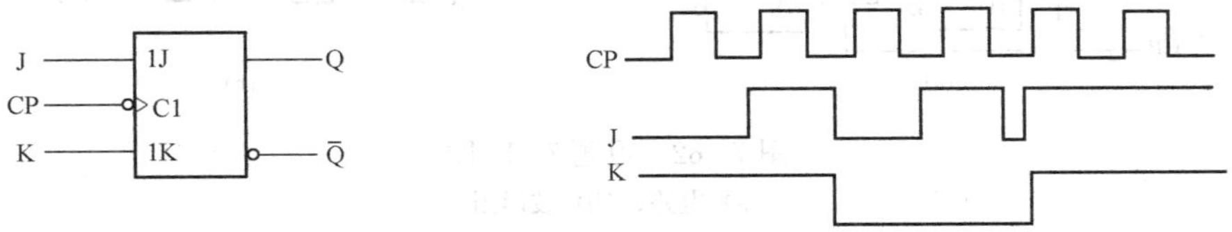

图7-58　习题7-14图

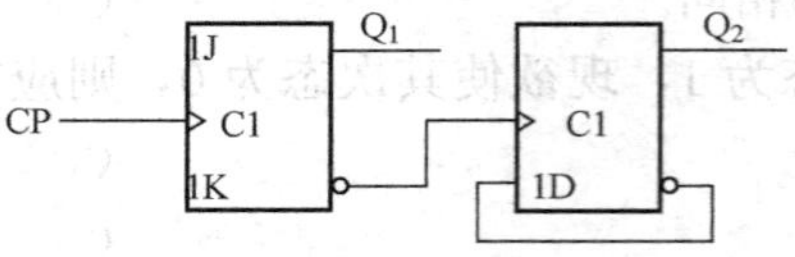

图 7-59 习题 7-15 图

7-15 在图 7-59 所示的电路中，JK 触发器和 D 触发器相连接，设两触发器初态均为 0，试画出 Q_1 和 Q_2 端波形。

7-16 设图 7-60 中各 TTL 触发器的初态均为 0，试画出在 CP 信号作用下各触发器输出端 $Q_1 \sim Q_{12}$ 的波形。

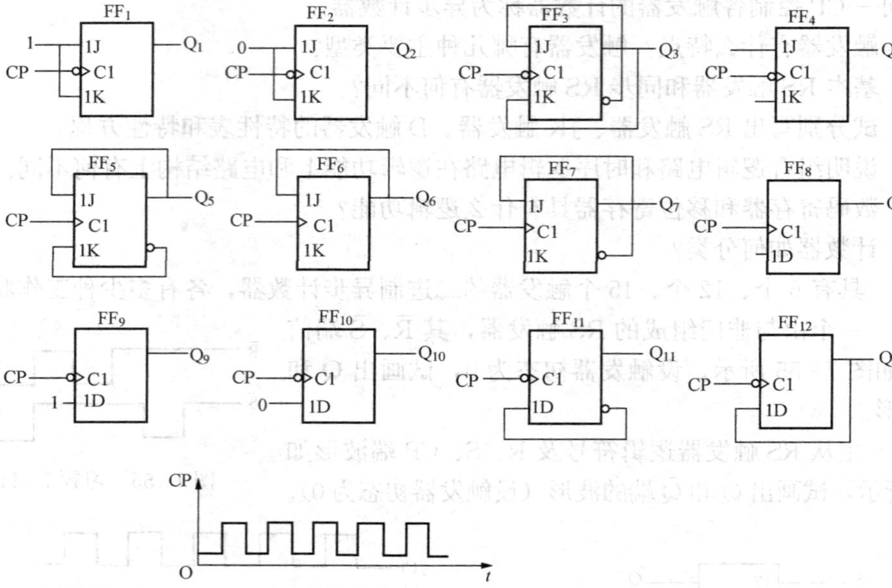

图 7-60 习题 7-16 图

7-17 画出图 7-61 所示电路的 Q 端波形（设触发器初态为 0）。

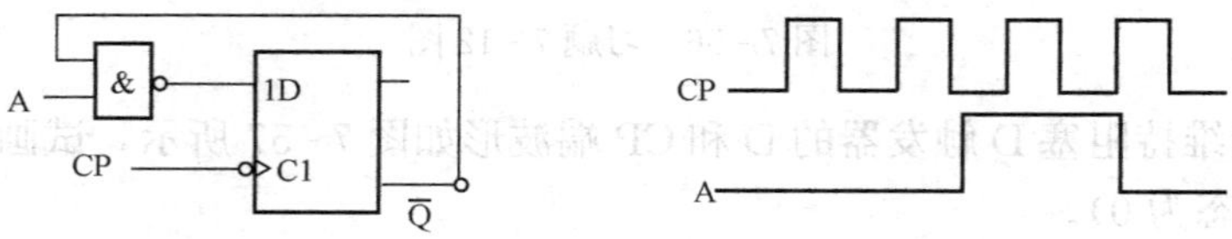

图 7-61 习题 7-17 图

7-18 在图 7-62 电路（a）中 FF_1 是 D 触发器，FF_2 是 JK 触发器，设两触发器初态均为 0，CP 和 A 的波形如图 7-62（b）所示，试画出 Q_1、Q_2 的波形。

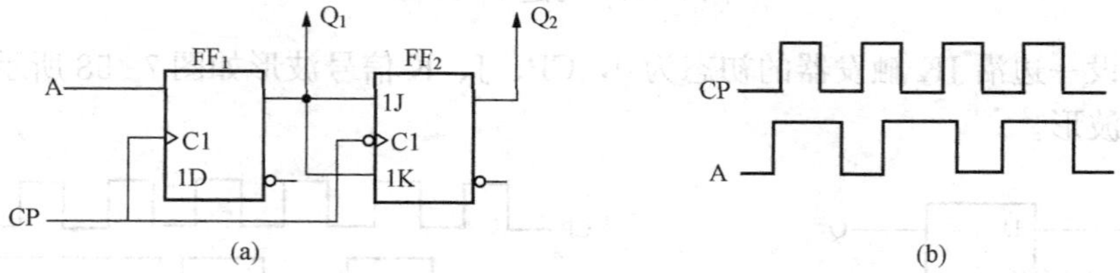

图 7-62 习题 7-18 图

（a）电路；（b）波形图

*7-19 在锁相技术和其他控制测量技术中得到广泛应用的两相脉冲源如图 7-63 所

示，试画出在CP作用下Q_0、$\overline{Q_0}$、Q_1、$\overline{Q_1}$和输出Φ_1、Φ_2的波形。并说明Φ_1、Φ_2的相位（时间关系）差。

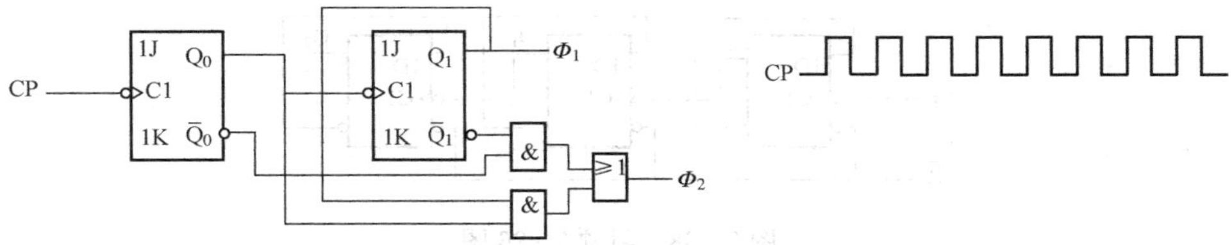

图7-63 习题7-19图

7-20 一个异步二进制计数器的最高频率为10MHz，如果每个触发器的平均传输延迟时间为10ns，计数过程中每读取一次计数值所需时间为50ns，这个计数器最多只能有几位？

7-21 图7-64所示是什么移位寄存器？设输入数据为1101，试列表说明数码的移位情况，并画出工作波形图。

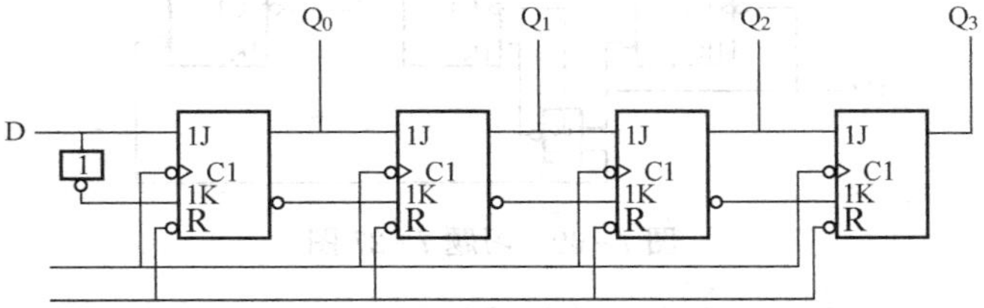

图7-64 习题7-21图

7-22 试用与或非门将四个边沿D触发器连接成双向串行输入的移位寄存器，画出其逻辑图。

7-23 电路如图7-65所示，试画出Q_0、Q_1的波形，并分析此电路的逻辑功能。

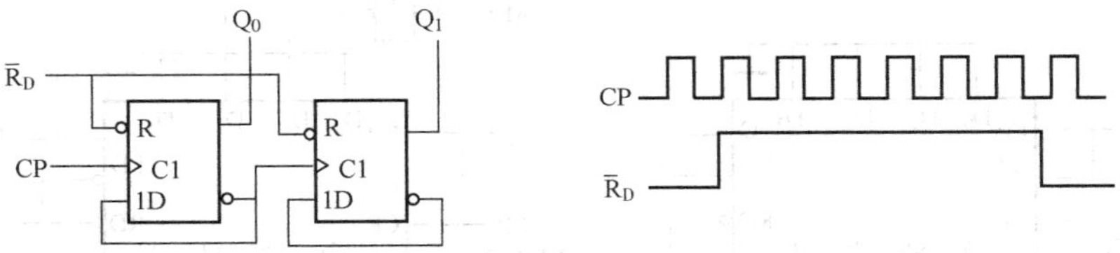

图7-65 习题7-23图

7-24 试分析图7-66电路在M=0和M=1两种情况下的工作过程，并说明此电路具有什么逻辑功能？

7-25 分析图7-67所示时序电路的逻辑功能，写出电路的驱动方程、状态方程和输出方程，画出状态转换图和时序图。

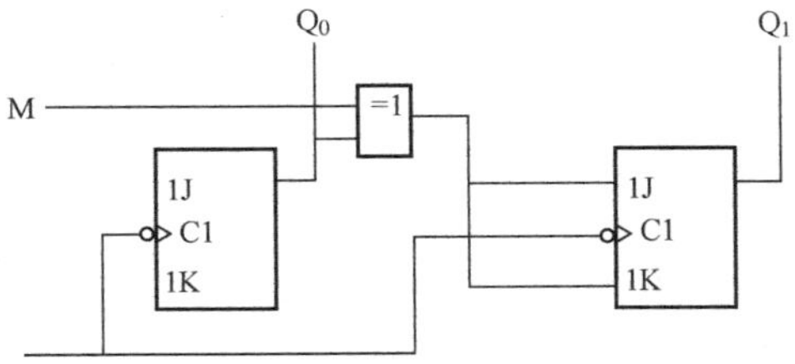

图7-66 习题7-24图

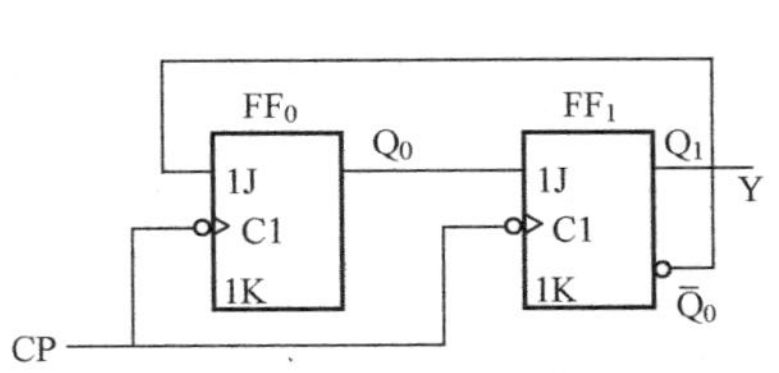

图7-67 习题7-25图

7-26 设各触发器初态均为0，画出图7-68所示电路在CP脉冲作用下的Q_0、Q_1、Q_2波形，并说明其逻辑功能。

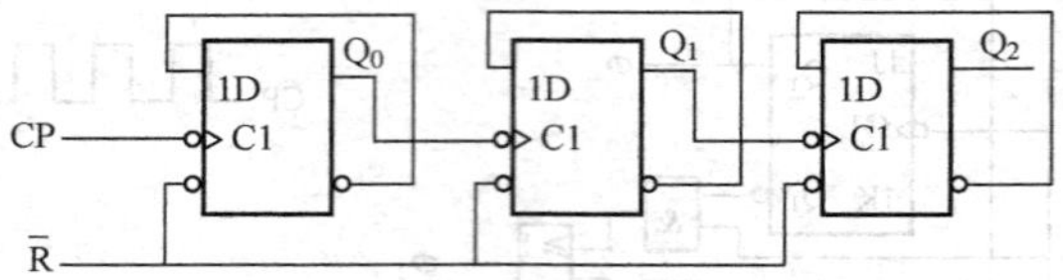

图7-68 习题7-26图

7-27 计数器如图7-69所示，试分析它是几进制计数器，画出各触发器输出端的波形图。

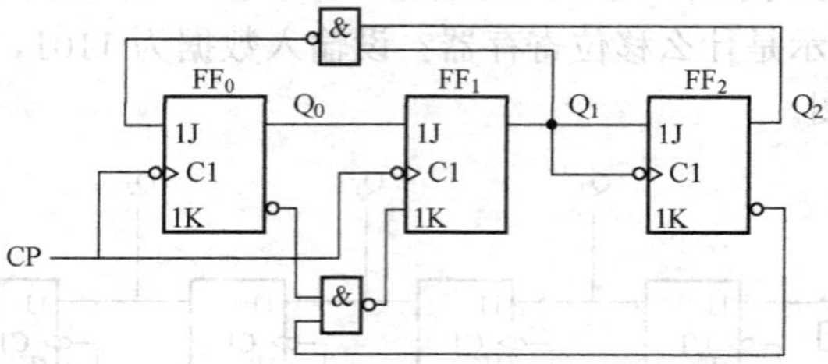

图7-69 习题7-27图

7-28 用74163由两种方法构成七进制计数器，画出逻辑图，并列出状态表。

7-29 用74163组成六十八进制计数器。

7-30 分析图7-70所示的计数电路，说明是几进制计数器。

7-31 试分析图7-71的计数器电路，在M=1和M=0时各为几进制计数器。

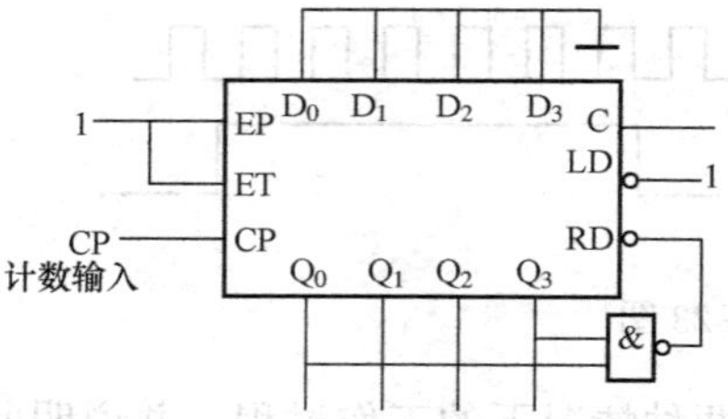

图7-70 习题7-30图

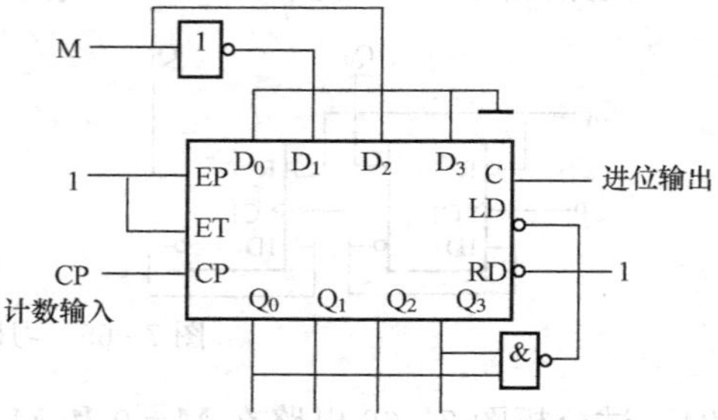

图7-71 习题7-31图

第 8 章 脉冲波形的产生与变换

在数字系统中，常需要各种不同频率、不同幅度的脉冲信号。获得脉冲波形的方法主要有两种：一种是利用多谐振荡器直接产生符合要求的矩形脉冲；另一种是通过整形电路对有的波形进行整形、变换得到。

整形、变换电路最常用为施密特触发器和单稳态触发器。施密特触发器主要用以将变化缓慢的或快速变化的非矩形脉冲变换成上升沿和下降沿都很陡峭的矩形脉冲。而单稳态触发器则主要用以将宽度不符合要求的脉冲变换成符合要求的矩形脉冲。

555 定时器是一种多用途集成电路，只要其外部配接少量阻容元件就可构成施密特触发器、单稳态触发器和多谐振荡器等，使用方便、灵活。因此，它在波形变换与产生、测量控制、家用电器等方面都有着广泛的应用。

本章主要介绍单稳态触发器、施密特触发器、多谐振荡器的工作原理及其应用，最后介绍在脉冲变换与产生电路中使用广泛的 555 定时器电路的结构与应用。

8.1 单稳态触发器

单稳态触发器是一种常用的脉冲整形和延时电路。它有一个稳态和一个暂稳态，无外加触发信号时，电路处于稳态。在外加触发脉冲作用下，它由稳态进入暂稳态，暂稳态维持一段时间后，电路又自动返回到稳态。暂稳态维持时间的长短，取决于电路中所用的阻容元件的参数，而与外加触发脉冲无关。单稳态触发器在触发脉冲作用下能输出一定宽度的矩形脉冲。

8.1.1 微分型单稳态电路

1. 电路结构

图 8-1 所示为由两个 CMOS 或非门和 RC 电路组成的微分型单稳态触发器。其中 RC 环节构成微分电路，故称为微分型单稳态触发器。

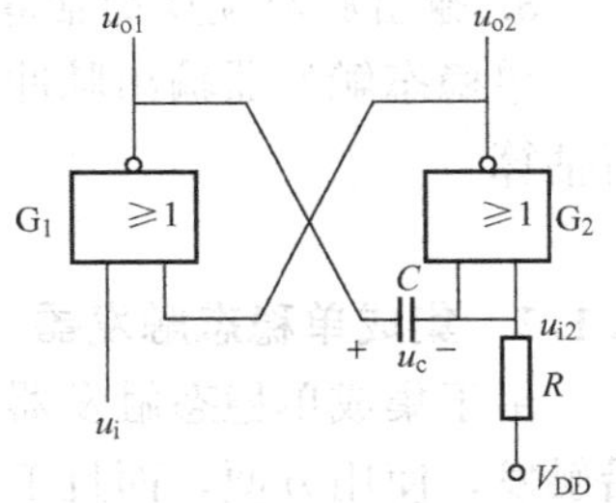

图 8-1 微分型单稳态触发器

2. 工作原理

为了讨论方便，把 CMOS 或非门的传输特性作理想化折线处理。使输出状态发生翻转的输入电压称为阈值电平 U_{TH}，即当输入 $u_i \geqslant U_{TH}$ 时，输出 $u_o=0$；当 $u_i<U_{TH}$ 时，$u_o=V_{DD}$。图 8-2 为此电路的工作波形，现以此讨论电路的工作原理。

(1) 稳定状态。

当输入电压 u_i 为低电平时，由于 G_2 输入通过电阻 R 接 V_{DD}，因此，G_2 输出低电平 $U_{OH}\approx 0$，G_1 输入全 0，输出 u_{o1} 为高电平，$U_{OH}\approx V_{DD}$。这时，电容 C 上的电压 $u_C\approx 0$。电路处于 u_{o1} 为高电平、u_{o2} 为低电平的稳定状态。

(2) 触发进入暂稳态。

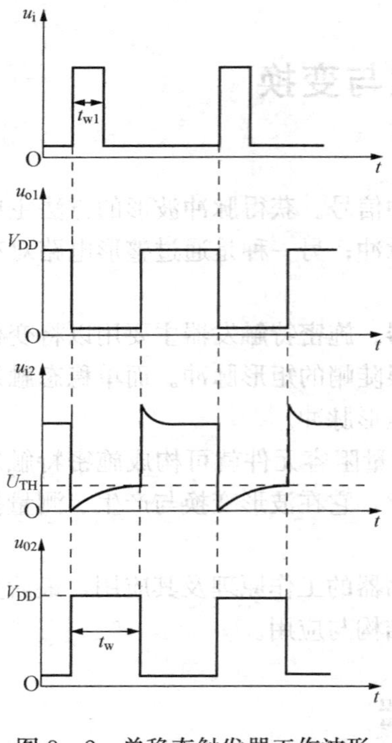

图 8-2 单稳态触发器工作波形

当输入 u_i 由低电平正跃到大于 G_1 的阈值电压 U_{TH} 时，使 G_1 输出电压 u_{o1} 产生负跃变，由于电容 C 两端的电压不能突变，使 G_2 的输入电压 u_{i2} 产生负跃变，这又促使 G_2 输出电压 u_{o2} 产生正跃变，它再反馈到 G_1 的输入端，于是，电路产生如下正反馈过程：

$$u_{i1}\uparrow \longrightarrow u_{o1}\downarrow \longrightarrow u_{i2}\downarrow \longrightarrow u_{o2}\uparrow$$

其结果使输出 u_{o1} 由 1 跳变到 0，由于 RC 电路中电容 C 上的电压不能突变，故 u_C 也由 1 跳变到 0，使 G_2 门输出由 0 变 1，并返送到 G_1 门的输入。于是，电源 V_{DD} 经 R、C 和 G_1 的输出电阻开始对电容 C 充电，电路进入暂稳态。在此期间输入电压 u_i 回到低电平。

（3）自动翻转。

随着电容 C 的充电，电容上的电压 u_C 随之升高，电压 u_{i2} 也逐渐升高。当 u_{i2} 上升到 G_2 的 U_{TH} 时，u_{o2} 下降，而 u_{o1} 上升，又使 u_{i2} 进一步增大。电路又产生了另一个正反馈过程：

$$u_{i2}\uparrow \longrightarrow u_{o2}\downarrow \longrightarrow u_{o1}\uparrow$$

此正反馈过程使 G_1 迅速关闭，输出 u_{o1} 由 0 跳变到 V_{DD}，G_2 迅速开通，输出 u_{o2} 由 1 跃到 0。电路回到初始的稳定状态。

（4）恢复过程。

暂稳态结束后，电容 C 通过电阻 R、G_2 的输入保护回路等向 V_{DD} 放电，使 C 上的电压恢复到初始状态时的 0V。

3. 输出脉冲宽度的估算

单稳态触发器输出脉冲宽度取决于暂稳态的维持时间，用 t_W 表示。其大小可用下式进行估算

$$t_W \approx 0.7RC$$

8.1.2 集成单稳态触发器

由于集成单稳态触发器外接元件和连线少，触发方式灵活，可用输入脉冲上升沿或下降沿触发，使用方便，而且工作稳定性好，因此，有着广泛的应用。

目前使用的单稳态触发器有不可重复触发型和可重复触发型两种。不可重复触发的单稳态触发器一旦被触发进入暂稳态以后，如再次加入触发脉冲不会影响电路的工作过程，必须在暂稳态结束后，才能接受下一个触发脉冲而转入暂稳态，如图 8-3（a）所示。而可重复触发的单稳态触发器进入暂稳态期间如再次加触发脉冲，电路将重新触发，使输出脉冲再继续维持一个 t_W 宽度，如图 8-3（b）所示。因此，采用可重复触发单稳态触发器时能比较方便地得到持续时间更长的输出脉冲宽度。

74121、74221、74LS221 为不可重复触发的单稳态触发器，而 74122、74LS122、74123、74LS123 等属于可重复触发的单稳态触发器。下面分别加以介绍。

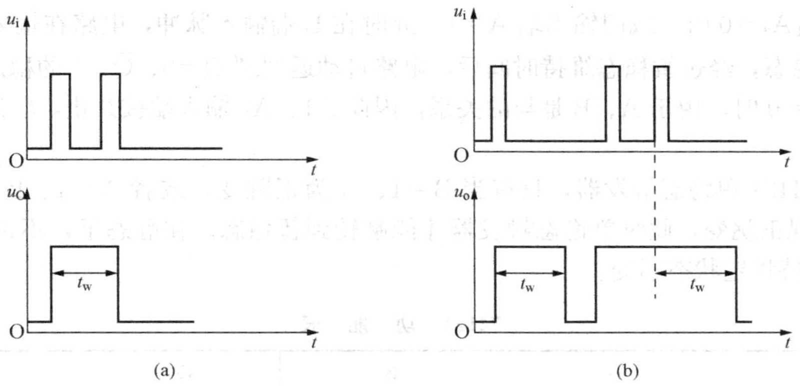

图 8-3　不可重复触发型和可重复触发型单稳态触发器工作波形
(a) 不可重复触发型；(b) 可重复触发型

1. 不可重复触发的单稳态触发器 74121

(1) 电路结构。

图 8-4 (a) 所示为单稳态触发器，74121 的逻辑图，图 8-4 (b) 为其逻辑符号。由图可知，它由输入信号控制电路或门 G_1 和具有与功能的施密特触发器 G_2 组成的信号整形电路、微分型单稳态触发器 G_3 以及内部定时电阻 R_{int} 组成。

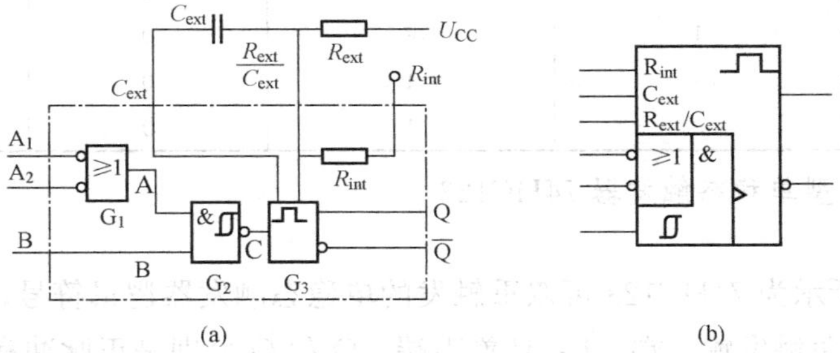

图 8-4　74121 集成单稳态触发器
(a) 逻辑图；(b) 逻辑符号

(2) 工作原理。

单稳态触发器 74121 的功能见表 8-1。它的主要功能如下。

图 8-5 所示为单稳态触发器 74121 的工作波形。由图可看出，如在暂稳态期间（即 t_W 内）再次进行触发时，对暂稳态时间没有影响。因此，输出脉冲宽度 t_W 不会改变，它只取决于 R_{ext} 和 C_{ext} 的大小，而与触发脉冲无关。

1) 当 B=1 时，在 A_1 或 A_2 输入脉冲，电路在输入脉冲的下降沿被触发翻转到暂稳态，经过暂稳态维持时间后，电路自动返回到 Q=0、$\overline{Q}$=1 的稳态。

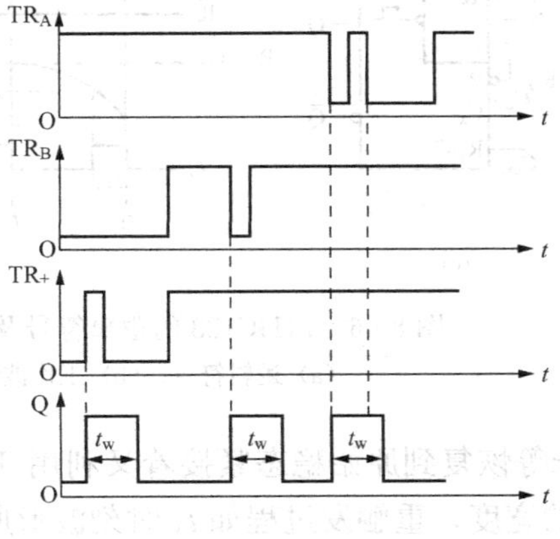

图 8-5　单稳态触发器 74121 的工作波形

2）当 $A_1A_2=0$ 时，或门输出端 A=1。此时在 B 端输入脉冲，电路在输入脉冲的上升沿翻转到暂稳态，经过暂稳态维持时间后，电路自动返回到 Q=0、$\overline{Q}=1$ 的稳态。

3）当 B=0 时，由于 A、B 是与的关系，因此 A1、A2 输入端被禁止，输出始终保持在稳态。

总之，74121 单稳态触发器，只有当 B=1、A 为正跳变，或者 A=1、B 为正跳变时，才能使 C 出现正跳变，此时单稳态触发器才能翻转到暂稳态。在静态下，不论 C 是 0 还是 1，电路都保持稳定状态不变。

表 8-1　　74121 功 能 表

A_1	A_2	B	Q	$\overline{Q}$
1	↓	1	⊓	⊔
↓	1	1	⊓	⊔
↓	↓	1	⊓	⊔
0	×	↑	⊓	⊔
×	0	↑	⊓	⊔
×	×	0	0	1
1	1	×	0	1
0	×	1	0	1
×	0	1	0	1

2. 可重复触发型单稳态触发器 74HC123

（1）电路结构。

图 8-6（a）所示为 74HC123 可双重触发的单稳态触发器逻辑符号，其中 TR_+ 是正触发输入端，TR_- 是负触发输入端，$\overline{R}_D$ 是置零端，Q 和 $\overline{Q}$ 分别是正脉冲和负脉冲的输出端。C_{ext} 是外接定时电容端，R_{ext}/C_{ext} 是外接电阻/电容端。

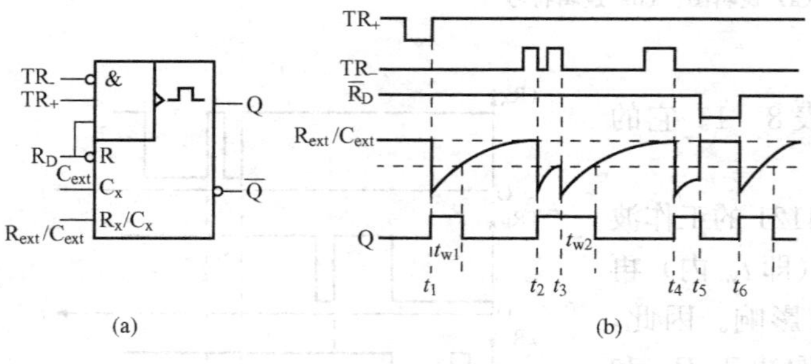

图 8-6　74HC123 的逻辑符号及工作波形

（a）逻辑符号；（b）工作波形

（2）工作原理。

单稳态触发器 74HC123 的功能如表 8-2 所示，其各端工作波形如图 8-6（b）所示。从表中可得主要功能如下。

1）TR_+ 的上升沿触发：触发翻转后，t_{W1} 的宽度由外接 C_{ext} 和 R_{ext} 决定，自触发后经过 t_{W1}，自动返回到原始稳态。

2）TR_- 的下降沿触发：触发后未等恢复到原始稳态紧接着又利用 TR_- 的下降沿再“重”触发，这样可以展宽输出脉冲 t_{W2} 的宽度，重触发过程如 t_3 时刻波形所示。

3）TR_- 的下降沿触发，又利用 $\overline{R}_D$ 信号去触发一强制缩短输出脉冲的宽度，如 t_5 处波形所示。

这种单稳态触发器的输出脉冲宽度为

$$t_W \approx 0.7R_{ext}C_{ext}$$

表 8-2　　74HC123 单稳态触发器功能表

输入			输出		功能说明
$\overline{R}_D$	TR−	TR+	Q	$\overline{Q}$	
1	0	↑	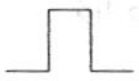	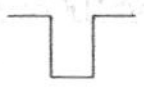	TR+ ↑触发
1	↓	1			TR− ↓触发
↑	0	1	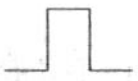	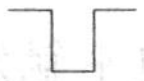	$\overline{R}_D$ ↑触发
0	×	×	0	1	$\overline{R}_D$ 低电平置 0
×	1	×	0	1	TR− 为高电平置 0
×	×	0	0	1	TR+ 为低电平置 0

8.1.3　单稳态触发器的应用

1. 脉冲定时

由于单稳态触发器可获得确定宽度和幅度的脉冲输出，因此，利用它实现定时控制。在图 8-7（a）所示定时电路中，单稳态触发器输出的脉冲 u_C 作为与门 G 开通时间的控制信号。只有在输出 u_C 为高电平期间，与门 G 打开，u_B 才能通过与门 G。这时，输出 $u_o = u_B$，与门 G 打开的时间由单稳态触发器决定。而在 u_C 为低电平 0 时，与门 G 关闭，u_B 不能通过。其工作波形如图 8-7（b）所示。

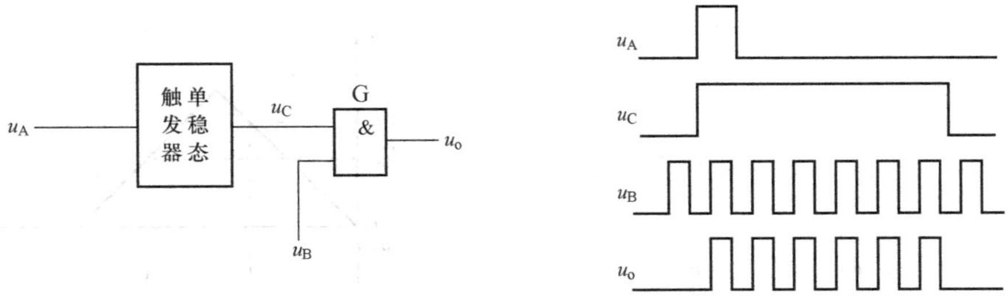

(a)　　(b)

图 8-7　单稳态触发器定时电路和工作波形

（a）结构示意图；（b）工作波形

2. 脉冲整形

脉冲信号在经过长距离传输后其边沿会变差或在波形上叠加了某些干扰。将外形不规则的脉冲作触发脉冲，经单稳态触发器输出，可获得符合要求的脉冲波形输出，如图 8-8 所示。

3. 脉冲延迟

在某些电路中，要求输入信号出现后，电路不应立即工作，而延迟一段时间后再工作。

如图 8-9 所示为单稳电路脉冲延迟波形，将输入信号 u_{i1} 加入第一级单稳电路，再用第一级单稳输出作为第二级单稳的输入，从第二级单稳的输出就可获得延迟 t_W 时间的输出脉冲。

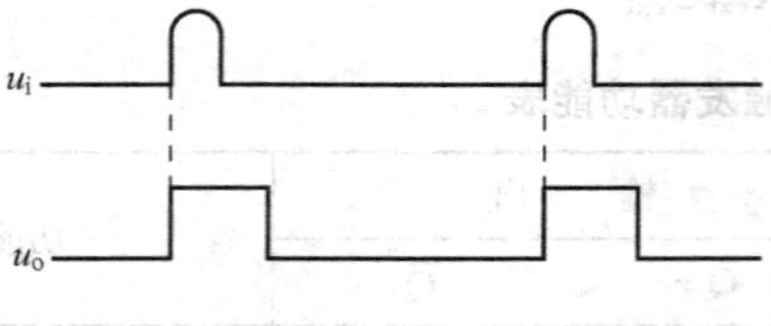

图 8-8 单稳态触发器脉冲整形

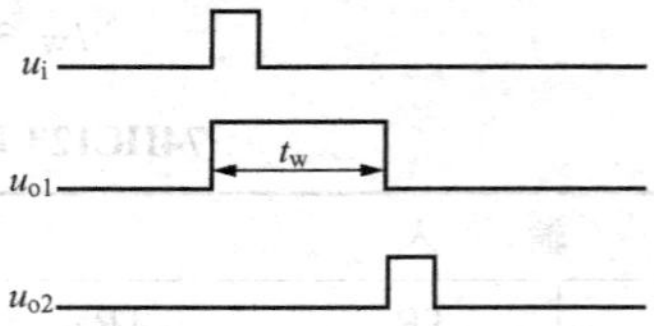

图 8-9 单稳态触发器脉冲延迟

8.2 施密特触发器

施密特触发器也称为电平触发器，它的翻转取决于输入电平的高低。利用这一特点，施密特触发器能够将变化缓慢的输入波形（如三角波、正弦波等）整形成数字系统所需要的矩形波。

8.2.1 用门电路组成的施密特触发器

1. 电路结构

组成施密特触发器的电路类型很多。图 8-10 所示为由两个与非门、非门和二极管 VD 组成的施密特触发器。图中 G_1 和 G_2 组成基本 RS 触发器，G_3 为非门，VD 起电平偏移作用。

2. 工作原理

施密特触发器也有两个稳定状态，是双稳态触发器的一种变形。为讨论问题方便，设 G_1～G_3 门电路的阈值电压 $U_{TH}=1.4V$，二极管正向压降为 0.7V，输入信号 u_i 为三角波。下面参照图 8-11 所示波形介绍施密特触发器的工作原理。

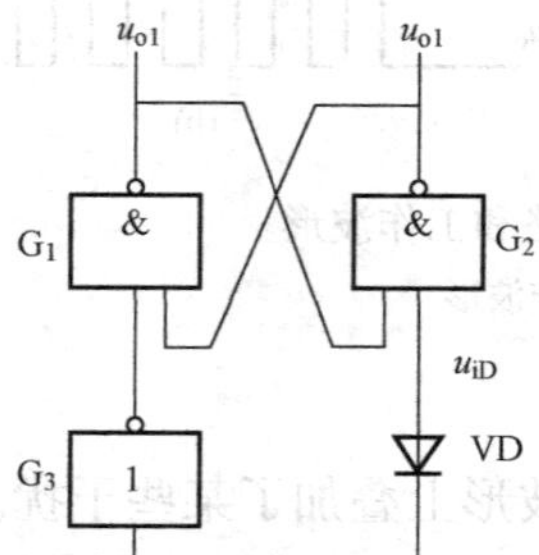

图 8-10 门电路组成的施密特触发器

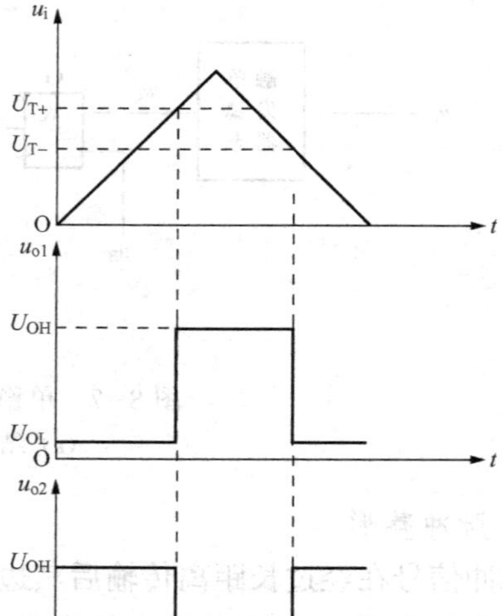

图 8-11 施密特触发器的工作波形

（1）当输入信号 u_i=0V时，二极管VD导通，G_2 关闭，输出 u_{o2} 为高电平 U_{OH}。同时，由于 u_i=0V，G_3 输出为高电平，这时，G_1 输入全1，输出 U_{O1} 为低电平 U_{OL}。电路处于第一稳态。

（2）当输入信号 u_i 上升到 G_3 的阈值电压 U_{TH}=1.4V时，G_3 输出为低电平，G_1 输出 u_{o1} 由低电平跃到高电平 U_{OH}。此时二极管VD导通，$u_{iD}=U_{TH}+0.7V$，G_2 输出 u_{o2} 由高电平跃到低电平 U_{OL}。电路翻转为第二稳态。

此后输入信号 u_i 继续增大，由于 $u_i>U_{TH}$，电路维持第二稳态不变。使电路由第一稳态翻转到第二稳态的输入信号，称为正向阈值电压，用 U_{T+} 表示。显然，$U_{T+}=U_{TH}=1.4V$。

（3）当输入信号 u_i 由高电平下降到 U_{T+} 时，G_3 关闭，输出为高电平，这时，二极管VD仍导通，$u_{iD}=U_{TH}+0.7V$，大于 G_2 的阈值电压 U_{TH}，所以，G_2 仍开通，输出 u_{o2} 为低电平 U_{OL}。只有在输入信号下降到0.7V，即 $u_{iD}=u_i+0.7V\leqslant U_{TH}$ 时，G_2 关闭，输出 u_{o2} 由低电平跳变到高电平 U_{OH}，这时，G_1 输入全1，输出 u_{o1} 有高电平跳变到低电平 U_{OL}，电路返回到第一稳态。

使电路由第二稳态翻转到第一稳态的输入信号，称为负向阈值电压，用 U_{T-} 表示。显然，$U_{T-}=U_{TH}-0.7=0.7V$。

综上所述，施密特触发器有两个稳态，它从一个稳态翻转到另一个稳态，要靠输入信号电平达到某一个额定值来实现，而同时两个稳态互相翻转所需的输入信号电平却不同。其正向阈值电压 U_{T+} 和负向阈值电压 U_{T-} 的差称为回差电压，用 ΔU_T 表示，即

$$\Delta U_T = U_{T+} - U_{T-}$$

图8-12所示为施密特触发器的电压传输特性，由该特性可看出施密特触发器具有滞后电压传输特性，即回差特性。

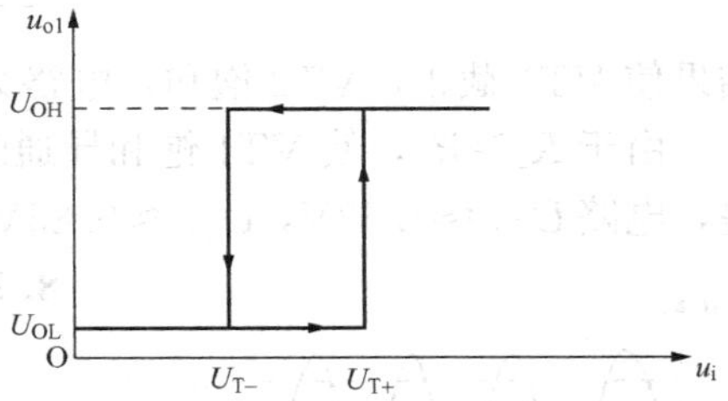

图8-12　施密特触发器的电压传输特性

8.2.2　集成施密特触发器

施密特触发器用途很广泛，现有TTL及CMOS集成器件多种，下面以CT1014为例分析其工作原理。

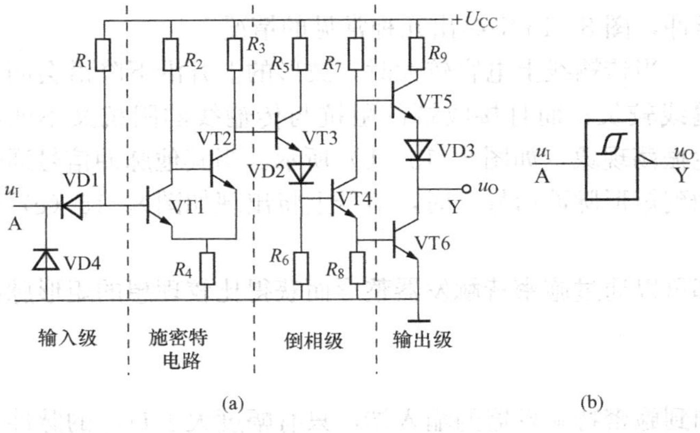

图8-13　集成施密特触发器CT1014

（a）电路原理图；（b）逻辑符号

1. 电路结构

图8-13（a）是CT1014的逻辑电路图，图（b）为逻辑符号。该电路由四部分组成：R_1、VD1、VD4组成输入级；VT1、VT2、R_2、R_3、R_4 组成施密特电路；VT3、VT4、VD2、R_6 组成倒相放大级，用以完成电平的偏移和倒相；VT5、VT6、VD3组成推拉输出级。

2. 工作原理

当输入 u_I 位的电平时，VT1

截止，VT2饱和导通，此时流过R_4的电流为VT2的射极电流$I_{R4}=I_{E3}$，R_4上的压降为$U_{R4}=I_{R4}R_4$。

由于VT2饱和，其集电极电位为低电平，所以VT3、VD2、VT4、VT6均截止，输出u_O为高电平。电路处于第一稳态。

当u_I上升，使$u_I=0.7+U_{R4}$时，VT4导通，形成如下正反馈过程：

$$u_I\uparrow \longrightarrow i_{B2}\uparrow \longrightarrow u_{C2}\downarrow \longrightarrow i_{E3}\downarrow \longrightarrow i_{R4}\downarrow$$

使VT1和VT2截止，u_{C3}高电平，VD2、VT4、VT6导通，输出u_O为低电平，电路处于第二稳态。此时

$$I_{R4}=I_{E2}$$

$$U'_{R4}=I_{R4}R_4=I_{E2}R_4$$

当输入u_I由高电位下降使$u_I=0.7+U'_{R4}$时，电路又产生如下正反馈：

$$u_I\downarrow \longrightarrow i_{B2}\downarrow \longrightarrow u_{C2}\uparrow \longrightarrow i_{E3}\uparrow \longrightarrow i_{R4}\uparrow$$

结果使VT1截止，VT2饱和，电路又回到第一稳态。

由于$R_2>R_3$，使VT1饱和导通时的I_{E1}小于VT2饱和导通时的I_{E2}，所以电路出现回差，电路$U_{T+}\approx 1.63V$，$U_{T-}\approx 0.85V$，$U_H\approx 0.8V$。

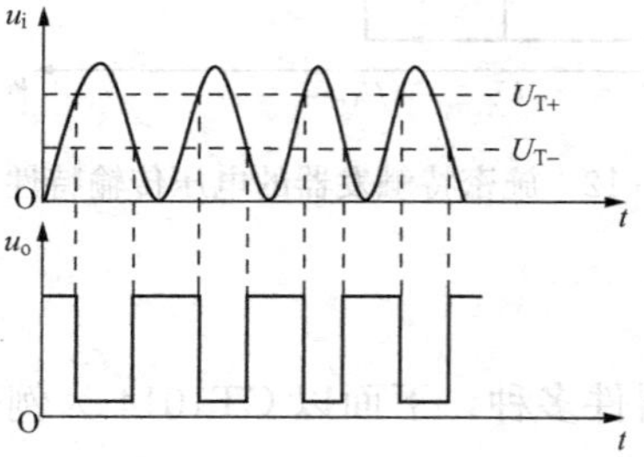

图8-14 用施密特触发器实现波形变换

8.2.3 施密特触发器的应用

1. 波形变换

施密特触发器可将边沿变化缓慢的三角波、正波弦及其他不规则周期性信号变换为矩形脉冲信号。图8-14为用施密特触发器将波形变换成周期的矩形脉冲。

2. 脉冲整形

当传输的信号受到干扰而发生畸变时，可利用施密特触发器的回差特性，将受到干扰的信号整形成较好的矩形脉冲，图8-15中给出几种常见的情况。

当传输线上电容较大时，波形的上升沿下降沿会明显变差，如图8-15（a）所示。当传输线较长，而且接收端的阻抗与传输线的阻抗又不匹配时，在波形的上升沿和下降沿将产生振荡现象，如图8-15（b）所示。当其他脉冲信号通过导线间的分布电容或公共电源线叠加到矩形脉冲信号上时，信号上将出现如图8-15（c）所示的附加噪声。

无论出现上述的哪一种情况，都可以通过施密特触发器整形而获得比较理想的矩形脉冲波形。

3. 脉冲鉴幅

若把一组幅度不等的脉冲信号加到施密特触发器的输入端，只有幅度大于U_{T+}的脉冲在输出端产生信号，如图8-16所示。这时，可将输入幅度大于U_{T+}的脉冲信号选出来，而幅度小于U_{T+}的脉冲信号则去掉了。所以，施密特触发器对输入脉冲的幅度具有鉴别能力。

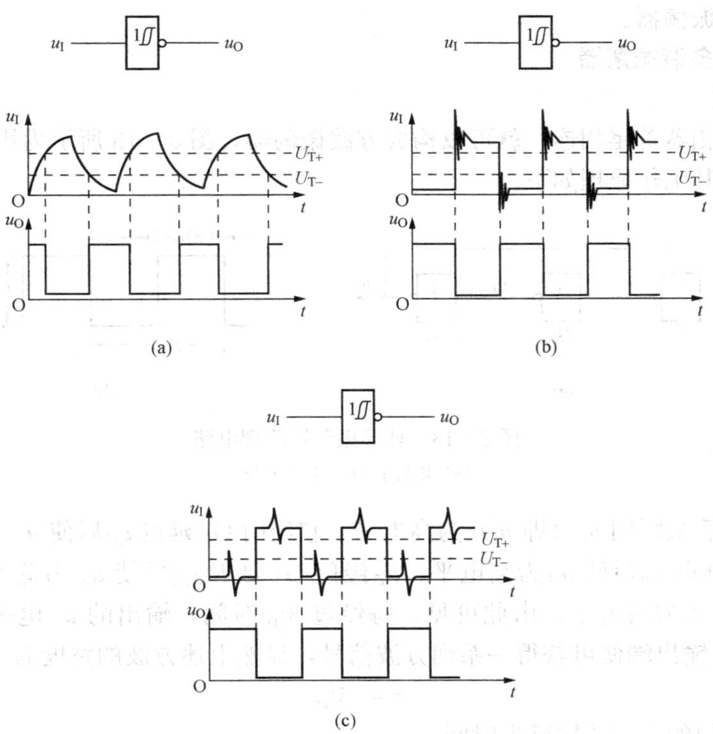

图 8 - 15　用施密特触发器实现波形整形

4. 方波产生

图 8 - 17 所示是利用施密特触发器产生方波的电路。设图中电源初通时电容电压为零，施密特触发器输出的 u_o 为高电平，此时 u_o 通过 R 对 C 充电，当充至 $u_C \geqslant U_{T+}$ 时，输出 u_o 为低电平，C 又通过 R 向 u_o 放电，当放至 $u_C \leqslant U_{T-}$ 时，u_o 又变为高电平，如此反复，可在输出端获得方波信号。

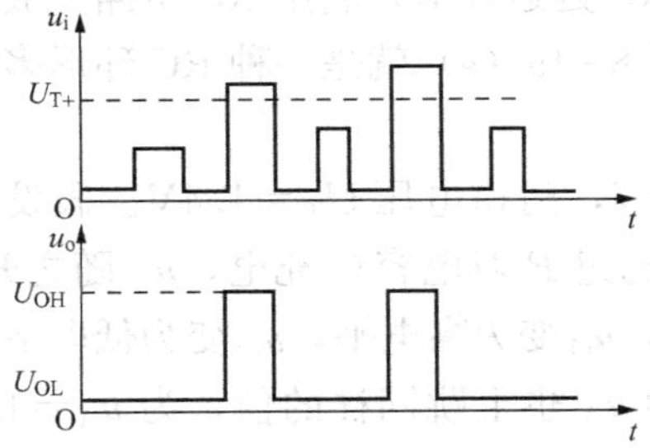

图 8 - 16　用施密特触发器鉴别脉冲幅度

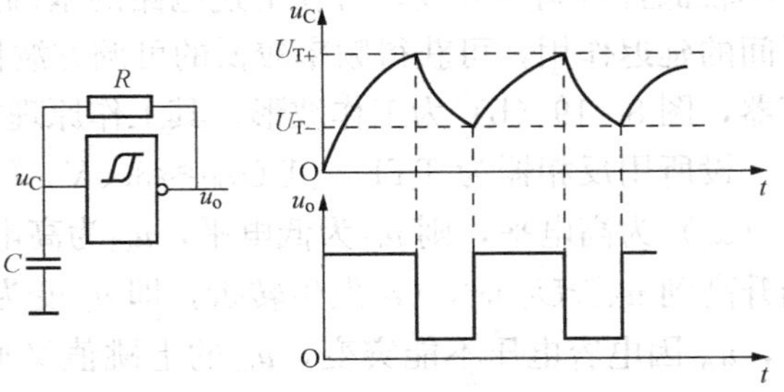

图 8 - 17　用施密特触发器产生方波

8.3　多谐振荡器

多谐振荡器是能产生矩形脉冲的自激振荡器。它没有稳态，只有两个暂态，通过电容充电和放电，使两个暂态相互交替，从而产生自激振荡。由于矩形脉冲含有许多的高次谐波分量，故称为多谐振荡器。

8.3.1 RC环形多谐振荡器

1. 基本原理

将奇数个反相器首尾相连，就可以构成方波振荡器，图8-18所示为用3个反相器构成的方波振荡器，其工作原理如下。

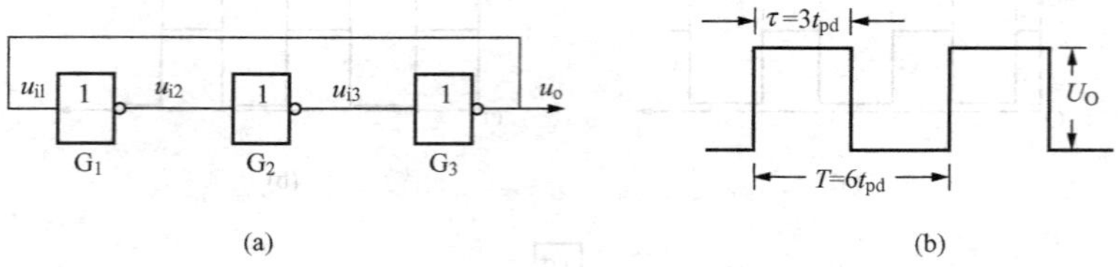

图8-18 环形振荡器原理电路

(a) 电路；(b) 工作波形

设接通电源后某瞬间 u_o（即 u_i）为高电平，它经门 G_1 延迟 t_{pd}后使 u_{o1}（即 u_{i1}）为低电平，u_{i2}经门 G_2 延迟 t_{pd}后使 u_{i3}为高电平，u_{i3}经门 G_3 延迟 t_{pd}后使 u_o 为低电平。依此类推，在经过 $3t_{pd}$后 u_o 又为高电平。由此可见，每经过 $3t_{pd}$时间，输出的 u_o 电平就要改变一次，如此循环，从 u_o 输出端便可获得一系列方波信号，显然上述方波的宽度为

$$\tau = 3t_{pd}$$

式中，t_{pd}为每个门的平均传输延迟时间。

输出方波的周期为

$$T = 2\tau = 6t_{pd}$$

方波的幅度为门电路输出的高、低电平之差，即

$$U_H = U_{OH} - U_{OL}$$

2. RC环形振荡器

上述环形振荡器虽然可产生方波信号，但其方波的重复频率极高，而且不可调。要获得频率较低且可调的方波，可在上述电路的基础上接入RC延迟环节，利用RC电路充放电对时间的延迟作用，可获得频率较低的可调方波信号。图8-19（a）就是一种RC环形多谐振荡器，图8-19（b）为工作波形。其工作原理如下。

设所用反相器为TTL，其 $U_{OH}\approx3.5V$，$U_{OL}\approx0.4V$，门槛电压 $U_T=1.4V$。假设开始 u_{i1}（u_o）为高电平，则 u_{o1}为低电平，u_{o2}为高电平，它通过 R 对电容 C 充电，u_A 随之升高，当升高到 $u_{i3}\geqslant U_T$ 时，G_3 发生转折，即 u_o 变为低电平，u_{o1}变为高电平，u_{o2}变为低电平，此时，u_A 因电容电压不能突变，u_{o1} 的上跳值又通过 C 使 u_A 也上跳同样的值，为 $u_A=1.4+3.1=4.5V$。其后，电容 C 要通过 R 向 u_{o2}的低电平放电（即 u_{o1}向电容 C 反向充电），致使 u_A 值随之下降，当降到 $u_{i3}\leqslant u_T$ 时，G_3 又要发生转折，即 u_{o3}变为高电平，u_{o1}变为低电平，u_{o2}变为高电平，它又要向 C 充电。此转折点的 $u_A=1.4-1.3=-1.7V$，过后重复以上过程。

RC环形振荡器的输出幅度 U_H 和周期 T 分别为

$$U_H = U_{OH} - U_{OL}$$

$$T = t_{k1} + t_{k2} \approx 2.3RC$$

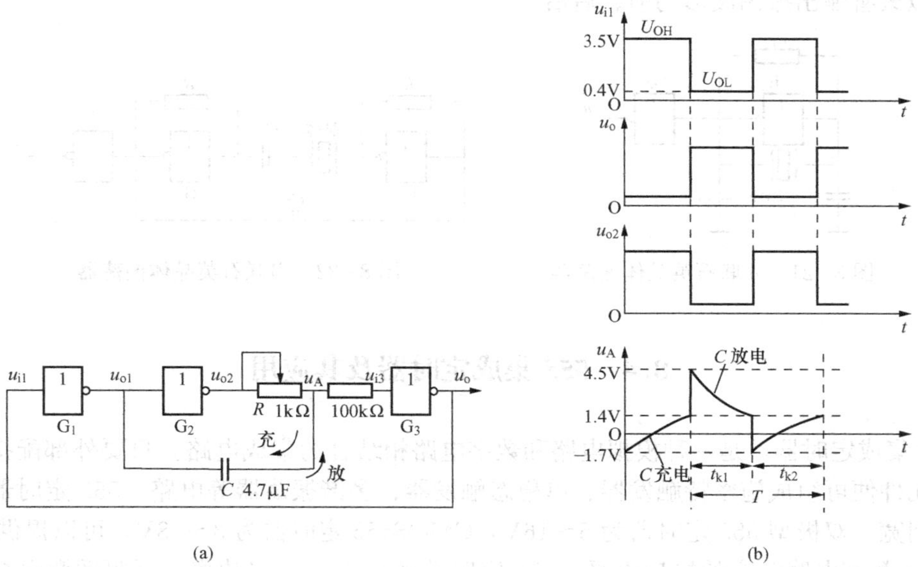

图 8-19　RC 环形振荡器

（a）电路；（b）工作波形

8.3.2　石英晶体多谐振荡器

前面介绍的多谐振荡器的一个共同特点就是振荡频率不稳定，容易受温度、电源电压波动和 RC 参数误差的影响。而在数字系统中，矩形脉冲信号常用作时钟来控制和协调整个系统的工作。因此，控制信号频率不稳定会直接影响到系统的工作。在对频率稳定性要求较高的设备中，可采用由石英晶体组成的振荡器——石英晶体多谐振荡器。

图 8-20 所示为石英晶体的阻抗频率特性。由图可看出，石英晶体具有很好的选频特性。当振荡信号的频率和石英晶体的固有谐振频率 f_0 相同时，石英晶体呈现很低的阻抗，信号容易通过，而其他频率的信号则被衰减。这时，振荡频率只取决于石英晶体的固有谐振频率 f_0，而与 RC 参数无关。

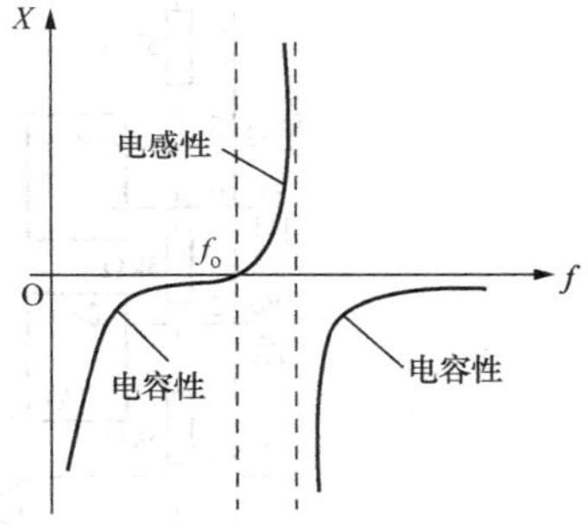

图 8-20　石英晶体的阻抗频率特性

1. 并联石英晶体多谐振荡器

图 8-21 所示为由 CMOS 反相器组成的并联多谐振荡器。R_f 为反馈电阻，用以对 G_1 工作在静态传输特性的转折区，R_f 值通常取 5～10MΩ。反馈系数由 C_1 和 C_2 的比值决定，C_1 可微调振荡频率。

石英振荡器可输出振荡频率很稳定的信号，但输出波形不好，因此，G_1 输出端需加反相器 G_2，用以改善输出波形的前、后沿。

2. 串联石英晶体多谐振荡器

图 8-22 为一种典型的串联型石英晶体多谐振荡器。C_1 为 G_1 和 G_2 间的耦合电容，R_1、R_2 的作用是使反相器工作在线性放大区，R_1、R_2 的阻值，对于 TTL 门通常取 0.7～2kΩ，而对 CMOS 门则常取 10～100kΩ。由于 G_2 输出的振荡波形不好，故在输出端加了一个 G_3

门，用以改善输出振荡波形的前、后沿。

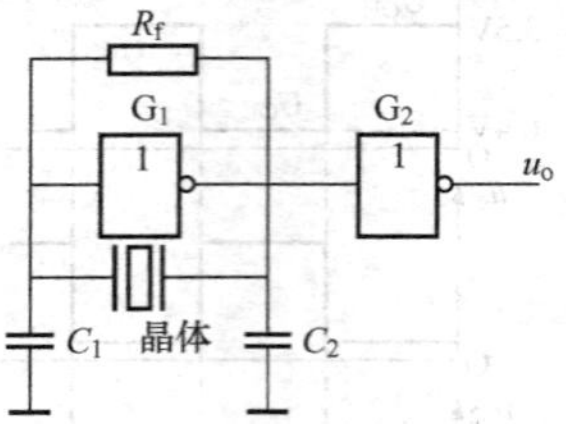

图 8-21 并联石英晶体振荡器

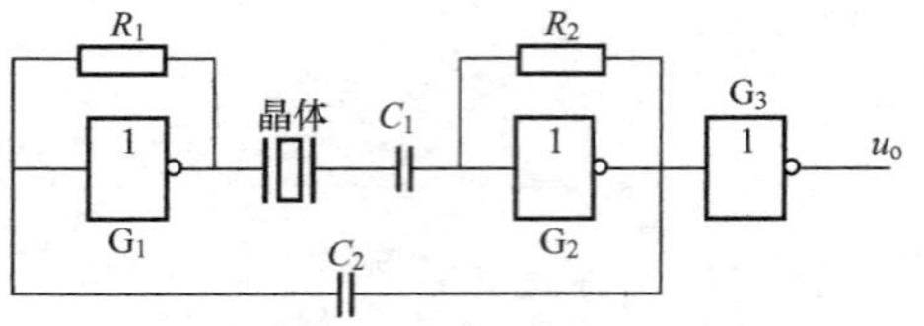

图 8-22 串联石英晶体振荡器

8.4 555 集成定时器及其应用

555 集成定时器，是一种模拟电路和数字电路相结合的集成电路。只要外部配接少量几个阻容元件便可组成施密特触发器、单稳态触发器、多谐振荡器等电路。555 定时器的电源电压范围宽，双极型 555 定时器为 5～16V，CMOS555 定时器为 3～18V，可以提供与 TTL 及 CMOS 数字电路兼容的接口电平。555 定时器还可输出一定功率，可驱动微电机、指示灯、扬声器等。它在脉冲波形的产生与变换、仪表控制、家用电器与电子玩具等领域都有着广泛的应用。

8.4.1 555 定时器的电路结构及其功能

1. 555 电路结构

图 8-23 所示为双极型 5G555 集成定时器的逻辑图及引脚排列。它由电压比较器 A_1 和 A_2、电阻分压器、基本 RS 触发器、集电极开路的放电管 VT 和输出缓冲级 G 等组成。

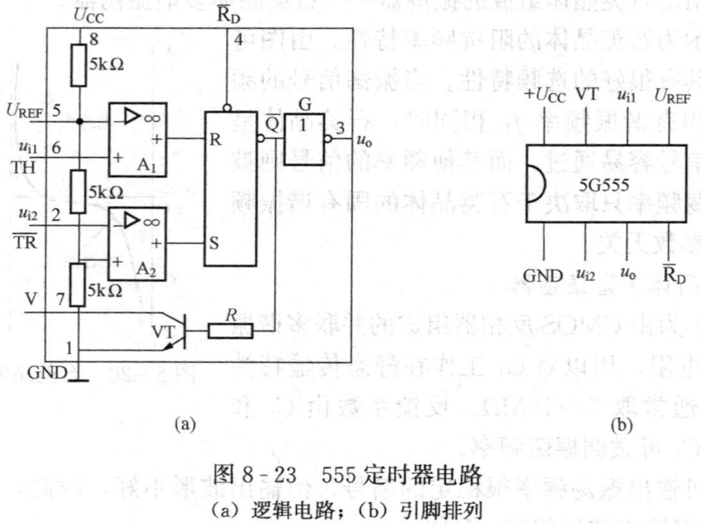

图 8-23 555 定时器电路

(a) 逻辑电路；(b) 引脚排列

2. 工作原理

555 定时器的功能，主要取决于电压比较器的工作情况。U_{CC} 电源电压经过 3 个 5kΩ 电阻分压后，以 $\frac{1}{3}U_{CC}$ 作为 A_2 比较器同相输入端的参考电压，以 $\frac{2}{3}U_{CC}$ 作为 A_1 比较器反相输入端的参考电压。

当 $u_{i2}<\frac{1}{3}U_{CC}$、$u_{i1}<\frac{2}{3}U_{CC}$时，A_2 输出为 1，A_1 输出为 0，基本 RS 触发器置 1，使 Q=1、$\overline{Q}$=0，输出 u_o=1，同时放电管 VT 截止。

当 $u_{i1}>\frac{2}{3}U_{CC}$、$u_{i2}>\frac{1}{3}U_{CC}$时，A_1 输出为 1，A_2 输出为 0，基本 RS 触发器置 0，使 Q=0、$\overline{Q}$=1，输出 u_o=0，同时放电管 VT 导通。

表 8-3　　定时器 5G555 功能表

输入			输出	
u_{i1}	u_{i2}	$\overline{R}_D$	u_o	V 状态
×	×	0	0	导通
$>\frac{2}{3}U_{CC}$	$>\frac{1}{3}U_{CC}$	1	0	导通
$<\frac{2}{3}U_{CC}$	$<\frac{1}{3}U_{CC}$	1	1	截止
$<\frac{2}{3}U_{CC}$	$>\frac{1}{3}U_{CC}$	1	不变	不变

当 $u_{i1}>\frac{2}{3}U_{CC}$、$u_{i2}>\frac{1}{3}U_{CC}$时，A_1 输出为 1，A_2 输出为 0，基本 RS 触发器置 0，使 Q=0、$\overline{Q}$=1，输出 u_o=0，同时放电管 VT 导通。

当 $u_{i1}<\frac{2}{3}U_{CC}$、$u_{i2}>\frac{1}{3}U_{CC}$时，A_1、A_2 输出均为 1，基本 RS 触发器保持原状态不变。

综上所述，5G555 定时器的功能如表 8-3 所示。

8.4.2　555 定时器的典型应用

1. 施密特触发器

将定时器 5G555 的阈值输入端 TH 和触发输入端$\overline{TR}$连在一起，作为触发信号 u_i 的输入端，并从 u_o 输出信号，便构成一个反相输出的施密特触发器，电路如图 8-24 所示。为了提高参考电压的稳定性，常在 U_{REF} 控制端对地接一个 0.01μF 的滤波电容。其工作原理如下：

当 $u_i<\frac{1}{3}U_{CC}$时，A_2 输出为 1，基本 RS 触发器置 1，输出为高电平，电路处于第 Ⅰ 稳态，在$\frac{1}{3}U_{CC}<u_i<\frac{2}{3}U_{CC}$时间段，$A_1$、$A_2$ 输出均为 0，电路保持第 Ⅰ 稳态。

当 u_i 上升至 $u_i>\frac{2}{3}U_{CC}$时，A_1 输出为 1，基本 RS 触发器置 0，输出端为低电平，触发器处于第 Ⅱ 稳态，在$\frac{1}{3}U_{CC}<u_i<\frac{2}{3}U_{CC}$时，电路保持第 Ⅱ 稳态。

当 u_i 下降到 $u_i<\frac{1}{3}U_{CC}$时，A_2 输出为 1，基本 RS 触发器置 1，输出为高电平，电路恢复到第 Ⅰ 稳态。

由以上分析可得施密特触发器的回差电压 ΔU_T 为

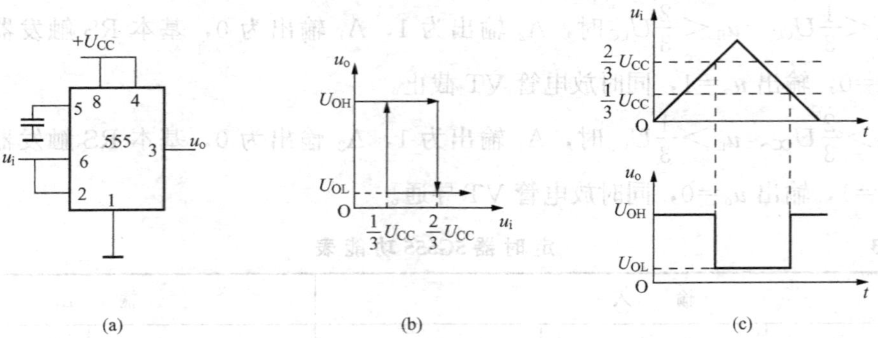

图 8-24 由 555 组成的施密特触发器

（a）电路；（b）电压传输特性；（c）工作波形

$$\Delta U_{\mathrm{T}}=U_{\mathrm{T+}}-U_{\mathrm{T-}}=\frac{1}{3}U_{\mathrm{CC}}$$

图 8-24（b）为图 8-24（a）所示电路的电压传输特性，由特性可看出，该电路具有反相输出特性。

2. 单稳态触发器

将 555 定时器的$\overline{\mathrm{TR}}$作为触发信号 u_{i} 的输入端，放电管 VT 的集电极通过电阻 R 接 U_{CC}，组成了一个反相器，其集电极通过电容 C 接地，便组成了图 8-25（a）所示的单稳态触发器，R 和 C 为外接定时元件，C_1 是旁路电容。

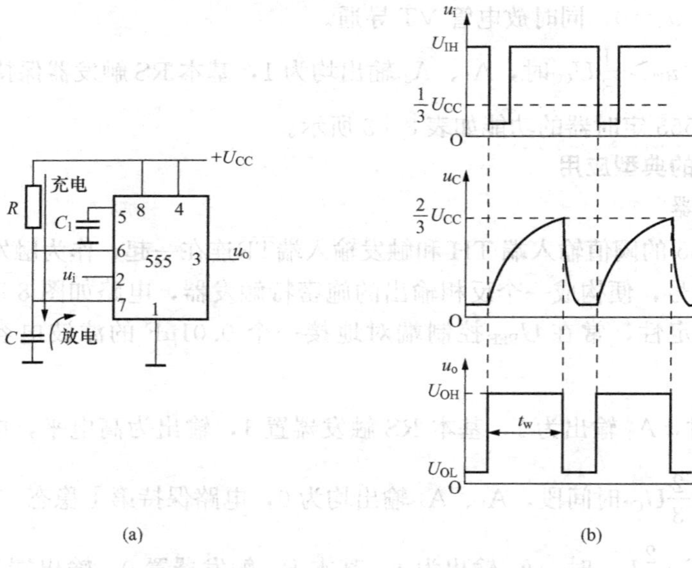

图 8-25 由 555 组成的单稳态触发器

（a）原理电路；（b）工作波形

没有加触发信号时，u_{i} 为高电平 U_{IH}。

接通电源后，U_{CC}经电阻 R 对电容 C 进行充电，当电容 C 的电压 $U_{\mathrm{C}}\geqslant\frac{2}{3}U_{\mathrm{CC}}$时，电压比较器 A_1 输出为 0，而在此时，u_{i} 为高电平，且 $u_{\mathrm{i}}>\frac{1}{3}U_{\mathrm{CC}}$，电压比较器 A_2 输出为 1，基本

RS 触发器置 0，Q=0，$\overline{Q}$=1，输出 u_o=0。与此同时，放电管 VT 导通，电容 C 经 VT 快速放电，$u_C \approx 0$，电压比较器 A_1 输出为 1，基本 RS 触发器的两个信号输入端均为高电平 1，保持 0 状态不变。所以，在稳态时，$u_C=0$，$u_o=0$。

当输入 u_i 由高电平 U_{IH} 跃到小于 $\frac{1}{3}U_{CC}$ 的低电平时，电压比较器 A_2 输出为 0，由于此时 $u_C=0$，因此，A_2 输出为 1，基本 RS 触发器被置 1，Q=1，$\overline{Q}$=0，输出 u_o 由低电平跳到高电平 U_{OH}。同时放电管 VT 截止，电源 U_{CC} 经 R 对 C 充电，电路进入暂稳态。在暂稳态期内输入电压 u_i 回到高电平。

随着 C 的充电，电容 C 的电压 U_C 逐渐升高。当 u_C 上升到 $u_C \geqslant \frac{2}{3}U_{CC}$ 时，比较器 A_1 的输出为 0，由于这时 u_i 已为高电平，比较器 A_2 输出为 1，使基本 RS 触发器置 0，Q=0，$\overline{Q}$=1，输出 u_o 由高电平 U_{OH} 跳到低电平 U_{OL}。同时，放电管 VT 导通，C 经 VT 迅速放电，$u_C=0$。电路返回到稳态。其工作波形如图 8-25（b）所示。

单稳态触发器输出脉冲宽度 t_W（即暂态维持时间），实际上为电容 C 上的电压由 0 充到 $\frac{2}{3}U_{CC}$ 所需时间，其估算式为

$$t_W = RC\ln 3 \approx 1.1RC$$

由上分析可知，电路要求 U_I 脉冲宽度一定要小于 t_W，触发时应 $u_i < \frac{1}{3}U_{CC}$，否则电路无法工作。

3. 多谐振荡器

将放电管 VT 集电极经 R_1 接到 U_{CC} 上，其 VT 端对地接 R_2、C 积分电路，积分电容 C 再接 TH 和 $\overline{TR}$ 端便组成了如图 8-26（a）所示的多谐振荡器。R_1、R_2 和 C 为外接定时元件。

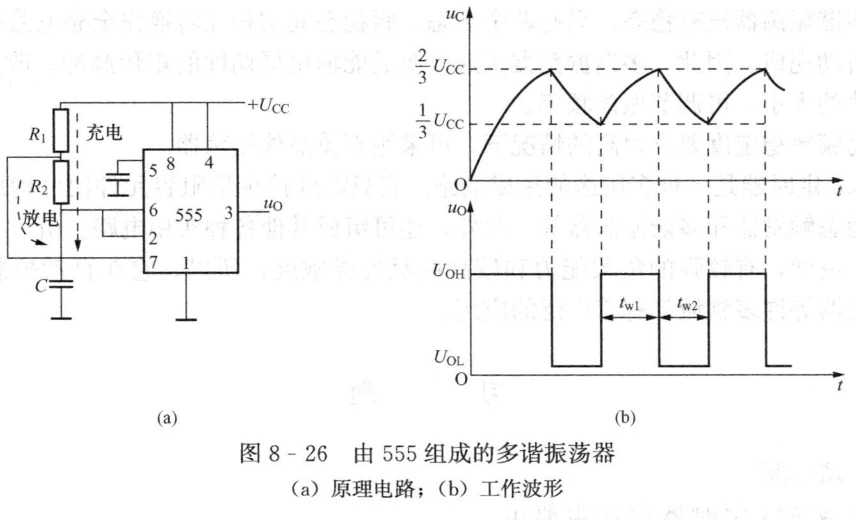

图 8-26　由 555 组成的多谐振荡器

（a）原理电路；（b）工作波形

接通电源后，U_{CC} 经电阻 R_1、R_2 对电容 C 充电，其电压按指数规律上升。当 $u_C \geqslant \frac{2}{3}U_{CC}$ 时，电压比较器 A_1 输出为 0，A_2 输出为 1，基本 RS 触发器被置 0，Q=0，$\overline{Q}$=1，输出 u_O 跃到低电平 U_{OL}。同时，放电管 VT 导通，电容 C 经电阻 R_2 和 VT 放电，电路进入暂

稳态。

随着电容 C 的放电，u_C 开始下降。当 $u_C \leqslant \frac{1}{3}U_{CC}$ 时，电压比较器 A_1 输出为 1，A_2 输出为 0，基本 RS 触发器被置 1，Q=1，$\overline{Q}=0$，输出 u_o 由低电平 U_{OL} 跳到高电平 U_{OH}。此时，因 $\overline{Q}=0$，放电管截止，电源 U_{CC} 又经电阻 R_1、R_2 对 C 充电。电路又返回到前一个暂稳态。以后重复以上过程，电容 C 上的电压 u_C 将在 $\frac{2}{3}U_{CC}$ 和 $\frac{1}{3}U_{CC}$ 之间来回充电和放电，从而使电路产生振荡，获得图 8 - 26（b）所示矩形脉冲输出。

由图 8 - 26 可得多谐振荡器的振荡周期 T 为

$$T = t_{W1} + t_{W2} \approx 0.7(R_1 + 2R_2)C$$

本 章 小 结

（1）单稳态触发器有一个稳态和一个暂态。其输出脉冲的宽度只取决于电路定时元件（R、C）参数，与输入信号无关。改变 R、C 定时元件的数值可调节输出脉冲宽度。

单稳态触发器可将输入的触发脉冲变换为宽度和幅度都符合要求的矩形脉冲，常用于脉冲的定时、整形和展宽等。

（2）施密特触发器有两个稳态，有两个不同的触发电平。因此，具有回差特性。它的两个稳态是靠两个不同的电平来维持的，输出脉冲的宽度由输入信号的波形决定。调节回差电压的大小，也可改变输出脉冲的宽度。

施密特触发器可将任意波形变换成矩形脉冲，常用来进行幅度鉴别、构成单稳态触发器和多谐振荡器等。

（3）多谐振荡器没有稳态，只有两个暂态。暂稳态间的相互转换完全靠电路中电容的充电和放电自动完成。因此，多谐振荡器接通电源后能输出周期性的矩形脉冲。改变 R、C 定时元件数值的大小，可调节振荡频率。

在振荡频率稳定度要求很高的情况下，可采用石英晶体振荡器。

（4）555 定时器是一种多用途的集成电路。它只需外接少量阻容元件便可构成施密特触发器、单稳态触发器和多谐振荡器等。此外，还可组成其他各种实用电路。由于 555 定时器使用方便、灵活，有较强的负载能力和较高的触发灵敏度，所以，它在自动控制、仪器仪表、家用电器等许多领域都有着广泛的应用。

习 题

8 - 1 填空题

（1）集成 555 定时器内部主要由________、________、________、________等部分组成。

（2）555 定时器的最基本应用有________、________、________等三大类型。

（3）用 555 构成的施密特触发器的两个阈值电压分别为________和________。

（4）用 555 构成的施密特触发器的回差电压 ΔU_T 为________。

8-2　判断下列说法是否正确

(1) 用555定时器组成的单稳态触发器电路是利用输入信号的上升沿触发使电路输出脉冲信号。（　）

(2) 在输入脉冲信号作用后，希望延迟一段时间再输出脉冲信号，至少采用有两级级联的单稳态触发器组成电路。（　）

(3) 凡是具有可构成施密特触发器功能的器件均可组成多谐振荡器电路。（　）

(4) 集成单稳态触发器的触发脉冲宽度应大于其暂稳态维持时间。（　）

8-3　选择题

(1) 集成单稳态触发器的暂态维持时间决定于（　）

A. 电源电压值　B. 触发脉冲宽度　C. 外接定时阻容

(2) 单稳态触发器的输出状态有（　）

A. 一个稳态，一个暂态　B. 两个稳态　C. 无稳态

(3) 用555构成的单稳态触发器的暂态维持时间 $t_W=$（　）

A. RC　B. $0.7RC$　C. $1.1RC$

(4) 施密特触发器常用于（　）

A. 脉冲整形与变换　B. 计数与寄存　C. 定时与延时

(5) RC 环形振荡器输出的脉冲周期约为（　）

A. $T=RC$　B. $T=2.3RC$　C. $T=6RC$

8-4　定性地画出图8-27所示电路的 u_C 及 u_o 波形，并说明此电路的作用。

8-5　根据 u_i 波形，画出图8-28所示电路的输出波形。

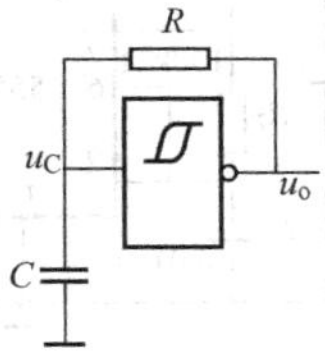

图8-27　习题8-4图

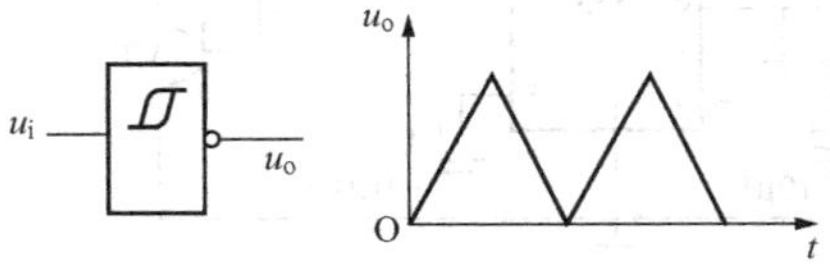

图8-28　习题8-5图

8-6　图8-29所示为环形振荡器，设每个门的平均传输延迟时间 $t_{dp}=50\mu s$。如输入 $u_i=0$ 时，电路能否产生振荡？如 $u_i=1$ 时，电路有无稳定状态？如电路产生振荡，其输出脉冲的周期为多少？

8-7　试分析单稳态触发器与基本RS触发器在工作原理上有何区别。

8-8　图8-30所示为由CMOS施密特触发器组成的多谐振荡器。设 $U_{DD}=10V$，$U_{T+}=7V$，$U_{T-}=3V$，$R_1=3k\Omega$，$R_2=8.2k\Omega$，$C=0.01\mu F$。试求该电路输出脉冲的频率。

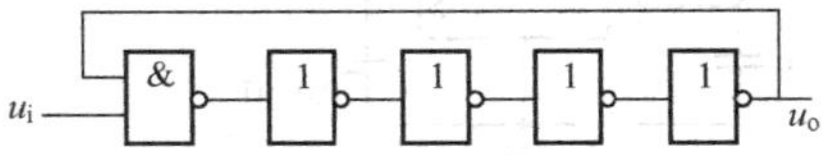

图8-29　习题8-6图

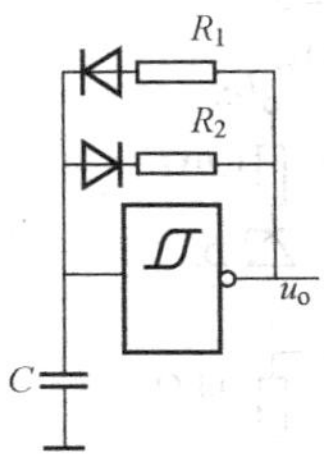

图8-30　习题8-8图

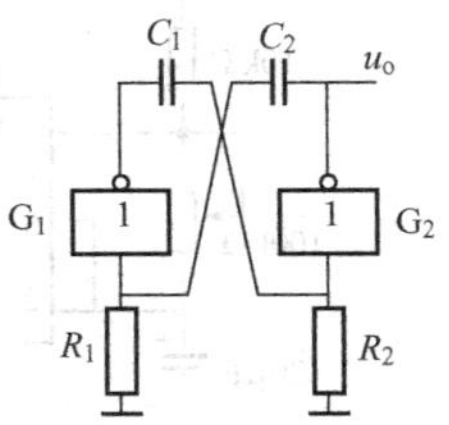

图8-31　习题8-9图

8-9　某一音频振荡器电路如图8-31所示，试定性分析其工作原理。

8-10　试用TTL与非门设计一个RC环形多谐振荡器，使其频率为0.1MHz。

8-11　试用TTL与非门设计一个微分型单稳态电路，使其暂稳态宽度为1.5μs。

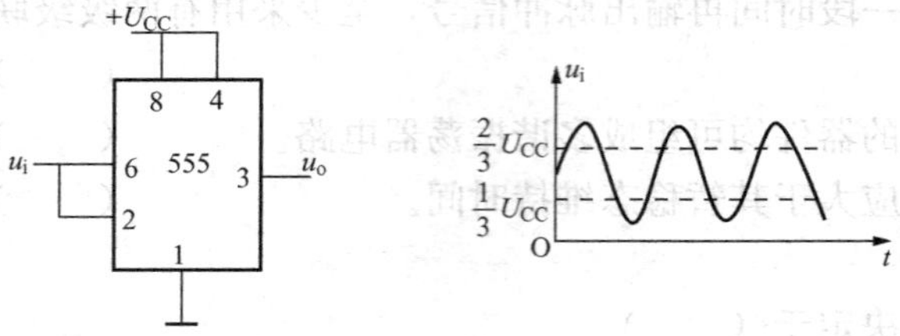

图8-32　习题8-12

8-12　根据u_i波形，画出图8-32所示用555定时器组成的施密特触发器的u_o波形。

8-13　图8-33所示为继电器点动时间可控电路，在u_i输入窄脉冲信号触发下，调节R_P可改变继电器KA的动作时间。

(1) 试计算继电器动作时间的可调节范围。

(2) 已知继电器线圈直流绕组电阻为24Ω，定时器输出高电平为3.6V，三极管$\beta=50$。试计算电阻R_2的最大值和三极管VT的极限参数I_{CM}、$U_{(BR)CEO}$至少应多大？设三极管饱和压降$U_{CES}\approx 0V$，$U_{BE}=0.7V$，则R_2值最大为多少？

8-14　图8-34所示为555定时器组成简易延时门铃。设在4号引脚复位端电压小于0.4V为0，电源电压为6V。根据电路图上所示各阻容参数，试计算：

(1) 当按钮SB按一下放开后，门铃响多长时间？

(2) 门铃声的频率为多少？

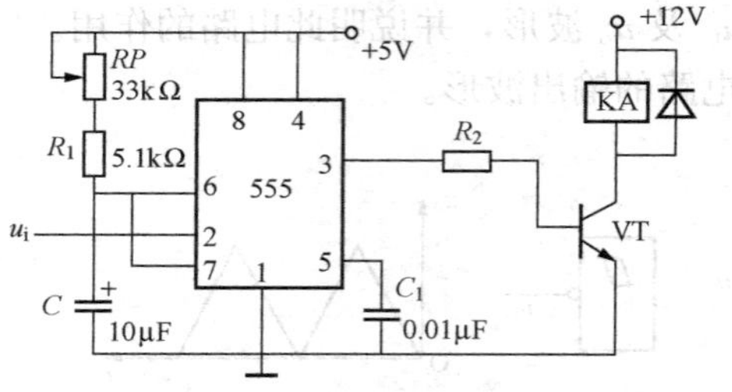

图8-33　习题8-13图

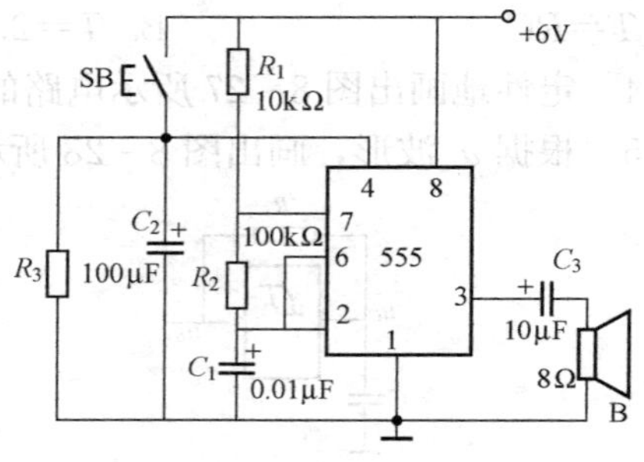

图8-34　习题8-14图

8-15　图8-35所示为过电压监视电路。当电压U_X超过一定值时发光二极管会发出闪光报警信号。

(1) 试分析其电路工作原理。

(2) 计算出电路的闪光频率（设电阻器在中间位置）。

8-16　分析图8-36所示的电路为何种电路，有何特点？

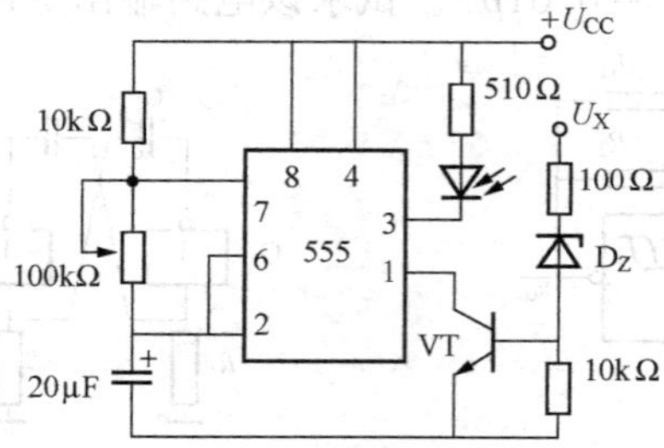

图8-35　习题8-15图

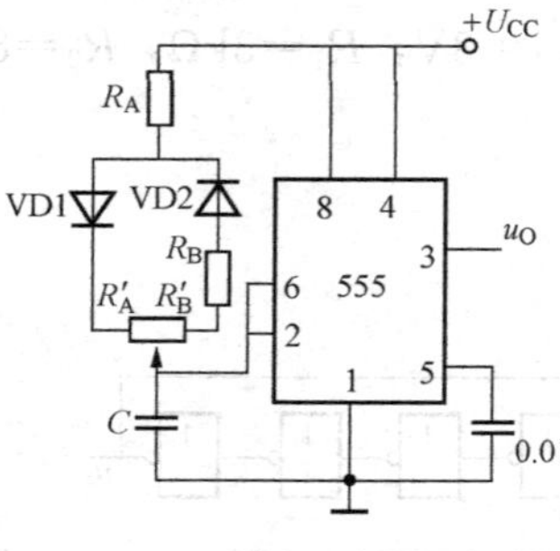

图8-36　习题8-16图

第9章 D/A转换器和A/D转换器

能将模拟量转换为数字量的电路称为模/数转换器，简称A/D转换器或ADC；能将数字量转换为模拟量的电路称为数/模转换器，简称D/A转换器或DAC。A/D转换器和D/A转换器是沟通模拟电路和数字电路的桥梁，也是两者之间的接口。

9.1 数/模转换器(DAC)

D/A转换器的原理框图如图9-1(a)所示。图中数字信号D经过DAC后输出模拟信号u_o。其中，n位数据D为并行输入方式，U_{REF}为实现D/A转换所必需的参考电压。

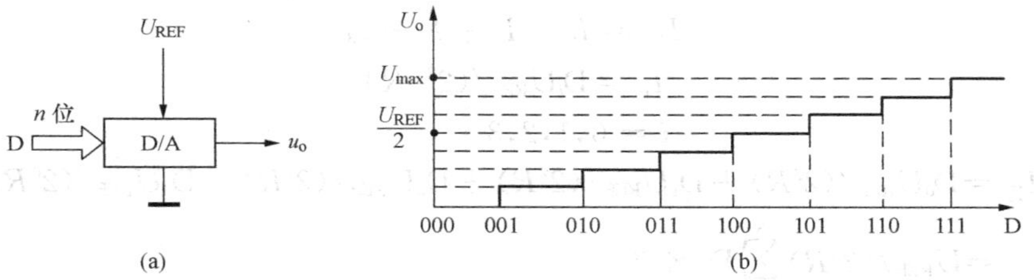

图9-1 D/A原理框图与理想传输特性

(a) 原理框图；(b) 理想传输特性

u_o、D及U_{REF}三者之间关系可用数学表达式表示为

$$u_o = KDU_{REF}$$

式中，K为比例系数，不同的DAC有各自对应的K。

输入的数字信号通常用n位二进制代码表示，n位数字输入有2^n种二进制数字的组合，对应有2^n个模拟电流或电压值。一个3位DAC的理想传输特性如图9-1(b)所示。必须指出，转换后的模拟信号是不连续的，其最小值由最低代码位(LSB)的权值决定。这个最小值通常称为量化单位，是信息所能分解的最小量。对于n位二进制代码，该值为满量程的$1/2^n-1$。因此数字代码的位数越多，对于同样的满量程输入，输出信号变化的台阶越小，输出信号越接近连续的模拟信号。所以转换精度也可以用数字代码的位数n来直接表示。

9.1.1 常用的D/A转换技术

D/A转换器的种类有很多，本节仅介绍几种比较常用的D/A转换器所使用的技术。

1. 二进制权电阻网络DAC

以4位D/A转换电路为例，二进制权电阻网络DAC电路如图9-2所示。这是一个电流相加型权电阻网络DAC，图中电路由4部分组成。

(1) 权电阻网络，由4个加权电阻组成，每位输入数据对应一个电阻，阻值与该位的权值成反比。如D_3对应2^0R，D_2对应2^1R，D_1对应2^2R，D_0对应2^3R。它们的作用是对各位二进制数进行加权。

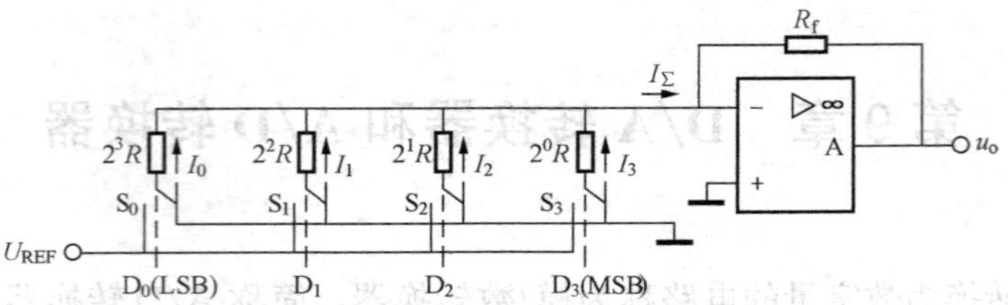

图 9-2 二进制权电阻网络 DAC 电路

(2) 模拟开关，由 4 个模拟开关组成，每个模拟开关对应一个数据，由数据 D_i 控制模拟开关 S_i 所接的位置，$D_i=1$，S_i 接通 U_{REF}；$D_i=0$，S_i 接地。S_i 为模拟电子开关。

(3) 参考电压 U_{REF}，它是一个基准电压源，要求精度高、稳定性好。

(4) 求和输出，由运算放大器构成的反相求和电路组成。反相求和电路对加权后的电流求和，并通过 R_f 输出相应的模拟电压值。

由图可得，流入放大器反相端的总电流为

$$I_\Sigma = I_0 + I_1 + I_2 + I_3$$

$$I_i = D_i U_{REF}/(2^{3-i}R)$$

其中 $$i = 0,1,2,3$$

所以 $$I_\Sigma = D_0 U_{REF}/(2^3R) + D_1 U_{REF}/(2^2R) + D_2 U_{REF}/(2^1R) + D_3 U_{REF}/(2^0R)$$

$$= U_{REF}/(2^3R)\sum_{i=0}^{3} D_i \times 2^i$$

输出电压为

$$u_o = -R_f I_\Sigma = -\frac{U_{REF}R_f}{8R}\sum_{i=0}^{3} D_i \times 2^i$$

通常令 $R_f=R/2$，相应的求和放大器输出电压为

$$u_o = -R_f I_\Sigma = -\frac{U_{REF}}{16}\sum_{i=0}^{3} D_i \times 2^i = -\frac{U_{REF}}{2^4}\sum_{i=0}^{3} D_i \times 2^i$$

那么，对于 n 位二进制权电阻网络 DAC，则有

$$u_o = -R_f I_\Sigma = -\frac{U_{REF}}{2^n}\sum_{i=0}^{n-1} D_i \times 2^i \qquad (9-1)$$

式 (9-1) 表明，二进制权电阻网络 DAC 中的量化单位为 $-U_{REF}/2^n$。

如果将图 9-2 中的运算放大器改为电压跟随器即成为电压相加型 DAC。

2. 倒 T 型 R—2R 网络 DAC

4 位倒 T 型 R—2R 电阻网络 DAC 电路如图 9-3 所示。与图 9-2 所示权电阻网络 DAC 相比，权电阻网络中 n 位数字需要 n 种阻值的电阻，这对集成电路来说是很难实现，而倒 T 型网络尽管电阻个数增加了一倍，但只需要 R 和 $2R$ 两种阻值的电阻，所以它便于集成。该电路由 R—2RT 型电阻网络、模拟开关、基准电压和输出级求和运算放大器 4 部分组成。

模拟开关受输入二进制数码控制。输入数据 $D_i=1$ 时，对应 S_i 便将 $2R$ 接到运算放大器的反相输入端；而当 $D_i=0$ 时，对应 S_i 便将 $2R$ 接到地。由于运算放大器虚短 $u_-=u_+=0$，所以不论数码是 0 还是 1，流过倒 T 型电阻网络各支路的电流始终不变，即电源所提供的电流是恒定的。

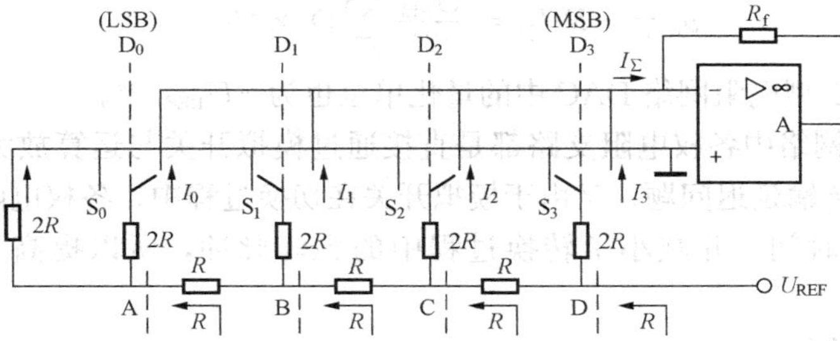

图 9-3　4 位倒 T 型 R—2R 电阻网络 DAC 电路

4 位倒 T 型 R-2R 电阻网络的等效电路如图 9-4 所示。由此电路可以看出，R-2R 电阻网络的特点是：不论任何一位数码为 0 还是为 1，每节电路向左看进去的输入电阻都等于 R，即网络中各节点（A，B，C，D）从右向左看进去等效电阻均为 R，所以 $I=U_{REF}/R$。根据分流公式，电路中 D，C，B，A 各支路的电流依次减半，即 $I_3=I/2$，$I_2=I/4$，$I_1=I/8$，$I_0=I/16$，它们就是倒 T 型电阻网络中各支路的权电流。当 $D_i=1$ 时电流流向运算放大器，当 $D_i=0$ 时电流流向地。

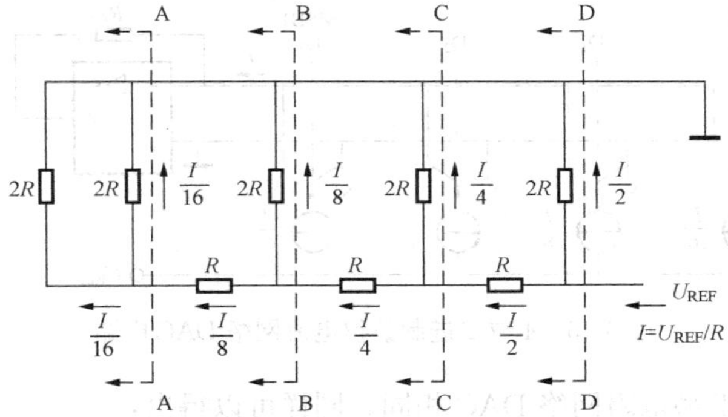

图 9-4　4 位倒 T 型 R-2R 电阻网络的等效电路

由此可见，流入放大器反相端的总电流为

$$\begin{aligned}I_\Sigma &= I_3+I_2+I_1+I_0\\ &= I/2D_3+I/4D_2+I/8D_1+I/16D_0\\ &= I/16(8D_3+4D_2+2D_1+1D_0)\\ &= \frac{U_{REF}}{2^4R}(D_3\times 2^3+D_2\times 2^2+D_1\times 2^1+D_0\times 2^0)\end{aligned}$$

输出电压为

$$u_o=-R_fI_\Sigma=-\frac{U_{REF}R_f}{2^4R}\sum_{i=0}^{3}D_i\times 2^i$$

通常令 $R_f=R$，相应的求和放大器输出电压为

$$u_o=-R_fI_\Sigma=-\frac{U_{REF}}{2^4}\sum_{i=0}^{3}D_i\times 2^i$$

那么，对于 n 拉倒 T 型 R-2R 网络 DAC，则有：

$$u_o = -R_f I_\Sigma = \frac{U_{REF}}{2^n}\sum_{i=0}^{n-1} D_i \times 2^i \qquad (9-2)$$

式（9-2）表明，倒T型电阻网络DAC中的量化单位也为$-U_{REF}/2^n$。

由于倒T型电阻网络中各权电阻支路都是直接通过模拟开关与运算放大器的反相输入端相连，不存在信号传输延迟问题；又由于模拟开关在切换过程中，各权电阻支路的电流不变，减小了电流建立时间，并减小了转换过程中的尖峰脉冲，所以提高了DAC的转换速度。

3. 权电流网络DAC

在分析权电阻网络DAC和倒T型电阻网络DAC过程中，把模拟开关当作理想开关，忽略了它们的导通电阻和导通压降。而实际的电子开关总存在一定的导通电阻，而且每个开关的导通电阻不可能完全相同。导通电阻和导通压降的存在将引起转换误差，影响转换精度。解决这个问题的方法之一就是用恒流源取代图9-3中R-2R倒T型电阻网络，即倒T型电阻网络中各支路的权电流变为恒流源，这样就构成了权电流网络DAC。

4位二进制数权电流网络DAC电路如图9-5所示。由于恒流源的输出电阻极大，模拟开关导通电阻的变化对权电流的影响极小，从而大大提高了转换精度。

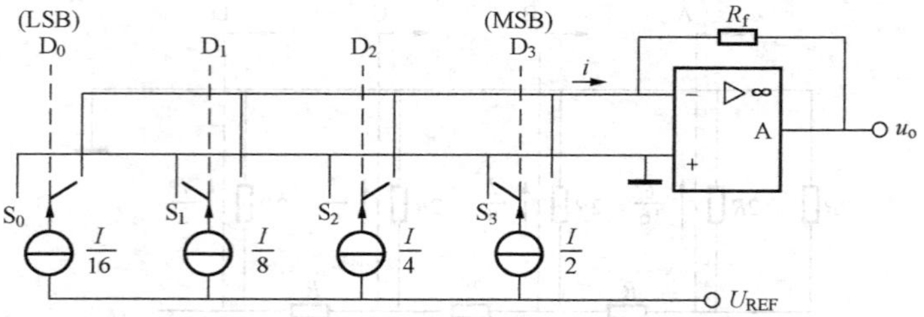

图9-5　4位二进制数权电流网络DAC电路

其工作原理与倒T型电阻网络DAC相同，同样可以得出：

$$\begin{aligned} I_\Sigma &= I/2D_3 + I/4D_2 + I/8D_1 + I/16D_0 \\ &= I/16(8D_3 + 4D_2 + 2D_1 + 1D_0) \\ &= \frac{I}{2^4}(D_3 \times 2^3 + D_2 \times 2^2 + D_1 \times 2^1 + D_0 \times 2^0) \end{aligned}$$

其输出电压为

$$u_o = -R_f I_\Sigma = -\frac{IR_f}{2^4}\sum_{i=0}^{3} D_i \times 2^i$$

将上式推广到n位恒流源网络DAC，则有：

$$u_o = -R_f I_\Sigma = -\frac{IR_f}{2^n}\sum_{i=0}^{n-1} D_i \times 2^i \qquad (9-3)$$

式（9-3）表明，恒流源网络DAC中的量化单位为$-IR_f/2^n$（I与U_{REF}存在一定关系）。

【例9-1】　已知某8位DAC电路，当输入数据D为$(10000000)_2$，输出模拟电压u_o=3.2V。求输入数据D为$(10101000)_2$时的输出模拟电压u_o为多少？

解　输出模拟电压与输入数字量成正比，$(10000000)_2=128$，$(10101000)_2=168$，因此

$$3.2 : 128 = u_o : 168$$

$$u_o = (3.2/128) \times 168 = 4.2(\text{V})$$

9.1.2　DAC的主要技术参数

1. 分辨率

分辨率用输入二进制数的有效位数表示。在分辨率为 n 位的D/A转换器中，输出电压能区分 2^n 个不同的输入二进制代码状态，能给出 2^n 个不同等级的输出模拟电压。

分辨率也可以用D/A转换器的最小输出电压 U_{LSB}（输入数字只有最低位为1时对应的输出电压）与最大输出电压 U_{FSR}（输入数字全为1时对应的输出电压）的比值来表示。

如10位D/A转换器的分辨率为

$$\frac{U_{LSB}}{U_{FSR}} = \frac{1}{2^{10}-1} = \frac{1}{1023} \approx 0.001$$

位数 n 越大，其输出模拟电压的取值个 数越多（2^n 个）或取值间隔（2^n-1 个）越多，则D/A转换器输出模拟电压的变化量越小，就越能反映输出电压的细微变化。

2. 转换精度

D/A转换器的转换精度是指输出模拟电压的实际值与理想值之差，即最大静态转换误差。通常要求D/A转换器的误差小于 $\frac{U_{LSB}}{2}$。

3. 转换时间

从D/A转换器输入数字信号起到输出电压或电流到达稳定值所需要的时间，称为D/A转换器的转换时间（或输出建立时间）。

9.1.3　集成D/A转换器CDA7524及其应用

CDA7524是CMOS8位并行D/A转换器。由于采用CMOS工艺，电源电压 U_{DD} 适用范围宽，可在+5～+15V之间选择，其原理电路如图9-6所示。它采用R—2R倒T形电阻网络，CMOS模拟开关，并含有一个数据锁存器。其基准电压 U_{REF} 可正可负，当 U_{REF} 为正时，输出电压为负；反之当 U_{REF} 为负时，输出电压为正。$\overline{CS}$ 为片选信号，$\overline{WR}$ 为写信号，都是低电平有效；D_0～D_7 为8位数据输入端，其电平与内部TTL电平兼容。OUT_1 和 OUT_2 为输出端，内部已包含了反馈电阻 R_f。一般的D/A转换器都不包含求和运算放大器，使用时需外接求和运算放大器。

1. CDA7524的单极性输出应用

图9-7所示为CDA7524的单极性输出应用电路，图中的电位器 R_1 用于调整运算放大器的增益，电容 C 用以消除放大器的自激，其值一般取10～15pF。表9-1给出了输入8位数字量与对应输出模拟电压间的关系，输出电压的极性取决于 U_{REF} 的极性。

表9-1　　CDA7524输入8位数字量与对应输出模拟电压间的关系

输入								输出
D_7	D_6	D_5	D_4	D_3	D_2	D_1	D_0	u_o
1	1	1	1	1	1	1	1	$\pm U_{REF} \times 255/256$
1	0	0	0	0	0	0	1	$\pm U_{REF} \times 129/256$
1	0	0	0	0	0	0	0	$\pm U_{REF} \times 128/256$
0	1	1	1	1	1	1	1	$\pm U_{REF} \times 127/256$
0	0	0	0	0	0	0	1	$\pm U_{REF} \times 1/256$

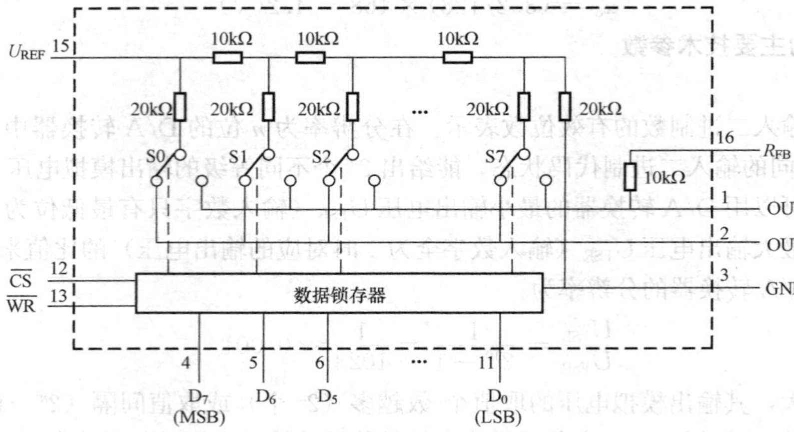

图 9-6　CDA7524 原理电路

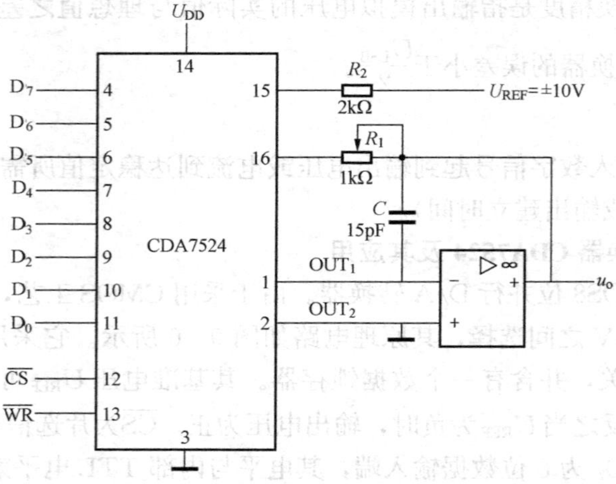

图 9-7　CDA7524 单极性输出应用电路

0	0	0	0	0	0	0	0	0

2. CDA7524 的双极性输出应用

图 9-8 所示为 CDA7524 双极性输出应用电路，它是在单极性输出电路的基础上增加了一个运算放大器 C2，通过 U_{REF} 和电阻 R_3 向 C2 提供了一个与 C1 输出电流相反的偏移电流，由 R_3 和 R_4 的比值可知，其值为 C1 输出电流的 1/2，使 C2 的输出在 C1 输出的基础上向上偏移了 1/2，从而实现了双极性输出。

电阻 R_3、R_4、R_5 和运算放大器 C2 构成一个反相比例加法电路，对应的输入电压是基准电压 U_{REF} 和求和运算放大器 C1 的输出电压 u_{o1}，根据图中电阻的参数可知 $R_5=R_3=2R_4$，U_{REF} 为正，可计算输出电压为

$$u_o=-U_{REF}\frac{R_5}{R_3}-u_{o1}\frac{R_5}{R_4}=U_{REF}-2u_{o1}$$

将表 9-1 中对应输入数字量的输出电压 u_{o1} 代入上式，可依次计算出图 9-8 的输出电压，它与输入数字量的关系列于表 9-2 中，由计算结果可知，该电路实现了双极性输出。

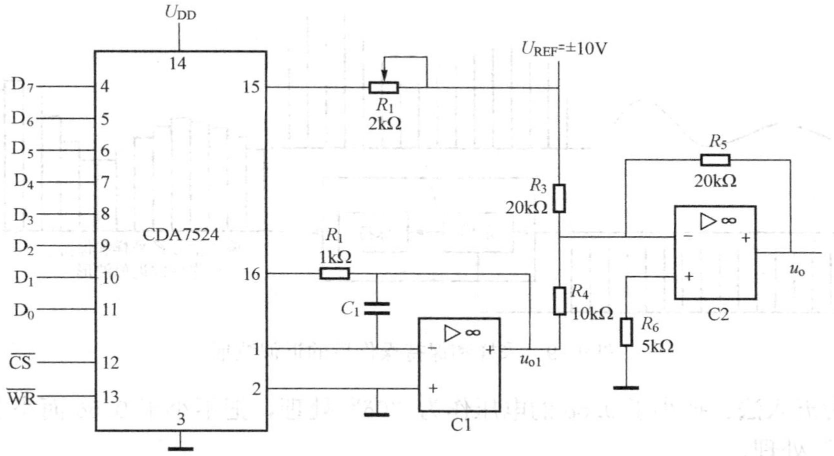

图 9-8　CDA7524 双极性输出应用电路

表 9-2　　CDA7524 双极性输出电压与输入数字量的关系

输　入								输　出
D_7	D_6	D_5	D_4	D_3	D_2	D_1	D_0	u_o
1	1	1	1	1	1	1	1	$+U_{REF}\times127/128$
1	0	0	0	0	0	0	1	$+U_{REF}\times1/128$
1	0	0	0	0	0	0	0	0
0	1	1	1	1	1	1	1	$-U_{REF}\times1/128$
0	0	0	0	0	0	0	1	$-U_{REF}\times127/128$
0	0	0	0	0	0	0	0	$-U_{REF}\times128/128$

9.2　模/数 转 换 器 (ADC)

9.2.1　A/D 转换的一般步骤

A/D 转换是将模拟信号转换为数字信号，转换过程由采样、保持、量化和编码 4 个步骤完成。

1. 采样和保持

采样是将时间上连续变化的信号转换为时间上离散的信号，即将时间上连续变化的模拟量转换为一系列等间隔的脉冲的过程，脉冲的幅度取决于输入模拟量的大小。其采样频率 f_s 必须不小于输入模拟信号包含的最高频率 f_{max} 的 2 倍。采样后的值必须保持不变，直到下一次采样为止，因为 A/D 转换时必须有时间处理采样值。采样和保持操作的结果是近似输入模拟信号的阶梯状波形，如图 9-9 所示。

2. 量化和编码

(1) 量化。一般把上述采样和保持后的值以某个“最小数量单位”的整数倍来表示，这一过程称为量化。规定的最小数量单位称为量化单位或量化间隔，用“δ”表示。

量化的方法一般有四舍五入法和舍去小数法。

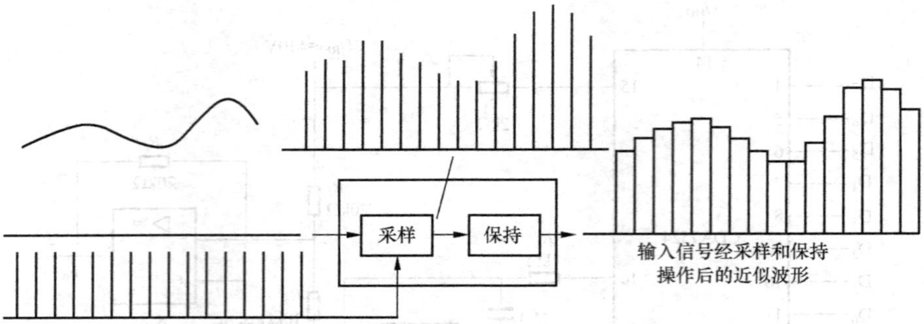

图 9-9 采样和保持操作后的近似波形

1）四舍五入法：把小于 0.5δ 的电压作为“0δ”处理，把不小于 0.5δ 而小于 1.5δ 的电压作为“1δ”处理。

2）舍去小数法：把小于 δ 的电压作为“0δ”处理，把不小于 δ 而小于 2δ 的电压作为“1δ”处理。

例如，设 δ=1V，采样值分别为 2、4.4、4.5V 和 5.7V，如果采用四舍五入法，则量化结果为 2V=2δ，4.4V=4δ，4.5V=5δ，5.7V=6δ；如果采用舍去小数法，则量化结果为 2V=2δ，4.4V=4δ，4.5V=4δ，5.7V=5δ。显然，采用不同的量化方式，其结果也存在差异。上述量化结果与采样值之间存在误差，这种误差称为量化误差。

(2) 编码。把量化结果用代码表示，称为编码。3 位代码可表示 0δ～7δ；4 位代码可表示 0δ～15δ；8 位代码可表示 0δ～127δ；n 位代码可表示 0δ～(2^n−1) δ。

下面仍以图 9-9 所示采样和保持操作后的近似波形为例，说明量化和编码的过程。

图 9-10 所示为该波形的一种量化编码情况，量化范围为 $0\delta_1$～$3\delta_1$，代码为 2 位；表9-3所示为对应的结果。

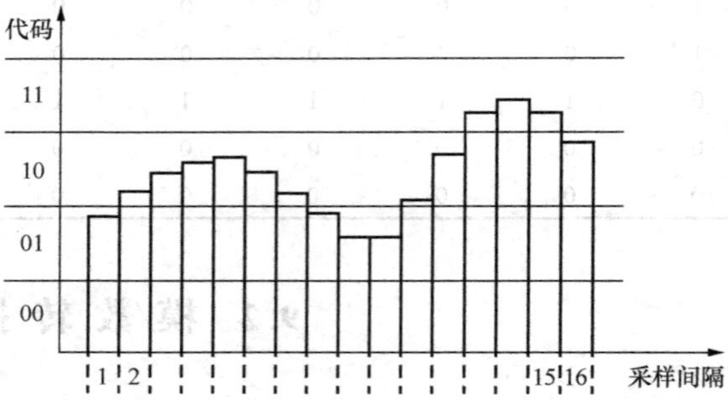

图 9-10 波形的量化编码情况之一

图 9-11 所示为该波形的另一种量化编码情况，量化范围为 $0\delta_2$～$15\delta_2$，δ_2 为 δ_1 的 1/4，代码为 4 位；表 9-4 所示为对应的结果。

表 9-3 波形的量化编码结果之一

采样间隔	量化结果	编码	采样间隔	量化结果	编码
1	$1\delta_1$	01	9	$1\delta_1$	01
2	$2\delta_1$	10	10	$1\delta_1$	01
3	$2\delta_1$	10	11	$2\delta_1$	10
4	$2\delta_1$	10	12	$2\delta_1$	10
5	$2\delta_1$	10	13	$3\delta_1$	11
6	$2\delta_1$	10	14	$3\delta_1$	11
7	$2\delta_1$	10	15	$3\delta_1$	11
8	$1\delta_1$	01	16	$2\delta_1$	10

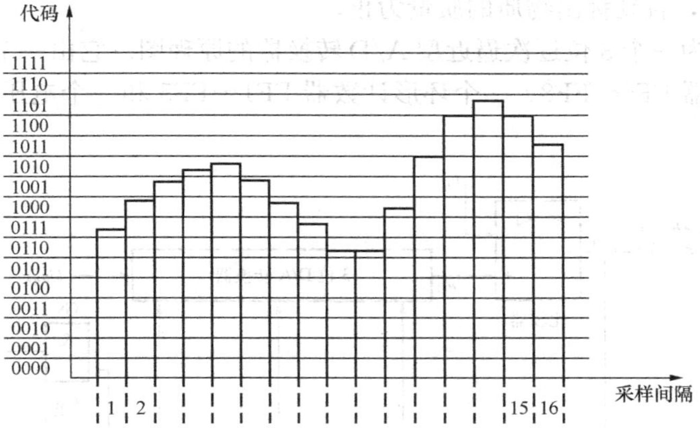

图 9-11　波形的量化编码情况之二

表 9-4　波形的量化编码结果之二

采样间隔	量化结果	编码	采样间隔	量化结果	编码
1	$7\delta_2$	0111	9	$6\delta_2$	0110
2	$8\delta_2$	1000	10	$6\delta_2$	0110
3	$9\delta_2$	1001	11	$8\delta_2$	1000
4	$10\delta_2$	1010	12	$10\delta_2$	1010
5	$10\delta_2$	1010	13	$13\delta_2$	1101
6	$9\delta_2$	1001	14	$13\delta_2$	1101
7	$8\delta_2$	1000	15	$13\delta_2$	1101
8	$7\delta_2$	0111	16	$11\delta_2$	1011

比较上述两种量化编码的情况可以看出，编码位数越多，量化误差越小，准确度越高。

9.2.2　A/D 转换器的种类与工作特点

1. A/D 转换器的种类

A/D 转换器按照工作原理的不同可分为直接 A/D 转换器和间接 A/D 转换器两类。直接 A/D 转换器是将输入模拟电压直接转换成数字量；间接 A/D 转换器是先将输入模拟电压转换成中间量，如时间或频率，然后将这些中间量转换成数字量。常用的直接 A/D 转换器有并联比较型 A/D 转换器和逐次比较型 A/D 转换器等；常用的间接 A/D 转换器有中间量为时间的双积分型 A/D 转换器和中间量为频率的电压—频率转换型 A/D 转换器等。

2. 常用 A/D 转换器的工作特点

常用的 A/D 转换器中，转换速度最高的是并联比较型 A/D 转换器；转换速度最低的是双积分型 A/D 转换器；转换精度最高的是双积分型 A/D 转换器；转换精度最低的是并联比较型 A/D 转换器；转换速度和转换精度均较高的是逐次比较型 A/D 转换器。

9.2.3　逐次逼近型 A/D 转换器

逐次逼近型 A/D 转换器是一种反馈比较型 A/D 转换器。它进行模数转换的过程类似于天平称质量，把砝码从大到小依次置于天平上，与被称物体比较，如砝码比物体轻，则保留该砝码，否则去掉，直到称出物质的质量为止。

图 9-12 所示为一个 3 位逐次逼近型 A/D 转换器的原理图。它由一个 3 位 D/A 转换器、3 位逐次逼近寄存器 FF6～FF8、一个环形计数器 FF1～FF5 和一个电压比较器及相应的控制逻辑电路组成。

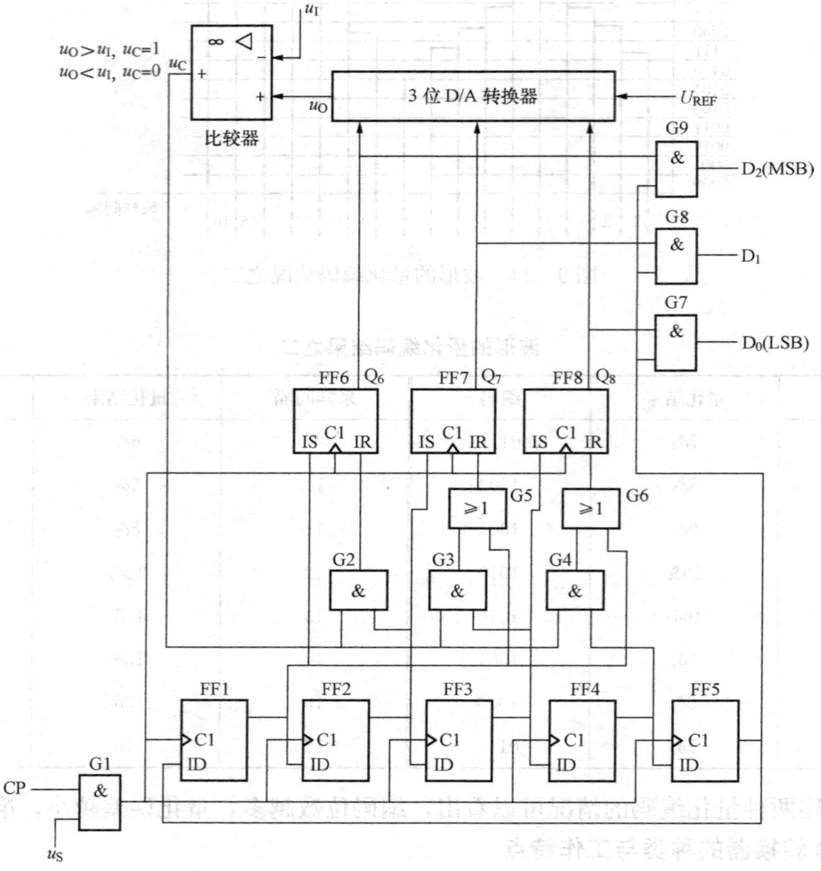

图 9-12 3 位逐次逼近型 A/D 转换器原理图

转换开始前，先对电路置初态，使逐次逼近寄存器 FF6～FF8 清零，则 D/A 转换器输出电压 $u_o=0$，使比较器输出 $u_C=0$；同时将环形计数器 FF1～FF5 的状态置为 $Q_1Q_2Q_3Q_4Q_5=10\,000$，由于 $Q_5=0$，将输出门 G7～G9 封锁，没有代码输出。此时逐次逼近寄存器的 3 个 RS 触发器的 R、S 端分别为 $S_6=1$、$R_6=0$，$S_7=0$，$S_7=1$，$S_8=0$、$R_8=1$。当$u_S=1$ 时，转换开始。

第一个时钟脉冲作用后，FF6～FF8 被置为 $Q_6Q_7Q_8=100$，经 D/A 转换后输出一个模拟电压 u_O，送到比较器与输入的模拟电压 u_I 比较，比较结果 u_C 反馈到控制逻辑电路去控制 FF6 输出的 1 是否保留，若 $u_C=0$，保留 1，若 $u_C=1$，则去掉 1。同时环形计数器右移一位，使 $Q_1Q_2Q_3Q_4Q_5=010000$，由于 $Q_5=0$，故无代码输出。此时逐次逼近寄存器各触发器的输入信号变为 $S_7=1$、$R_7=0$，$S_8=0$、$R_8=0$，$S_6=0$，而 R_6 则由 u_C 的值决定。

第二个时钟脉冲作用后，FF7 被置 1，FF8 保持 0，而 FF6 的状态则由 u_C 决定，如$u_C=$

1，则 R_6＝1，使 FF6 置 0；如 u_C＝0，则 R_6＝0，FF6 保持 1 态不变。同时环形计数器再右移一位，使 $Q_1Q_2Q_3Q_4Q_5$＝00100，由于 Q_5＝0，故仍无代码输出。此时 FF6～FF8 各触发器的输入信号变为 S_6＝R_6＝0，S_8＝1、R_8＝0，S_7＝0，而 R_7 则由 u_C 的值决定。

第三个时钟脉冲作用后，FF8 被置为 1，FF6 保持不变，而 FF7 的状态则由 u_C 决定，u_C＝1，则 FF_7 置 0；u_C＝0，FF7 保持 1 不变。同时环形计数器再向右移一位，使 $Q_1Q_2Q_3Q_4Q_5$＝00010，由于 Q_5＝0，故无代码输出。此时 FF6～FF8 各触发器的输入信号变为 S_6＝R_6＝0，S_7＝R_7＝0，S_8＝0，而 R_8 则由 u_C 的值决定。

第四个时钟脉冲作用后，FF6 和 FF7 都保持不变，FF8 则由 u_C 的值决定；u_C＝1，FF8 置 0；u_C＝0，FF8 保持 1 不变。同时环形计数器再向右移一位，使 $Q_1Q_2Q_3Q_4Q_5$＝00001，此时 Q_5＝1，将输出门 G_7～G_9 打开，转换结果输出，使 $D_2D_1D_0$＝$Q_6Q_7Q_8$。

第五个时钟脉冲作用后，环形计数器再右移一位，复位为初始的状态，$Q_1Q_2Q_3Q_4Q_5$＝10000，同时 u_S 将逐次逼近寄存器复位，为进行新的模数转换做好准备。

由上述分析可知，一个 n 位逐次逼近型 A/D 转换器完成一次转换要进行 n 次比较，需要 $n+2$ 个时钟脉冲。其转换速度比并联比较型 A/D 转换器要慢，属于中速 A/D 转换器。但由于电路简单，成本较低，因而被广泛使用。

9.2.4　A/D 转换器的主要技术参数

1. 分辨率

A/D 转换器的分辨率用输出二进制的位数 n 表示，位数越多，对输入模拟信号的分辨能力越强。例如，输入模拟电压的变化范围为 0～5V，输出 8 位二进制数可以分辨的最小输入模拟电压为 $5V\times2^{-8}=20mV$；而输出 12 位二进制数可以分辨的最小输入模拟电压为 $5V\times2^{-12}=1.22mV$。

2. 转换误差

转换误差表示 A/D 转换器实际输出的数字量和理论输出的数字量之间的差别，常用最低有效位（LSB）的倍数表示。

3. 转换时间

转换时间是指从接到转换控制信号开始到输出端得到稳定的数字输出信号所经过的这段时间，也是完成一次转换所需的时间。

9.2.5　集成 A/D 转换器及应用举例

市面上出售的集成 A/D 转换器很多，下面介绍较常用的一种，即 ADC0809。ADC0809 是采用 CMOS 工艺制成的单片 8 位 8 通道逐次比较型 A/D 转换器，器件的核心部分是 8 位 A/D 转换器，它由比较器、逐次渐近寄存器、开关树、256R 网络及控制和定时等部分组成。其原理框图如图 9 - 13 所示，芯片引脚排列如图 9 - 14 所示。

ADC0809 的引脚功能说明如下。

IN_0～IN_7：8 路模拟信号输入端。

A_2、A_1、A_0：8 路模拟信号的地址输入端。

ALE：地址锁存允许输入信号，在此脚施加正脉冲，上升沿有效，此时锁存地址码，从而选通相应的模拟信号通道，以便进行 A/D 转换。

START：启动信号输入端，应在此脚施加正脉冲，当上升沿到达时，内部逐次逼近寄存器复位，在下降沿到达后，开始 A/D 转换过程。

EOC：在 START 信号上升沿之后 1～8 个时钟周期内，EOC 信号变为低电平，当转换结束，数据可以读出时，EOC 变为高电平。

OE：输出允许信号，高电平有效。

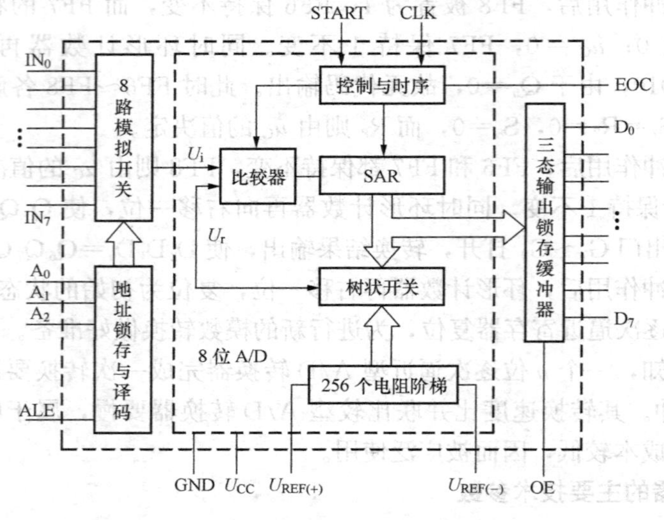

图 9-13　ADC0809 原理框图

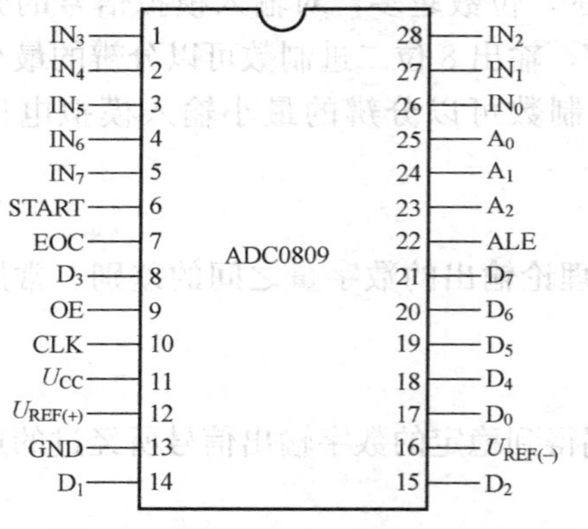

图 9-14　ADC0809 芯片引脚排列图

CLK：时钟信号输入端，外接时钟频率一般为 640kHz。

U_{CC}：+5V 单电源供电。

$U_{REF(+)}$、$U_{REF(-)}$：基准电压的正端和负端，一般 $U_{REF(+)}$ 接+5V，$U_{REF(-)}$ 接地。

D_7～D_0：数字信号输出端。

它的主要技术指标为：分辨率为 8 位；转换时间为 100μs；功耗为 15mW；电源为 5V。

ADC0809 由 A_2、A_1、A_0 三个地址输入端选通 8 路模拟输入通道的任意一路进行 A/D 转换，地址输入端与模拟输入通道的选通关系如表 9-5 所示。

表 9-5　地址输入端与模拟输入通道的选通关系

选通模拟通道		IN_0	IN_1	IN_2	IN_3	IN_4	IN_5	IN_6	IN_7
地址	A_2	0	0	0	0	1	1	1	1
	A_1	0	0	1	1	0	0	1	1
	A_0	0	1	0	1	0	1	0	1

在 ADC0809 启动信号输入端 START 加启动脉冲（正脉冲）时，A/D 转换即开始。如将启动信号输入端 START 与转换结束端 EOC 直接相连，则转换将连续进行。

图 9-15 所示为 ADC0809 的一个典型应用电路。输入模拟信号 u_i 经放大后送入

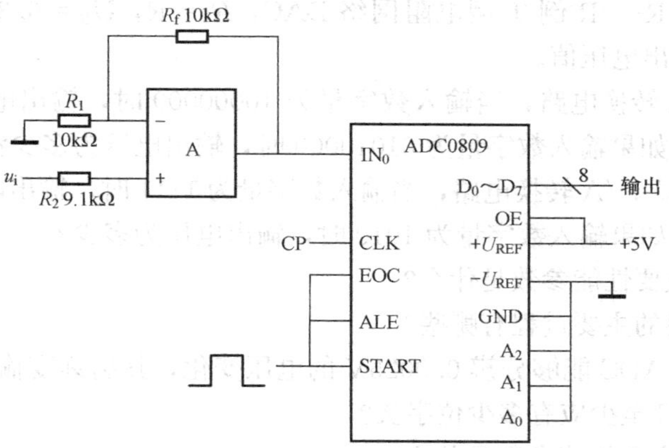

图 9-15　ADC0809 典型应用电路

ADC0809 的输入端 IN_0，转换结果由 D_0～D_7 输出，时钟脉冲 CP 由外部计数脉冲源提供，A_2、A_1、A_0 地址端为 000。接通电源后，在启动端 START 加一正单次脉冲，即开始 A/D 转换。

理想情况下，当 IN_0 端输入模拟信号为 0～5V 时，其转换后的数字输出为 00000000～11111111 。

本 章 小 结

D/A 转换器的功能是将输入的二进制数字信号转换成相对应的模拟信号输出。D/A 转换器根据解码电阻网络的不同，可分为二进制权电阻网络 D/A 转换器和 T 形电阻网络 D/A 转换器。由于 T 形电阻网络 D/A 转换器只要求两种阻值的电阻，因此适合用集成工艺制造。

A/D 转换器的功能是将输入的模拟信号转换成一组多位的二进制数字信号输出。A/D 转换过程一般由采样、保持、量化和编码 4 个步骤完成。采样、保持电路对输入模拟信号抽取样值，并展宽；量化是对样值脉冲进行分级，编码是将分级后的信号转换成二进制代码。在对模拟信号采样时，必须满足采样定理：采样脉冲的频率 f_s 不小于输入模拟信号最高频率的 2 倍，这样才能做到不失真地恢复出原模拟信号。

无论是 D/A 转换器，还是 A/D 转换器，在理想情况下，它们的输出与输入之间都呈正比例关系。

习　　题

9-1　电阻网络 D/A 转换器实现 D/A 转换的原理是什么？

9-2　D/A 转换器的位数有什么意义？它与分辨率、转换精度有什么关系？

9-3　4 位权电阻 DAC 中，若 U_R＝10V，R_f＝R/2。试求：

(1) 输出最大电压值；

(2) D＝1011 时输出电压值。

9-4　某个8位R—2R倒T型电阻网络DAC，R_f=R，U_R=6.3V，试求输入数字量D=10100011时的输出电压值。

9-5　已知D/A转换电路，当输入数字量为10000000时，输出电压为5V，试问该电路的分辨率是多少？如果输入数字量为01010000时，输出电压为多少？

9-6　已知某4位D/A转换电路，当输入数字量为1111时，输出电压为5V，试问该电路的分辨率是多少？如果输入数字量为1010时，输出电压为多少？

9-7　DAC的主要性能参数是什么？

9-8　ADC转换的主要过程有哪些？

9-9　如果要求ADC能够分辨0.0025V的电压变化，其满刻度输出所对应的输入电压为9.9976V，该ADC至少应有多少位字长？

9-10　ADC的主要性能参数是什么？

参 考 文 献

[1] 康华光. 电子技术基础. 4 版. 北京：高等教育出版社，2000.
[2] 赵文建. 电子技术. 2 版. 北京：水利电力出版社，1997.
[3] 付植桐. 电子技术简明教程. 北京：中国电力出版社，2010.
[4] 羿宗琪. 电子技术. 北京：中国电力出版社，2009.
[5] 杨萃南. 数字电子技术与逻辑设计教程. 北京：电子工业出版社，2003.
[6] 李雅轩. 电力电子技术. 2 版. 北京：中国电力出版社，2007.
[7] 浣喜明. 电力电子技术. 2 版. 北京：高等教育出版社，2004.
[8] 冷增. 电力电子技术基础（修订版）. 南京：东南大学出版社，2005.